ABRÉGÉ

DU

GRAND DICTIONNAIRE

DE TECHNOLOGIE,

OU NOUVEAU

DICTIONNAIRE DES ARTS ET MÉTIERS.

IMPRIMERIE DE BACHELIER,
rue du Jardinet, n° 12.

ABRÉGÉ

DU

GRAND DICTIONNAIRE

DE TECHNOLOGIE,

OU NOUVEAU

DICTIONNAIRE DES ARTS ET MÉTIERS,

DE L'ÉCONOMIE INDUSTRIELLE ET COMMERCIALE ;

PAR MM.

FRANCOEUR, ROBIQUET, PAYEN et PELOUZE.

TOME DEUXIÈME.

PARIS,

THOMINE, LIBRAIRE, RUE DE LA HARPE, N° 88.

1834

GRAND DICTIONNAIRE
DE MÉDECINE

ABRÉGÉ

DU

GRAND DICTIONNAIRE

DE TECHNOLOGIE,

OU NOUVEAU

DICTIONNAIRE DES ARTS ET MÉTIERS.

———————◆◇◆———————

B

BOUCHES A FEU. On donne en général le nom de *bouches à feu* aux Canons, Mortiers, Pierriers, Obusiers, Caronades, des divers calibres, dont se compose l'arme de l'artillerie. Nous allons les passer successivement en revue.

Canons.—En général la bonté d'une pièce de canon, ainsi que de toutes les autres bouches à feu, dépend et de la nature du métal qu'on emploie à sa fabrication, et des procédés suivis dans son exécution. Jusqu'à présent on n'a fait usage pour cet objet que de trois matières, le bronze, le fer fondu et le fer forgé. Les canons ont, dans chaque pays, reçu diverses divisions de calibres ; mais en France, par les ordonnances qui régissent la matière, ces calibres ont été fixés, pour l'artillerie de terre, à cinq, savoir : de 24, de 16, de 12, de 8 et de 4 livres, en Bronze ou airain, composé de 100 parties de cuivre rosette ou rouge, et de 11 parties d'étain fin. On les distingue en pièces de siége et de place, et en pièces de campagne et de bataille. On ne fait usage pour ces dernières que des pièces de 12, 8 et 4; elles ont moins de dimension, et pèsent moins que les pièces de siége. La longueur de l'*âme* de ces dernières est de vingt fois environ le calibre du boulet, et leur poids est de 260 livres de métal pour chaque livre du boulet. La longueur des pièces de campagne est de dix-huit fois le calibre du boulet, et le poids est de 150 livres de métal seulement pour chaque livre de boulet. La pièce de 4, dite *suédoise*, porte vingt calibres de longueur, sans être plus pesante. Les pièces allemandes ne portent que seize fois le calibre du boulet.

Un canon est un cône tronqué, percé concentriquement d'un trou cylindrique qu'on appelle *âme*, dans le fond duquel on enfonce d'abord la poudre contenue dans un sac de serge ou de papier, et ensuite le projectile qu'on veut lancer. La poudre se trouvant, au moment de son explosion, dans le bout le plus fort du cône, qu'on nomme le *premier renfort*, il n'y a aucun danger qu'elle puisse le faire éclater.

Les parties des pièces de canon de tous calibres sont : le *bouton de culasse*, qui termine la pièce du côté du gros bout; la *culasse*, c'est-à-dire toute la masse du métal qui reste entre le bas du bouton et le fond de l'âme ; la *plate-bande de culasse*, qui n'est là que comme ornement; la *lumière*, par où l'on amorce pour mettre le feu au canon; le *premier renfort*, légèrement conique, dont la longueur est d'environ le tiers de la pièce; le *second renfort*, qui est d'environ le quart de la longueur totale ; les *tourillons ou axes*, qui servent à le soutenir sur son affût : ces tourillons sont placés horizontalement dans une direction perpendiculaire à l'âme du canon, et de telle manière que le côté de la culasse soit un peu prépondérant ; les *anses*, par où l'on saisit le canon pour le placer sur son affût; la *volée*, qui fait suite au second renfort; une *astragale*, le *collet*; et enfin le *bourlet* ou la *tulipe*, qui termine le petit bout de la pièce. La *hausse* est une espèce de targette mobile qui se place derrière la culasse du canon; elle glisse dans une coulisse, et s'arrête où l'on veut au moyen d'une vis de pression. La face de la hausse, en vue du canonnier-pointeur, est divisée en degrés, et une coche servant de visière est pratiquée dans le bout supérieur. Au moyen de la hausse on augmente à volonté l'excès de grosseur qu'a la culasse sur le bourlet; on ouvre comme on le juge convenable l'angle de mire, conséquemment celui de projection; ce qui donne la facilité d'éloigner le *but-en-blanc* jusqu'à la distance où l'on trouve son ennemi.

Les procédés suivis dans la fabrication des canons de bronze étant les mêmes, non-seulement pour tous les calibres de cette espèce de pièce, mais encore pour toutes les autres bouches à feu du même métal, on devra appliquer à ces dernières ce que nous allons dire du canon.

Le *moule* d'une bouche à feu, en général, se construit à l'aide d'un modèle qui représente exactement la pièce d'artillerie qu'on veut avoir. On se sert d'une pièce de bois conique que l'on nomme *trousseau*, dont la longueur, outre celle de la pièce qu'on doit représenter, est de 2 à 4 pieds de plus du côté du petit bout, toujours dans l'alignement des deux côtés coniques. Cet excédant sert pour la *masselotte*, dont la dimension varie suivant l'espèce de bouche à feu. La masselotte est destinée à comprimer la matière par son poids, et empêcher les boursouflures. Au-delà de cette partie est une virole de fer ou de cuivre qui sert de collier au trousseau quand on vient à lui imprimer un mouvement de rotation sur lui-même; et en dehors de cette virole, le trousseau porte un prolongement de 5 ou 6 pouces, destiné à recevoir les coups de levier ou de maillet, lorsqu'il est question de *déchapper* le moule.

A 2 pieds environ de l'extrémité du gros bout du trousseau, et à l'endroit où doit se trouver la plate-bande de culasse, on creuse une entaille à 2 ou 3 pouces de profondeur, coupée à plomb du côté de la pointe du cône, et en se relevant sous l'angle de 45° vers le gros bout. On nomme *tête de trousseau* la partie qui se trouve en dehors de l'entaille, sur l'extrémité de laquelle sont placés en croix quatre bras de levier qui servent à faire tourner le trousseau sur lui-même quand il est en place.

Deux chevalets supportent deux trousseaux placés parallèlement entre eux, le gros bout de l'un tourné du côté du petit bout de l'autre; car on fait toujours deux moules à la fois. L'espace qui reste entre les deux moules est partout uniforme, et les parties saillantes de chacun, comme les anses, les tourillons, se trouvant réciproquement vis-à-vis des volées, ne peuvent point se toucher.

L'ouvrier chargé d'exécuter le modèle commence par entourer le trousseau d'une natte de paille, qu'il a soin de faire joindre exactement à coups de marteau, tandis que deux hommes font tourner sur lui-même le trousseau à l'aide des leviers placés à sa tête. On voit, en présentant le *gabarit* contre le trousseau, les endroits où il faut mettre double ou triple natte, pour approcher le plus de la grosseur voulue.

Immédiatement sur les nattes on met une première couche de terre composée d'argile et de fiente de cheval, délayée à la consistance de pâte. On en met de même une seconde, une troisième couche, jusqu'à ce qu'on ait enfin une grosseur un peu au-delà des pièces qu'on veut mouler. Alors on les profile au gabarit, en même temps qu'on fait du feu au-dessous pour les sécher.

Cette première opération finie, on place les tourillons, lesquels sont représentés par des cylindres creux en plâtre mêlé de brique pilée. On les fixe à leur place avec des fiches de bois enfoncées dans le modèle, et puis on bouche leurs extrémités avec du plâtre semblable.

Les anses se font de cire jaune; de sorte que venant à fondre, elles laissent leurs places vides.

Le modèle étant terminé, on l'enduit d'une couche de cendre de tanneur; ce qui le dispose à se détacher facilement de la *chemise* dont on va l'entourer.

On commence cette chemise par une couche mince d'argile bien châtiée, que les ouvriers appellent *potée*. On la fait bien sécher, et puis on en met une seconde, une troisième de même. Les couches qu'on ajoute ensuite pour donner suffisamment d'épaisseur à la chemise se composent d'argile et de fiente de cheval, auxquelles on mêle un peu de bourre de poil de vache, bien battues et bien corroyées à l'eau sur une table.

Quand la chemise se trouve avoir une épaisseur suffisante, 4 pouces environ, et qu'elle est bien séchée, on retire le modèle des tourillons, dont on bouche les entrées avec de la terre. On fortifie ensuite ce moule avec des bandages de fer en long et en large ; et quand il est suffisamment sec, on travaille à *déchapper,* c'est-à-dire à retirer le modèle de dedans la chemise. A cet effet on place le moule sur un chariot bas dont les brancards ne sont distans l'un de l'autre que de 3 pouces, qu'on a soin de garnir de deux coussinets de paille. Alors avec une pièce de bois traversée de deux leviers quatre hommes frappent contre le bout du trousseau, qui, par sa forme conique, cède bientôt. La natte, ainsi que les couches de terre, se retire ensuite avec facilité.

Le moule des culasses se fait à part, de la même manière et avec la même terre : on le place dans un panier de fer dont l'ouverture est fort large et dont le bord est garni de crochets de fer. C'est par ces crochets et d'autres semblables que porte le moule, qu'on les lie ensemble avec du fil de laiton.

Une fosse assez profonde pour que les pièces et leurs masselottes puissent s'y tenir verticalement, est creusée près du fourneau à réverbère dans lequel la matière doit être fondue. Les moules y sont descendus, la culasse en bas, à l'aide d'une grue. Leur intervalle est rempli de terre déjà très sèche, mais qu'on sèche encore en la foulant avec des plaques de cuivre chauffées. Avant ce remplissage on a soin de faire subir à l'intérieur du moule une cuisson un peu moins forte que celle des terres cuites, et puis, le soulevant à une certaine hauteur, on le pare en dedans avec un écouvillon humecté d'eau dans laquelle on a délayé de la cendre de tanneur. Un léger feu de paille suffit pour le dessécher.

On coule en siphon, c'est-à-dire qu'à côté de chaque pièce

on pratique un canal qui va, de haut en bas, se réunir au bouton de culasse même. Le métal en fusion arrive ainsi par ce canal dans le moule, qu'il remplit en montant très tranquillement jusqu'en haut, chassant devant lui tout l'air du moule. Il faut pour couler une pièce de canon, le double de matière en fusion de celle de son poids quand elle est achevée, à cause de la masselotte et des autres déchets qui tombent dans l'opération du forage et du tour.

Trois ou quatre jours après on déblaie les terres d'enterrage, jusqu'à ce qu'on découvre la culasse. Le canon avec son moule est retiré de la fosse. Étant dépouillé de son moule, on scie sa masselotte ainsi que le jet, et le canon est prêt à être foré.

Nous n'entrerons pas ici dans tous les détails du *forage,* qui n'est pas d'ailleurs particulier aux canons. Il existe des foreries horizontales et verticales, mues par des courans d'eau, des manéges ou des machines à vapeur, suivant la circonstance. Dans toutes c'est la pièce qui tourne sur elle-même, tandis que le foret, tenu exactement dans la direction de l'axe, pénètre par un mouvement progressif dans le métal. L'âme de la pièce n'est pas percée d'un seul coup : on arrive à son calibre par une série de forets, dont le dernier, en forme de bédon ou d'alésoir, a juste le calibre de la pièce. L'essentiel est que le premier perce un trou parfaitement droit et concentrique. Alors les forets suivans, qui sont à *goujon,* ne peuvent dévier. Si cela arrivait, on ferait usage, pour rectifier la direction, d'un foret cylindrique dont un quart seulement de son contour est enlevé pour livrer passage aux copeaux ou débris, et dont la face antérieure est taillée en dents de rochet, du centre à la circonférence.

Les foreries verticales paraissent préférables aux foreries horizontales, en ce que les débris de métal produits par les forages successifs tombent d'eux-mêmes et n'embarrassent jamais le travail des forets.

Immédiatement après le forage on *tourne* l'extérieur de la pièce sans la déranger de dessus la machine à forer. A cet effet on place à côté et dans le sens de la longueur de la pièce une forte semelle en fonte, sur laquelle une poupée à outil a la faculté de se mouvoir, par le moyen de vis, dans les deux directions parallèle et perpendiculaire à la pièce. Par ce moyen, un seul ouvrier qui gouverne l'outil donne au canon, excepté vis-à-vis des tourillons et des anses, le profil et le diamètre qu'il doit avoir. Les endroits sur lesquels il tourne pour l'opération du forage, le bouton de culasse et le collet, ont été tournés en premier lieu sur un tour ordinaire à pointes. On enlève au burin tout ce que le tour ne peut atteindre.

Les tourillons tournent à l'aide d'une machine particulière qui s'adapte sur le côté du canon, et qui est armée d'un bédon à lunette du calibre des tourillons.

On *perce* le canon dans la direction et à l'endroit où doit être la lumière, d'un trou d'environ 12 à 15 lignes, suivant le calibre, qu'on taraude et qu'on bouche avec un *prisonnier* taraudé de même, fait de cuivre rouge bien forgé. Ce prisonnier s'appelle *grain*. C'est donc dans son milieu qu'on perce, au moyen de la même machine, la lumière qui sert à mettre le feu à la charge.

Mortiers. — On fait usage de trois sortes de mortiers, de 12 pouces, de 10 pouces 1 ligne $\frac{1}{2}$, et de 8 pouces 3 lignes.

Le mortier a ses tourillons à l'une de ses extrémités, du côté de la culasse, et présente à peu près la forme d'un T, dont le jambage est le *corps du mortier,* et la traverse, les *tourillons.* Le corps se compose de deux cylindres de diamètres différens qui ont le même axe. L'âme, dont la longueur est une fois et demie le calibre, est terminée par un hémisphère placé vis-à-vis de l'endroit où les deux cylindres se pénètrent. La chambre qui reçoit la charge porte de diamètre les trois huitièmes du calibre, et sa profondeur égale les trois quarts. Comme le tir du mortier se fait sous un angle très élevé, on fait venir une petite saillie en demi-cercle, au-dessus de laquelle on perce la lumière, afin de faire un soutien à la poudre de l'amorce. Le mortier se met debout sur son affût pour le charger, et il se pointe avec un fil à plomb et un quart de cercle qu'on applique contre le plan de la bouche, pour voir le nombre de degrés d'inclinaison.

Dans les mortiers à la *Gomer,* la chambre, au lieu d'être cylindrique, est conique.

Pierriers. — Ce sont des espèces de mortiers, mais beaucoup moins lourds. On s'en sert dans les siéges pour jeter des pierres à l'ennemi quand on n'en est éloigné que de 5o à 100 toises.

La chambre des pierriers est un cône renversé, à peu près comme celle des mortiers à la Gomer. La poudre étant mise dans cette chambre, on la couvre d'un plateau de bois sur lequel on place un panier rempli de pierres plus ou moins grosses, suivant la distance de l'ennemi. Si l'on ne se trouvait pas avoir de panier, on remplirait toute l'âme du pierrier avec des couches de terre et de pierres, alternativement, jusqu'à la bouche.

Les affûts des pierriers sont en bois et ont la même forme que ceux des mortiers de 8 pouces.

Obusiers. — Il n'y a que deux sortes d'obusiers, de 8 et de 6 pouces; ils sont montés sur des affûts de campagne, avec cette différence que la semelle est mobile, pour que, l'ôtant, on puisse pointer à 45°.

L'obusier ressemble beaucoup au canon; mais il a une chambre pour recevoir la poudre, comme le mortier ordinaire.

L'obus est une bombe sans anses; elle produit l'effet du boulet par ses ricochets, et ensuite celui de la bombe en éclatant au bout de son trajet.

Toutes ces bouches à feu se moulent en terre, de la manière dont nous l'avons expliqué pour les canons; mais on peut aussi les mouler en sable, à la manière des fondeurs en fer.

Affûts de canons. — Un affût est une voiture sur laquelle on place le canon pour le transporter et le tirer. Il se compose de deux flasques en bois d'orme ou de chêne, légèrement cintrées vers le milieu et assemblées par quatre pièces de bois.

qu'on appelle *entretoises*, qui prennent le nom de l'endroit où elles sont placées. Il y a l'entretoise de la tête de l'affût, du cintre de mire ou support du coin qui sert à pointer, du cintre de crosse et du bout de la crosse. Les affûts de campagne n'ont que trois entretoises, celle de volée, de support de la vis de pointage, et de crosse ou de lunette. La crosse de ces affûts est relevée en forme de traîneau, pour pouvoir le traîner avec la prolonge, en présence de l'ennemi, sans le remettre sur son avant-train, parce qu'il faut toujours être prêt à tirer.

Les entretoises n'ont pas de tenons; leurs bouts sont seulement encastrés de 9 lignes dans les flasques, et l'assemblage est tenu par des boulons à écrous qui les traversent.

Dans les affûts de campagne l'emplacement de l'essieu et des tourillons de la pièce est tel, que la crosse ne pèse ni trop ni trop peu sur la terre, afin que le canonnier-pointeur puisse facilement la soulever, et d'un autre côté qu'elle y pèse assez pour que son frottement diminue le recul et affermisse le pointage. Les affûts de 12 et de 8 ont deux encastrures pour les tourillons de la pièce, l'une pour le tir, et l'autre pour le voyage. L'encastrure de voyage est placée de manière à faire porter également la charge sur les roues de l'avant-train et de l'affût. L'affût de 4, par la raison que cette pièce pèse peu, n'en a qu'une.

Les canons, étant dans l'encastrure de tir, doivent pouvoir se mouvoir dans un plan vertical, de manière à faire, avec une ligne horizontale, un angle en dessous de 15°, et en dessus de 17°. On se contente, pour les affûts de siége, de pouvoir incliner la pièce en dessous de l'horizontale de 8°, et à 14° en dessus.

Les affûts de siége ou de place sont montés sur deux roues et une roulette à l'extrémité des flasques; ils sont posés sur un châssis mobile dont les côtés correspondent aux roues, et sur une troisième pièce de bois à rainures placée en arrière et vis-à-vis du milieu du châssis, faisant corps avec lui, dans laquelle rainure tourne la roulette. Cette disposition donne la faculté de conserver la même direction au canon, quand une fois on a trouvé la plus favorable ; ce qui devient très commode pour tirer pendant la nuit.

Les affûts de côte ont la même figure que ceux de place, et les flasques sont formées et assemblées de la même manière. Au lieu de roues, ils sont portés par deux rouleaux à tête percée pour des leviers, et roulent sur les côtés du châssis. Celui-ci, mobile autour d'un centre, est légèrement incliné de l'arrière à l'avant, afin de diminuer le recul. Deux roulettes, placées sur l'arrière du châssis, facilitent le changement de direction, et roulent dans une gorge demi circulaire que porte la plate-forme. Le canon est élevé de manière à pouvoir tirer par-dessus l'épaulement de la batterie, c'est-à-dire à *barbette;* et tout en présentant très peu de prise aux boulets ennemis, on peut tourner les pièces circulairement, et suivre dans une grande étendue de l'horizon la route des vaisseaux qui passent devant la batterie.

Dans les affûts de côte, les Anglais au lieu de rouleaux mettent quatre roues en fonte de fer, dont les deux de la tête sont plus grandes que celles de la crosse, afin de regagner la pente du châssis, et de tenir l'affût de niveau. Le châssis tourne sur un pivot placé près de l'épaulement et sur quatre galets coniques également en fonte, qui roulent sur des chantiers en fonte demi circulaires. La manœuvre s'exécute avec la plus grande facilité, tandis que celle de nos affûts à rouleaux est des plus pénibles, surtout quand ils commencent à devenir vieux. La tête dans laquelle on engage les leviers, quoique frettée, est bientôt fendue.

Les affûts de mortiers de 12 et 10 pouces ont leurs flasques en fer fondu, assemblées avec des entretoises de bois et des boulons à écrous qui les traversent. Les affûts des mortiers de 8 pouces ont leurs flasques en bois, et servent également pour les pierriers. Ces affûts doivent être tels, qu'on puisse mettre les mortiers et pierriers debout, la bouche en l'air, puisque c'est dans cette position qu'on les charge.

Les affûts d'obusiers ne diffèrent de ceux des canons qu'en ce qu'ils ont la faculté de pointer jusqu'à l'angle de 45°.

Tous les affûts sont ferrés avec une grande solidité et la plus stricte uniformité dans chaque calibre ; de manière que quand une pièce quelconque vient à manquer, elle se remplace de suite par une autre qu'on tire du magasin.

Les affûts de vaisseaux ont une forme particulière. Leurs flasques sont en bois d'orme, et posent sur des essieux et des rouleaux également en bois, qui élèvent les canons à la hauteur des sabords. De forts anneaux en fer sont fixés sur les faces extérieures des flasques, et servent à les amarrer, par le moyen de cordages, contre les bordages et le pont du vaisseau. Les Anglais font actuellement ces affûts en fonte de fer.

L'armement des affûts se compose en général comme il suit : un cache-lumière avec courroie à boucle, un écouvillon hampé ou droit avec refouloir, un tire-bourre, quatre leviers ferrés de manœuvre, un seau ferré ; et pour les pièces de campagne, soit pour l'artillerie à pied, soit pour l'artillerie à cheval, une prolonge de manœuvre, un coffret à munition d'avant-train ; enfin pour les obusiers, une curette, des pelles, des pioches et des haches de sapeur.   E. M.

BOUCHONNIER. (*Arts mécaniques.*) Le liége dont on fait les bouchons est l'épiderme épais, élastique, spongieux, d'une espèce de chêne (*quercus suber*) très commun dans les terrains arides d'Espagne, et qui croît aussi dans nos départemens méridionaux. Par des incisions on détache cet épiderme de dessus l'écorce qu'il recouvre ; il repousse, et donne tous les huit ou dix ans d'autres récoltes. L'arbre n'éprouve aucun mal par cette soustraction, parce qu'on a soin de ménager l'écorce, sans laquelle il ne pourrait vivre. Les glands de ce chêne, comme ceux de l'yeuse, sont doux et bons à manger.

L'épiderme enlevé est étendu en tables qu'on sèche au feu, et qu'on livre au commerce. L'Espagne fournit à peu près tout ce que la consommation exige. Le liége sert à de nombreux usages : les pêcheurs l'attachent à leurs filets qu'ils veulent faire flotter ; on en fait des corsets pour la natation, des semelles imperméables, etc. ; mais l'emploi principal de cette substance est de boucher les bouteilles.

Le bouchonnier coupe les tables de liége en bandes, et ces bandes en morceaux quadrangulaires dont chacun est destiné à faire un bouchon, en le travaillant avec un *tranchet* d'acier très dur : ce tranchet, qui coupe vivement, doit être entretenu en aiguisant à chaque instant son tranchant à sec sur une pierre. Ce n'est pas le tranchet qu'on fait tourner autour du liége pour couper les parties superflues ; au contraire l'outil a son dos appuyé dans des entailles d'une table où on le retient de la main gauche, tandis que de la droite on présente le liége au tranchant, en faisant pirouetter le bouchon entre les doigts. Quand on a donné la forme de cylindre légèrement conique au morceau de liége, on coupe les deux bouts pour enlever le noir dont le feu a charbonné la surface de la plaque quand on l'a desséchée.

Les morceaux de liége brûlés en vaisseaux clos donnent un charbon léger et poreux qui est employé en teinture sous le nom de *noir d'Espagne.*   Fr.

BOUDIN. (*Arts mécaniques.*) Voici comment on fabrique les ressorts à boudin. On se procure du fil de laiton ou de fer de la grosseur qui convient à la force du ressort qu'on veut faire, ainsi qu'une broche en fer de diamètre convenable, sur laquelle il s'agit de rouler le fil en hélice. On pratique un trou à la broche, pour y passer et arrêter le bout du fil ; on monte ensuite la broche entre deux *poupées,* à la manière du tour en l'air, et l'on en saisit un bout avec une manivelle garnie d'un œil et d'une vis de pression. D'une main, en faisant tourner la manivelle, la broche pirouette sur elle-même entre les poupées ; on maintient de l'autre main le fil tendu, et on le guide, pour que les tours de spire soient contigus ; on retire ensuite la broche. C'est ainsi qu'on fabrique les élastiques de bretelles et les ressorts à boudin, de grandeur et calibre différens, dont on fait usage dans les arts.   Fr.

.BOUGIES simples et médicamenteuses, Bougies de Da— han, etc. On nomme ainsi une sorte d'instrument cylindrique lisse et flexible qu'on introduit dans l'urètre pour rétablir son calibre lorsqu'il est resserré, quelquefois pour le dilater plus que celui qui lui est naturel, ou enfin dans le but de combattre quelques maladies. Le nom de *bougie* lui vient de sa forme, qui est à peu près semblable à celle d'une bougie à brûler.

. M. Bernard, orfèvre, présenta en 1779 à l'Académie de Chirurgie des sondes flexibles et douces : cette espèce de sonde, qui présentait des avantages très grands sans doute, fit naître l'idée de construire des bougies qui eussent aussi la propriété d'être élastiques; elles furent employées généralement dans le cas où les bougies emplastiques n'étaient pas indispensables; mais on fit un secret de leur composition, et l'on prétendit qu'elles étaient préparées avec de la gomme élastique. Il paraît bien reconnu aujourd'hui qu'elles doivent leur élasticité à de l'*huile de lin* très rapprochée par une longue ébullition, et rendue siccative à l'aide de la litharge. On l'étend sur un tissu très fin de coton, de fil ou de soie; on roule le tout ensemble, et l'on polit ensuite. Pickel, docteur et professeur en Médecine, auquel on a cru pouvoir attribuer l'invention des bougies présentées par M. Bernard, en a publié la recette suivante. On prend 3 parties d'*huile de lin cuite*, 1 partie de succin et 1 partie d'huile de térébenthine; ces matières étant fondues ensemble et bien mélangées, on étend le composé qui en résulte sur un tissu de soie, à trois fois différentes, et l'on met ensuite les pièces ainsi préparées, au four, à une température de 60 à 70 degrés; on les y laisse pendant 12 heures, en ajoutant encore de nouvelles couches, 15 ou 18 fois successivement, jusqu'à ce qu'on ait atteint la grosseur voulue; on les polit ensuite à la pierre-ponce, et on les unit avec du tripoli et de l'huile d'olive.

Le procédé de Pickel est celui qu'on emploie encore aujourd'hui, à quelques modifications près ; entre autres, il paraît nécessaire pour la solidité de l'instrument, de faire dissoudre dans l'huile de lin un vingtième de son poids de gomme élastique (*caoutchouc*) ; il faut que cette substance soit coupée en lanières extrêmement fines, et ajoutée peu à peu dans l'huile : sans ces précautions il serait difficile de la dissoudre. Le tissu de soie doit être fin et peu serré, afin que la composition soit plus fortement engagée entre ses *fils* ; enfin les diverses couches ajoutées successivement doivent être desséchées à une chaleur très douce de l'étuve, et mieux encore à l'air libre. Cette opération, pour les meilleures bougies dites *élastiques*, comme pour les sondes, doit durer près de deux mois ; alors ces instrumens sont assez flexibles pour être entortillés autour du doigt sans se gercer ni s'écailler ; si on les tire fortement entre les mains comme pour les rompre, ils doivent s'allonger d'abord et présenter beaucoup de résistance (1). *Voy*. SONDES.

Daran, chirurgien français, fut l'un de ceux qui employèrent les *bougies* avec le plus de succès ; il commença ses observations pratiques en 1743, et au bout de quelques années les cures qu'il avait opérées lui acquirent une célébrité européenne : une multitude d'étrangers vinrent le trouver en France pour faire l'essai de ses bougies et profiter de l'expérience qu'il avait acquise. Il publia en 1780 une partie des nombreux résultats de ses travaux dans ce genre, et la recette de ses bougies ; on les prépare encore aujourd'hui par le même procédé, et elles sont connues sous le nom de *bougies de Daran*.

On prend une forte poignée de chacune des plantes suivantes :

Feuilles de ciguë (ombellifères), *conium maculatum, cicuta major ;*

Feuilles de nicotiane (infundibulées), *nicotiana major, tabacum ;*

Fleur de lotier odorant ou trèfle musqué (papilionacées), *lotus corniculatus , melilotus coronata ;*

***

(1) Les bougies de M. Lamotte soutiennent très bien cette épreuve.

Fleurs et feuilles de mille-pertuis, *hypericum vulgare* (bassinées);

on les hache bien menu et on les met dans une bassine en cuivre avec 5 kilogrammes d'huile d'olive ou d'huile de noix (1); on fait bouillir légèrement le tout ensemble, jusqu'à ce que les plantes hachées soient *bien frites* ou *rissolées;* on passe alors l'huile au travers d'un linge, et l'on presse fortement le marc qu'il retient, afin d'en exprimer toute l'huile; on ajoute à cette décoction huileuse 1500 grammes de *saindoux* (axonge); plus, 1500 grammes de suif de mouton; on met de nouveau sur le feu dans la bassine bien nettoyée, et lorsque le mélange est fondu et très liquide, on saupoudre dedans 2 kilogrammes de litharge pulvérisée; on remue constamment, et l'on porte à l'ébullition, qu'on soutient pendant 1 heure environ; on ajoute encore 1 kilogramme de cire jaune, et l'on continue de faire bouillir jusqu'à ce que ce mélange ait acquis une consistance convenable pour être employé : s'il était trop rapproché, les bougies qu'on fabriquerait seraient dures et cassantes. On peut remédier à cet inconvénient en ajoutant du suif au mélange fondu. S'il était au contraire trop peu rapproché, les bougies qui en proviendraient n'auraient pas assez de fermeté, et se replieraient au lieu d'entrer. Le point convenable de la *cuisson* de cette pâte est donc essentiel à observer; l'habitude seule peut apprendre à le connaître. On a préparé d'avance des bandes de toile fine et demi usée, de 22 centimètres de largeur et de 1 mètre de longueur; on les trempe dans la pâte huileuse, et on les découpe ensuite en bandelettes, dont la longueur est déterminée par la largeur des grandes bandes : elle est de 22 centimètres environ; leur largeur est plus ou moins grande suivant l'épaisseur de la toile employée et la grosseur des bougies qu'on se propose de faire. Ordinairement il faut que les bandelettes

----

(1) Daran prescrivait d'y ajouter de plus une livre de fiente sèche de brebis; mais on a reconnu depuis long-temps l'inutilité de cette matière, et on l'a supprimée.

aient 3 lignes de large pour produire des bougies dé 1 ligne de grosseur ; 12 lignes pour donner les plus fortes bougies, qui ont 4 lignes de diamètre ; et des largeurs intermédiaires, si l'on veut obtenir des bougies dont la grosseur soit comprise entre ces limites (1). On racle les bandelettes avec un *couteau*, pour les rendre bien lisses, et on les roule avec précaution entre les doigts, et ensuite sur une table de bois dur et très uni, pour les rendre plus égales : on continue de les rouler avec une planchette de bois dur et poli, qu'on appuie très légèrement, jusqu'à ce qu'on ne sente plus la moindre inégalité en passant la bougie entre les doigts. On coupe alors le petit bout, on le forme en pointe, puis on l'arrondit de manière à ce qu'il ne pique pas la joue, contre laquelle on l'appuie un peu pour l'essayer.

Lorsque les bougies sont en cet état, il suffit de les laisser sécher en les étendant à l'air sur une planche unie ; il faut qu'elles y soient séparées les unes des autres, sans quoi elles se colleraient ensemble. Elles sont assez sèches lorsqu'en en réunissant plusieurs elles n'adhèrent pas les unes aux autres.

On obtient, en suivant ce procédé, les bougies de première grosseur, c'est-à-dire les plus fines ; pour préparer celles du deuxième numéro l'on fait fondre la même composition indiquée ci-dessus, et l'on y ajoute deux fois son poids de cire jaune. Lorsque le tout est fondu et presque bouillant, on y trempe les bandes de toile, qu'on découpe ensuite en bandelettes de 6 lignes de large.

Pour préparer les plus grosses bougies on ajoute à la première composition indiquée quatre fois son poids de cire jaune. On suit du reste de point en point le même procédé.

Leytaut a apporté quelques modifications dans la composition des bougies de Daran, sans rien changer au mode d'opérer : il prescrit d'employer une poignée de feuilles de ciguë, de morelle (infundibulées), *solanum nigrum*, et d'*hypericum*

---

(1) Ces bandelettes doivent toutes être plus larges d'un bout que de l'autre, afin que les bougies soient un peu coniques.

vulgare, dans une livre d'huile d'olive, et d'ajouter successivement au liquide exprimé 3 onces de poix de Bourgogne, 6 onces d'emplâtre de ciguë, ensuite 4 livres de cire jaune coupée en petits morceaux ; et lorsque l'opération s'approche de sa fin, 3 onces de térébenthine cuite ; plus, 6 onces de pierre-ponce porphyrisée : après une heure d'ébullition, on ajoute enfin 2 onces de tartre brûlé (sous-carbonate de potasse). Il appelle les bougies de cette composition *fondantes* et *suppuratives ;* il indique la préparation de ses bougies *détersives* et *dessiccatives,* en ajoutant à la première composition parties égales d'huile d'hypéricum, moitié de son poids de Blanc de baleine, autant de céruse et de térébenthine de Venise, et faisant bouillir ce mélange pendant une heure environ.

Lorsqu'on veut se servir des *bougies creuses,* on introduit un *mandrin* (ou tige en fil de fer terminée par un anneau) recourbé d'avance suivant une certaine courbure (1).

On fait aussi des bougies dites *métalliques,* ou *sondes pleines élastiques ;* ce sont des bougies élastiques forées, dont on remplit le trou avec un cylindre formé d'une feuille d'étain roulée ; le gros bout de cet instrument est bouché par de la cire à cacheter. Ces bougies présentent l'avantage de se courber très facilement entre les doigts, et conservent la courbure qu'on leur donne ; elles peuvent être introduites d'autant plus aisément, qu'elles cèdent aux obstacles qu'elles rencontrent dans l'urètre. Elles doivent par conséquent causer moins d'irritation et une douleur moins vive.

Les bougies doivent être unies et polies par les mêmes moyens que ceux employés par les ciriers dans la fabrication des Bougies destinées à l'éclairage. On peut faire servir à la confection

---

(1) Quelques praticiens adoptent de préférence une courbe particulière ; d'autres veulent que la courbure de l'instrument varie comme la conformation des individus. Dans ce cas ils doivent eux-mêmes courber le mandrin ; on y parvient aisément, et de manière à éviter les *angles* et les sinuosités, en mettant une double feuille de papier sur le genou, et y appuyant avec force, entre les deux mains, la tige qu'on veut courber : il faut la faire glisser en même temps, pour que la courbe soit plus égale.

des *bougies*, tous les Emplatres et tous les onguens solides, suivant les indications, pourvu qu'ils soient d'une consistance convenable.

Les bougies, lorsqu'elles sont bien préparées, doivent être souples, flexibles, luisantes, et sans la moindre aspérité dans toute leur longueur.

Quelquefois au moment d'employer les bougies il faut les tremper dans un liquide médicamenteux préparé d'avance et de diverses manières, suivant l'indication du médecin.

P.

BOULANGER. La fabrication du pain consiste, comme tout le monde le sait, à pétrir de la farine avec de l'eau et du *ferment*, et à faire cuire dans un four, à une température convenable, la pâte qui résulte de ce mélange.

Les farines propres à faire du pain sont celles de froment, de seigle, de méteil, de maïs et de sarrasin. Les autres farines ne sont pas, ou ne sont qu'accidentellement employées au même usage.

Si l'on se bornait à mêler ces farines avec de l'eau, et à les faire cuire ensuite, on aurait une masse lourde, indigeste, ne ressemblant en aucune manière au pain. Il en serait encore de même si après avoir ajouté du *ferment* on brusquait trop la préparation. Il est donc indispensable de décrire isolément et avec quelques détails les diverses opérations qui constituent l'art du *boulanger*.

On se sert de deux procédés différens pour faire *lever* la pâte. Le premier consiste à garder un peu de pâte et à la faire *aigrir*, c'est-à-dire lui faire subir cette espèce de fermentation spontanée pendant laquelle son volume augmente considérablement, en même temps qu'elle devient acide et spiritueuse à la fois. On l'appelle alors *levain*. Le second procédé consiste dans l'emploi de la levûre de bière; mais quoique plus commode et donnant d'aussi bons résultats que le premier, il est moins employé, à cause de la difficulté, dans beaucoup de pays, de se procurer de la levûre de bière, dont le transport est d'ailleurs très difficile en raison de sa prompte altération.

La pâte se prépare dans une espèce de caisse en bois appelée *pétrin*, de forme prismatique, plus étroite en dessous qu'en dessus. Après y avoir introduit la farine, on la porte presque en totalité dans l'un des bouts, et l'on rassemble en tas vers l'autre bout ce qu'on réserve pour y mettre le levain ou la levûre. Après avoir fait un trou dans ce tas, on y verse de l'eau tiède qu'on délaie avec soin et rapidité. Avec le ferment on ajoute peu à peu, dans la proportion de 1 kilog. pour 20 à 30 kilog. de pain, un tiers de la farine, et l'on mélange jusqu'à ce qu'on ait obtenu une pâte molle bien homogène qu'on recouvre d'une légère couche de farine, et ensuite d'un sac plié ordinairement en quatre, ou bien encore d'une couverture de laine.

Le *pétrissage*, c'est-à-dire le mélange de l'eau, de la farine et du ferment, soit levain, soit levûre, se fait ordinairement avec les mains; mais souvent, quand on opère sur de grandes masses, on l'achève avec les pieds. Ce n'est qu'après 10 à 12 heures que le mélange du levain avec le tiers de la farine a été fait, qu'on doit procéder au pétrissage, c'est-à-dire faire une pâte bien homogène des deux autres tiers de farine avec le premier mélange et de l'eau.

La Société d'Encouragement de Paris, frappée des inconvéniens attachés à une opération aussi sale que rude et pénible, proposa, en 1810, un prix de 1,500 fr. à l'auteur de la meilleure machine propre à faire la pâte destinée à la préparation du pain. Dès lors plusieurs personnes, entre autres M. Ferrand, s'occupèrent de ce sujet, et imaginèrent divers appareils de pétrissage plus ou moins bien exécutés.

Nous allons extraire du rapport de M. Herpin ce qui est relatif au pétrisseur de M. Ferrand. (Bulletin de la Société d'Encouragement, 1832.)

Cet instrument est formé d'une lame ou bande de fer d'environ 2 pouces de largeur, et contournée en spirale. Cette pièce, qui a la figure d'un ressort à boudin de 6 pieds de longueur et de 2 pieds de diamètre, se compose de 12 tours ou hélices; elle est placée dans une position horizontale et tourne sur son axe.

Au moyen d'un mécanisme particulier on met en mouvement la spire, qu'on introduit à une profondeur plus ou moins grande dans le pétrin dans lequel on met la farine et l'eau nécessaires pour la composition de la pâte.

Lorsqu'on tourne le pétrisseur, les hélices traversent la pâte, la divisent, la distendent et l'étirent, en même temps qu'elles lui impriment un mouvement de translation de gauche à droite, et ensuite de droite à gauche quand on tire la spire dans un sens contraire.

Lorsque l'opération touche à sa fin, et qu'elle a été bien faite, une partie de la pâte recouvre les hélices et y reste adhérente. On soulève ensuite l'appareil au moyen du même mécanisme qui a servi à le descendre, et on le nettoie avec facilité en passant une racloire à la surface des hélices.

Le pétrissage dure environ 9 minutes; le *bassinage* (opération qui consiste à ajouter de l'eau à la pâte lorsqu'elle est déjà faite) en dure 4, le nettoyage du cylindre et du pétrin, 7; total 20 minutes, pour obtenir environ 500 livres d'une pâte bien homogène, donnant un pain léger, poreux, et donnant en un mot tous les caractères d'une bonne fabrication.

Description du pétrisseur mécanique, à lames hélicoïdes, inventé par M. Ferrand. — Il se compose d'un pétrin semi cylindrique C (fig. 3, pl. 7 des *Arts chimiques*), en bois de chêne, et solidement établi sur des pieds ou tréteaux AA. Le fond de ce pétrin est évidé entièrement sur une largeur de 18 pouces, et garni de plaques *d* en forte tôle étamée, attachées sur les côtés avec des clous à vis. Ce pétrin est muni d'un double fond B couvert en plomb; l'intervalle ménagé entre les deux fonds est rempli d'eau chaude pour échauffer la pâte à volonté : cette eau s'écoule par des cannelles U, après qu'on en a fait usage.

Le pétrisseur proprement dit est composé d'un arbre E, sur lequel sont implantés des supports F qui soutiennent une lame tranchante en fer D, de 2 pouces de largeur, contournée en spirale autour de l'arbre, reposant lui-même, par chacune de ses extrémités, sur des bras en fer T; ces bras sont réunis à des montans JJ, portant 2 poulies N. Au bas du pétrin est un axe muni de 2 treuils LL, autour desquels s'enroulent les cordes MM, qui servent à lever ou à baisser les bras portant la lame hélicoïde. Cette lame est divisée sur la longueur en autant de parties qu'il y a de cavités dans le pétrin, afin de pouvoir séparer les diverses qualités de pâte. Cette disposition permet néanmoins de faire une seule espèce de pâte dans toute l'étendue du pétrin : il suffit pour cet effet d'enlever la planche ou cloison X, qui divise le pétrin en 2 parties.

Le pétrisseur est mu par une manivelle K, adaptée à l'axe d'un pignon H, engrenant dans une roue dentée G en fonte, adaptée à l'arbre E ; un volant I sert pour régulariser le mouvement.

Cette dernière partie du mécanisme est supportée par un bâti A′, placé au bout et à l'extérieur du pétrin.

Explication des figures de la planche 7.

Fig. 1. La machine à pétrir vue en élévation latérale, du côté du volant.

Fig. 2. Élévation, vue de face, de la même, montrant le pétrisseur relevé.

Fig. 3. Coupe transversale sur la ligne AB de la fig. 2, montrant le pétrisseur plongé dans le pétrin.

Fig. 4. Élévation du côté opposé au volant.

Fig. 5 et 6. Détails des engrenages à l'aide desquels on élève ou abaisse le pétrisseur.

Les mêmes lettres indiquent les mêmes objets dans toutes les figures.

AA, bâti en bois de chêne, portant tout le système du pétrin mécanique.

A′, bâti fixé en dehors du pétrin, et portant le volant et les engrenages.

B, double fond du pétrin, qui reçoit de l'eau chaude.

C, pétrin dont le fond est formé de plaques de tôle étamée.

D, pétrisseur composé de lames tranchantes en fer, de 2 pouces de largeur, et contournées en hélice; elles opèrent la division de la pâte.

E, arbre horizontal autour duquel est fixée la lame hélicoïde.

FF, supports de cette lame implantés dans l'arbre E.

F′, points d'attache de la lame tranchante.

G, roue dentée montée sur l'arbre E.

H, pignon fixé sur l'axe du volant, et qui commande la roue précédente.

I, volant.

J, montant portant les poulies sur lesquelles passe la corde servant à élever et à abaisser le pétrisseur.

K, manivelle attachée à l'un des bras du volant.

L, treuil sur lequel s'enroule la corde M.

NN, poulies fixées à l'extrémité des montans J.

O, pignon monté sur l'axe du treuil L.

P, autre pignon engrenant dans le précédent.

Q, manivelle qu'on engage sur le carré de ce pignon.

R, rochet fixé sur l'axe du pignon P.

S, déclic pour arrêter le mouvement rétrograde du rochet.

TT, bras ou leviers à bascule portant l'arbre E.

U, cannelles pour soutirer l'eau qui a servi à chauffer le pétrin C.

V, entrée de l'eau chaude.

X, cloison mobile qui divise le pétrin C en deux parties.

Y, axe du pignon P.

Z, espace ménagé sur la lame hélicoïde, lorsqu'on veut opérer séparément dans les deux divisions du pétrin.

a, échancrure qui reçoit l'arbre E.

b, crochet auquel est attachée la corde M.

c, centre du mouvement du levier à bascule T.

d, fond du pétrin C, en tôle étamée.

Avantages du pétrisseur mécanique. — L'auteur attribue les avantages suivans à son pétrisseur : 1°. un homme de force moyenne suffit pour mettre le pétrisseur en mouvement, et confectionner 1000 à 1200 livres de pâte à la fois. 2°. L'ou-

vrier le moins intelligent suffit pour le conduire sans éprouver beaucoup de fatigue. 3°. La pâte est faite dans le tiers du
temps employé pour le travail à bras ; elle est mieux délayée,
et l'on peut favoriser la fermentation au moyen d'un bain-
marie ménagé dans le double fond, et compenser ainsi le
mauvais effet produit par le contact du fer de l'hélice avec la
pâte. 4°. Le pain est léger et de très bon goût. 5°. Le travail
est exécuté avec une extrême propreté, puisque les farines
sont tamisées avant d'être introduites dans le pétrin, et que
l'ouvrier ne met jamais la main à la pâte. 6°. Enfin le pétrisseur peut être appliqué avec le plus grand succès à la fabrication du biscuit, des pâtes de vermicelle, etc.

Quelle que soit la forme du pétrin, les opérations du pétrissage sont toujours les mêmes, et au nombre de cinq, la
délayure, la *frase*, la *contre-frase*, le *bassinage*, les *tours* et
le *battement*.

Voici ce qu'en dit Parmentier dans son Traité de l'art du
Boulanger.

« Le levain contenu dans la farine en fontaine (c'est la farine que la cloison retient dans le pétrin) est délayé avec une
partie de l'eau destinée au pétrissage. Une fois délayé, on
ajoute l'eau restante, qu'on mêle bien exactement, de
manière qu'il n'y ait aucun grumeau, que tout soit divisé et bien fondu ; c'est ce qu'on nomme la *délayure*.
Cette opération doit s'exécuter promptement en hiver, et
un peu plus lentement en été.

» On ajoute ensuite à la délayure l'autre partie de la
farine, qu'on incorpore promptement dans la masse,
jusqu'à ce qu'elle acquière la consistance nécessaire. Dans
cet état, elle n'est pas encore unie et élastique ; c'est une
masse remplie d'inégalités, et composée de fils qui semblent
ne former aucune union entre eux. Cette seconde opération
du pétrissage est la *frase*.

» On ratisse bien le pétrin, afin de tout rassembler et
de ne former qu'une seule masse, qu'on retourne devant
et derrière le pétrin, en la changeant rapidement de place,

et en la portant d'un côté à l'autre. Cette union plus parfaite de l'eau, des levains et de la farine, porte le nom de
contre-frase. Ces deux opérations, et surtout la dernière,
demandent, dans tous les temps, d'être faites avec célérité, sans quoi la pâte n'a ni corps ni liaison; elle est manquée; enfin c'est ce qu'on appelle *frase-brûlée.* La frase et
la contre-frase ont donc une telle influence sur le pétrissage, qu'étant vivement exécutées, on peut employer ensuite moins de temps à la préparation de la pâte; au lieu
que si elles sont languissantes, leurs effets se manifestent
sensiblement, quels que soient le temps et les soins qu'on
emploierait dans les opérations subséquertes.

» Dès que la pâte a acquis de la consistance, on la travaille en la découpant seulement en dessous, en plaçant
les mains sous la pâte, la tirant, la rapprochant, la re-
tournant par gros pâtons qu'on jette dans le pétrin de
droite à gauche et de gauche à droite. Ces divers déplacemens sont les *tours à pâte.*

» Pour continuer le pétrissage, il faut, lorsque la pâte a
reçu trois tours, et qu'elle a été portée autant de fois d'un
côté à l'autre du pétrin, y faire plusieurs enfoncemens dans
lesquels on verse l'eau où l'on a fait fondre du sel à raison de
31 grammes (1 once) par 7 kilogrammes de farine, quand on
en fait entrer dans le pain. Dès qu'elle est bien incorporée, on donne à la pâte plusieurs tours, et c'est le *bassinage.* »

Le *battement,* qui n'est autre chose que le complément du
pétrissage, consiste à donner à la pâte, bien pénétrée d'eau,
une souplesse et une élasticité égales dans tous ses points; ce
qu'on exécute en prenant la pâte dans les mains serrées, l'élevant, la laissant retomber, et répétant plusieurs fois la même
opération.

Quant à la fermentation de la pâte, et au temps qu'on doit
la laisser dans les corbeilles ou dans le pétrin, cela varie nécessairement beaucoup avec la qualité du ferment employé et
avec la température. Quand on s'aperçoit que la pâte ne *lève*

plus (cela arrive ordinairement au bout de 2 heures), on la coupe par morceaux, on la pèse, on lui donne la forme qu'on désire, et après 25 à 30 minutes elle n'a plus besoin que d'être cuite. *Voy*. FOURNIER.

Du biscuit de mer. — C'est un pain qui sert de nourriture aux marins dans les voyages de long cours, et qui ne diffère du pain ordinaire que par un état de dessiccation beaucoup plus grand, et la forme de galette qu'on lui donne ordinairement.

Pour le préparer on prend 5 parties de levain qu'on délaie et qu'on pétrit dans de l'eau tiède avec 50 parties de farine. Quand la pâte a acquis assez de consistance pour ne plus pouvoir être travaillée avec les mains, on achève de la rendre lisse et unie soit au moyen de la *brie* du *vermicellier*, soit en la foulant avec les pieds.

Après ce pétrissage on travaille encore la pâte par parties; on lui donne la forme ronde et aplatie avec une *bille;* on l'abandonne à elle-même sur des planches placées dans un endroit frais, pour empêcher qu'il ne se développe un mouvement trop marqué de fermentation.

La cuisson du biscuit se fait à une température un peu plus basse que celle du pain ; elle dure ordinairement 2 heures.

A mesure qu'on retire les galettes du four on les place avec précaution dans de grandes caisses qui en contiennent de 25 à 50 kilogrammes. On porte ces caisses soit dans des étuves, soit dans des *soutes* (pièces placées au-dessus du four) ; là s'opère le *ressuage* du biscuit, c'est-à-dire qu'il y achève sa dessiccation.

Pain de pommes de terre. — Pour préparer ce pain on fait cuire les pommes de terre à l'eau, on en ôte la peau, on les écrase ensuite avec un rouleau de bois, de manière qu'il ne reste aucun grumeau, et qu'il en résulte une pâte bien homogène ; on ajoute à cette pâte le tiers de son poids de levain et une quantité de farine égale à celle de la pulpe de pommes de terre employée. On pétrit bien le tout avec de l'eau, et quand la pâte est apprêtée on la met au four, en ayant soin de chauffer celui-ci moins que pour le pain ordinaire, et de prolonger plus long-temps la cuisson; sans cela la croûte du pain serait dure et cassante, tandis que l'intérieur serait au contraire chargé d'eau et encore pâteux.

M. Gannal a présenté, il y a peu de temps, à l'Institut un pain préparé avec

Farine bise............................ 10 kilog.
Fécule de pommes de terre......... 20
Cassonade brute..................... 0,250
Sel.................................. 0,250·
Levûre de bière liquide............. 0,250
Eau................................. 22 litres.

On fait le soir, avec les 10 kilogrammes de farine et 8 litres d'eau, à la température ordinaire, une pâte qu'on n'emploie que le lendemain matin; on fait alors bouillir les 14 litres d'eau restant, on les verse sur la moitié des 20 kilogrammes de fécule, à laquelle on ajoute le sucre et le sel; on fait une pâte homogène qu'on laisse reposer pendant une demi-heure, après quoi on l'incorpore dans le pétrin avec l'autre moitié de la fécule. Ce mélange bien fait, on y ajoute la pâte de farine préparée la veille, puis la levûre délayée dans une très petite quantité d'eau; on travaille ensuite la pâte comme on le fait pour le pain ordinaire. La pâte ne doit pas être entièrement levée pour être enfournée, et le four ne doit pas être aussi chaud que pour le pain ordinaire. La cuisson exige trois quarts d'heure environ.

Ce pain revient à 6 sous les 4 livres.

MM. Payen et Persoz ont également présenté à l'Institut du pain dans lequel ils ont fait entrer une grande quantité de *dextrine*.

Enfin MM. Bouchardat et Luyne ont proposé de fabriquer du pain sans autre farine que celle de pommes de terre, en remplaçant le gluten qui manque dans cette farine par une autre matière très azotée, le *caseum*. C'est au temps et à l'expérience qu'il faut s'en rapporter pour juger de l'utilité de ces divers procédés de panification.

D'après Davy, le carbonate de magnésie, dans la proportion de 20 à 40 grains par livre de farine, produit un pain de la meilleure qualité, et améliore singulièrement les mauvaises farines : la pâte lève fort bien, le pain est léger, spongieux et d'une saveur fort agréable. P...ze.

BOULETS DE CANON. Ce sont des globes massifs en fonte de fer, de diverses grosseurs, qu'on lance contre l'ennemi au moyen de canons ; leur poids marque leur calibre. Nous avons en France des boulets de 4, 8, 12, 16, 24 et 36 livres.

Les boulets se coulent dans des moules de fer fondu divisés en deux coquilles, se rapportant exactement l'une sur l'autre en forme de tabatière. La partie supérieure, au milieu de laquelle est percé le canal du jet, a assez de poids pour que la fonte liquide introduite dans le moule ne puisse la soulever.

Lorsqu'on verse la matière dans le moule, il faut que ce soit à petits filets, surtout du moment où elle dépasse la jonction des deux coquilles, afin d'éviter les soufflures qui résulteraient des bouillonnemens de la fonte et de l'interception de l'air, qui n'aurait ni la possibilité ni le temps de s'échapper, n'ayant d'autre issue que le jet même, qui est en général très petit. Le boulet étant coulé et refroidi, on déboîte les coquilles, et d'un coup de marteau frappé sur l'hémisphère inférieur du boulet, qui se dégage facilement, on fait rompre le jet qui le retient encore à la coquille supérieure.

Les boulets sortant du moule sont loin d'être parfaits. La jonction des deux coquilles, quelque exacte qu'elle soit, se trouve marquée sur la surface des boulets, ainsi que les déchiremens causés par la rupture du jet. Pour effacer ces irrégularités, qui érailleraient l'âme des canons, on fait chauffer au rouge-cerise les boulets dans un four à réverbère, d'où les retirant alors avec une pince, on les porte entre une enclume et un marteau concaves, chacun du quart des boulets, où ils sont battus par un martinet. Un ouvrier, dans l'intervalle de chaque coup, les retourne en tous sens à l'aide d'une pince dont il est armé, jusqu'à ce que leur surface soit parfaitement unie. Ordinairement cent vingt à cent trente coups de marteau suffisent pour cette opération ; mais le poids du marteau varie suivant le calibre des boulets. Il ne pèse que 30 à 40 livres pour les boulets de 4 ; 40 à 50 pour ceux de 8 ; 60 pour ceux de 12 ; ainsi de suite en augmentant en proportion du calibre.

En général le *vent* de tous les boulets, la différence du diamètre de l'âme d'un canon au diamètre de son boulet, est d'une ligne. On prend beaucoup de précautions pour que les boulets soient exactement du diamètre déterminé, à cause des inconvéniens qui résulteraient d'avoir des boulets ou trop gros ou trop petits. Dans le premier cas on serait exposé à mettre un canon hors de service, en y enfonçant un boulet qu'on ne pourrait plus retirer ; et dans le second on perdrait beaucoup de l'effet du boulet, qui laisserait échapper en pure perte une grande quantité du fluide élastique développé par l'inflammation de la poudre.

Boulets ramés. — Ce sont des moitiés de boulets tenues à une certaine distance l'une de l'autre par le moyen d'une barre de fer carrée qui les traverse dans une direction perpendiculaire à leur section. Ces deux moitiés de boulet ont leurs faces tournées l'une vers l'autre, et sont fondues au sable sur la barre même qui les enchaîne, et dont on a mâché les deux bouts pris dans la fonte, afin qu'elle ne puisse pas se retirer. C'est particulièrement dans la marine qu'on fait usage des boulets ramés. On les dirige plus particulièrement vers les voilures des bâtimens, où, par leur tourbillonnement, ils causent de grands dégâts. E. M.

BOUSSOLE. (*Arts mécaniques.*) Instrument où est suspendue une aiguille aimantée, et qu'on emploie à divers usages. Nous en décrirons d'abord la forme générale, et nous parlerons ensuite des modifications particulières qu'on y apporte dans certaines circonstances. Nous avons expliqué au mot AIMANT les propriétés de ce singulier corps et les effets les plus remarquables qu'il produit ; on peut recourir à cet article, où nous avons donné la théorie de ses influences, pour l'intelligence de tous les faits ; bornons-nous ici à en montrer l'application à la boussole.

Nous avons indiqué comment on suspend une aiguille sur un pivot, où elle est extrêmement mobile, à l'aide d'une chape en laiton ou en agate, creusée d'un trou conique pour recevoir la pointe. Nous y avons remarqué que, pour que l'aiguille se maintînt horizontale après avoir été aimantée, il fallait détruire son inclinaison par un lest. L'*axe de figure* n'est pas ordinairement l'*axe magnétique,* et il est bon que la chape puisse se retourner le dessus en dessous, pour éprouver l'aiguille dans cette position renversée, et mesurer cette différence d'axes.

On fabrique une boîte en bois ou en cuivre destinée à contenir l'aiguille. Le fer doit en être banni, et les assemblages s'y font à tenons et à mortaises en queue d'ARONDE, ou avec des vis de cuivre. On doit préférer le cuivre rouge au laiton, parce que celui-ci contient quelquefois des parcelles de fer ; mais le cuivre rouge est mou et se polit mal. Un alliage de 18 parties de cuivre rouge et de 1 d'étain fin est ce qu'on doit préférer. Cette boîte renferme un cercle de cuivre ou d'argent, dont le périmètre est divisé en degrés et demi-degrés ; l'aiguille, dont le pivot est parfaitement au centre, doit être assez longue pour atteindre cette circonférence par ses deux bouts, dans toutes les positions, mais sans la toucher.

Ces aiguilles ont ordinairement 6 pouces de longueur ; elles sont un peu relevées en leurs deux pointes, afin de mieux affleurer le limbe et de conserver plus de stabilité ; les oscillations doivent être très libres. Le centre a un trou taraudé pour y entrer à vis la chape d'agate, qui porte en son milieu un trou pour recevoir le pivot. (*Voy*. pl. 1, fig. 2.) Quelquefois on prend pour aiguille de petits barreaux carrés, marqués à chacun de leurs bouts d'un trait pour indiquer l'axe magnétique : c'est ce trait indicateur qui remplace la pointe des aiguilles dont nous avons parlé. En aimantant les aiguilles on doit éviter avec soin qu'elles aient des *points conséquens. Voy.* AIMANT.

Au centre de la boîte est fixé le pivot : c'est une pointe fine d'acier trempé et poli, exactement perpendiculaire au plan du fond. Cette pointe ne doit pas être assez fine pour fléchir sous le poids de l'aiguille ou se briser par les secousses brusques qu'on est exposé à lui donner lorsqu'on transporte l'instrument. Elle touche la chape par la moindre surface possible, en satisfaisant aux conditions opposées de solidité et de finesse dont on vient de rendre raison. Il est bon qu'on puisse l'enlever facilement pour la changer ou la passer sur la pierre à l'huile, lorsqu'elle vient à s'oxïder ; accident fréquent sur mer.

Sur le fond de la boîte, en métal ou en bois, on grave une *rose de vents* (fig. 5, pl. 4), ou bien on en colle une tracée sur du papier, ce qui suffit aux grossières indications qu'on en espère ; car c'est toujours sur le limbe gradué qu'on doit lire les positions de l'aiguille quand on désire quelque précision.

L'aiguille aimantée prend en chaque lieu une direction constante, quelque position qu'on donne à la boîte de la boussole : cette direction n'est pas exactement celle du nord au sud ; il y a une déviation qu'on appelle *déclinaison,* qui n'est pas la même dans tous les pays, et même qui varie très lentement en chaque lieu. On est en droit de la regarder comme constante pendant un temps assez long, dans chaque pays : cette direction fixe est ce qu'on appelle l'*axe* ou le *méridien magnétique.*

Quelques ingénieurs ont trouvé commode de fabriquer l'instrument de manière qu'on puisse tourner le diamètre qui va de zéro à 100°, dans une situation telle, que, quand l'axe magnétique de la boussole se trouve dirigé selon ce diamètre, l'alidade, dont nous allons parler, aille juste du nord au sud : alors la ligne nord et sud de la rose indique en effet ces deux points cardinaux. Il suffit pour cela de rendre le limbe mobile circulairement, et d'amener le zéro dans la position dont il s'agit. Sous la boîte est un petit trou où l'on voit le bout d'une tige carrée qu'on fait tourner avec une clé, comme lorsqu'on monte une pendule : cette tige porte un pignon qui engrène sur la circonférence du limbe, où se trouve une denture occupant une quarantaine de degrés, pour suffire aux digressions les plus extraordinaires de la déclinaison. L'engrenage force le limbe à tourner autour du centre de la boussole, et l'on amène aisément le zéro en un point qui réponde à la déclinaison, indiquée sur un arc fixé à la boîte et portant environ 5o degrés.

Un verre recouvre l'aiguille et le limbe, pour les abriter des impulsions du vent. Ce verre doit être assez éloigné de la chape pour ne pas la toucher lorsque la boussole est en expérience, et cependant assez proche pour qu'en renversant tout-à-fait l'instrument, l'aiguille ne puisse échapper de son pivot. On a coutume de placer sous l'axe central une pièce de cuivre qu'on peut élever à volonté, pour presser la chape contre le verre et soulager le pivot quand on n'observe pas. Ce mouvement se produit de plusieurs manières en touchant un bouton placé en dehors : chacun se représente aisément cet appareil. Le verre est retenu dans la gorge sur laquelle il est posé, par un gros fil de laiton roulé en cercle, qui appuie sur les bords en vertu de son élasticité.

Il est en général bon de lire les indications des deux bouts de l'aiguille sur le limbe gradué, et de prendre la moyenne, qui est indépenadnte de l'excentricité. Il n'est pas nécessaire d'attendre que les oscillations de l'aiguille soient entièrement arrêtées; le milieu entre les arcs extrêmes qu'elle parcourt, quand sa marche est très ralentie, est le point d'arrêt.

Quelquefois la boussole n'est destinée qu'à donner des orientations, et alors les pièces dont nous venons de parler suffisent. On emploie même pour orienter la PLANCHETTE, une boussole qui est dans une boîte longue, et ne porte que quelques degrés de chaque côté de la ligne nord et sud; c'est ce qu'on nomme un *Déclinatoire*.

Boussoles d'arpentage. — Dans les boussoles qui servent à lever les plans on adapte au côté de la boîte une ALIDADE (fig. 7), pour servir de visière. On doit se représenter que cette alidade n'est mobile que de haut en bas, quand la boussole est horizontale; ce qui permet de la diriger vers les points qui sont hors du plan de niveau. Ordinairement la boîte est carrée, en bois de noyer; une planchette qu'on fait glisser entre deux rainures recouvre le verre pour le garantir des chocs lorsqu'on ne se sert pas de l'instrument. L'alidade est un petit parallélépipède creux, en forme de tube quadrangulaire, serré contre le bord plat de l'un des côtés, et fermé à chaque bout d'une plaque qui est percée d'un trou et munie d'une petite pointe verticale en cuivre : on applique l'œil contre ce trou, et la boussole étant horizontale, il faut diriger l'alidade et l'incliner convenablement, en la tournant autour de l'axe qui l'attache au côté, jusqu'à ce que la petite pointe opposée paraisse projetée sur l'objet qu'on vise. L'axe de l'alidade doit être exactement parallèle à la ligne nord et sud, marquée 0° et 180°, et au côté de la boîte. Cet axe est la ligne de visière; il va du petit trou qui est à un bout, à la pointe qui est à l'autre.

Pour se servir de cette boussole on l'établit sur un pied à trois branches, à l'aide d'un GENOU et d'une DOUILLE qui sont fixés dessous la boîte, et l'on tourne cette boîte sur sa douille, de manière que l'alidade puisse viser un objet. Le limbe doit être horizontal; ce qu'on reconnaît en voyant si les bouts de l'aiguille le rasent, quand on l'a rendue libre de se mouvoir. Lorsque les oscillations de cette aiguille se sont arrêtées, on lit sur le limbe la graduation marquée par l'un des bouts, par exemple au bout qu'on a bleui au feu et qui se dirige vers le nord. Cela fait, on tourne la boussole sur la douille, pour viser un autre objet, et on lit de nouveau la graduation indiquée par le même bout de l'aiguille. Il suit des effets magnétiques, que cette aiguille a conservé constamment la même position, et se dirige dans toutes les épreuves vers le même point de l'horizon, sans participer en rien au mouvement qu'on a fait prendre à la boîte. La différence des graduations indiquées est donc l'arc dont l'instrument a tourné pour passer d'une position à l'autre : si l'on a lu 260° la première fois, et 300° la deuxième, les rayons visuels menés par l'alidade dans les deux situations étant projetés sur l'horizon, font un angle de 40°, différence entre 3oo et 26o. La boussole offre, comme on voit, un moyen de mesurer les angles, et même de les réduire à l'horizon ; ce qui la rend précieuse pour les opérations d'*Arpentage*. Lorsque dans ses mouvemens l'aiguille a passé au-delà du zéro sur le limbe, on doit ajouter les arcs qui mesurent les deux distances du bout de l'aiguille au point de 36o°.

On ne peut guère lire sur les boussoles que jusqu'aux quarts de degrés ; le peu d'étendue du limbe, la distance du bout de l'aiguille indicatrice et sa mobilité ne permettent pas de compter sur plus d'approximation. La boussole est donc un instrument très imparfait, et dont on ne se sert jamais dans les opérations exactes ; mais l'usage en est si simple et si rapide, qu'elle est fréquemment employée dans des cas où une grande précision n'est pas nécessaire. Elle n'exige pas qu'on puisse voir l'objet auquel tous les autres sont rapportés ; aussi ne peut-on guère en employer d'autres pour lever les sinuosités d'un ruisseau ou d'un sentier dans les bois. Après avoir jalonné le contour on se place au point de départ de la sinuosité, puis on aligne la boussole sur le premier jalon ; on se transporte à celui-ci et on aligne le deuxième jalon ; on va de là au deuxième, d'où l'on aligne le troisième, et ainsi de suite. Comme à chaque station l'aiguille se remet parallèle à sa première direction, les lectures qu'on fait sur le limbe, et dont on tient note, donnent chaque angle.

Il n'est pas même nécessaire d'évaluer chaque angle en faisant des soustractions ; on porte chaque direction sur le papier avec la plus grande facilité, à l'aide du Rapporteur. Soit A le lieu de départ, B,C,D (fig. ,etc.,8), les jalons du sentier et les stations où l'on a fait les observations successives. On tirera en AN une droite pour désigner le méridien magnétique, et l'on tracera avec le rapporteur la ligne AB. faisant l'angle NAB, tel qu'on l'a lu sur le limbe à la première station. On est supposé avoir mesuré AB ; ainsi l'on portera sur cette droite, en parties de l'Échelle du plan, une longueur représentant AB.

B sera donc la deuxième station : on y menera BN parallèle à AN ; ce sera le méridien magnétique ; on fera avec le rapporteur l'angle NBC du nombre de degrés qu'on l'a observé à la seconde station, et l'on prendra BC égal à la distance de celle-ci à la troisième, et ainsi de suite.

On peut même se dispenser de recourir à l'usage du rapporteur ; car après avoir fixement arrêté sur une table la feuille de papier qui doit recevoir le plan, on éloigne tous les instrumens de fer, et l'on pose la boussole sur la table, puis on la tourne jusqu'à ce que l'aiguille revienne aux graduations qu'on a observées sur le terrain. Il est clair qu'en cet état l'instrument reprend des positions parallèles à celles qu'il avait alors, et que les lignes tracées le long du côté de la boîte carrée, dont on se sert comme d'une règle, sont en effet des droites parallèles aux directions qui ont les incidences mutuelles observées.

Nous parlerons maintenant de quelques perfectionnemens qu'on a apportés à cet instrument pour lui donner plus de précision.

Au lieu d'alidade on y adapte une Lunette à deux verres convexes (fig. 7) ayant à leur foyer commun deux fils en croix qui servent à pointer avec exactitude les objets éloignés. Cette lunette renverse les images ; ce qui n'a ici aucun inconvénient. Comme une lunette de 6 pouces grossit en général assez peu, on donne un tirage à son tube pour en augmenter la puissance. Le réticule qui porte les fils peut prendre un mouvement qui l'amène au foyer de l'objectif ; et, avec une clef forée en carré, on peut l'amener à avoir l'un des fils du réticule vertical quand la boussole est horizontale. On doit s'assurer que le mouvement de la lunette laisse ce fil dans le même plan vertical ; ce qu'on fait en pointant vers un signal éloigné, et mouvant verticalement la lunette, pour s'assurer si l'un des points de cet objet demeure sous le fil : cette précision dans le mouvement de l'alidade dépend du soin qu'on a apporté dans la fabrication de l'axe de rotation. Il est bon d'adapter en dehors de la lunette des pinnules ordinaires pour ajus-

ter approximativement les objets, avant de mettre l'œil à
la lunette.

Pour que l'instrument puisse être commodément dirigé vers
tous les points de l'horizon sans cesser d'être horizontal,
voici l'appareil dont on se sert. ABC (fig. 9 *bis*) est un plan
triangulaire en cuivre, dont deux pointes portent chacune
une dent oblique *ab*, très solide ; la troisième *c* porte un
crochet qu'on peut faire tourner à l'aide d'un gros bouton placé sous la plaque : ces deux pointes et ce crochet
entrent dans des trous de même forme pratiqués sous la
boîte, et maintenant le plan triangulaire est fixé sous la boussole, parce qu'elles forment une griffe qui saisit la boîte et
s'oppose à tout ballottement. Sous ce plan AC (fig. 9) est un
plateau DD en cuivre qui permet au plan triangulaire et à la
boussole de tourner librement autour d'un axe central *i* ;
mais on peut arrêter le mouvement à volonté à l'aide de la
vis de pression *k* : ce plateau fait corps avec un genou dont la
tête sphérique O est embrassée par deux coquilles E, E, que
serre une vis de pression M ; enfin une douille L est au bas
de l'appareil.

Lorsqu'on veut se servir de la boussole, on l'attache à la
griffe ABC, puis on fait entrer le bout conique ou cylindrique
du pied P dans la douille L, et l'on serre la vis de pression N,
pour que le tout soit solidement fixé sur le pied. En lâchant
la vis M, la tête O du genou devient mobile en tous sens, et on
la fait tourner jusqu'à ce que le plan de la boussole soit exactement horizontal, ce que l'on reconnaît en voyant si l'aiguille
aimantée rase exactement le limbe ; un à-peu-près est suffisant :
cependant si l'on veut plus d'exactitude dans l'horizontalité,
on peut adapter à la douille des VIS A CALER, et se servir d'un
petit niveau à bulle d'air.

On voit que la rotation de la boussole sur le plateau DD,
autour de l'axe *i*, laisse le plan de l'instrument horizontal, et
qu'on peut diriger l'alidade de tous les côtés, et faire le tour
entier de l'horizon. On peut encore ajuster une VIS DE RAPPEL
pour produire de petits mouvemens, afin de viser exactement

3..

les objets, et de les faire coïncider juste avec le fil vertical de la lunette ; car il ne convient d'employer l'appareil compliqué que nous décrivons ici, que pour les boussoles à lunettes, réservées aux opérations les plus précises qu'on puisse faire avec ce genre d'instrument. Il est facile de séparer la boussole de son genou et celui-ci du pied, pour emporter commodément chaque partie.

— *Boussoles qui servent en mer.* — La boussole qui sert à diriger les navires dans leur marche est nommée *compas de route ;* l'aiguille n'y est point isolée ; on la charge d'un carton léger, ou d'un morceau de talc circulaire collé entre deux papiers. Cette aiguille ainsi lestée se meut à l'ordinaire sur un pivot placé au milieu de sa longueur, qui est aussi le centre du disque dont elle se trouve chargée : comme dans ses mouvemens elle emporte le disque dont elle est lestée, cette masse arrête ou du moins modère les oscillations. Sur le disque est tracée une *rose de vents*, c'est-à-dire que la circonférence est partagée en trente-deux parties égales par des rayons nommés *rumbs* ou *airs de vent*, comme le montre la fig. 5. Chaque division a son nom ; la ligne nord et sud porte une fleur-de-lis, et c'est sur ce diamètre que l'aiguille est fixée au disque. Le compas de route est retenu dans un double châssis ayant deux mouvemens, selon la suspension de Cardan (fig. 6), autour des axes AB, RS, perpendiculaires entre eux ; en sorte que la boussole demeure constamment horizontale, quelles que soient les agitations du vaisseau.

La boîte du compas de route est carrée ; elle offre dans son intérieur un trait vertical qu'on nomme *cap :* le rayon qui y aboutit doit être exactement parallèle à l'axe longitudinal du vaisseau ; le cap est au bout de ce rayon, du côté de l'avant ou de la proue. On place ce compas de route dans une armoire nommée *habitacle*, qui est ouverte et située près du timonier, pour qu'il puisse voir la rose et maintenir le gouvernail dans la situation exigée. Selon que le trait du cap répond à tel ou tel point de la rose, la quille a une direction différente : si le cap est, par exemple, sur le rayon *est* de la rose, la quille est tournée perpendiculairement au méridien magnétique. Le capitaine arrête d'abord le rumb de vent à suivre, et ordonne au timonier de gouverner selon cette direction ; celui-ci maintient le gouvernail de manière que le cap réponde toujours au rumb qui lui a été prescrit. On a soin d'éloigner de l'habitacle le fer et l'acier, pour que ces métaux n'influencent pas l'aiguille. Ordinairement cette armoire est divisée en trois cases ; dans la moyenne on place une lumière pour éclairer les deux latérales, dont elle n'est séparée que par des vitres ; dans chacune de celles-ci est un compas de route, pour que le timonier puisse avoir toujours l'un ou l'autre en vue.

Comme la direction du méridien magnétique change avec les lieux, il est indispensable au marin d'en connaître la déclinaison ; il l'obtient par des observations astronomiques dans le détail desquelles nous ne pouvons entrer. Nous dirons seulement qu'on observe principalement le soleil à son lever ou à son coucher avec une boussole. Pour avoir égard à la réfraction l'on attend que le bord inférieur de l'astre soit en contact avec l'horizon : c'est comme si l'on visait à son centre à l'instant où il se lève ; on remarque à quel air de vent il répond ; et une table toute calculée donne ensuite la déclinaison de l'aiguille. On ajoute sur la boîte de la boussole un cercle de bois ou de cuivre, dont une moitié BED (fig. 11) est divisée en 90 parties ; chacune de ces parties vaut 2°, mais on ne les compte que pour un, parce qu'elles mesurent des angles dont le sommet A est la circonférence ABED. Au point A est une alidade mobile, ayant une branche verticale et une fente pour tenir lieu de pinnule. Un fil PO, obliquement tendu, sert à aligner l'astre, parce que ce fil, lorsqu'on met l'œil à la pinnule, doit se peindre sur l'astre : l'ombre du fil doit alors se projeter sur la fente de la pinnule.

Cet instrument se nomme *compas azimutal.* La pinnule peut être couchée sur le plan du cercle, et tourner sur une charnière ; plusieurs circonférences sont tracées sur ce cercle, ainsi que des transversales qui servent à évaluer les parties de degré. Deux fils AE, BD, sont tendus en croix, l'un selon le diamètre qui passe par zéro, et l'autre selon sa perpendiculaire : ces fils servent à orienter le cercle relativement à la rose de vents, en les faisant coïncider avec quatre traits rectangulaires marqués d'avance sur celle-ci.

Ainsi après avoir établi cette coïncidence, en faisant répondre le pied A de l'alidade au point est ou ouest de la rose, selon que l'observation se fait vers l'ouest ou l'est, on vise à l'astre en faisant tourner l'alidade jusqu'à ce qu'elle soit dirigée exactement vers lui ; alors le nombre de degrés marqués entre la ligne AE et l'alidade AO donne l'éloignement de l'astre à l'égard de la ligne est et ouest de la boussole. Au reste, quoique cet appareil soit assez commode, les balancemens du vaisseau rendent les résultats assez incertains.   FR.

BOUTONNIER, BOUTONS. (*Arts mécaniques.*) On fabrique des boutons de formes si variées, selon le caprice des modes, que le plan de notre Dictionnaire ne nous permet pas d'entrer dans tous les détails que comporte cette industrie : nous nous bornerons à traiter ici des boutons dont l'usage est le plus ordinaire.

Dans un morceau de chêne, de noyer, de buis, etc., ou de tout autre bois dur et équarri, on taille avec la scie des lames minces ou planchettes sur lesquelles on enlève des disques, ou *moules de bouton*. On se sert pour cela d'un outil ou MÈCHE qui a une pointe pour percer le moule au centre, et sur le côté une dent coupante ; cette dent, en tournant, détache la circonférence. Le mouvement de rotation est imprimé à l'aide d'une roue, à peu près comme on fait tourner les pièces du tour. Chaque moule est ainsi détaché sur la lame de bois. On fait aussi des moules en corne, en os, en ivoire, etc. : il faut recouvrir ces moules d'étoffe, ou d'un tissu en soie, en crin, en coton, etc., selon le goût du jour, et coudre sur les vêtemens.

Les boutons de métal sont taillés dans une lame de cuivre à l'aide d'un EMPORTE-PIÈCE ou d'un DÉCOUPOIR A BALANCIER qui frappe en même temps le nom du fabricant et des des-

sins à la surface, comme lorsqu'on bat monnaie. (*Voy*. Balancier monétaire.) On soude au centre, par-dessous, un
petit anneau qui sert de queue pour attacher le bouton
sur l'étoffe. On polit et répare le bouton en l'attachant
par sa queue, avec une peau de buffle, sur le tour en l'air ;
et avec l'outil déjà décrit on rogne les bords. On dore et
polit la surface, etc.   Fr.

BOYAUDIER. L'art du boyaudier consiste à débarrasser
la membrane ou tunique musculaire des autres membranes
qui constituent l'intestin. Pour y parvenir on emploie successivement, dans la préparation des boyaux soufflés, les
opérations suivantes : 1°. le *dégraissage;* 2°. le *retournage;*
3°. la *fermentation putride;* 4°. le *ratissage;* 5°. le *lavage;*
6°. l'*insufflation;* 7°. la *dessiccation;* 8°. la *désinsufflation;*
9°. l'*aunage;* 10°. le *soufrage;* 11°. le *pliage.*

Près de l'atelier, ordinairement dans le jardin, on trouve
un trou de 6 à 8 pieds carrés, dans lequel on jette les ex-
crémens et les morceaux de boyaux rebutés. C'est surtout
quand on vide ce foyer d'infection que l'odeur se développe avec violence.

Toutefois, il est nécessaire de le relater pour prouver l'influence de l'habitude sur l'homme, les ouvriers assez nombreux qui se livrent à ce travail ne sont pas plus souvent
malades que s'ils s'occupaient de tout autre métier : ils sont
imprégnés d'une odeur fade et nauséabonde qui ne les
quitte pas, alors même qu'ils changent de vêtement, et
qu'on reconnaît facilement, pour peu qu'on ait fréquenté
leur atelier.

1°. *Dégraissage.* — Après s'être procuré les boyaux grêles
de bœuf et de vache, que le boyaudier va chercher aux Abat-
toirs, il les dépose dans des tonneaux défoncés, pour les dégraisser le plus tôt possible; car l'ouvrier a observé que plus
il tarde plus le dégraissage devient difficile.

Quand il veut opérer, il met une quantité donnée de
boyaux dans un baquet avec un seau d'eau ; il prend un
des bouts, qu'il passe sur une agrafe placée sur un mor-

ceau de bois, et à 6 pieds à peu près de haut; il tire environ 3 pieds de long du boyau avec la main droite, et de la main gauche il passe une portion d'intestin sur l'agrafe, de manière à former une sorte de nœud. Cela fait, il prend la portion d'intestin qui pend, la faisant passer entre le pouce et l'index de la main gauche; de la main droite il tient un couteau semblable à ceux dont se servent les CHARCUTIERS, et avec adresse le fait glisser sur l'intestin jusque auprès des doigts de la main gauche, de manière à enlever le tissu graisseux et une portion de la membrane péritonéale; ensuite la main gauche baisse, en tenant toujours de la même manière l'intestin; le couteau agit, comme on l'a déjà indiqué, jusqu'à ce que la portion pendante soit dégraissée. Cela opéré, de la main gauche l'ouvrier défait le nœud, tire de la main droite une seconde portion d'intestin égale à la première, et successivement arrive au dégraissage complet du boyau.

Chaque fois que l'ouvrier trouve une déchirure, ce qui arrive souvent, les BOUCHERS agissant avec peu de précaution pour enlever le suif qui adhère à l'intestin, il coupe cette partie, qu'il jette dans le baquet des boyaux déjà dégraissés.

L'eau qu'on jette sur les boyaux est nécessaire seulement pour les humecter, afin que le couteau glisse sur la membrane musculeuse sans l'entamer; s'il l'entame, le boyau est coupé en entier, et forme un morceau.

La graisse tombe par terre avec partie des matières fécales; cette graisse est ensuite lavée dans des baquets et étendue sur des claies pour la faire sécher : fondue, elle produit des suifs communs. Les boyaudiers font rarement cette dernière opération.

2°. *Retournage* ou *invagination*. — Après le dégraissage les boyaux de bœuf sont jetés dans un cuvier à moitié plein d'eau ; un des bouts est pris par la main droite de l'ouvrier ; il y introduit son pouce à une profondeur d'environ 18 lignes, et presse ledit pouce par l'index et le médius ; avec la main opposée il fait recouvrir ces deux doigts par le boyau, et qu'il retourne, les plonge dans l'eau, tandis que de l'autre main il tient le boyau perpendiculaire. L'eau qui est entrée dans l'intestin au moyen de l'écartement des doigts, fait par son poids glisser la partie supérieure ; et par un léger mouvement de la main, ainsi que par de nouvelle eau qu'on introduit de temps en temps de la manière déjà indiquée, il se trouve très promptement retourné : alors un des bouts est jeté sur le bord de la cuve ; et quand il y en a une assez grande quantité, une ficelle de moyenne grosseur, ayant un nœud coulant, en forme un paquet. On continue le retournage en formant de la même manière des paquets dont chacun contient le plus ordinairement le produit de deux ventres de bœuf.

3°. *Fermentation putride.* — Les paquets de boyaux sont jetés dans des tonneaux défoncés et posés debout, avec l'humidité assez abondante qu'ils retiennent, mais sans autre addition d'eau : la corde de chaque paquet pose sur le rebord supérieur du vase, dans lequel on en entasse environ les trois quarts de sa contenance ; et ces paquets, déjà fétides, sont abandonnés pendant plus ou moins long-temps, selon la température de l'air.

En hiver ordinairement il faut de 5 à 8 jours ; en été 2 ou 3 jours suffisent.

Lorsque la fermentation est assez avancée, ce que les ouvriers reconnaissent aux bulles d'air qui viennent crever à la surface, ils passent à l'opération suivante. Il arrive, surtout en été, que la putréfaction marche trop rapidement, et qu'ils craignent la perte de leur marchandise ; alors ils jettent dans le tonneau un verre de vinaigre, qui arrête la fermentation, et leur laisse le temps suffisant pour travailler les boyaux.

4°. *Ratissage.* — Après la putréfaction vient le ratissage, qui était impossible auparavant. Pour cela les paquets de boyaux sont jetés dans une cuve contenant les deux tiers d'eau ; la ficelle qui les tient est enlevée ; l'ouvrière en prend un bout de la main droite, le met dans la main gauche ;

l'ongle du pouce de celle-ci appuie sur l'intestin, qui est pressé sur l'index, tandis qu'elle tire de la main droite. Après en avoir tiré environ une demi-brassée, l'autre face de l'intestin est reprise pour subir la même opération : ensuite on le trempe dans l'eau ; celle-ci enlève la membrane muqueuse ratissée qui reste encore à la surface, et lubrifie l'intestin, qui glisse d'autant mieux sous l'ongle.

Le boyau contient encore partie de la membrane péritonéale, le couteau, dans le dégraissage, n'en ayant enlevé que le tiers environ.

5°. *Lavage.* — Quand les boyaux sont ratissés on les jette dans des cuves pleines d'eau, qu'on change une ou deux fois par jour, en les remuant chaque fois pour les faire dégorger ; on les laisse ainsi pendant deux ou trois jours, ayant soin de renouveler l'eau : celle-ci sort les premières fois trouble et fétide.

6°. *Insufflation.* — Les lavages terminés, l'ouvrier qui a fait la première opération, c'est-à-dire le dégraissage, met sur sa poitrine une espèce de bavette en cuir nommée *bouclier,* qui lui sert à se garantir de l'humidité, et à presser le fil pour nouer les boyaux soufflés ; opération qui s'exécute avec beaucoup d'adresse.

A mesure que les boyaux sont soufflés, et quand la surface du grand baquet est remplie, on les met dans un très grand panier d'osier, pour les porter au séchoir.

Pendant cette opération les boyaux répandent une odeur des plus infectes et qui se fait sentir au loin ; le séchoir étant en plein air, et l'air qui s'échappe souvent des boyaux qu'on souffle en étant imprégné. Le même ouvrier ne peut pas souffler plus de trois jours de suite ; ses mains seraient pour ainsi dire dépouillées, et sa poitrine fatiguée. Malgré l'habitude, il sent alors l'odeur qui lui prend à la gorge, cet organe recevant, presque chaque fois qu'il respire, le refoulement de l'air qu'il a fait entrer avec force dans le boyau, et qui en sort infect.

7°. *Dessiccation.* — Le panier est porté près du séchoir, qui est formé de longues perches en bois clouées horizontalement sur des piquets de 5 à 6 pieds de haut, scellés de loin en loin dans la terre. Les boyaux sont étendus de manière qu'ils ne se touchent point ; on les laisse à l'air jusqu'à leur parfaite dessiccation, ce qui demande plus ou moins de temps, selon la saison et le nombre de ligatures, celles-ci étant plus longues à sécher, et aussi selon qu'ils sont plus ou moins bien dépouillés de la membrane muqueuse et de la graisse ; en général, il faut de 2 à 5 jours.

8°. *Désinsufflation.* — Une fois la dessiccation opérée, les boyaux sont portés dans une pièce humide, espèce de cellier ; là des ouvrières, tenant dans la main droite une paire de ciseaux, prennent les intestins, les percent avec la pointe de cet instrument pour chasser l'air, et coupent avec les ciseaux, le plus près possible de la ligature, la portion de boyau qui n'a pas été soufflée, et ainsi de suite à chaque point d'attache, en pressant successivement dans toute sa longueur, pour chasser l'air.

9°. *Aunage.* — Lorsqu'on a une certaine quantité de boyaux de *dessoufflés*, l'ouvrière les mesure par paquets de 15 aunes, dont elle fait une espèce d'écheveau très large qu'elle attache avec le bout du boyau, de manière qu'à l'endroit de la ligature celle-ci offre une sorte d'anse destinée à les enfiler dans une broche en bois. On laisse ces paquets dans le cellier pour qu'ils s'imprègnent bien d'humidité ; ceci est indispensable pour la réussite de l'opération suivante.

10°. *Soufrage.* — Le soufroir est de différentes dimensions, selon l'importance de la fabrique ; je le suppose de 6 pieds de haut et de 5 pieds en tous autres sens. On met à la partie supérieure 100 paquets ou davantage de boyaux enfilés par leur anse, à un ou plusieurs bâtons, et encore très humides ; s'ils ne le sont pas assez on les asperge d'eau avec un balai qu'on trempe de temps en temps dans ce liquide. On pose à la partie inférieure une terrine contenant environ une livre de fleur de soufre ; on jette dessus des charbons allumés et l'on ferme la porte, sur les jointures de laquelle on applique des bandelettes de papier enduites de colle, ou le plus souvent on bouche les interstices avec de la terre délayée dans l'eau. Au bout de quelques heures on ouvre la porte ; et après le temps nécessaire pour laisser dégager les vapeurs d'acide sulfureux, on retire les boyaux.

Cette opération n'a été appliquée aux boyaux de bœuf que depuis 1814. Les boyaudiers qui travaillent les intestins de moutons l'ont faite les premiers, et la plus ancienne fabrique de boyaux soufflés, malgré la routine, a été obligée de l'adopter ensuite ; car outre l'avantage qu'elle a de blanchir le boyau, elle a encore celui de détruire en partie l'odeur et d'empêcher que les mites ne l'attaquent aussi facilement quand il est mis en paquets ou carottes, et ceux-ci livrés au commerce. Ce procédé est une très grande amélioration pour l'art qui nous occupe.

11°. *Pliage.* — Les boyaux soufrés sont rapportés au cellier étant suffisamment humides ; l'ouvrier prend un des paquets, choisit le bout qui présente les ligatures les plus rapprochées, en fait plusieurs doubles de 6 à 8 pouces de long, et ensuite entortille à l'entour le restant du boyau, qu'il arrête à la fin, en faisant passer le bout sous le dernier pli. Le paquet présente la forme d'un fuseau effilé par les deux bouts.

Cela opéré, les paquets sont portés au magasin et mis dans des cases aérées qui en contiennent 500. Pour les livrer au commerce on les emballe dans des sacs qui contiennent la même quantité ; on y ajoute du poivre, du camphre, etc.

La fabrication des boyaux soufflés est accompagnée d'une telle fétidité, que l'autorité a souvent été forcée de sévir contre ces sortes d'établissemens, et de les éloigner de toute habitation. En 1820, M. le préfet de police fit proposer par la Société d'Encouragement, pour sujet de prix, de trouver un moyen chimique ou mécanique de fabriquer les intestins soufflés sans leur faire subir la fermentation putride. J'ai été assez heureux pour satisfaire à cette question, et mériter le prix proposé. Je vais indiquer le procédé auquel j'ai eu recours.

On prend les boyaux de bœuf après les deux premières opérations, c'est-à-dire après qu'ils sont *dégraissés et retournés;* dans un tonneau qui contient les intestins grêles de 5o bœufs on verse 2 seaux d'eau contenant chacun 1 livre et demie d'eau de Javelle marquant 12 à 13° au PÈSE-LIQUEUR. Si les boyaux ne trempent pas assez, on peut ajouter encore un seau d'eau de puits ou de rivière ; on remue bien, et on laisse macérer pendant toute la nuit. Au bout de ce temps la membrane muqueuse se détache avec facilité, comme après plusieurs jours de fermentation putride (1). Au moment du contact de l'eau contenant l'eau de Javelle, la fétidité disparaît totalement.

Les autres opérations sont ensuite effectuées comme nous l'avons décrit précédemment. La plus grande propreté est désirable dans cette partie de l'art du boyaudier, et l'on doit y tenir la main.

Les autres intestins contenus dans le ventre du bœuf ne sont pas travaillés par le boyaudier. La partie que le garçon boucher nomme *le gros du bœuf* est utilisée par le charcutier, et dans cette partie se trouve compris *le cæcum,* de dessus lequel on décolle la membrane péritonéale, qui sert à préparer la *baudruche des batteurs d'or.* Les bouchers, boyaudiers et charcutiers entendent par le mot *baudruche* l'intestin *cæcum* du bœuf ou du mouton ; mais ce mot ne doit être consacré que pour la double membrane que les batteurs d'or emploient de temps immémorial, et dont nous allons décrire la préparation.

Une fois que l'ouvrier a décollé la portion de membrane péritonéale qui entoure la partie fermée du *cæcum,* il la tire et elle suit de la longueur de 2 pieds à 2 pieds et demi. Elle revient sur elle-même. On la met à sécher : étant sèche, elle ressemble à une ficelle. L'ouvrier qui prépare la baudruche prend cette membrane desséchée, la met tremper dans une solution de potasse très faible. Suffisamment humectée, il la place sur une planche pour ratisser avec le couteau. Quand ces pellicules sont bien propres et suffisamment dégorgées dans l'eau, il les étend

---

(1) Pour plus amples détails, *voir* l'Art du Boyaudier, imprimé chez madame Huzard, décembre 1822.

sur une espèce de châssis en bois de 3 à 4 pieds de long sur 10 pouces de large ; il est formé de deux montans assemblés par deux traverses ; ces quatre morceaux de bois offrent dans leur longueur une rainure de 2 à 3 lignes de large.

Pour étendre cette membrane, l'ouvrier la prend dans ses mains et place sur le haut du châssis un des bouts, ayant soin que la partie de cette membrane qui était extérieure étant sur l'intestin de l'animal, soit la portion qui s'applique sur le châssis. Il la tire en tous sens, et la fait adhérer sur le bord dudit châssis. Une fois cela opéré, il prend une autre membrane qu'il applique sur celle qui est déjà tendue, ayant soin de laisser à l'extérieur ce qu'il nomme la *fleur du boyau*, c'est-à-dire plaçant les deux membranes de façon que les parties qui adhéraient à la membrane musculeuse se trouvent l'une contre l'autre. De cette manière elles se collent parfaitement et ne font qu'un seul corps.

Ces deux membranes sèchent promptement, excepté les extrémités qui sont collées sur les traverses du châssis. Quand le tout est bien sec, l'ouvrier coupe la baudruche avec un bon couteau, et en suivant la rainure dont nous avons parlé.

Les bandes de baudruche sont ensuite livrées à un autre ouvrier, pour les recouvrir de ce qu'on nomme le *fond,* leur donner le dernier apprêt et les couper de grandeur convenable.

Quand l'ouvrier veut terminer la baudruche il prend chaque bande, la colle sur un châssis comme celui dont nous avons parlé, mais qui ne porte point de rainure. Il enduit de colle les bords de ce châssis, et y place la bande de baudruche. Une fois sèche, cette membrane est lavée avec une dissolution contenant, sur deux bouteilles d'eau, une once d'alun, et on laisse encore sécher. Ensuite on enduit la baudruche, au moyen d'une éponge, d'une solution concentrée de colle de poisson faite avec du vin blanc dans lequel on a fait macérer des substances âcres et aromatiques, telles que girofle, muscade, gingembre, camphre, etc. Ces derniers ingrédiens sont ajoutés pour empêcher les insectes d'attaquer la baudruche. Suffisamment enduite de ce que les ouvriers nomment le *fond,* on la recouvre d'une couche de blanc d'œuf. La baudruche est coupée en morceaux carrés de 5 pouces; on les soumet à la presse pour les aplatir, on les met en tas ou livrets, et on les livre au batteur d'or.

Ce dernier travail se rapproche beaucoup de celui qu'on est obligé de faire pour préparer le taffetas d'Angleterre.

La définition que nous avons donnée de l'art du boyaudier est plus rigoureusement exacte pour la fabrication des cordes à boyaux. Ici la membrane *musculeuse* doit être entièrement débarrassée des membranes *péritonéale* et *muqueuse*, tandis que dans la préparation des boyaux de bœuf il reste environ les deux tiers de la membrane externe, qui est très adhérente et très ténue; ce qui fait qu'elle n'est pas nuisible. Elle resterait même tout entière sans diminuer leur bonté, si la partie qu'on en enlève ordinairement échappait à l'instrument pendant le dégraissage. Si même on cherche à enlever la totalité de cette membrane, en travaillant les boyaux de bœuf comme ceux de mouton pour la fabrication des cordes, les intestins de bœuf ne tiennent plus le *vent*, et ne peuvent point être livrés au commerce.

Les boyaux de mouton retirés du ventre de l'animal encore chaud, on en fait sortir les matières fécales, et du produit de chaque ventre on forme un paquet. Dans cet état ils sont livrés au boyaudier. Quelquefois il les reçoit sans être vidés ; dans ce cas ils ne peuvent être utilisés que pour la corde à raquettes, attendu que les matières séjournant dans les intestins, les font fermenter et leur font prendre une couleur qui persiste lorsque la corde est fabriquée.

Les paquets sont apportés à la boyauderie, et là déposés dans un baquet, dénoués et passés à la main pour les mettre dans un autre baquet avec de l'eau : cette manœuvre se nomme *assir* le boyau. Les morceaux de suif qui ont pu rester sont enlevés en même temps : ils sont peu considérables. Les petits bouts de chaque intestin sont mis sur le rebord du baquet, et ensuite noués ensemble : ceci est essentiel pour l'opération suivante. On laisse tremper le boyau pendant 1 ou 2 jours,

pour pouvoir détacher les membranes péritonéale et muqueuse : l'eau est changée plusieurs fois pendant cet espace
de temps.

Dès le lendemain on prend le paquet de boyaux noués,
qu'on pose sur un banc incliné dont la partie inférieure porte
sur le baquet ; on gratte avec le dos de la lame du couteau un ou plusieurs intestins. Si le boyau est assez avancé,
cet instrument déchire une moitié environ de la membrane
péritonéale dans la longueur de 3 ou 4 pouces ; alors l'ouvrière prend le boyau, presse en la tirant l'autre moitié
de cette membrane externe, qui suit dans toute la longueur de l'intestin : c'est ce qu'on nomme la *filandre*. Elle
est étendue sur une planche en la doublant sur elle-même ;
on la noue si elle casse : cette opération se nomme *filer*.
Une chose digne de remarque, c'est que si l'on cherche
à l'enlever en commençant par la partie la plus grosse de
l'intestin, elle ne suit pas ; et elle se déchire si souvent,
qu'à peine peut-on en retirer des morceaux de plus de 8
à 10 pouces de longueur.

La filandre s'emploie pour coudre les boyaux ; elle remplace le fil ; de plus, on l'utilise pour faire la corde à raquettes, comme nous le dirons plus loin.

Sitôt la filandre enlevée, les boyaux sont remis dans le baquet, qu'on remplit d'eau de puits ; le lendemain on les
ratisse sur le banc incliné. Ils trempent d'un bout dans
l'eau du baquet ; l'autre bout est tenu de la main gauche, et de la main droite on tient un couteau dont la lame
est arrondie par le dos, et pèse sur le boyau, en tirant
plus fort à droite. L'ouvrier tient ordinairement trois ou
quatre bouts de boyau : on nomme cette opération *curer
le boyau*. Au fur et à mesure du ratissage la partie nettoyée
est amoncelée sur le haut du banc, qui est long de 4 pieds et
de 10 à 12 pouces environ de largeur. Les boyaux tirés par la
main gauche glissent sur la planche de ce banc sans tomber
sur les côtés, parce qu'on a pratiqué à son bout incliné un
creux arrondi en forme de croissant.

Les plus gros bouts sont coupés de la longueur de 8 pieds environ, et sont vendus aux charcutiers.

Pour expédier au dehors les boyaux de mouton l'ouvrier les sale, et cette opération est bien simple : il prend le boyau ratissé, coupé de la longueur convenue, et non lavé ; il en réunit une douzaine ou davantage, qu'il tourne en rond pour en former une espèce de galette, qu'il pose sur une couche de sel marin ; il recouvre le paquet de ce même sel, et met successivement une couche de boyaux et une couche de sel de cuisine. Après quelques jours la saumure est décantée, et les boyaux sont emballés avec un peu de nouveau sel.

On peut aussi sécher les boyaux ratissés, pour en fabriquer des cordes dans une saison favorable.

Après que les boyaux sont bien *curés* on les met dans l'eau, et le lendemain celle-ci est remplacée par une solution de potasse, que les ouvriers préparent comme il suit.

Un seau d'eau de fontaine, de 14 ou 15 litres, est mis dans une tinette ou terrine de grès ; on verse dessus 4 onces de potasse et 4 onces de perlasse. Les ouvriers ignorent que ces deux sous-sels sont la même substance de qualité différente. La solution opérée, ils laissent déposer, et déterminent si cette eau est trop forte, par l'action qu'elle exerce sur la peau de leur main ; ils ajoutent de l'eau s'il en faut. Quand elle est au point convenable ils en versent une quantité suffisante sur les boyaux. On les change trois ou quatre fois de cette eau potassée, en laissant agir chaque fois quelques heures, et en passant au dé une ou deux fois, selon que l'intestin est destiné pour telle ou telle espèce de cordes.

L'opération de passer au dé se fait en prenant un des bouts du boyau, le pressant contre l'ongle ; celui-ci est remplacé par un dé ouvert, en cuivre, qui, au fur et à mesure qu'on tire, ratisse le boyau, et le débarrasse de plus en plus des corps étrangers à la membrane musculeuse. Pour la corde à instrumens, par exemple, on passe au dé bien plus de fois que pour les autres cordes, comme nous l'observerons en son lieu.

Les boyaux passés suffisamment au dé et à la potasse sont triés selon leurs grosseurs, pour servir à telle ou telle sorte de cordes.

Les autres préparations se rapportent à chaque espèce de corde, et en donnant leur mode de fabrication nous les exposerons.

Cordes à raquettes. — Les boyaux de qualité inférieure, soit qu'ils aient subi les opérations par la potasse, soit qu'ils aient été bien lavés et dégorgés dans l'eau de puits seulement, sont coupés en biais, s'ils sont en plusieurs morceaux, et cousus, étant mouillés, avec de la filandre, en ayant soin de mettre un biais supérieur et l'autre inférieur, afin d'éviter que les coutures rendent la corde inégale. Cela opéré, et le boyau ne faisant qu'une seule longueur, on le met en couleur au moyen du sang de bœuf, on ourdit comme nous l'avons déjà indiqué ; ensuite on réunit un, deux, trois ou quatre boyaux, qu'on attache à un lacet ; on continue à les attacher de la même manière en mettant chaque fois un lacet : à la cheville opposée à ce lacet l'intestin fait deux tours, pour l'empêcher de glisser. Les attaches étant terminées, l'ouvrier prend un des lacets, le met au crochet de l'émérillon du rouet ; il en place de même deux ou trois autres, et donne quelques tours de manivelle. Le tordage fait diminuer la corde, mais l'ouvrier la ramène en tirant par le lacet, qu'il enfile à la cheville supérieure : quand celle-ci est garnie il promène la main en pressant la corde à partir du rouet, pour faire sortir l'humidité, et faire qu'elle soit tordue également dans toute sa longueur. Une ou deux heures après il la retord, et passe la corde de crin.

Pour les qualités inférieures de cordes à raquettes on met un boyau seul et deux ou trois filandres, et l'on opère de la manière que nous avons indiquée.

Cordes à fouets. — Les boyaux de mouton préparés à la potasse, et mis de côté pour la corde à fouets, sont pris par l'ouvrier, les bouts coupés en biais et cousus avec de la filandre, toujours de façon que les coutures ne fassent pas épaisseur inégale. On ourdit la corde, et l'on tord chaque bout séparément; car il est rare qu'on fasse de la corde à fouets à deux brins ou boyaux. On la soufre une ou deux fois. Quelquefois on la met en couleur, soit en noir, rose ou vert : les boyaux prennent bien la teinture. Le noir se donne avec l'encre ordinaire ; le rose avec l'encre rouge, que l'acide sulfureux fait virer au rose; le vert par la couleur de cette nuance, que les marchands de couleurs vendent aux boyaudiers.

Après avoir bien étriché cette corde, on la laisse sécher, on la coupe par les bouts, et on la plie par grosses pour la livrer aux fabricans de fouets.

Cordes pour les chapeliers, dites *d'arçon*. — Les boyaux de mouton les plus longs, les plus gros, après avoir été convenablement passés à la potasse, sont *ourdis* par 4, 6, 8, 10, 12, selon la grosseur dont on veut faire la corde, qui est ordinairement de 15 à 25 pieds de long. Pendant, et après l'*ourdissage*, on place sous la longueur de la corde une caisse longue, de 18 à 20 pouces de large, ayant un rebord de quelques pouces ; elle doit être très propre, étant destinée à empêcher le boyau qui traîne de se salir : on la nomme le *rafraîchi*.

Cette corde ne doit avoir ni coutures ni nœuds; aussi l'ouvrier, en ourdissant, double les boyaux, met un lacet aux bouts réunis, qu'il place à la première cheville; il tire les boyaux doublés, et si dans la longueur il s'en trouve qui n'arrivent pas à la seconde cheville, il prend un bout de boyau qu'il passe dans celui qui est trop court, et double le bout pour arriver à ladite cheville : s'il y en a plusieurs il agit de la même manière; enfin il les attache à un lacet qu'il place sur la cheville. Le travail fini, il applique au rouet, et agit comme pour les autres cordes, en *étrichant* avec le plus grand soin, et à plusieurs reprises, chaque fois qu'il tord de nouveau. A demi séchées, ces cordes sont soumises deux fois à la vapeur du soufre. Après chacune de ces opérations la corde est tendue, et *étrichée* en arrosant la corde de crin avec assez grande quantité d'eau de potasse : on la laisse sécher tendue; ensuite on la coupe et plie comme il a été déjà dit.

Corde pour les horlogers. — Cette corde doit être extrême-ment mince ; aussi pour la faire prend-on des intestins très petits, bien travaillés par la potasse, ou le plus souvent des boyaux coupés en deux par un couteau approprié à cet effet. C'est une espèce de lance surmontée d'une boule en plomb ou en bois. Cet outil est placé sur le bout d'un établi, et l'on tire avec les deux mains également le boyau, dans lequel on a introduit la boule. Le boyau mouillé se coupe assez régulièrement en deux lanières qui tombent chacune dans une terrine. Il est inutile de dire que chaque main tire une lanière, et que les deux marchent en même temps.

Les Horlogers se servent aussi de cordes de diverses grosseurs, et contenant un plus ou moins grand nombre d'intestins : on les fabrique comme les cordes à instrumens, dont nous allons parler, mais avec beaucoup moins de soin.

Cordes à instrumens. — De toutes les cordes à boyaux, celles destinées aux instrumens de musique sont celles qui demandent le plus de soin, le plus d'habileté dans les ouvriers qui les fabriquent. Il est reconnu depuis long-temps qu'en France on les prépare généralement aussi bien qu'en Italie, excepté cependant les chanterelles, que nos fabricans ne sont parvenus à faire aussi bien qu'en très petite quantité. Cela tient-il à la nature des boyaux de mouton, qui, à Paris, proviennent de trop grands animaux, ou à toute autre cause inconnue ? Quoi qu'il en soit, les chanterelles nous forcent donc à être tributaires de Naples, et tous les efforts devraient tendre à nous affranchir de ce tribut. Avec des expériences dirigées dans un bon esprit, on y parviendra ; et la Société d'Encouragement pour l'Industrie nationale, en appelant l'attention des artistes sur cet objet, aura la gloire d'avoir contribué au perfectionnement d'un art peu éclairé. Nous allons exposer rapidement l'état actuel de cette fabrication.

Le premier ratissage exige beaucoup plus de ménagement que pour les autres espèces de cordes ; les boyaux sont ensuite mis dans les eaux alcalines, qu'on prépare de la manière suivante :

Dans une fontaine de grès de six voies, qu'on remplit d'eau, on met 3 livres de potasse ; on remue bien, et on laisse déposer. Dans un semblable vase également plein d'eau, et placé à côté, on ajoute 5 livres de cendres gravelées, et on laisse aussi déposer. Si l'on est pressé de se servir de cette solution, on y verse un peu d'eau d'alun, qui la clarifie promptement.

On met les boyaux ratissés dans des terrines de grès ou vernissées, de manière que chacun de ces vases en contienne près de la moitié ; on les remplit de suite d'eau de potasse coupée de partie égale d'eau ; on change les solutions deux fois par jour, en augmentant leur force avec la solution de cendres gravelées, et en diminuant la dose de l'eau, et cela progressivement, de manière que les dernières eaux soient les plus fortes. Les boyaux blanchissent de plus en plus et se gonflent. Après avoir laissé macérer 3 à 5 jours ou davantage, selon la température, on passe aux opérations suivantes.

Chaque fois qu'on change l'eau alcaline, les terrines sont placées sur la caisse nommée *rafraîchi*, qui est posée sur une table ou sur des appuis, toujours ayant une pente douce pour faciliter l'écoulement des eaux : elle est de grandeur convenable pour tenir solidement les métiers sur lesquels les cordes sont tendues. On passe les boyaux dans une nouvelle terrine, et on les ratisse avec le dé de cuivre dont nous avons déjà parlé. On applique l'index contre ce dé, tandis que de la main droite on tire une portion d'intestin qui est pressée entre le bord supérieur du dé et l'index ; on continue de passer ainsi chaque boyau ; et quand la terrine est épuisée, on verse de la solution plus forte que celle d'où les boyaux sortent, comme nous l'avons déjà dit. Cette opération est essentielle pour que le dégraissage de l'intestin soit parfait, et que les cordes soient de belle qualité.

Quand on s'aperçoit que les boyaux gonflent davantage, et qu'il se présente quelques bulles à leur surface (car dans ce cas ils montent sur l'eau), il est instant de filer la corde ; autrement on verrait tourner le boyau ; ce qui arrive quelquefois, surtout en été. Dans ce cas les matières premières et le travail sont perdus. A une haute température le dégraissage se fait plus facilement ; mais il faut que l'ouvrier redouble d'attention, et que les lessives soient augmentées de force plus promptement. En hiver il marche avec plus d'ordre, et la confection de ses produits est meilleure. En général les fabricans de cordes à instrumens travaillent dans des locaux frais et un peu humides.

Les boyaux une fois en état d'être filés, on décante toute la lessive dans laquelle ils nagent ; on dit alors qu'*ils sont au sec*. D'autres fabricans les jettent dans l'eau, les lavent bien et décantent ensuite. Dans ce cas les boyaux prennent mieux le soufre, et les cordes sont plus blanches. N'est-ce pas aux dépens de leur force ?

Pour filer et terminer la corde on prend un *métier*, espèce de châssis de 2 pieds de large sur 5 pieds de long ; à un des côtés de la longueur sur la traverse sont placées à demeure un grand nombre de chevilles : le côté opposé présente sur la traverse également un nombre double de trous faits avec une grosse vrille, et de manière que, quand la cheville y est placée, la corde qui la tire ne la fasse pas sortir. Les boyaux sont choisis selon leur grosseur, et les bouts placés par ordre sur le rebord de la terrine, de façon à les distinguer, pour les faire servir à telle ou telle grosseur de corde : alors on prend deux ou trois bouts de boyau ou plus, qu'on attache à une petite cheville : elle est ensuite placée dans un des trous, et ces boyaux sont portés sur la grosse cheville opposée ; on fait deux tours pour les empêcher de glisser, et l'on vient avec les boyaux trouver le côté d'où l'on est parti : ils sont attachés à une autre cheville qu'on fiche dans un trou, et l'excédant est coupé : ils sont très peu tendus, parce que la corde diminue de longueur par le tordage, et que pour la ramener au trou pour placer la cheville, on risquerait de la casser ; ce qui arrive souvent.

S'il y a un ou plusieurs intestins qui ne soient pas assez longs, alors on les remplace par des bouts qui le sont davantage, et l'on fait la ligature près de la grosse cheville, pour que la corde n'offre pas d'inégalités; car, dans ce cas, elle serait fausse.

Tout le *métier* étant garni comme nous venons de le dire, une ou deux petites chevilles sont mises aux crochets, si le rouet en porte plusieurs, et l'on donne quelques tours de roue en promenant les doigts sur la corde à partir du rouet jusqu'à la grosse cheville. On passe successivement toutes les cordes, et une fois ce premier tordage opéré, le métier est mis au soufroir avec plusieurs autres, attendu qu'on fait rarement cette opération pour un seul.

Le soufroir est établi dans un endroit humide où l'eau ruisselle pour ainsi dire de tous les côtés; une terrine contenant de la fleur de soufre en quantité suffisante y est placée dans l'intérieur; on l'allume et l'on calfeutre les ouvertures. Après 2 ou 3 heures on ouvre le soufroir. Les métiers se trouvent dans une espèce de buée aqueuse et acide; les cordes ont conservé leur grosseur et leur humidité. On enlève les métiers les uns après les autres; ils sont placés sur le *rafraîchi;* là on entrelace une corde de crin entre chaque corde de boyau; l'ouvrier en prend huit, dix ou davantage de cette manière, et les frotte avec force en promenant la corde de crin. Quand un côté du métier est ainsi frotté, ou ce qu'on nomme *étriché,* on donne un second tors aux cordes, et l'on retourne le métier pour faire subir pareille manœuvre aux cordes qu'il contient. On remet les métiers au soufroir, et, cela opéré, on les tord de nouveau pour les soufrer encore; ensuite on les laisse sécher; ce qui demande plus ou moins de temps selon la température de l'air.

On connaît que les cordes sont assez sèches lorsque après avoir enlevé une petite cheville, la corde ne revient pas sur elle-même, et qu'en la tenant droite quelques pouces au-dessous, elle reste ferme sans se pencher. Si elles possèdent ces qualités, on les huile avec de bonne huile d'olive, et enfin on les coupe près des chevilles, pour les mettre en rond et en paquets. Dans cet état elles sont propres à être livrées au commerce : elles sont meilleures quelque temps après leur fabrication; aussi ne vend-on que les plus anciennement faites.

Pour faire la quatrième du violon ou toute autre grosseur de corde à boyau entourée de fil métallique, on prend une longueur d'environ 3 pieds, qu'on adapte par un bout au crochet du rouet; l'autre bout est attaché à la bouche d'un émérillon tournant, lequel fait tendre la corde par le moyen d'un poids suspendu à une ficelle qui passe sur une poulie pour venir se lier à l'émérillon. L'ouvrier prend le bout de son fil, et le passe au bout de la corde près de l'émérillon. Un ouvrier tourne le rouet d'une manière égale; la corde fait tourner l'émérillon; l'ouvrier la soutient de la main gauche, et de la main droite dirige le fil métallique sur la corde, de façon à ce qu'il soit légèrement pressé, et qu'il s'applique d'une manière égale. Ce travail se fait avec promptitude et avec la plus grande facilité; cependant on pourrait le rendre encore plus simple au moyen d'une mécanique qui nous paraît facile à établir. Pour couvrir une corde à boyau de fil métallique, il faut prendre la corde non soufrée, et avant d'être huilée.

LABARRAQUE.

BRETELLES. (*Arts mécaniques.*) Elles sont faites de ressorts élastiques à BOUDIN en fil de laiton ou de fer, assemblés parallèlement entre deux bandes d'étoffe froncées, pour permettre aux fils des ressorts de s'étendre élastiquement. On attache les bouts avec l'aiguille à des lanières de peau où sont les boutonnières qui arrêtent les bretelles à la ceinture. On réunit ainsi 4 à 10 élastiques à chaque bout de la bretelle. Pour froncer l'étoffe dont est recouverte la bretelle, on commence par étendre suffisamment les ressorts; on coud l'étoffe en dessus et en dessous par des points en ligne qui séparent les ressorts les uns des autres. Quand ensuite on rend à l'élastique sa liberté, l'étoffe suit les réductions du ressort et se plie d'elle-même, parce que les bouts en sont arrêtés sur les lanières de peau des boutonnières. On fait de la même manière des jarretières élastiques.

MM. Rattier et Guibal ont imaginé de filer le caoutchouc et

d'en composer d'excellens élastiques qui sont d'un beaucoup meilleur service que les ressorts à boudin. Fʀ.

. BRIQUET. (*Arts mécaniques.*) Pour produire du feu le procédé le plus ordinaire consiste à prendre une lame ou une branche d'acier, que, pour pouvoir être mieux saisie, on façonne communément en couronne ovale et plate ; de l'autre main on tient fermement un fragment de Sɪʟᴇx, vulgairement nommé *pierre à fusil*, dont les bords sont cassés en tranchant. On donne un mouvement vif de haut en bas au morceau d'acier, pour qu'il frotte rapidement sur ce tranchant. Le silex enlève de petits copeaux d'acier que le frottement échauffe jusqu'à l'incandescence, et qui brûlent dans l'air ; en sorte que ce choc fait partir des étincelles qui sautent aux environs.

. Un petit morceau d'Aᴍᴀᴅᴏᴜ, placé sur la pierre à fusil, reçoit ces étincelles et prend feu : on pose ensuite sur cette partie en ignition le bout soufré d'une *allumette*, qui s'enflamme bientôt.

Le BʀɪQᴜᴇᴛ ᴘɴᴇᴜᴍᴀᴛɪQᴜᴇ consiste en un cylindre de laiton dans lequel on peut faire glisser un Pɪsᴛᴏɴ qui en joint exactement les parois, à la manière des Pᴏᴍᴘᴇs ꜰᴏᴜʟᴀɴᴛᴇs ordinaires. L'extrémité du piston est creusée d'une petite cellule où l'on met un peu d'amadou : on pousse rapidement ce piston vers le fond bouché du tube, et on le retire aussitôt ; on trouve alors que l'amadou a pris feu. La température de l'air comprimé s'élève à un assez haut degré pour décider l'inflammation quand le mouvement du piston est rapide.

. BʀɪQᴜᴇᴛ ᴅ'ʜʏᴅʀᴏɢᴇɴᴇ (fig. 12, pl. 4). AC est un matras renversé dont le sommet *b* est percé pour laisser entrer l'air, et dont le col C est ouvert à la partie inférieure, où il descend presque jusqu'au fond d'un bocal MM. Le matras est joint au bocal à l'aide d'une virole de laiton NN qui le ferme exactement et s'oppose à l'entrée de l'air extérieur par le contour de jonction *a* hermétiquement luté à la virole. Celle-ci peut se dévisser lorsqu'on veut agir dans l'intérieur du bocal ; mais quand elle est en place elle intercepte toute communication

c

avec l'air extérieur, qui n'y pourrait entrer que par l'orifice b du matras, en suivant le col C.

Avant de fermer la virole on remplit le bocal aux trois quarts environ avec de l'acide sulfurique étendu d'eau (jusqu'en cc); la proportion est de 6 parties d'eau et une d'acide à peu près. A la virole est soudée une tige de laiton nm qu'on introduit dans un morceau de zinc D, percé de part en part selon sa longueur; ce zinc est retenu par un écrou m vissé au bout de la tige de laiton. Lorsque le bocal est fermé par la virole, le pain de zinc se trouve ainsi suspendu jusque proche du fond, quoiqu'un peu plus haut que l'orifice inférieur C du matras.

Aussitôt que le zinc plonge dans l'acide il est attaqué; l'eau se décompose, l'oxigène se porte sur le métal et forme de l'oxide, puis on a du sulfate de zinc, qui se dissout dans la liqueur acide : l'hydrogène, rendu à l'état de liberté, se dégage en une multitude de petites bulles qu'on voit naître de tous les points immergés, s'élever dans la liqueur et crever à sa surface cc; ce gaz va donc se mêler à l'air qui occupe la partie haute du bocal en cd NM, et en accroît le ressort; car la virole bouche le vase et empêche que le gaz ne puisse s'échapper en dehors. Ce gaz ainsi développé presse par son ressort la surface cc de la liqueur, la refoule dans le matras, où elle monte graduellement à mesure qu'elle s'abaisse dans le bocal : l'air contenu vers A dans la panse du matras rentre par l'orifice b dans l'atmosphère. Dès que la surface du liquide intérieur est arrivée en gh, au-dessous du morceau de zinc, le métal ne plongeant plus, l'action cesse, et la liqueur se trouve élevée dans le matras jusqu'en ef; dans cet état le gaz intérieur comprimé fait équilibre, par son élasticité, au poids de l'atmosphère et à celui de la colonne liquide suspendue depuis le niveau supérieur ef jusqu'à l'inférieur gh. (*Voy*. FLUIDE.) L'acide n'attaque point le laiton, et le zinc fournit seul au dégagement de l'hydrogène.

Vers le haut de la virole est un tube de cuivre y i, formant un canal capillaire que ferme un robinet k, et qui communique à l'intérieur du bocal : le gaz, comprimé de tout le poids de la colonne liquide, fait effort sur toutes les parois ; si l'on tourne le robinet pour l'ouvrir, de suite le gaz s'échappe, le liquide redescend dans le matras, y reprend un niveau plus élevé $g'h'$, atteint le morceau de zinc et l'attaque de nouveau. Le gaz perdu par l'orifice i se reproduit donc, et refoule encore la liqueur dans le matras.

Maintenant concevons qu'on laisse échapper le gaz par le conduit i et qu'on l'enflamme en faisant passer une étincelle électrique dans le torrent qui s'écoule : on aura ainsi un jet de feu sous la forme d'un dard, qui sera entretenu par l'action de l'hydrogène développé.

Sous le bocal est placée une boîte HH servant de socle, dans laquelle est logé un ELECTROPHORE. Sur un plateau de résine EE est posé un disque de bois FF recouvert d'une feuille d'étain : la résine a été électrisée en la frottant d'une peau de chat ; l'électricité se développe dans le disque FF à l'aide du simple contact avec le plateau électrisé (*voy.* ÉLECTROPHORE) et d'une petite bande de feuille d'étain l qui est collée sur la résine et communique du disque au socle. Lorsqu'on tourne le robinet K pour ouvrir le conduit, le disque FF, à l'état électrique, est enlevé par un cordon de soie pp, en basculant autour d'une charnière isolée F ; ce disque rencontre une tige de métal qo qui conduit l'électricité vers la pointe i, où le gaz s'échappe. Ainsi chaque fois qu'on tourne le robinet, le gaz sort et en même temps le disque FF va porter l'étincelle électrique dans le courant d'hydrogène et l'enflamme. K est le robinet qui meut la branche horizontale $y i$. Au bout i est attaché le cordon de soie pp qui élève le disque électrisé ; t et z sont deux petites pointes métalliques ; l'étincelle passe de l'une à l'autre, et s'écoule par la virole et la main qui tient le robinet. FR.

BRIQUET PHOSPHORIQUE. Le briquet phosphorique, dont l'invention ne date que de quelques années, est devenu d'un usage très familier. On le fabrique de plusieurs manières. Le plus ordinairement on fait liquéfier, à une chaleur très douce, un peu de phosphore dans un petit flacon de cristal long et étroit; lorsque le phosphore est en fusion, on plonge dans le flacon une petite tige de fer rougie au feu : le phosphore s'enflamme; on agite pendant quelques instans; et lorsque la couleur est devenue bien rouge, on retire la tige et l'on bouche le flacon; puis on laisse refroidir, et le briquet est préparé. Il ne reste plus qu'à adapter le flacon dans un étui de fer-blanc, disposé de manière à pouvoir contenir en même temps quelques allumettes ordinaires et bien soufrées. Pour faire usage de ce briquet on introduit une allumette dans le flacon, on imprime une sorte de mouvement de torsion en appuyant légèrement sur le phosphore, dont on détache ainsi quelques parcelles, et l'on retire; aussitôt l'inflammation a lieu et se communique au soufre.

Une deuxième méthode consiste à introduire dans un flacon de cristal ou de plomb un cylindre de phosphore, et à le refouler à l'aide d'une tige d'un diamètre à peu près égal. Pour que cette opération puisse se faire sans danger, il faut avoir la précaution de prendre des cylindres de phosphore qui ne soient pas creux, ce qui arrive quelquefois lorsqu'ils ont été moulés à une basse température. Dans ce cas l'air intercepté dans le cylindre peut occasioner une déflagration, par suite de la compression exercée. Les briquets ainsi préparés durent plus long-temps que les précédens, qui ont l'inconvénient de s'humecter par la combustion lente et la production continuelle d'acide phosphatique. Le phosphore de ceux-ci ne touchant l'air que par un seul point, n'éprouve pas cet effet d'une manière assez sensible pour que cela puisse devenir nuisible. Lorsqu'on veut se servir de ces briquets il faut frotter la surface du phosphore assez fortement pour que l'allumette en détache quelques portions qui se fixent au soufre : pour en déterminer l'inflammation on est obligé de frotter l'extrémité de l'allumette phosphorée sur un corps un peu rugueux, tel que le liége, le feutre, etc. ; le faible dégagement de chaleur qui se produit suffit pour faire prendre feu au phosphore et le communiquer au soufre. Il arrive quelquefois, surtout

si l'allumette est un peu grosse et peu soufrée, que la combustion du phosphore et du soufre a lieu sans que pour cela
l'inflammation du bois en résulte ; ce qui dépend du peu de
chaleur développée, de la masse à échauffer, et de l'acide fixe
qui se produit. Il est facile d'éviter ce léger inconvénient en
prenant une deuxième allumette qu'on expose à la flamme
de la première : le bois de cette seconde s'échauffe assez par ce
moyen pour que l'inflammation se communique après la combustion du soufre. On ne trouvera peut-être pas déplacé de
citer à cette occasion un inconvénient semblable dans lequel
on tombe journellement faute d'y réfléchir, et qui est dû à la
même cause. Lorsqu'on veut enflammer une allumette, et
qu'il ne reste qu'une parcelle de charbon en ignition, on va
appliquer dessus l'extrémité de l'allumette, et il arrive souvent que le charbon s'éteint par l'abaissement de température
qu'on lui fait subir en le mettant en contact avec un corps
froid qui lui enlève la chaleur nécessaire à sa combustion. Il
faut donc, quand on se trouve dans ce cas, avoir la précaution
de choisir une allumette extrêmement effilée, et de ne toucher le charbon incandescent que par la plus petite surface
possible.

On emploie encore une troisième méthode pour faire les
briquets phosphoriques, et composer ce qu'on appelle le
mastic inflammable. Ce moyen consiste à faire enflammer du
phosphore dans un vase à petit orifice, et à y projeter immédiatement de la magnésie calcinée, qu'on agite ensuite à l'aide
d'une tige de fer. Quand le tout est pulvérulent et n'a plus de
compacité, on bouche : on présume qu'il se produit ainsi un
phosphure de magnésie qui est susceptible de s'enflammer
spontanément au contact de l'air, et surtout de l'air humide ;
cependant il est assez probable que la température n'est point
assez élevée pour qu'il se forme un phosphure, et il est à croire
que c'est encore dans ce cas l'extrême ténuité des molécules
du phosphore qui rend son inflammabilité plus grande.

R.

BRIQUETIER, Briqueterie. (*Arts industriels.*) L'art

d'extraire les terres et les sables, de les préparer, de les mélanger, de les mouler, de leur imprimer des formes déterminées, et enfin de les durcir au feu pour en obtenir une espèce de pierre factice propre aux travaux de construction, avec économie, facilité, pour les maisons d'habitation et les clôtures des cours, des jardins et des parcs ; pour les aqueducs et les conduits de gaz, etc., ne laisse pas que d'avoir une grande importante. Celui de la composition des briques *réfractaires,* c'est-à-dire susceptibles de résister, sans se fondre, ni éclater ou se gercer, se tourmenter et se gauchir, au feu violent de nos fours de porcelaine, de verrerie et de fusion de toute espèce, est un art qui intéresse plus essentiellement nos besoins et notre industrie ; il en devient même une nécessité, puisque dans la plupart de ces constructions il serait à peu près impossible de rien substituer à l'emploi de la brique. Celle-ci, d'après des qualités particulières qu'on parvient à lui donner par un choix plus rigoureux des matériaux et un mode spécial de préparation et de cuisson, devient encore plus précieuse, à cause de son imperméabilité à tous les fluides, pour la construction des citernes à huile, à vins, etc., et pour les conduits et récipiens de substances salines, alcalines ou acides, etc.

C'est sous ce triple point de vue que nous pourrions envisager l'art de la briqueterie ; mais dans le présent article nous restreindrons nos considérations à la brique commune, pour les constructions urbaines et rurales, nous réservant de traiter les autres parties aux articles Céramique et Verrerie de ce Dictionnaire, auquel nous destinons une marge d'une certaine étendue. Là, par une combinaison rationnelle des principes de Géologie, de Minéralogie et de Chimie, nous exposerons l'action et l'effet des terres les unes sur les autres, et les produits divers qui résultent de ces mélanges soumis à des degrés très élevés de température (1).

---

(1) L'auteur de cet article a l'intention de traiter avec beaucoup d'attention

Nous avons, disons-nous, à nous occuper ici exclusivement de la fabrication des briques communes. Cet art est très vulgaire; car qui n'a vu faire de la brique? Si quelque chose dans cet article était susceptible d'intéresser le lecteur, ce serait la description des procédés mécaniques qui ont été récemment imaginés pour réduire la main-d'œuvre de cette fabrication. Or nous dirons à ce sujet franchement notre pensée sur le peu d'utilité réelle de recherches qui témoignent assurément d'une manière fort en faveur du génie des inventeurs, mais dont les résultats jusqu'ici obtenus nous semblent démontrer l'inanité de leurs travaux; et nous appuierons ce jugement, qui pourrait sembler téméraire, sur quelques points de faits d'une vérité palpable. En effet qu'a-t-on proposé jusqu'ici pour simplifier le travail des briquetiers? des machines assez compliquées et très coûteuses, ou d'autres machines à meilleur marché, mais qui n'abrégent que bien peu les procédés de la briqueterie. Ce que nous connaissons de mieux à cet égard a été inventé et exécuté à Washington dans les États-Unis. Or on annonce comme *maximum* de l'effet utile de la machine un moulage de 30000 briques par jour. Eh bien, n'allons pas demander à tant de frais ce que nous avons eu de temps immémorial sous la main. Les familles wallonnes qui tous les ans émergent du pays de Liége pour aller porter sur tous les points de la France leur industrie nomade nous offrent un bien autre avantage; nous les avons vues opérer. Un homme, aidé de son enfant en bas âge qu'il occupe à saupoudrer de sable ses moules, et à écarter la brique à mesure qu'elle en sort, moule communément 10000 briques chaque jour. Tout cela se fait à l'aide d'une chétive table de sapin assise sur trois

---

et de méthode les articles Céramique et Verrerie de ce Dictionnaire. Ce qui aurait pu lui manquer d'expérience pratique en ces matières a été suppléé par celle de son père, qui a fondé et dirigé des manufactures de porcelaine et de faïence, et qui a été chargé pendant plusieurs années d'un service spécial à la Manufacture royale des glaces de Saint-Gobain. Ses notes, ses observations, son registre des opérations et de leurs résultats, ont été d'un grand secours au rédacteur de ces articles.

piquets fichés en terre, et de trois moules en bois qui valent ensemble moins de 3 fr.

10000 $\times$ 3 = 30000 briques ; moulage qui a coûté 3 journées d'ouvrier et 3 journées d'un gamin. Prix de main-d'œuvre, environ...................... 10^f

Que la machine américaine n'emploie qu'un homme pour ce travail, ci.................... 2.50^c

Excédant de main-d'œuvre........ 7.50

Cette machine, sans parler des réparations, aura-t-elle coûté seulement 15000 fr., l'intérêt de ce capital sera par jour de.......... 2^{f}45^c $\Big\}$ 8.45
Le moteur, soit des chevaux ou vapeur, ne peut guère être évalué à moins de...... 6.00

Quant au rebattage, au dressage, au remuage de la brique à mesure qu'elle sèche, cela ne peut être soumis aux procédés de la mécanique qu'avec des frais d'établissement énormes, et à l'aide de machines savantes et compliquées. Il faut reconnaître comme une vérité démontrée en économie industrielle, que toute opération qui est de sa nature très simple et très rapide ne peut être simplifiée encore davantage par les procédés de la mécanique qu'aux dépens de l'avantage commercial. Mais il est une autre partie de l'art du briquetier dans laquelle nous pensons que l'emploi des mécaniques pourrait être non-seulement très économique, mais très favorable à la qualité des produits : nous voulons parler de l'extraction dans les bancs de glaise, du coupage, du marchage de la terre, de ses mélanges divers avec le sable pour l'amaigrir, etc. Le pétrisseur mécanique, dans l'Art du boulanger, nous offre peut-être à cet égard un modèle à suivre, sauf les modifications commandées par le sujet ; et nous ne voyons pas cependant que cette partie essentielle de la briqueterie ait beaucoup éveillé l'attention des mécaniciens et des constructeurs.

Du choix des terres et des procédés de fabrication.

En supposant même, ce qui n'est que bien rarement à la disposition du fabricant, qu'il eût absolument la faculté d'employer plutôt une espèce de terre qu'une autre, il lui resterait encore à raisonner ce choix d'après les besoins spéciaux de son exploitation et de son commerce de briques. Rien en effet n'est variable comme les qualités qu'on exige dans ces produits, selon l'usage auquel on les destine. Mais pour la brique tout-à-fait commune, dont nous nous occupons spécialement ici, le choix est bien peu important. Il ne s'agit guère que de trouver une argile assez tenace pour se mouler facilement, et qui cependant soit assez maigre pour que les briques sèchent avec facilité et surtout ne se gercent pas trop en séchant. Quand cette espèce de terre ne se présente pas naturellement, on parvient à obtenir le degré de maigreur ou de ténacité requis, soit par le mélange en proportions convenables de terres de natures différentes, soit par un mélange plus ou moins abondant de sable avec la terre reconnue trop grasse. Pour la brique qui n'est pas affectée aux constructions pyrotechniques, le mélange de calcaire ou de marne dans la terre et sa souillure par une grande quantité d'oxide de fer, loin d'être nuisibles, sont peut-être à rechercher, parce que la brique dans ce cas cuit beaucoup plus vite et à moins de frais de combustible. Mais assez ordinairement dans la cuisson de cette nature de briques, les parties de la fournée ou du tas qui sont le plus rapprochées du combustible offrent toujours des briques un peu déformées par l'effet d'un commencement de fusion. Cela ne nuit pas essentiellement à son emploi dans beaucoup de cas.

Des façons de la brique, de la tuile et des carreaux, et des principales sortes de briques en usage en France.

Nous avons, 1° la *brique dite entière de Paris :* celle-ci a ordinairement 8 pouces de long sur 4 de large et 2 d'épaisseur; 2°. La brique dite de *Chantignole* ou *demi - brique :*

1 pouce d'épais, et les autres dimensions comme celles de la *brique entière*. A Paris on connaît principalement la brique de Bourgogne, celle de Melun, celle de Corbeil et celle de Sarcelle.

Plusieurs genres de considérations doivent influer sur le choix des terres, même pour la brique commune. Il s'agit ici de la facilité du travail et du moindre déchet par l'effet des gerçures dans le dessèchement préalable à la cuisson.

Si la terre qu'on veut employer est très maigre, c'est-à-dire chargée de silice, elle se dessèche sans se gercer et se tourmenter ; mais aussi l'ouvrage après la cuisson est-il moins dur et moins sonore. Il serait d'ailleurs possible que l'excès de silice rendît le moulage difficile, et que les briques cassassent en sortant du moule.

De grosses pyrites dans la terre qu'on emploie peuvent être très nuisibles à la qualité de la brique, parce que venant à perdre en partie leur soufre, et le reste de la pyrite venant à fondre, il se forme des cavités. Mais si les pyrites étaient très petites, comme cela arrive souvent, non-seulement elles ne seraient pas nuisibles (pour la brique qui n'est pas destinée à supporter une haute température) mais elles pourraient même ajouter à sa qualité, en augmentant la dureté et la sonorité. Cela se conçoit sans explication.

Dans les localités favorables, comme en Bourgone, on emploie la terre telle qu'on la fouille, et cela est fort avantageux ; car le mélange des terres entre elles-mêmes ou avec le sable occasione beaucoup de main-d'œuvre, plus même que le moulage.

Quelque attention qu'on puisse apporter dans le dosage des ingrédiens, on ne ferait rien de bon si l'on négligeait de bien corroyer la pâte. Les préparations à faire subir à la terre peuvent être partagées en trois temps différens : c'est ce qu'on entend par *tirer* la terre, la *détremper,* la *battre.*

Assez ordinairement, et c'est la meilleure manière, on tire l'argile destinée à former des briques à la fin de l'automne ou au commencement de l'hiver. On a reconnu que l'argile qui est restée exposée à la gelée, venant à dégeler au printemps, se travaille ensuite beaucoup mieux.

Ordinairement on dépose la terre en hiver dans une grande fosse dont les parois ont été revêtues d'une bonne maçonnerie. On fait aussi une seconde fosse qui touche presqu'à cette première, qui doit être plus grande que la seconde. Si la grande a, par exemple, 12 pieds carrés de vide sur 5 pieds de profondeur, la petite fosse aura 8 pieds sur 5, et 4 de profondeur : celle-ci est également revêtue en maçonnerie ; c'est une condition essentielle pour toutes deux, afin que la terre conserve dans l'une et dans l'autre son humidité naturelle, et même l'eau qu'on y ajoute. La petite fosse se nomme le *marcheux*.

On emplit la plus grande des deux fosses avec de la terre qu'on a transportée auprès, et l'on commence toujours à préparer celle qui est la plus ancienne *tirée :* c'est toujours la meilleure. On en remplit la fosse de manière que la terre excède d'environ 6 pouces le revètement des bords ; on jette de l'eau par-dessus jusqu'à ce que la terre soit parfaitement imbibée. Il faut communément pour cet arrosement, quand la grande fosse à les dimensions que nous avons dites, environ 10 à 12 tonneaux d'eau, chacun de 640 à 650 litres. On laisse l'eau pénétrer d'elle-même la terre pendant trois jours.

Alors un ouvrier qu'on nomme *marcheux*, du même nom que la *petite fosse*, piétine cette terre humectée que les ouvriers appellent alors *pourrie*, en marchant sur toute l'étendue de la fosse ; puis il hache et retourne la terre à l'aide d'une pelle ferrée ou bêche. Il la divise en parties fort minces, en donnant aux tranches qu'il enlève une profondeur de 9 à 10 pouces. Ces tranches s'appellent des *coques de terre apprêtée*. La couche qu'on a enlevée de la grande fosse fournit ce qu'il faut de terre pour remplir à la hauteur qu'on veut le *marcheux* ou la petite fosse, dans laquelle l'ouvrier marcheux la piétine et la pétrit une seconde fois. Il la retourne ensuite dans le marcheux, l'en retire et la jette sur le plancher même de l'atelier, où il la piétine pour la troisième fois,

5..

et il en forme une couche générale de 6 à 7 pouces d'épaisseur. On couvre cette couche d'argile d'une couche de sable dont l'épaisseur est calculée sur les proportions du mélange à faire. Lors même qu'il ne s'agirait pas de maigir la terre parce qu'elle n'en aurait pas besoin, il faudrait toujours saupoudrer de sable les couches d'argile, pour que la terre ne s'attachât pas trop aux pieds de l'ouvrier. Celui-ci piétine et pétrit une quatrième fois, ne faisant agir que le pied droit, qui enlève chaque fois et pousse devant lui une couche de terre mince : par ce procédé toute la masse se corroie parfaitement. Alors elle prend le nom de *voie de terre*. Le marcheur coupe cette masse avec une espèce de faucille ; il en fait de grosses mottes qu'on nomme *vasons*. Ces vasons sont emportés à l'autre bout de l'atelier, où l'ouvrier les renverse sens dessus dessous, et recommence à les marcher par sillons, comme on l'a expliqué ci-devant, pour la mettre ce qu'on appelle techniquement *à deux voies*. Un autre ouvrier appelé *vangeur* coupe cette masse par petits *vasons*, et la porte sur une table qui a été semée de deux ou trois poignées de sable fin, pour que les vasons ne s'y attachent pas. Là on pétrit les vasons, on les corroie de nouveau plus ou moins, suivant la qualité plus ou moins recherchée qu'on veut donner à la brique.

Ici vont commencer les opérations du moulage. Mais nous nous arrêtons. Cette opération sera reproduite dans notre article *Céramique*, où nous verrons un moulage perfectionné ; qu'il nous suffise de faire observer, en attendant, que le moulage de la brique *commune* se fait bien plus rapidement et avec bien moins de soins que celui des briques réfractaires ou de *figure*, pour la construction des appareils pyrotechniques. Parler d'un moulage perfectionné, c'est rendre inutile ce que nous aurions à dire ici de celui de la brique commune.

P...ze.

BRIQUETTES. On donne ce nom à de petites briques qu'on forme avec différens combustibles ; le but de cette opération est d'utiliser, en les agglomérant à l'aide d'une bouillie terreuse, les petits fragmens de bois, de charbon

de terre ou de tourbe, les rognures de cuir et diverses matières combustibles qui brûleraient difficilement ou pas-
seraient entre les barreaux des grilles des foyers sans cette
préparation.

Le procédé qu'on emploie pour ces diverses substances
est le même, à de légères modifications près ; nous décrirons plus particulièrement celui qui s'applique à la fabrication des *briquettes de charbon de terre,* parce que c'est
celui qui donne les produits les plus employés et les plus
importans.

On délaie dans de l'eau de l'argile alumineuse dite *terre
glaise,* en proportion suffisante pour former une bouillie
claire ; on verse cette bouillie terreuse au milieu d'un tas
de *charbon de terre menu,* et l'on mêle bien exactement
à la pelle ces deux matières ensemble. Il faut que le mélange forme un mortier très épais qui ne laisse pas couler le liquide. Dans cet état on en fait des boulettes in-
formes en pressant cette pâtée dans les mains, ou mieux
encore on en remplit un moule conique sans fond de 6 à
8 centimètres de hauteur, 16 à 18 centimètres de diamètre,
et de 14 à 16 centimètres de petit diamètre. Ce moule doit
être posé à plat sur une planche unie, son grand diamètre
appuyé sur le bois ; on le remplit bien *comble* avec une
palette en fer, on frappe ensuite sur le petit tas qui excède les bords, deux coups avec la même palette, dont le
dessous est poli (pour retirer cette palette on la fait
glisser horizontalement en appuyant sur les bords du moule
et sur la surface du charbon moulé, afin de ne pas enlever de charbon) ; on soulève le moule entre les deux mains
en le faisant glisser sur la planche, et l'on pose cette briquette sur une autre planche. Il suffit pour la détacher du
moule d'appuyer légèrement avec les deux pouces sur la surface supérieure de la briquette, en redressant en même temps
les doigts qui étaient recourbés dessous pour la soutenir
pendant qu'elle était en l'air ; on range les briquettes au
fur et à mesure qu'on les fait, sur la même planche, et

l'on en élève trois ou quatre rangées les unes sur les autres.

Un ouvrier habile peut fabriquer ainsi 4000 briquettes dans un jour, et un enfant de douze ans en fait aisément 2000. On les laisse sécher à l'air, et on les enlève ensuite de dessus les planches pour les mettre en magasin.

Les briquettes s'emploient de préférence, comme combustible, dans les fourneaux où l'on n'a pas besoin d'un feu très actif, ou lorsqu'on veut conserver long-temps la chaleur sans veiller à l'entretien du feu. On s'en sert aussi comme chauffage dans les maisons particulières; pour cela on les brûle avec du bois sur une *grille à charbon de terre.*   P.

BROCHEUR DE LIVRES, (*Arts mécaniques.*) Brocher un livre c'est en coudre ensemble les feuilles : voici comment on s'y prend. Après avoir plié les feuilles selon le format du livre, et les avoir collationnées et rangées par ordre, on pose la première feuille à plat sur une table, en présentant son dos le long du bord; on entre dans le dos, en un point quelconque, une aiguille enfilée, et on la fait ressortir en un autre point du pli ; puis posant la deuxième feuille sur la première, en alignant les dos et les bords du haut des pages, on exécute la même opération, en faisant les deux piqûres juste aux points qui touchent les premières. L'aiguille est ressortie en face de l'entrée de la première piqûre, où l'on a laissé passer un bout de fil ; on tire bien le fil pour le tendre et serrer les deux feuilles l'une sur l'autre, et l'on noue les deux fils l'un avec l'autre. Voilà d'abord ces deux feuilles liées ensemble.

On pose la troisième feuille sur la deuxième, et l'on fait aussi deux piqûres en face des premières, toujours en tirant le fil pour le tendre. Cette feuille tient alors par un bout seulement; pour l'attacher par l'autre bout on passe l'aiguille entre les piqûres des deux premières feuilles qui sont en face, de manière que le fil de l'aiguillée soit tourné dans le fil déjà fixé. On pose la quatrième feuille sur la troisième, en alignant toujours les dos et les bords supérieurs, et l'on opère comme pour la troisième feuille. On continue ainsi pour toutes les feuilles du volume, et l'on fait un ou deux nœuds quand la dernière est attachée.

On a eu soin de recouvrir le volume, c'est-à-dire la première feuille et la dernière, d'un papier qui a été cousu avec elle; on met sous presse, puis, quand la pression a été continuée quelque temps, on enduit de colle en pâte une feuille de papier de couleur pour recouvrir le livre. Cette feuille se colle sur la première page, la dernière et le dos. Il ne reste plus qu'à ébarber avec des ciseaux les marges saillantes des feuilles les plus longues, etc.   FR.

BRONZE. (*Arts chimiques.*) *Alliage de cuivre et d'étain.* — Il existe peu d'alliages qui soient aussi employés que celui de cuivre et d'étain; mais suivant les usages auxquels il est destiné l'on fait varier la proportion de ses élémens. On le prépare dans des creusets lorsqu'on n'opère que sur de petites quantités, et dans des fours à réverbère lorsqu'il s'agit de couler des canons, des statues, etc. Il faut, autant que possible, préserver les métaux du contact de l'air par une couche de poussière de charbon; autrement on éprouverait deux inconvéniens : d'abord on perdrait du cuivre et de l'étain; ensuite celui-ci s'oxidant plus facilement que le cuivre, la proportion respective des deux métaux se trouverait différente de celle qu'on aurait voulu suivre dans la préparation de l'alliage. Lorsque le cuivre est rouge de feu il se combine bien à l'étain; seulement il faut avoir la précaution de brasser les métaux, afin de former un alliage bien homogène; autrement il s'en produirait un qui contiendrait dans sa partie inférieure une proportion de cuivre plus grande que celle qui serait contenue dans sa partie supérieure.

Alliage de 100 de cuivre et de 4,17 d'étain. — M. Chandet a proposé l'emploi de cet alliage pour la fabrication des médailles coulées. Quand il est fondu il le coule dans des moules préparés avec des os de mouton calcinés, c'est-à-dire avec la matière des coupelles. Les médailles sont ensuite soumises à l'action du balancier, non pour les frapper, car le moule donne des empreintes parfaites, mais pour les réparer et les polir.

Alliage de 100 *de cuivre et de* 8 *à* 11 *d'étain.* — C'est le bronze; il est employé, comme tout le monde sait, pour faire des bouches à feu, des statues, des ornemens. Les anciens en fabriquaient leurs instrumens tranchans. Il est jaune, cassant, plus dense que le cuivre, moins altérable que lui, plus durable et plus sonore, légèrement ductile. Quand on l'expose au feu avec le contact de l'air il se convertit en peroxides de cuivre et d'étain. Si l'action de l'air ne peut s'exercer que sur une partie de la masse, la partie qui ne se calcine pas contient une proportion de cuivre plus grande que celle qui constituait l'alliage primitif. Exposé à l'action de l'air humide, il se recouvre d'une couche de sous-carbonate de cuivre hydraté.

M. Dussaussoy prétend qu'en ajoutant à 100 de bronze 1 à 1 $\frac{1}{2}$ de fer-blanc ou même de zinc, on obtient un composé ternaire qui présente beaucoup plus de résistance au choc que le bronze, dans le cas où ces deux alliages ont été coulés dans des moules de sable.

Alliage de 100 *de cuivre et de* 14 *d'étain.* — M. Dussaussoy dit que cet alliage peut servir à faire des outils qui, écrouis et aiguisés à la manière des anciens, présentent un tranchant préférable à celui des outils fabriqués avec quelques variétés d'acier.

Alliage de 100 *de cuivre et* 25 *d'étain.* — C'est celui des cymbales, du *tamtam*, cet instrument bruyant qui nous vient de la Chine. Pour donner à cet alliage la propriété sonore au plus haut degré il est nécessaire de lui faire éprouver un refroidissement subit. M. D'Arcet, à qui nous devons cette observation, conseille, lorsque la pièce est moulée, de la faire rougir et de la plonger dans l'eau froide. Le refroidissement subit que l'alliage éprouve donne aux particules une disposition telle, que par une pression ménagée elles peuvent glisser les unes sur les autres, et rester dans la position où cette pression les a amenées. Lorsqu'on a donné à l'instrument, au moyen du marteau, la forme qu'on veut qu'il conserve, on le fait chauffer, puis on le laisse refroidir lentement au milieu de l'air. Les particules se disposent alors dans un ordre différent de celui qu'elles auraient pris par un refroidissement subit; car, au lieu d'être ductiles, elles jouissent d'une élasticité telle, que quand elles sont déplacées par une légère compression elles reviennent à leur première position par une suite de vibrations extrêmement rapides; d'où il résulte un son très fort. Seulement il ne faudrait pas que le choc fût considérable, car les particules se désuniraient.

Le bronze, le métal des cloches, et probablement la plupart des alliages de cuivre et d'étain, présentent la même propriété.

Alliage de 100 de cuivre et de 29,5 à 33,34 d'étain. — Cet alliage est gris jaunâtre ou blanchâtre, cassant; il est très sonore, sans cependant l'être autant que le précédent. On l'emploie à la fabrication des cloches. L'alliage pour les timbres des horloges contient un peu plus d'étain que celui des cloches; l'alliage des timbres de montre contient en outre un peu de zinc.

Alliage de 100 de cuivre et de 50 d'étain. — Cet alliage, presque blanc, très friable, susceptible d'un très beau poli et de prendre un grand éclat, est employé à fabriquer les miroirs de télescope.

Vaisselle de bronze. — On a trouvé parmi les bronzes antiques, ainsi que nous l'avons vu plus haut, divers vases et ustensiles de ménage en bronze qui étaient en usage chez les anciens. Dans le Jura l'on se sert encore de vaisselle de cette espèce; mais la fragilité du bronze ayant obligé de donner une assez forte épaisseur à ces objets, ils étaient d'un usage fort incommode à cause de leur poids. M. D'Arcet, en appliquant la propriété que le bronze présente de devenir ductile par la trempe, a fabriqué des pièces de vaisselle légères et faciles à étamer. Cette application toute récente peut donner lieu à un nouveau genre de fabrication.

Mortiers en bronze. — Ces mortiers, qui présentent des avantages sous le rapport de la dureté, avaient l'inconvénient assez grave d'être cassans vers leurs bords. Comme cette partie est plus mince, plus sujette à casser, et qu'il est inutile d'ailleurs qu'elle présente la même dureté que le fond, on remédie à tous les inconvéniens en *trempant* dans l'eau cette partie seulement.

Outils et armes des anciens, en bronze. — Les opinions ont été long-temps partagées sur les moyens qui avaient été employés autrefois pour donner à tous ces objets la dureté qu'on leur connaît. Les uns ont pensé que cette propriété était due à du fer allié à dessein ; d'autres l'ont attribuée à de l'argent, à du bismuth, etc. En effet la présence de ces métaux a été démontrée dans quelques bronzes antiques ; cependant, comme ils ne s'y sont pas trouvés constamment ni dans les mêmes proportions, et que dans la plupart des analyses récentes on n'en a pas rencontré de quantités sensibles, il est plus raisonnable de penser qu'ils s'y trouvaient accidentellement, et que l'étain, démontré par toutes les analyses, était le seul métal que l'on ajoutât à dessein pour *durcir* le cuivre. (Dizé, Journal de Physique, avril 1790.)

Pline, en indiquant la composition du bronze des anciens, dit, *in Hist. nat.*, lib. 34, cap. 9, qu'ils alliaient 12 et demi d'étain à 100 de cuivre pour les beaux ouvrages, et qu'ils ne mettaient que 3 à 4 d'étain sur 100 lorsqu'il s'agissait d'objets de peu d'importance.

Jean Chrétien Niegleb présenta, en 1777, à l'Académie des Sciences de Mayence plusieurs analyses de bronzes provenant de différentes armes anciennes trouvées près d'un village à 3 lieues de Langensalza ; il conclut de ses essais que ces alliages ont été faits dans les proportions de 3,50 ; 5 ; 5,50 ; 12 et 14 d'étain pour 100 de cuivre ; et quoiqu'il ait trouvé une quantité d'argent très remarquable (1) et même un peu

---

(1) 25 onces pour 100 livres, ce qui fait plus des 0,015 du poids ; cette quantité d'argent paraît en effet très remarquable. M. D'Arcet n'en a pas trouvé sensiblement dans les nombreuses analyses qu'il a faites des bronzes antiques ou romains.

d'or, il ne pense pas que ces métaux précieux y aient été mis à dessein ; il dit que probablement ils sont restés dans le bronze, parce qu'on ne savait pas alors les séparer aussi parfaitement que de son temps.

Parmi les divers outils ou armes des anciens, en bronze, la plupart étaient durs et cassans ; quelques-uns étaient ductiles et paraissaient avoir été adoucis par la *trempe;* tout ce qu'on a vu plus haut prouve que leur composition, très variable dans les proportions des métaux alliés, contenait généralement du cuivre et de l'étain. Les analyses suivantes, faites presque toutes dans le laboratoire de la Monnaie, le démontrent encore :

Épée antique trouvée en 1799 dans les tourbières de la Somme : Cuivre 87,47 ; étain 12,53 pour 100.

Ressorts en bronze pour les balistes, d'après Phylón de Byzance : Cuivre 97 ; étain 3.

On a trouvé parmi les outils en bronze dont les anciens se servaient, des rasoirs, des couteaux, etc. Au reste, comme dans ces emplois le fer et l'acier sont généralement bien préférables au bronze, cet alliage présente peu d'intérêt sous le rapport de la fabrication des intrumens tranchans.

Nous dirons un mot sur une application plus intéressante du bronze, celle de la fabrication des bouches à feu.

Bronze des canons. — Depuis Birringuccio, qui a publié en 1750 une Pyrotechnie dans laquelle il parle de la fusion des métaux, les divers auteurs qui ont écrit sur l'artillerie ont parlé d'une multitude d'expériences faites sur tous les alliages intermédiaires, depuis 4 jusqu'à 20 d'étain pour 100 de cuivre ; mais parmi tous ces essais on chercherait en vain un résultat très positif, et l'on rencontre beaucoup de données contradictoires. Il paraît que ces anomalies tiennent particulièrement à des irrégularités dans la fusion, le mélange, la coulée et le moulage du bronze ; en effet le meilleur alliage peut devenir le plus mauvais de tous s'il n'est pas bien homogène dans toutes ses parties, s'il contient quelques soufflures, souvent imperceptibles ; si les gaz, n'ayant pas de libres issues dans le moule, ont réagi sur le bronze, s'y sont logés pendant qu'il était encore fluide, et ont rendu quelques-unes de ses parties poreuses, etc. La constance dans les procédés de la fabrication serait donc la première chose à désirer, et ici encore cela tient sans doute au mode de diriger les opérations des fonderies.

Un alliage facile à obtenir bien homogène, qu'on peut fondre et mouler sans peine, d'une ténacité assez grande pour ne point éclater, et cependant assez dur pour résister suffisamment aux frottemens des projectiles, et enfin assez peu fusible pour n'être pas promptement altéré durant un tir très vif ou à boulets rouges, présenterait les propriétés désirables dans le bronze des bouches à feu. Les divers alliages proposés réunissent une plus ou moins grande partie de ces conditions. Nous allons essayer de les discuter.

Notre gouvernement en 1769, prescrivait, dans une note de l'article III de l'Instruction du 31 octobre, la composition suivante pour toutes les bouches à feu :

Cuivre... 100			Cuivre.... 90,91
Étain.... 11	} ou environ :	{	Étain..... 9,09
			————
			100.

Cet alliage, lorsqu'il est bien fait, semble réunir toutes les conditions que nous avons indiquées ; il est jaunâtre, d'une densité plus grande que la moyenne des deux métaux qui le constituent ; plus tenace, plus fusible que le cuivre ; légèrement malléable lorsqu'il est refroidi lentement ; très malléable par la *trempe*, etc. : s'il ne présente pas tous les avantages de la meilleure composition possible, il l'emporte du moins généralement sur tous ceux qui lui ont été substitués, par suite de la mauvaise exécution de la loi sur nos fonderies. L'expérience des canons d'Espagne, qui ont *tiré* plus de 6000 coups, tandis que d'autres, essayés comparativement, ne résistèrent qu'à 300, 400, 500 ou 1000 coups au plus, démontre suffisamment cette assertion.

On fit à Turin, en 1770, des essais qui sont rapportés par le général Papazino d'Antony, desquels il résulterait que l'alliage le plus convenable aux canons de gros calibre serait celui de 12 à 14 d'étain pour 100 de cuivre.

M. le comte Lamartillière a publié des expériences faites à Douay en 1786, sur les alliages de 5,4 ; 7,6 ; 8 ; 8,3 ; 9,3 et 11 d'étain pour 100 de cuivre : il en résulterait que l'on ne doit point employer moins de 8 pour 100 d'étain pour le bronze des canons, ni plus de 11.

Cependant M. Briche, qui a suivi avec beaucoup de soin les opérations de la fonderie de Strasbourg, a annoncé (t. IV du Journal des Mines, page 879) que les proportions les plus convenables de l'alliage propre à faire les bonnes pièces n'étaient pas encore déterminées ; sans doute il ne regardait pas les expériences de Turin et de Douay comme concluantes.

Une commission composée de MM. Daboville, D'Arcet, Depommereul, d'Hennezel, Gilet et Baillet, nommée pour examiner les plaintes des généraux en chef de l'armée du Rhin, en 1797, déclara que de nouveaux essais sur la composition des bouches à feu étaient indispensables.

Une autre commission composée de MM. Songis, Andréossy, Lariboissière, Ruty et Daboville, attribuait la destruction des bouches à feu de gros calibre non à l'alliage, qu'elle supposait être de 8 à 12 d'étain pour 100, mais à l'imperfection du brassage dans les fourneaux et au refroidissement trop lent de la matière coulée, dans les moules.

On n'est donc guère plus avancé qu'en 1418 pour composer le meilleur bronze, et les variations qu'on a observées dans l'alliage des canons étrangers (1) sont encore plus grandes que chez nous. Plusieurs auteurs se sont accordés sur la nécessité de faire entrer une plus grande quantité d'étain dans la composition du bronze destiné aux fortes pièces de siége de 24 et de 16, parce qu'elles doivent être capables de résister aux chocs des gros boulets contre les parois de l'âme pendant la

─────────────

(1) La composition de ces bouches à feu varie depuis 18 jusqu'à 12 centièmes d'étain.

durée d'un long siége (1). D'après M. Shlié, la proportion d'étain la plus convenable serait de 14 centièmes. Les Anglais emploient dans ce cas particulier la FONTE DE FER, et s'en trouvent fort bien : on sait qu'en effet la fonte est plus dure que le bronze, qu'elle peut offrir assez de ténacité, lorsqu'elle est bien fabriquée, pour résister aux explosions de la charge, surtout dans les canons de gros calibre, qui tirent lentement ; enfin, qu'en raison de sa dureté elle doit éprouver moins d'altération par le frottement des projectiles, que le bronze.

MM. Feutry et Gassendi ont proposé de former les âmes des canons avec du fer. On doit à M. Ducros la découverte du moyen de souder le bronze au fer à l'aide de l'étamage. Il nous semble cependant que les différences de dilatation rompraient probablement bientôt cette union, et qu'il serait préférable d'employer le fer seul.

M. D'Arcet a tenté en petit l'alliage du fer au bronze, et cet essai lui a réussi ; il a pensé que les alliages ternaires ou même quaternaires (dans lesquels il entrerait seulement un centième de plomb), pourraient être utilement employés à la fabrication des canons.

M. Dussaussoy a fait un grand nombre d'expériences dont le but était de déterminer s'il serait avantageux pour la fabrication des bouches à feu d'allier au bronze ordinaire le fer et le zinc ; il est résulté de son travail qu'on ne devait ajouter sur 100 d'alliage que 1 à 1,5 de fer-blanc ou 3 de zinc tout au plus, et qu'il valait beaucoup mieux se servir de fer déjà uni à l'étain (fer-blanc), que de fer pur, pour la facilité de la combinaison. Ces alliages présentent toujours les inconvéniens d'être dénaturés dans les refontes, par la séparation du fer ou du zinc ; et la combinaison du fer exige des soins que quelques accidens peuvent rendre infructueux, tandis qu'avec l'alliage dans les proportions indi

____

(1) On sait que la dureté est en raison inverse de la quantité d'étain dans le bronze, et que la ténacité est en raison inverse de cette même quantité.

quées par la loi, ils donneront toujours de bons résultats et des produits identiques, si les opérations sont bien dirigées. Au reste, nous le répétons ici, cette direction des travaux est peut-être la première chose à améliorer dans nos fonderies.

Bronzes dorés ou ornemens en bronze. — M. D'Arcet, dans un Mémoire très intéressant sur les moyens de garantir les doreurs des dangers des vapeurs mercurielles, mémoire qui a remporté le prix fondé par M. Ravrio, l'un de nos fabricans de *bronzes* les plus distingués, a publié toutes les données utiles aux fabricans d'ornemens en bronze doré; nous en extrairons ici ce qui est relatif au sujet que nous traitons.

Les doreurs envoient au fondeur les modèles des pièces qu'ils veulent faire fondre; ce dernier, guidé seulement par l'expérience d'une longue pratique, emploie ordinairement les vieux bronzes dorés dont on a enlevé la dorure; c'est ce qu'on nomme *mitraille pendante;* il la fond seule lorsqu'il la juge de bonne qualité; il se sert aussi fréquemment de divers objets en bronze mis au rebut, compris sous la même dénomination, tels que les vieux flambeaux, les vieux chenets, etc.; enfin il achète pour le même usage les débris de cuivre jaune de toute espèce qui se trouvent dans le commerce.

Si les vieux bronzes qu'il s'est procurés ne sont pas de bonne qualité, il y ajoute, pour les rendre plus *mous* ou plus *durs,* soit du cuivre rouge, soit du zinc ou de l'étain. S'il n'a à sa disposition que des débris de cuivre jaune et de cuivre rouge étamés, tels que des vieux chaudrons et des casseroles, il fond ces objets en les mêlant dans les proportions qui lui semblent convenables, en juge ensuite au *grain* du mélange, dont il tire un petit échantillon qu'il fait refroidir pour l'examiner dans sa cassure: il faut que le grain soit *fin* et bien homogène dans toutes ses parties; sa couleur, la ténacité et la dureté, indiquent encore si le dosage est bon. Au reste, on conçoit bien que ces caractères physiques présentent des données très vagues, et qu'il est impossible que les résultats des tâtonnemens qu'ils déterminent soient bien identiques ; ce serait cependant une condition essentielle pour que le bronze pût réunir constamment les qualités suivantes.

Le bronze destiné à être doré doit être aisément fusible ; il doit prendre parfaitement l'empreinte du moule dans lequel on le coule. Les pièces obtenues ne doivent être ni *piquées*, ni *venteuses*, ni *gercées;* il faut que leur alliage soit facile à tourner, à ciseler et à brunir ; il doit avoir un belle teinte et bien prendre la couleur verte de *patine antique* (1) ; il doit recevoir la dorure facilement sans absorber une trop grande quantité d'amalgame ; enfin il est nécessaire que la dorure y adhère bien et prenne une belle couleur lorsqu'on la met au *mat,* au *bruni,* en couleur d'*or moulu* ou en couleur d'*or rouge.*

Les métaux purs ne peuvent ni les uns ni les autres réunir ces propriétés ; en effet le fer ne saurait convenir sous presque aucun rapport, comme il est facile de le voir par l'énumération ci-dessus des propriétés nécessaires à la fabrication de ces objets ; l'étain, le plomb et le zinc seraient trop *mous,* susceptibles d'altération, etc. Le cuivre seul aurait quelques-unes des qualités voulues ; mais il serait trop difficile à fondre et d'une fusion trop *pâteuse* pour le fondeur, trop *gras* pour le ciseleur et le tourneur ; il emploierait une trop grande quantité d'or, etc.

L'alliage de cuivre et zinc serait préférable; mais cet alliage bi-

----

(1) Cette teinte verte que nous nommons *patine*, et à laquelle les Romains avaient donné le nom *ærugo*, est acquise par le temps ; le métal de Corinthe prenait ainsi une belle couleur vert clair dont l'apparence était assez semblable à la mousse verte des arbres (*mucor furfuraceus*). Il paraît que les métaux qui composent le bronze s'altèrent pour former cette couche colorée, en proportion de leurs quantités relatives dans l'alliage.

La patine formée par l'action de l'oxigène et de l'acide carbonique de l'air à l'aide de son humidité, paraît être aussi mêlée aux poussières que les vents transportent : elle contient de l'oxigène, de l'acide carbonique, du cuivre, de l'étain, du zinc, de l'aluminium, du silicium, du calcium et des traces de plomb.

naire est pâteux, prend mal les empreintes, absorbe trop d'a-malgame, est sujet à se piquer et à se gercer en refroidissant, trop *gras* ou trop *mou* pour être tourné et ciselé. Enfin si l'on augmentait la proportion de zinc pour le rendre plus dur, il perdrait la couleur jaune qui convient au doreur.

L'alliage de 20 d'étain à 80 de cuivre se fond aisément, coule assez fluide et prend parfaitement l'empreinte du moule; mais cet alliage, qu'il soit trempé ou non, se déroche mal; il con-serve trop de dureté et de sécheresse pour être facilement tourné et ciselé, sa couleur est trop grise; il prend difficile-ment la dorure et ne se polit qu'avec peine au moyen du brunissoir; cet alliage ne saurait donc convenir à la fabrica-tion du bronze doré.

L'alliage qui contient 10 centièmes d'étain pour 90 de cuivre se fond aisément et coule assez liquide; mais il ne pénè-tre pas bien tous les fins détails du moule. Il est plus fa-cile à tourner, à ciseler et à brunir que les alliages précédens; mais il n'est pas assez jaune : il faudrait beaucoup d'or pour obtenir la nuance que demande le commerce (1).

Aucun de ces alliages ne convient à la fabrication des bronzes dorés; nous avons vu que les métaux purs n'y pouvaient être employés, il faut donc avoir recours à d'autres combinaisons métalliques plus compliquées que les alliages binaires; on est conduit naturellement à rechercher la composition de celui que les fondeurs préfèrent, mais qu'ils ne sont jamais assurés d'ob-tenir. Nous avons vu que ces derniers allient ordinairement 25 de cuivre rouge étamé et garni de soudure à 75 de cuivre jaune. D'après la composition du LAITON ou cuivre jaune et

---

(1) On sait qu'il faut d'autant plus d'or pour *couvrir* les surfaces du bronze, que la nuance de cet alliage tire moins sur le jaune.

Les alliages de cuivre et d'étain seraient mal dérochés ou décapés par les procédés en usage; en effet l'acide nitrique oxiderait l'étain, et la sur-face du bronze présenterait une teinte grisâtre qu'il faudrait enlever par l'acide muriatique. La trempe qui rend ces alliages plus ductiles n'aurait pas ici une application avantageuse; elle rendrait cet alliage trop perméable à l'amalgame.

celle du cuivre rouge chargé d'étamage et de soudure (1), le bronze qu'ils obtiennent doit être formé à peu près comme il suit :

$$
\begin{aligned}
&\text{Cuivre.....} && 72 \\
&\text{Zinc.......} && 25,2 \\
&\text{Étain......} && 2,5 \\
&\text{Plomb.....} && 0,3 \\
\hline
& && 100
\end{aligned}
$$

En effet, M. D'Arcet a trouvé dans un grand nombre d'échantillons de bronze doré, qu'ils étaient composés d'un alliage quaternaire; quelques-uns contenaient en outre accidentellement du fer, de l'antimoine, de l'or ou de l'argent, mais en petite quantité. Le tableau contient les résultats de ces analyses, et nous avons vu que les frères Keller, célèbres fondeurs du siècle de Louis XIV, préféraient l'alliage quaternaire, ainsi que l'a prouvé l'analyse de leurs belles statues.

Il paraissait donc démontré que l'alliage quaternaire de cuivre, zinc, étain et plomb, était le meilleur pour la fonte des sculptures et ornemens en bronze (2); il s'agissait de

---

(1) Le cuivre jaune du commerce, et le cuivre chargé d'étamage et de soudure, contiennent, terme moyen, par quintal, les proportions suivantes :

$$
\text{Cuivre jaune.}\begin{cases}
\text{Cuivre..} & 63,70 \\
\text{Zinc....} & 33,50 \\
\text{Étain...} & 2,55 \\
\text{Plomb..} & 0,25 \\
\hline
& 100
\end{cases}
\qquad
\text{Cuivre étamé.}\begin{cases}
\text{Cuivre...} & 97 \\
\text{Étain...} & 2,5 \\
\text{Plomb..} & 0,5 \\
\hline
& 100
\end{cases}
$$

(*Voy.* Annales de Chimie et de Physique, t. V, Chaudet; et Annales des Mines, t. III, Berthier.)

(2) L'analyse d'un morceau de *cuivre doré* de la Chine, et celle d'un autre venant de Berlin, n'ont démontré à M. D'Arcet que du cuivre, du zinc et du plomb dans le premier, et seulement du cuivre et du zinc dans le second. Toutes les pièces laminées qu'on dore en France sont composées de cuivre et zinc : ces exceptions sont nécessitées souvent par la nature de l'ouvrage.

fixer les proportions à adopter, et d'indiquer ainsi une marche certaine aux fondeurs.

M. Dussaussoy avait démontré, ainsi que nous l'avons vu (1), que l'alliage de cuivre 80, zinc 17, étain 3 pour 100, était préférable à tous les autres pour fabriquer les garnitures d'armes, en ce qu'il avait le plus de ténacité, de malléabilité, de dureté et de densité réunies; mais comme la densité est de toutes ces propriétés la plus importante à donner aux bronzes qui doivent recevoir la dorure, M. D'Arcet a pensé que sous ce rapport la composition de bronze qu'il fallait préférer pouvait être déduite du beau travail de M. Dussaussoy, et qu'on devait la prendre parmi les alliages quaternaires rejetés par cet auteur (relativement à un autre emploi), et qui serait composée de

> Cuivre..... 82 »
> Zinc....... 18 »
> Étain...... 3 ou 1
> Plomb..... 1,5 3.

Dans la composition où le plomb est en plus forte proportion que l'étain, la ténacité est diminuée et la densité augmentée; ce qui est préférable pour les pièces de petites dimensions (2).

---

(1) Annales de Chimie et de Physique, t. V, pages 113 et 225.

(2) Des expériences ont constaté que la densité du bronze augmentait d'un dix-septième, en portant la proportion de l'étain de 5 à 20 centièmes. La dureté et l'imperméabilité de cet alliage, outre les applications importantes que nous avons citées, sont encore très utiles dans la fabrication des Pompes et des Robinets.

M. Perkins est parvenu, à l'aide d'un cylindre parfaitement alésé, creusé dans un bloc de bronze, à opérer une pression de 2000 atmosphères; il a démontré, par cette énorme pression, que l'eau est compressible et élastique; vérités inconnues jusque là. On sait que sous une pression moindre l'eau a passé au travers de fontes en fer très épaisses dans des presses hydrauliques, et qu'on a pu faire suinter aussi le mercure au travers de la fonte, sous quelques atmosphères de pression.

On trouve dans le premier volume de la Description des brevets d'Invention une note dans laquelle M. Léonard Tournu annonce la composition d'un alliage qui n'emploie que les deux tiers de la quantité d'or qu'exigent les alliages ordinaires. Ce bronze est composé de 8 parties de cuivre, 1,5 de zinc, et 1 de laiton; d'où il suit qu'il doit contenir pour 100 :

$$
\begin{aligned}
&\text{Cuivre}\ldots\ldots\ 82,257\\
&\text{Zinc}\ldots\ldots\ldots\ 17,481\\
&\text{Étain}\ldots\ldots\ 0,238\\
&\text{Plomb}\ldots\ldots\ 0,024\,;
\end{aligned}
$$

ce qui tend encore à démontrer que l'alliage quaternaire est préférable pour toutes les pièces qui doivent être dorées, et à prouver l'avantage des compositions citées ci-dessus, entre lesquelles on a laissé le choix, parce qu'il dépend de l'emploi qu'on veut faire du bronze.

Les fondeurs doivent donc les préférer, toutes choses égales d'ailleurs. Ils parviendront à l'obtenir en conservant comme terme de comparaison un alliage fait de toutes pièces : ceux qui seront plus instruits y parviendront plus sûrement encore en formant leur alliage avec des métaux purs, comme cela se pratique maintenant dans la fabrique d'armes de Versailles; et si dans la vue de profiter du bas prix de la *mitraille pendante*, ils veulent la faire entrer dans la composition de leur bronze, ils devront en faire le titre, afin de pouvoir déterminer d'avance par le calcul les mélanges qu'il faudra faire pour amener le bronze aux proportions indiquées ci-dessus; ils en feront alors un lingot dont ils devront vérifier le titre.

Le fondeur en bronze doit se proposer d'obtenir une fusion rapide, afin d'éviter les causes de déperdition que nous avons indiquées : la forme du fourneau, la nature du combustible et le mode d'opérer comprennent toutes les conditions utiles au succès.

Les fourneaux à réverbère sont depuis bien long-temps adoptés pour cette opération; mais parmi ceux-ci l'on doit préférer ceux dont la forme est elliptique. Les fours à voûte sphéroïde s'emploient par les fondeurs de cloches, parce que leur alliage étant plus fusible, il n'est pas nécessaire qu'ils obtiennent une température fort élevée; cependant comme la rapidité de l'opération est toujours une chose très utile, ils auraient intérêt à se servir aussi de fours elliptiques. A l'article FOURNEAUX *à réverbère* nous insisterons sur les autres principes de construction qu'il est important de connaître.

Le bois était le combustible employé depuis fort long-temps; on lui a substitué avec des avantages très marqués le charbon de terre.

Le mode d'opérer en grand dépend des métaux qui entrent dans la composition du bronze; mais il faut en général les garantir de l'oxidation : le premier moyen consiste dans la rapidité de la fusion; quelquefois aussi l'on ajoute sur la surface du bain du charbon concassé en petits morceaux (assez gros cependant pour qu'ils ne soient pas entraînés par le courant de la flamme) et souvent mêlé dans les scories. Un tour de main, assez utile encore, lorsqu'on veut ajouter du zinc en forte proportion (*voy.* LAITON), c'est de glisser ce métal en plaques sous la couche de charbon; on remue d'abord sans brasser, on brasse ensuite à grands coups, et l'on coule aussitôt le plus promptement possible. On peut employer utilement les mêmes précautions pour ajouter l'étain qui s'emploie en saumons; en général les métaux les plus altérables au feu doivent être ajoutés les derniers, afin qu'ils soient moins long-temps exposés à son action. On brasse alors fortement afin d'opérer leur combinaison, qui souvent est difficile, en raison de la grande différence de densité. Cette différence produit une force divellente opposée à l'affinité, et elle est si considérable, que dans les moules elle agit encore sur le bronze liquéfié; de là l'une des causes du refroidissement prompt qu'il est utile d'opérer. On profite dans quelques circonstances de cette force due à des poids spécifiques différens, pour séparer quelques métaux.

L'alliage d'une petite quantité de fer dans le bronze est

quelquefois utile; ainsi que nous l'avons vu plus haut, on parviendrait difficilement à l'unir directement, et l'on peut au contraire l'allier sans peine en l'étamant au préalable; ainsi c'est à l'état de fer-blanc qu'on doit l'ajouter dans le bronze. Au reste cet alliage s'altère très facilement dans les refontes; le fer s'en sépare et passe sous forme d'oxide dans les scories.

On allie directement l'arsenic au bronze pour les *miroirs* des TÉLESCOPES (c'est un alliage de cuivre, étain, platine et arsenic). Il est essentiel de garantir le mélange de l'oxidation pendant la fonte; on y parvient au moyen d'un FLUX ou de verre pilé, qui forme un bain imperméable à l'air, en sorte que toute la surface du mélange métallique est garantie de son action.

Quant aux alliages de bronze dans lesquels l'or ou l'argent peuvent entrer, il ne nous importe pas de connaître leur fabrication, puisqu'ils ne sont pas employés dans les Arts (1). P.

BROSSIER. *Voy*. BALAI.

BROYEUR. (*Arts mécaniques.*) Les couleurs usitées en peinture ne peuvent être employées qu'après avoir été réduites par le broyage en poudre très fine; c'est ce qu'on fait en passant et repassant circulairement une *molette* sur une table de pierre dure, ordinairement en marbre ou en porphyre. La molette est un morceau de la même pierre, qui est aplati d'un côté et façonné en manche grossier du côté opposé; on la promène à la main, en ramassant de temps à autre la couleur avec un couteau à lame flexible, et broyant de nouveau.

Le broyage ne se fait pas à sec; outre qu'il y aurait du danger pour l'ouvrier à respirer des poussières souvent vénéneuses, on perdrait de la matière. On mouille à l'eau la substance qu'on broie, et on la dispose ensuite en *trochisques* ou

---

(1) On trouve dans le commerce beaucoup d'objets faits en une espèce de bronze appelée *métal blanc*; c'est un alliage, sans aucune proportion fixe, de cuivre, étain, plomb, zinc, fer, etc. On le nomme aussi *métal à boutons*; on l'obtient en fondant ensemble diverses mitrailles de rebut.

petits tas, pour la faire sécher et la conserver. On broie la couleur avec de l'eau gommée, de l'huile, du lait, de l'essence de térébenthine, de la colle ou des vernis, selon l'usage qu'on en veut faire. Lorsqu'on change la couleur à broyer il faut avoir soin de nettoyer exactement la table et la molette, et même de les passer au sablon.				Fr.

BRUNISSOIR. (*Arts mécaniques.*) Le *brunissoir* est un outil de forme variée suivant l'ouvrage qu'on travaille, et qui est en substance plus dure que celui-ci, et polie, telle que l'acier, les pierres dures, la potée d'étain, la sanguine, etc. On frotte la surface avec cet outil, non pas pour l'user, mais pour abattre les éminences et faire disparaître les inégalités et les sillons ; ce qui donne au corps un poli et un éclat particuliers. On mouille à l'eau, à l'huile ou au savon, etc. ; on appuie suffisamment le brunissoir en frottant la surface qu'on veut brunir. C'est ainsi qu'on traite les pièces d'argenterie, les bronzes et les bois qu'on veut dorer ou argenter, les cuivres gravés en taille-douce dont on veut effacer quelques légers traits, les pièces d'horlogerie et de coutellerie, la tranche des livres, etc.						Fr.

C

CABESTAN. (*Arts mécaniques.*) C'est une machine (fig. 13, pl. 4) formée de barres ou leviers horizontaux qui traversent un arbre vertical dont les deux bouts, ou *tourillons,* sont solidement retenus dans des *collets,* sur un bâti en charpente ; des hommes appliquent leur force aux extrémités des barres pour faire tourner l'arbre sur son axe. Un poids quelconque, qu'on veut amener peu à peu, est placé sur un traîneau qu'un Cable joint au cabestan ; ce câble est enroulé autour de l'arbre ; les forces qui font tourner l'arbre obligent le câble à l'envelopper, et tirent le fardeau. *Voy.* l'Argue, pl. 1, fig. 23.

Comme le cabestan n'est qu'un Treuil dont l'arbre est vertical, nous remettons à traiter à ce mot, de la théorie qui s'y rapporte. Nous dirons seulement que *pour trouver la puissance* P *capable de faire équilibre à une force de traction représentée par un poids donné* Q *, il faut multiplier ce poids* Q *par le rayon* q *de l'arbre, et diviser le produit par le rayon* R *du cercle que la puissance* P *tend à décrire,* $P = \dfrac{Qq}{R}$.

Plus les leviers sont longs, et plus les hommes ont de facilité à mouvoir la résistance; mais aussi plus la circonférence qu'ils décrivent est grande, et plus ils sont de temps à faire avancer le traîneau d'une longueur donnée; car une révolution entière de l'arbre amène le poids d'une quantité égale à la circonférence qui a pour rayon celui du cylindre, plus celui de la corde.

Un des inconvéniens du cabestan c'est que la corde qui se roule sur l'arbre ne tarde pas à couvrir ce cylindre dans toute sa longueur, parce que les épaisseurs de la corde se juxta-posent à la surface. Lorsque celle-ci est entièrement recou-verte par le câble on ne peut plus continuer la manœuvre sans *dévirer* le cabestan pour en développer toute la corde; ce qui cause une grande perte de temps.

Pour éviter cet inconvénient on est dans l'usage de placer un homme au pied de l'arbre; cet homme tire le bout du câble déjà roulé de plusieurs tours sur le cylindre; *il tient bon,* et, aidé du frottement, il empêche le cordage de glisser sur l'arbre. Le cordage se développe d'un bout en même temps qu'il s'enveloppe de l'autre; et si l'on donne à l'arbre une forme un peu conique, comme on le voit dans le cabestan de la fig. 14, les tours de corde glisseront d'eux-mêmes sur la surface ou par un léger choc, pour gagner la partie la plus étroite, et l'arbre sera à la fois plus court et jamais recouvert par la corde.

Le cabestan est souvent employé sur les vaisseaux. La *tête* ou sommet de l'arbre est épaisse, carrée et percée de deux trous ou *amélottes,* pour y introduire au besoin les barres; ces trous sont placés en croix l'un au-dessus de l'autre, en sorte que les deux barres mises en place pour la manœuvre forment une croix horizontale à quatre branches égales, dont la longueur est proportionnée au fardeau qu'on veut mouvoir. Cette tête, qu'on nomme aussi *chapeau*, est cerclée en fer au-dessus et au-dessous des amélottes, lesquelles sont aussi garnies de fer. L'arbre est en bois, et la surface est quelquefois recouverte en tôle.

Lorsque cette machine est destinée à être portative, on assemble le cylindre avec des madriers en charpente, qu'on nomme CHÈVRE. Comme cette disposition favorise beaucoup le frottement, un seul homme dont la puissance s'exerce sur les leviers suffit pour retenir en équilibre des poids considérables suspendus à la corde. *Voy*. la fig. 10, pl. 6.

Lorsqu'on ne veut pas affaiblir la tête du cabestan par des mortaises pour y faire entrer les leviers, comme cela arrive quand beaucoup d'hommes doivent agir ensemble, ce qui exige l'emploi de six barres et plus, on taille la tête en carré, et l'on construit un plateau percé d'un trou carré de même calibre, pour que l'arbre s'y enfile ; ce plateau est percé d'autant de mortaises qu'on veut y mettre de leviers. La fig. 5, pl. 5 du balancier monétaire, donne une idée de ce mode d'assemblage ; l'œil y est pentagone.

Quand les ouvriers cessent d'agir, la résistance tend à rétrograder ; on s'oppose à cet effet par un fort ENCLIQUETAGE qui ne permet à l'arbre de tourner que dans un sens.   FR.

CABLE. (*Arts mécaniques.*) Gros cordage dont on se sert dans la marine pour tenir les vaisseaux au mouillage, et dans les travaux publics pour traîner ou soulever de gros fardeaux. Nous en décrirons la fabrication au mot CORDERIE. Ici nous ferons seulement connaître la fabrication des câbles de fer.

Soit AEFB, fig. 1, pl. 6, une maille ou anneau circulaire dont le diamètre du fer est de 1 pouce, la circonférence extérieure de 15 pouces et l'intérieure de 9 pouces. Si des forces opposées et égales sont appliquées aux deux points de la maille C, D, tirant C vers E et D vers F, le résultat sera, si d'ailleurs ces forces sont assez intenses, de changer la forme circulaire de la maille en une autre qui aura deux bouts ronds et deux côtés parallèles, comme on le voit fig. 2. Mais un léger examen fera voir que la maille sera plutôt détruite qu'ainsi transformée.

Admettons que G est un étai introduit dans la maille, qui empêche les deux points opposés A,B, de se rapprocher ; cette circonstance change singulièrement les résultats : la maille tirée, comme tout à l'heure, va prendre la forme quadrilatère qu'on voit fig. 3. Elle offre plus de résistance à se déformer que dans le premier cas ; mais par la seule raison qu'elle peut se déformer encore, elle perd de sa force et ne saurait être admise dans des constructions qui exigent une résistance excessive.

Si les bouts de l'étai embrassaient une plus grande portion de la circonférence intérieure, de manière à ne laisser que l'espace nécessaire pour le jeu de la maille suivante, il n'y a pas de doute qu'il s'opposerait plus efficacement au changement de forme, et rendrait par conséquent la maille plus forte ; mais malgré cela les portions circulaires qui resteraient encore entre les points d'application de la force de l'étai tendraient toujours à se redresser, et par conséquent à se détruire. D'ailleurs, quand on pourrait fabriquer des mailles circulaires dont la force serait suffisante, on devrait encore les rejeter, par la raison qu'elles emploieraient plus de matériaux que les mailles d'une forme plus convenable dont nous parlerons tout à l'heure.

En rejetant toutes les formes vicieuses, nous sommes naturellement amené à celle qui doit obtenir la préférence. On la voit fig. 4. Cette maille a un étai en fonte à bout large ; elle offre en tous sens une grande résistance à tout changement de forme ; car, qu'elle se trouve tirée dans la direction ab contre un obstacle c, il est évident que les parties de et df, qui sont soutenues par les parties ge et gf, ne pourront se déformer ni se briser, qu'en même temps que la maille entière. La matière qui compose ge et gf ne pouvant pas se raccourcir, ni celle qui compose de et df s'alonger, ces quatre côtés resteront nécessairement dans leur position respective, et cela à cause de l'étai à larges bouts *h* dont on voit le profil fig. 5.

Procédés de fabrication des câbles de fer. — Le travail est divisé de la manière suivante :

1°. Un fourneau à reverbère dans lequel les barres rondes de fer de la meilleure qualité possible et du calibre convenable sont chauffées en masse et au rouge ;

2°. Le découpage à une machine de ces mêmes barres, par bouts égaux et en biseaux opposés, pour former le croisement et l'amorce de la soudure ;

3°. Le ployage à une machine de chacun de ces bouts pour former les mailles ; ces deux opérations se font promptement pendant que le fer est rouge ;

4°. La soudure des mailles à de petites forges outillées pour cet objet, et le placement immédiat de l'étai par le moyen d'une presse à levier ;

5°. Essai de la force des câbles par une presse hydraulique manœuvrée par deux hommes tournant une roue à volant.

Fig. 6 et 7. Plan et élévation de la cisaille avec laquelle on coupe les barres de fer par bouts égaux pour en former les mailles. A et B sont les deux branches en fonte de la cisaille. La première est fixe et la deuxième est mobile à l'aide d'un axe coudé C qu'anime un fort volant D pesant 7 à 800 livres.

Les mâchoires coupantes sont garnies de morceaux d'acier rapportés avec des boulons qui donnent la faculté de les remplacer à volonté.

E, barre de fer à couper. Elle est présentée, immédiatement en sortant du four, à la cisaille, sous un angle constamment le même, ayant soin de ne pas la laisser tourner sur elle-même, afin que tous les plans de coupe successifs se trouvent parallèles.

F est un arrêt qui sert à déterminer, pour la même espèce de chaîne, la longueur constamment égale de chaque bout.

Fig. 8, 9 et 10. Plan et élévations de la machine à plier les mailles de forme elliptique. Elle est représentée au moment où une maille vient d'être ployée dessus. A, mandrin elliptique en fonte. Il se fixe sur le haut d'un poteau en bois B , solide-ment maintenu en terre. C , mâchoire d'étau qu'une vis à pas carrés serre contre le mandrin A. D , partie du mandrin com-prise entre x, y, disposée en plan incliné, afin de réserver, entre les deux faces qui doivent être soudées ensemble, un intervalle égal au diamètre de la barre. E , coulisses rectangu-laires passant par le centre du noyau du mandrin, dans les-quelles glisse librement chacun des tasseaux F. G , levier ho-rizontal en fer ayant 6 pieds de long. Il porte en H une poulie ou galet en acier qu'on peut faire changer de place suivant le diamètre des mailles. On conçoit qu'il faut autant de man-drins que de sortes de mailles.

Le morceau de fer destiné à faire une maille étant coupé, est apporté, pendant qu'il est encore rouge, à la machine à ployer ; on le saisit avec la mâchoire d'étau C , par un de ses bouts , en tournant la coupe oblique en dessus ; alors ce mor-ceau de fer a la direction horizontale mn : poussant le le-vier G dans le sens de la flèche, le galet H forcera successi-vement mn à s'appliquer dans la rainure elliptique du mandrin ; et finalement les deux faces qui doivent être soudées seront vis-à-vis l'une de l'autre.

La longueur du petit diamètre de l'ellipse doit excéder un peu celle de l'étai, afin de rendre libre et facile le placement de celui-ci. La distance entre eux des points F est égale à la différence des rayons vecteurs de l'ellipse. Ainsi il sera tou-jours aisé de trouver l'aplatissement de l'ellipse.

Fig. 11. Presse à levier pour serrer les mailles sur leurs étais lorsqu'elles sont soudées.

Cette machine consiste en une forte pièce de fonte A ayant la forme d'une équerre dont une des branches est posée hori-zontalement et fixée sur un massif par le moyen de boulons ; l'autre branche, composée de deux joues laissant entre elles un espace de 2 pouces, s'élève verticalement. Ces deux joues sont réunies dans le haut et en arrière de leur plan par une traverse B.

C, deux poupées à lunettes placées à droite et à gauche des

joues, au travers desquelles on passe un mandrin D qui représente et tient lieu de la maille suivante.

E, levier de la presse portant 6 pieds de long.

F, étampe et contre-étampe entre lesquelles on presse la maille à l'instant où l'étai est placé convenablement. On a de ces étampes, ainsi que des poupées à lunettes C, de rechange, pour chaque numéro de maille.

Les mailles ployées, comme nous venons de le voir, sont apportées aux forgerons pour les souder et y mettre l'étai, deux opérations qui se font d'une seule chaude.

Aussitôt que la soudure est terminée, et pendant que le fer est encore rouge, la maille est placée verticalement entre les étampes F; alors un ouvrier introduit dans les poupées à lunettes le mandrin D, et présente ensuite l'étai avec une tenaille, tandis qu'un autre ouvrier abat fortement dessus le levier E. Cette compression mécanique fait d'abord parfaitement joindre les côtés de la maille entre les bouts concaves de l'étai; et ensuite le refroidissement du fer augmente encore cette compression.

Chaque maille étant faite avec le même soin, on est sûr de la solidité du câble: néanmoins on ne les livre qu'après les avoir essayés avec une forte PRESSE HYDRAULIQUE, sur un banc à tirer construit pour cet objet.

Forces comparées des câbles de fer et de chanvre.

Câbles de fer.	Câbles de chanvre.	Supportent.
$\frac{7}{8}$ de po. de diam. du fer.	9 pouces de contour.	12 tonneaux.
1^{pou}...............	10...............	18
$1\ \frac{1}{8}$...............	11...............	26
$1\ \frac{1}{4}$...............	12...............	32
$1\ \frac{5}{16}$...............	13...............	35
$1\ \frac{3}{8}$...............	14 à 15......	38
$1\ \frac{1}{2}$...............	16...............	44
$1\ \frac{5}{8}$...............	17...............	52
$1\ \frac{3}{4}$...............	18...............	60
$1\ \frac{7}{8}$...............	20...............	70
2	22 à 24......	80.

Il serait imprudent de vouloir faire supporter à des câbles de chanvre des tensions plus fortes que celles qui viennent d'être indiquées dans ce tableau dressé d'après des expériences faites par Brunton ; mais les câbles de fer sont capables d'en supporter le double avant de rompre. Cependant on ne doit pas les exposer à une tension plus forte. C'est pour cette raison qu'un câble préparé pour telle force de navire ne doit jamais être employé pour un navire supérieur. Ne lui faisant point faire un service au-delà de sa force, il durera long-temps et même plus que le vaisseau.

Ce que nous venons de dire établit suffisamment la grande supériorité des câbles de fer sur ceux de chanvre. Mais il est juste de reconnaître que cette supériorité est due à la forme des mailles inventées par Brunton. Des expériences réitérées ont prouvé qu'elles ont deux fois la force du fer dont elles sont fabriquées ; ce qui démontre qu'il n'est pas possible de trouver une forme plus avantageuse. Une des qualités les plus précieuses de ces câbles est de résister aux efforts latéraux aussi bien que dans le sens de la longueur.

Câble de fer sans étançon. — Plus confians dans la force du fer bien travaillé, nous commençons enfin, à l'instar des Anglais, à remplacer les câbles ou cordes de chanvre par des câbles ou chaînes de fer dans le service des grues et autres travaux publics. Mais les mailles de ces chaînes n'ont de particulier que d'être les plus courtes possible, afin que le polygone qu'elles décrivent, soit sur les poulies où elles passent, soit sur les treuils des machines qu'elles enveloppent, étant d'un plus grand nombre de côtés, approche davantage de la circonférence du cercle. Ils ont sur les câbles de chanvre non-seulement une grande supériorité de force, mais encore une durée incomparablement plus longue, surtout s'ils sont exposés à être mouillés. Chaque maille articulant librement, les câbles de fer sont plus flexibles que ceux de chanvre, et dans la manœuvre on n'a pas à vaincre la résistance qu'oppose la raideur des cordes. Mais pour ne point s'exposer à des accidens fâcheux, il convient, avant d'en faire usage, de les soumettre à une épreuve d'une intensité au moins double, ainsi que cela se pratique dans la marine, de l'effort qu'ils auront à supporter dans le service auquel on les destine. Les mailles dont on n'a pu à la simple vue découvrir les défauts, se cassent, et se remplacent par de meilleures ; de sorte qu'on obtient un câble sur la solidité duquel on peut compter.

Nous devons faire observer qu'ici les mailles étant très courtes, on ne peut introduire dans leur milieu l'étançon dont nous avons parlé plus haut. Il en résulte une diminution de force qu'on évalue ordinairement à un tiers.　　　　E. M.

CABOTAGE. On nomme ainsi la navigation qui se fait le long des côtes et sans perdre la terre de vue, à moins qu'on n'y soit accidentellement forcé, pour peu de temps, par la force des vents. Outre l'habitude de la mer et l'exercice des manœuvres, le cabotage exige encore qu'on soit versé dans l'art d'exécuter les principales opérations de la navigation, telles que *faire le point, prendre hauteur,* etc. (*Voy.* BOUSSOLE, LOCK.) La configuration des rivages que l'on côtoie, la nature du fond des mers, les différens états de la marée et des courans, les mouillages, baies ou ports qu'on veut fréquenter, la manière d'entrer dans les passes, etc., sont autant de connaissances indispensables au marin qui se livre à ce genre de navigation. Les intérêts du commerce qu'il dirige exigent en outre qu'il soit propre à juger des ressources que chaque lieu peut offrir et des difficultés qu'on y rencontre, soit pour satisfaire aux lois du fisc, soit pour réparer les avaries. Il serait superflu de nous étendre davantage sur ce sujet, qui appartient à la science de la navigation.　　　　Fr.

CABRE. (*Arts mécaniques.*) On donne ce nom à une machine grossièrement composée de trois perches fortes et longues, liées solidement avec une corde vers l'un de leurs bouts, et dressées, le lien placé en haut ; on éloigne à volonté les bouts inférieurs qui servent de pieds, en les établissant sur le sol. Une poulie est attachée par son axe au lien supérieur, et l'on s'en sert pour enlever et retirer du fond d'un puits les corps qui s'y trouvent, etc. *Voy.* CHÈVRE.　　　　Fr.

CABRIOLET. Sorte de voiture à deux roues, qu'un seul cheval peut traîner. (*Voy*. SELLIER.)   FR.

CACHEMIRE. (*Arts mécaniques*.) On donne ce nom aux CHALES qui nous viennent du pays de CACHEMIRE, situé en Asie, au nord de l'Inde, dans le royaume du Thibet. C'est une étoffe légère, moelleuse et douce au toucher, chargée de dessins bizarres de diverses couleurs, brochés dans le tissu même. La matière avec laquelle on la fabrique est le duvet d'une chèvre particulière au Thibet ; elle est naturellement grisâtre, mais elle se blanchit facilement. Son prix, toute rendue à Paris, est dans ce moment de 17 fr. le kilogramme ; on évalue à un tiers environ le déchet qu'elle éprouve par le battage, l'épluchage et autres façons qu'on lui fait subir pour la filer à la manière du coton. *Voy*. FILATURE.

Les véritables cachemires se fabriquent par des procédés extrêmement lents et par conséquent dispendieux ; aussi leurs prix sont-ils très élevés. On a vu et l'on voit encore tous les jours des cachemires se vendre 4, 6, 8 et même 10,000 fr. ; en France, où la main-d'œuvre est beaucoup plus chère que dans l'Inde, il a fallu ou se contenter d'un travail qui présentât toute l'apparence extérieure, ou imaginer des moyens économiques d'exécution qui produisissent à meilleur marché des tissus en tout semblables aux châles de Cachemire.

Ternaux est le premier qui ait fabriqué en France des châles avec la laine de Cachemire, parfaitement imités quant aux apparences extérieures : on les nomma cachemires français ; ils furent très recherchés. Nous expliquerons ce mode de fabrication au mot TISSUS BROCHÉS. Au reste ce genre d'industrie est actuellement très perfectionné en France, et divers procédés plus ou moins heureux nous font espérer que nous ne serons bientôt plus tributaires de l'Asie pour nous procurer ces élégantes parures.

Nous avons cherché, mais vainement, dans les relations de nos voyageurs, des renseignemens sur les moyens de fabrication qu'on emploie dans le pays de Cachemire, tant pour filer la laine que pour le tissage des étoffes. Cet objet mériterait

assurément leur attention. Il serait curieux et probablement
pas difficile, étant sur les lieux, de connaître les métiers à
tisser les cachemires : ils doivent y être infiniment multipliés,
puisque c'est de là que viennent tous les châles dont on fait
usage non-seulement en Europe, mais encore en Asie, en Afrique, où l'on sait que la consommation en est considérable.

E. M.

CACHET. Petit instrument de pierre ou de métal destiné à
sceller les lettres, les tiroirs, les panneaux d'armoire, à l'aide
de Cire a cacheter. On grave en creux sur le cachet une figure,
une légende, des armoiries, etc., et l'on assemble ce cachet avec
un manche de bois, d'ivoire ou de métal.

On a dernièrement imaginé des *cachets à légende mobile*
feu Desblancs, de Trevoux, est le premier qui ait eu cette ingé
nieuse idée ; mais les dérangemens dont l'instrument était susceptible, et les soins qu'il exigeait, en ont fait abandonner
l'usage. L'habile M. Pradier a depuis beaucoup perfectionné
ce cachet ; non-seulement il peut changer de légende, mais
même d'armoiries. *Voy*. le Bulletin de la Société d'Encou
ragement, t. XXI, page 68.   FR.

CADENAS. (*Arts mécaniques*.) Espèce de petite serrure qui
n'est pas fixée au meuble ou à la porte qu'elle est destinée à
fermer. Les pièces essentielles d'un cadenas sont, 1°. une serrure
renfermée dans une petite caisse de métal, dont le pêne est
poussé par le moyen d'une clé ; 2°. un demi-anneau dont l'une
des extrémités est montée sur une charnière qui lui permet
de tourner et d'approcher son autre bout d'un œil où il
entre et est saisi par le pêne de la serrure. Pour fermer
une porte ou un meuble avec cet instrument, on garnit les
deux panneaux, que l'ouverture écarte, chacun d'un Piton ;
les trous de ces pitons sont placés l'un sur l'autre, et on
les retient dans cette position en y enfilant l'anneau du cadenas : dès lors les deux pitons ne peuvent plus s'écarter,
et la porte reste fermée. Ces détails suffisent pour expliquer
la forme et l'usage d'un instrument si connu.

On a beaucoup varié le mécanisme des *cadenas à secret :*

ABRÉGÉ, T. II.   7

nous nous dispenserons de traiter ce sujet inépuisable ; mais nous nous arrêterons aux *cadenas à combinaison,* qui sont d'un usage commode, parce qu'on n'a pas besoin de clef pour les ouvrir et les fermer.

Concevons plusieurs anneaux épais, ou viroles de cuivre, de fer, ou de tout autre métal, telles que DB (fig. 15, pl. 4), percées d'un canal concentrique *ia*, lequel porte une forte *encoche ki* creusée sur l'épaisseur en forme de cannelure longitudinale. Si l'on pose ces cylindres ou viroles l'un sur l'autre (nous les supposerons ici au nombre de quatre) de manière que leurs vides intérieurs se correspondent et forment un canal qui les perce dans toute leur longueur, en outre si les cannelures se répondent aussi bout à bout, de manière à n'en former qu'une seule, il est visible qu'on pourra y faire entrer une broche de fer *ab* (fig. 16) de même calibre, et dont l'un des bouts porte une dent *k* qui enfilera cette cannelure interne ; à l'autre bout de cette broche est une tête *b* plus grosse que le trou. Dans cet état, si l'on fait tourner les viroles autour de leur axe, la cannelure longitudinale ne subsistera plus, parce que les encoches ne seront plus correspondantes, et l'on ne pourra plus retirer la broche, attendu que la dent *k* ne retrouvera pas le passage par lequel elle était entrée ; pour opérer cette extraction il faudrait donc rétablir ce passage en ramenant les cylindres à leur situation primitive. Afin de reconnaître cette position on se sert d'un artifice très simple. La surface courbe extérieure des cylindres 1, 2, 3, 4 (fig. 15 et 21), est divisée en cellules égales ; on grave sur chacune une lettre ou un chiffre, et l'on doit remettre sur un alignement donné ceux des caractères qui s'y trouvaient d'abord quand la broche est entrée dans les trous des viroles. Cette légende est connue ; on en conserve le souvenir, et celui qui en a le secret peut seul retirer la broche, s'il ne veut pas se résigner à épuiser la multitude des combinaisons de places que les viroles peuvent offrir.

On peut encore, et ce moyen est préférable parce qu'il

offre plus de solidité et qu'il rend les tâtonnemens inutiles, armer la broche *ab* de quatre dents latérales k', k''... (fig. 17), une pour chaque virole. Ces dents sont placées de manière à ne pas empêcher la virole de tourner, parce qu'on ménage à celle-ci une gorge circulaire, comme on le voit au ponctué dans la fig. 15 ; cette gorge a pour profondeur au moins la moitié de la hauteur du cylindre. *Voy.* fig. 18.

Un inconvénient de ces fermetures c'est que la légende est fixée par le fabricant et reste la même pour tous les cadenas ; en sorte que c'est un secret connu de tout le monde. C'est ce qui fait préférer les ingénieux cadenas de M. Régnier, dont la *légende est mobile,* c'est-à-dire qu'on en peut à volonté changer le mot d'ordre. Pour concevoir ce mécanisme il suffit d'imaginer que le cadenas que nous venons de décrire porte quatre autres viroles qui enveloppent les précédentes, et ne servent qu'à changer la légende. Expliquons cet appareil.

L'anneau CDG (fig. 18) est retenu par la charnière G à la plaque GE ; à cette plaque est soudé un tube de fer *ab* fendu sur sa longueur ; en sorte que la forme est celle d'un étui incomplet, comme on le voit par la coupe *m*. Ce tube est entouré de nos quatre cylindres portant chacun une cannelure intérieure, comme ci-devant ; et lorsque ces cannelures se correspondent toutes avec la fente latérale de l'étui de fer *ab*, on peut y insérer la broche *a'b'* (fig 19), armée de ses quatre dents alignées. Cette broche a sa tête *b* soudée sur la plaque AB, laquelle porte au bout un creux B dans lequel entre le bouton C qui termine l'anneau mobile GDC. Ainsi les choses sont jusqu'ici comme elles étaient dans le cadenas ci-devant décrit, excepté que les viroles, au lieu de présenter des caractères indicateurs de la position qui permet d'entrer et de sortir la broche, portent chacune une goupille ou dent extérieure 1, 2, 3, 4 (fig. 18) dont l'alignement remplit le même objet.

Maintenant imaginez quatre cylindres (fig. 20) percés d'un trou de calibre égal aux viroles 1, 2, 3, 4, et creusés à leur face interne de cannelures, en sorte que ces cylindres puissent envelopper les viroles, en faisant entrer chaque goupille dans l'une de ces cannelures. Il est clair que pour amener ces goupilles à se ranger dans l'alignement qui permet au cadenas de s'ouvrir, il suffira de tourner chaque cylindre autour de son axe, d'une quantité convenable, parce que la goupille engagée dans la cannelure sera entraînée par sa rotation, et par suite la virole intérieure. Chaque cannelure des cylindres répond à un caractère gravé à sa surface courbe externe; et comme on peut à volonté loger une goupille dans celle de ces cannelures qu'on a choisie, le caractère qui sert à indiquer l'alignement change quand on le juge à propos.

M. Régnier a ajouté quelques perfectionnemens à ce mécanisme. Au lieu de retirer la broche (fig. 19) en totalité, comme il suffit, pour ouvrir le cadenas, d'éloigner les plaques AB, GE (fig. 18) assez pour dégager le bouton C du creux B, il n'a permis à la broche que ce petit mouvement, en arrêtant ses excursions dans l'étui, par une vis qui l'empêche de dépasser une limite; et lorsqu'on veut changer de légende, comme il faut alors séparer la plaque AB du reste de l'appareil, afin de pouvoir faire sortir les cylindres et dégager leurs cannelures des goupilles, cette plaque AB, au lieu d'être soudée à la broche *a′ b′* (fig. 19), n'y tient qu'à frottement dur par un *mouvement de baïonnette*. Pour changer la légende on ouvre le cadenas, on tord la plaque pour la séparer de la broche qui reste dans le tube; on dégage les cylindres, on leur donne la nouvelle position qu'on désire, enfin on rétablit la plaque en adhérence avec la broche, comme elle était d'abord.

CADRANS. (*Arts mécaniques.*) Les *cadrans* de montre et de pendule sont ou gravés sur cuivre, et dorés ou argentés après avoir rempli d'émail noir les incisions de la gravure et mis au feu; ou bien en porcelaine peinte, ou bien en émail blanc. Comme les procédés de ces fabrications rentrent dans toutes les pratiques ordinaires, nous nous dispenserons de les décrire, et nous bornerons à traiter des cadrans en émail, parce qu'ils exigent des procédés spéciaux.

Après avoir façonné la plaque de cuivre qui doit recevoir les empreintes des heures, y avoir soudé les piliers et pratiqué les trous nécessaires, on la décape et on la recouvre avec de l'émail blanc réduit en poudre fine et parfaitement lavé. Quelquefois aussi l'on met une couche semblable sur la surface opposée, ce qu'on appelle le *contre-émail.* On absorbe toute l'humidité excédante avec un linge fin, et l'on place la pièce sous la *moufle* d'un Fourneau a réverbéré, en l'y exposant peu à peu à la chaleur. Lorsque tout l'émail est fondu l'on retire du feu ; mais on n'en éloigne la pièce que successivement pour qu'elle n'éprouve pas un refroidissement brusque qui la fendillerait.

Cette opération est répétée jusqu'à trois fois. Quand l'émail recouvre toute la plaque de cuivre, et a l'épaisseur convenable, on la laisse refroidir, et l'on y peint les chiffres des heures avec un pinceau et de l'émail noir broyé très fin dans un mortier d'agate : cette substance est rendue coulante par de l'essence de térébenthine. On remet au feu, et le cadran est terminé.   Fr.

CADRANS solaires. *Voy*. Gnomonique.   Fr.

CAFÉ. Le *café* est la semence d'un arbre de la famille des Rubiacées qui fait partie de la Pentandrie monogynie de Linné. Il en existe plusieurs espèces ; mais la seule dont on récolte le fruit pour l'usage domestique est le *coffea arabica* de L.

Malgré les travaux d'un grand nombre de chimistes, nous possédons peu de documens certains sur la vraie composition chimique du café, et nous sommes encore assez éloignés de savoir à quels principes on peut attribuer son action sur l'économie animale. Cadet de Gassicourt y a trouvé un mucilage abondant, beaucoup d'acide gallique, une résine, une huile essentielle concrète, de l'albumine, un principe aromatique volatil ; et, d'après Chenevix, la torréfaction ajoute à ces matières un principe nouveau, qui est le tannin. Il est sans doute fort important de savoir que tous ces corps se trouvent réunis dans cette graine ; mais auquel d'entre eux rapporterons-nous la propriété fondamentale du café, cette vertu tonique et excitante qui le fait rechercher de tant de monde? Aucun de ces produits ne paraît destiné à jouer un rôle aussi caractérisé, et rien ne met sur la trace. C'était dans l'espoir de remplir cette lacune que j'avais entrepris moi-même de nouvelles recherches, et il y a déjà près de deux ans que j'en ai communiqué les premiers résultats à la Société de Pharmacie. N'ayant point eu le loisir de compléter mon travail, je n'en ai fait aucune autre publication ; mais puisque l'occasion s'en présente j'en dirai quelques mots, et j'observerai d'abord que les nouveaux produits que je signalerai résultent bien plus des progrès de la science que de toute autre cause. La découverte des alcalis végétaux nous a ouvert un nouveau champ, et déjà l'analyse végétale en a reçu de grands perfectionnemens.

Cette espèce de mucilage ou de substance cornée qui existe en grande quantité dans le café vert, et qui en fait en quelque sorte la base, est la cause principale de la difficulté qu'on éprouve à séparer les divers principes contenus dans cette semence ; ce produit, en effet, se laisse pénétrer difficilement par les différens menstrues, et fait obstacle à leur dissolution. La grande distension qu'il prend lorsqu'on le délaie dans l'eau s'oppose aussi pour beaucoup à la plupart des expériences. Néanmoins si l'on traite directement le café vert, broyé autant que le comporte sa texture serrée, par de l'éther bien rectifié, on obtient une teinture presque incolore, et qui donne par évaporation une huile blanche, légèrement âcre et d'une saveur bien prononcée de café vert; si l'on réitère ces macérations éthérées, les autres teintures qui en résultent sont plus colorées, et l'huile qu'elles fournissent possède une nuance verdâtre et une âcreté plus prononcées : lorsque l'éther n'agit plus, l'alcool est encore susceptible d'extraire une matière grasse, épaisse, très âcre, qui paraît avoir beaucoup d'analogie avec le principe résinoïde de la matière verte des végétaux. Ainsi il y a donc deux substances grasses dans le café, l'une incolore et très soluble dans l'éther, qui participe de la nature des huiles ordinaires : cette semence en contient près de 10 pour 100; l'autre, qui se rapproche davantage des résines, qui est colorée, très âcre, et soluble dans l'alcool.

Lorsqu'on traite le café vert par de l'eau distillée et à froid, on obtient une liqueur d'un brun jaunâtre qui filtre difficilement et qui altère à peine le papier bleu de tournesol; cependant lorsqu'on la traite par la magnésie calcinée elle perd beaucoup de sa viscosité, se décolore un peu, devient alcaline; et lorsqu'on l'évapore après filtration elle donne, par suite de sa concentration, de petits cristaux palmés peu colorés, demi transparens, élastiques sous la dent, et d'une saveur légèrement amère. Ces cristaux, qui d'abord sont alcalins, se dissolvent facilement dans l'eau, mais beaucoup plus à chaud qu'à froid; ils sont assez solubles dans l'alcool, et fort peu dans l'éther. Toutes ces dissolutions reproduisent par refroidissement ou par évaporation la même substance, sans qu'elle subisse d'autre changement que ceux de cristallisation; ils deviennent alors plus allongés et comme soyeux; ils ressemblent parfaitement à de bel amiante. Cette matière, jusque alors ignorée, se liquéfie aussitôt qu'on la soumet à l'action de la chaleur; le liquide qui en résulte est transparent; il se dissipe sans reste lorsque l'évaporation se fait au milieu de l'air; mais si elle a lieu en vase clos il se sublime complètement et vient se cristalliser sous forme d'aiguilles semblables à celles de l'acide benzoïque. Aucune portion ne se décompose, il n'y a point de résidu charbonneux; ainsi, nul doute, ce produit nouveau est de nature végétale; mais je ne le considère point comme une substance alcaline, car à mesure de sa purification il se débarrasse de cette qualité et devient tout-à-fait neutre. Reste maintenant une question bien importante : Est-ce à cette substance cristalline que le café doit ses propriétés remarquables? L'état actuel des choses ne permet pas de se prononcer à cet égard; néanmoins on peut conjecturer, en raison de la légère amertume qu'elle possède, que la propriété tonique du café lui appartient; mais il est bien certain qu'elle n'a rien de l'arome et de la saveur agréable si echerchés par les gourmets. Tout porte à croire que ces qualités secondaires dépendent de quelque autre principe; et en effet lorsqu'au lieu de faire bouillir la macération aqueuse de café avec de la magnésie, on la traite immédiatement par de l'acétate de plomb, il se produit un magma considérable, et la liqueur presque incolore qu'on en sépare au moyen du filtre, débarrassée ensuite de son excès de plomb, donne pour résultat de son évaporation une substance blanche, visqueuse, d'une saveur douce, sucrée et comme balsamique. Ce produit, traité par l'alcool concentré, s'y dissout en partie; il s'en sépare une matière glutineuse, tandis que la solution, abandonnée à une évaporation lente, donne des cristaux de sucre; cependant je n'en ai pas toujours obtenu.

Il serait hors de propos d'entrer ici dans tous les détails d'une analyse chimique; je viens d'en indiquer les points les plus saillans, et je pense qu'ils seront suffisans pour faire concevoir les applications dont nous devons parler maintenant.

Nous avons dit que cette espèce de substance cornée qui forme comme la base du café vert était d'une texture tellement serrée, qu'elle se laissait pénétrer difficilement par l'eau, et nous devons ajouter que, jouissant d'une sorte d'élasticité, elle s'oppose fortement à la division mécanique de cette semence. Ce sont très probablement ces motifs qui auront déterminé d'abord à soumettre le café à une légère torréfaction, afin de le broyer avec facilité et de pouvoir en extraire promptement les parties solubles. Non-seulement cette méthode remplit parfaitement son but sous ce rapport, mais elle possède encore d'autres avantages non moins précieux, et particulièrement celui de développer l'arome, ou, comme on le dit, le bouquet du café. Nous allons chercher à raisonner cette opération, afin de pouvoir faire connaître dans quelles limites on doit se tenir pour obtenir tout le succès désirable.

Pour griller convenablement le café il ne faut pas perdre de vue le but qu'on veut atteindre, il s'agit seulement de lui faire perdre sa ténacité et d'en développer le parfum. Trop de chaleur détruit les principes qu'il faut conserver et en substitue de nouveaux qui n'ont rien de commun avec les premiers : cette ambroisie que le gourmet savoure avec tant de délices est remplacée par une saveur amère et empyreumatique qui répugne beaucoup plus qu'elle ne plaît. Si l'on donne dans un excès contraire et qu'on n'ait employé qu'une chaleur par trop modérée, alors la verdeur du grain s'y conserve et masque encore le bouquet, qui ne se manifeste qu'à une température plus élevée. Il y a donc aussi là un juste milieu qu'il faut savoir saisir. Le grain bien torréfié doit avoir une teinte chocolat très égale : ce point est facile à reconnaître pour celui qui a quelque habitude de cette opération ; il n'a même pas besoin de voir le café, l'odeur lui suffit ; c'est lorsque le parfum se développe et que toute l'atmosphère environnante s'en trouve embaumée, qu'il convient d'arrêter. Plus tard, de l'huile empyreumatique se produit, l'odeur de pipe se manifeste, ce n'est plus du café mais un mauvais charbon qu'on obtient. Les amateurs ont donc bien raison d'ajouter tant d'importance à cette sorte de prélude ; il en est bon nombre qui ne s'en rapportent là-dessus à qui que ce soit ; et tel qui rougirait de s'occuper de quelques détails d'intérieur, ne dédaigne pas de brûler son café lui-même. Il se délecte par avance, et son esprit n'en est que mieux disposé à recevoir la douce hilarité que cette infusion salutaire lui procure journellement.

Un café bien conservé perd, par un bon grillage, de 16 à 20 pour 100 ; au-delà, il a été trop rôti. Tous ceux qui se sont occupés de cette branche d'économie domestique ont prescrit quelques modifications particulières pour exécuter ce grillage, et chacun a voulu faire honneur à sa méthode du succès qu'il obtenait ; mais il n'est qu'une règle à observer, c'est d'atteindre le point précis de température et l'uniformité de son action. Qu'on fasse la torréfaction en vaisseaux clos ou à l'air libre, qu'on laisse le café refroidir dans la *broche* ou qu'on le fasse ressuyer entre des linges, tout cela devient à peu près indifférent. Il est cependant bon d'observer que lorsqu'on a un peu outre-passé le point, on doit se hâter d'arrêter l'action de la chaleur en étalant le café en couche mince au grand air, et en l'agitant sans cesse pour renouveler les surfaces et déterminer un prompt refroidissement. Lorsque le grain est parfaitement refroidi et qu'il ne laisse plus échapper aucune vapeur humide, il convient de l'enfermer dans des boîtes de fer-blanc ou de bois exactement closes et mises à l'abri de l'humidité.

La plupart des auteurs qui ont écrit sur le café pensent que la torréfaction est surtout destinée à développer la partie aromatique ; on voit, par ce qui précède , que ce résultat n'est que secondaire , mais que le but essentiel est de faire changer de nature cette espèce d'albumen végétal contenue dans le café, et de ne pas pousser la décomposition de ce principe azoté jusqu'à produire de l'huile empyreumatique et des sels ammoniacaux. On croit aussi qu'il se forme pendant le grillage de l'acide gallique et du tannin, une huile essentielle, etc. ; je ne saurais partager cette opinion : tous ces corps, à mon avis, préexistent dans le café ; la chaleur, qui n'a pas dû être assez forte pour les attaquer, ne fait que les démasquer par l'influence seule qu'elle exerce sur la surface cornée ; une fois mis en liberté ils se manifestent avec leurs propriétés. Au moyen de l'éther j'ai démontré la présence de l'huile dans le café vert, et par l'acétate de plomb versé dans la macération aqueuse j'ai mis à nu le principe balsamique. Ainsi il s'agit donc non pas de produire ces corps, mais de les conserver, et c'est là ce qui donne une nouvelle limite de l'action de la chaleur, qui en dernière analyse doit être assez forte pour rendre l'albumen plus soluble, moins visqueux et de meilleur goût, mais pas assez pour en déterminer une complète décomposition et dénaturer les autres produits. J'adopterai cependant assez volontiers cette union plus intime qu'on attribue à l'action de la chaleur, cette espèce de mariage de divers principes qui produit un tout plus homogène et mieux fondu. Les saveurs ne se distinguent plus ; c'est un ensemble qui forme bouquet.

C'est un axiome généralement reconnu et consacré en Chimie, que la réaction des corps ne s'exerce bien que dans leur état de division, et cela est surtout vrai lorsqu'il s'agit, comme dans ce cas-ci, d'obtenir un prompt résultat. Il devient donc indispensable de pulvériser le café avant de le soumettre à l'action de l'eau, et la ténuité de la poudre devra être d'autant plus grande que la température du liquide sera moindre. Il y aurait cependant de l'inconvénient à obtenir une poudre par trop fine ; elle passe alors au travers de toutes les ouvertures, se tient long-temps en suspension dans l'eau, et la clarification est d'autant plus difficile à opérer. Toutefois, et c'est une chose qu'on ne saurait trop recommander, il ne faut broyer le café qu'au moment de l'employer ; autrement il s'évente, et son bouquet se dissipe.

Reste maintenant à préparer cette ambroisie des gourmets, et ce n'est pas le plus aisé, car chacun prétend y raffiner. Cherchons néanmoins à établir comment on est parvenu à résoudre ce problème gastronomique. Il s'agit encore ici de prendre le bon et de laisser le mauvais : or le mauvais dans le café est ce principe résinoïde, âcre et amer, dont nous avons fait mention ; mais heureusement ce principe ne se dissout bien qu'à la faveur d'une température élevée ; il suffira donc pour l'éviter, de ne pas employer une chaleur trop forte. Ainsi, alors même que la décoction n'aurait pas d'autre inconvénient, on devrait la proscrire ; mais il en est encore un non moins grave : cette grande quantité de vapeurs qui se développe dans l'air pendant l'ébullition entraîne toutes les parties volatiles et dissipe le parfum si recherché des amateurs : ce café n'a plus aucun prix pour eux. Il faut donc renoncer à l'ébullition pour faire le premier café, et à plus forte raison pour reprendre dans le marc ce qu'il a pu conserver, car c'est là surtout que la résine se trouve en plus grande abondance. La décoction du marc versée sur de nouveau café donne à la vérité une liqueur très haute en couleur, mais de fort mauvais goût. D'ailleurs à quoi bon se servir d'un moyen qui ne procure aucun avantage ? On s'imagine que c'est la seule manière de ne rien perdre de ce qu'on doit extraire ; cependant on épuise tout aussi bien le marc des principes essentiels avec de l'eau tiède ou même avec de l'eau froide. Il suffira pour cela, le marc étant toujours sur son filtre, de verser dessus de petites quantités d'eau de temps en temps ; celle dont il était resté imbibé se trouve déplacée par la nouvelle, et après trois ou quatre immersions tout est dissous.

Il demeure donc suffisamment prouvé que le café bien savoureux ne peut être obtenu qu'à une température au-dessous de celle de l'eau bouillante ; mais il faut observer que la préparation en sera d'autant plus longue que la température sera moins élevée. Quand on peut y mettre le temps, l'eau froide suffit ; il faut alors s'y prendre la veille. Les principes qu'on veut extraire du café sont très solubles, et l'eau les entraîne facilement ; on en a la preuve chaque jour, car on voit que les dernières portions d'eau versées sur le café dans les appareils *à la de Belloy* n'entraînent plus rien ; le liquide ressort tel qu'il est entré.

On est généralement d'accord que le café ne reçoit toute la perfection dont il est susceptible qu'autant qu'il a été réchauffé avant de le prendre, mais toujours sans ébullition ; on prétend que par cette espèce de *mijotage*, comme on le nomme, il y a union plus intime de tous les principes qui concourent à la bonne saveur ; on compare cet effet à ce qui se produit par la vétusté sur les vins ou les liqueurs. Il se peut qu'il en soit ainsi.   R.

CALÁNDRE. (*Arts mécaniques.*) Les draps, les étoffes qu'on livre au public, reçoivent un apprêt qui leur donne un lustre particulier ; cette opération se fait en les soumettant à une forte pression, après les avoir imbibés de *parou*. La machine qui produit cette action est appelée *calandre*.

Autrefois on entourait deux cylindres en bois avec l'étoffe, en évitant d'y laisser des plis, et l'on roulait ces cylindres sur une table parfaitement lisse, en les chargeant du poids d'une caisse quadrangulaire chargée de pierres ; mais ce procédé n'est plus guère en usage. On préfère passer l'étoffe dans une sorte de LAMINOIR.

La calandre est formée de trois cylindres parallèles ayant chacun un pied de diamètre, et superposés presqu'en contact, leurs axes étant dans le même plan vertical. Celui du milieu est creux et en cuivre, les deux autres sont en bois ou en papier. Ces axes peuvent être plus ou moins écartés sans cesser d'être parallèles, à l'aide d'un mécanisme facile à concevoir. On passe l'étoffe entre ces cylindres, qui la compriment et même la sèchent, parce qu'on chauffe le cylindre de métal. La chaleur est communiquée en y introduisant, par les bases, des barres de fer chaud ; ces barres laissent un passage entre les croisillons servant à lier l'axe au cylindre. Mais on préfère maintenant chauffer le cylindre de cuivre avec de la vapeur, qui est introduite par un tuyau, lequel aboutit d'une part à l'un des tourillons de l'axe, et de l'autre à une chaudière d'eau bouillante. La vapeur ainsi conduite dans le cylindre y est réduite en eau et s'y amasse, attendu que ce cylindre est hermétiquement clos. On se débarrasse de cette eau en la faisant monter dans l'autre tourillon à l'aide d'une petite VIS d'ARCHIMÈDE que la rotation même du cylindre met en jeu ; cette vis est renfermée dans le cylindre même. Ce mécanisme, qui trouve d'ailleurs d'autres applications dans les Arts, est facile à se représenter. Les cylindres de la calandre sont plus longs que l'étoffe n'est large , et tournent par l'action d'une MANIVELLE mue par un manége ou une machine à vapeur.

On maintient l'étoffe bien tendue à mesure que le mouvement de rotation la fait avancer entre les cylindres ; elle y est comprimée fortement, et le parou dont on l'a imbibée se dessèche ; en sorte que l'étoffe sort de la calandre lisse et lustrée.   FR.

CALÉFACTEUR. On connaît sous ce nom un appareil propre à la cuisson des viandes, des légumes, des alimens en général , au chauffage de l'eau , et que M. Lemare, son auteur, destinait aussi à la production de la vapeur.

MM. Thénard et Fourrier, après s'en être servis continuellement pendant trois semaines, firent à l'Académie des Sciences, le 26 août 1822, un rapport dans lequel ils approuvèrent ce nouvel appareil, particulièrement dans son application à la cuisson des substances alimentaires. Nous extrairons de ce rapport les principales données sur le *caléfacteur-Lemare*.

La fig. 1, pl. 9, *des Arts chimiques*, indique sa forme par une coupe verticale. ABCD représente un vase cylindrique soudé à un vase cylindrique semblable qu'il enveloppe de toutes parts; cette espèce de vase double est ouverte à sa partie supérieure, et le double disque qui forme son fond est percé d'un trou H qui fait communiquer l'intérieur du petit cylindre avec l'air extérieur; un registre HC permet de supprimer à volonté cette communication. La capacité comprise entre ces deux enveloppes n'a que trois petites ouvertures, l'une à la partie supérieure K, destinée à verser l'eau dans la double enveloppe; une autre B, inférieure, garnie d'un robinet pour tirer l'eau; et la troisième L que la première peut suppléer, puisqu'elle est destinée seulement à conduire la vapeur au dehors, à l'aide d'un tube recourbé LM.

Un vase cylindrique I entre dans le vase ci-dessus décrit; il lui est concentrique, laisse deux lignes d'intervalle seulement, et, s'appuyant par ses bords supérieurs sur les bords de l'autre, il ne descend que jusqu'à une certaine profondeur; le reste de l'espace libre contient un disque *eg* troué, en tôle, dont les bords relevés arrivent très près de la paroi intérieure du grand vase; ce disque est maintenu à 6 lignes du fond par ses trois pieds qui posent sur ce fond. Un troisième vase P, également cylindrique, fermé par un couvercle à recouvrement, entre d'une petite partie de sa hauteur dans le second et le couvre exactement. Enfin une anse AFD permet d'enlever tout ce système à la fois, et un tissu ouaté RSTU enveloppe à volonté tout l'appareil.

D'après la construction que nous avons indiquée, on voit que la double enveloppe du grand vase ABCD, le vase intérieur I, et enfin le vase-couvercle P, étant remplis d'eau, et la capacité de l'eau pour la CHALEUR étant très grande, en échauffant toute cette masse on a un magasin de chaleur assez considérable. Si de plus, au moyen de l'enveloppe en étoffe ouatée, on évite la plus grande partie de la déperdition de la chaleur par les parois extérieures des vases, on conçoit que la température acquise dans tout ce sytème s'y maintiendra longuement ; qu'on ajoute à cela une production de chaleur très économique, ce qui a lieu effectivement, puisque le charbon brûle au milieu de surfaces propres à absorber puissamment toute la chaleur, et que les produits de la combustion passent en couches très minces entre des parois très *conductrices*, et l'on aura une idée des avantages que le caléfacteur présente dans ses applications à l'économie domestique, et particulièrement dans la préparation du bouillon. Nous entrerons dans quelques détails relativement à celle-ci ; on concevra facilement les modifications que les autres pourraient nécessiter.

Après avoir mis l'eau et la viande dans le vase intérieur, qu'on peut appeler la *marmite*, le vase extérieur ayant été préalablement aussi rempli d'eau, on allume des morceaux de charbon dans le foyer, c'est-à-dire sur le disque de tôle *eg* : on descend la marmite dans son enveloppe ; elle doit d'abord être placée de manière à ce que ses bords ne s'appliquent pas exactement sur les bords du grand vase, et pour cela il suffit que sa position soit telle, que trois petites saillies ménagées sous le rebord ne correspondent pas aux trois entailles du bord de l'enveloppe ; le passage qui reste suffit pour le dégagement des gaz de la combustion. On laisse les choses en cet état jusqu'à ce que l'ébullition s'établisse dans l'enveloppe (1), puis dans la marmite ; alors on la découvre, on écume, on ajoute le sel et les légumes ; puis on fait porter les bords des vases intérieur et extérieur l'un sur l'autre, en tournant les saillies de la marmite en sorte qu'elles correspondent aux entailles du bord de l'enveloppe ; on replace le vase supérieur P, dont

---

(1) Elle s'annonce par un petit jet de vapeur qu'on aperçoit à l'extrémité M du tube LM ; ce qui arrive ordinairement dans l'espace de 36 à 40 minutes.

l'eau a déjà été échauffée par la première ébullition ; on pousse le registre HC : tout accès de l'air est alors interrompu ; on couvre le tout avec l'enveloppe ouatée, et la combustion s'arrête en diminuant peu à peu ; il n'y a plus à s'en occuper jusqu'à la fin de l'opération. Au bout de 6 heures le bouillon est fait, la viande et les légumes sont cuits, et l'on a de plus une assez grande quantité d'eau chaude dans les vases extérieurs.

Le vase P peut être employé à faire chauffer l'un quelconque des mèts qui ne doivent pas être portés à une température plus élevée que celle de l'eau bouillante ; on y prépare très aisément des *œufs au lait*, des *crèmes*, etc. Si l'on divise ce vase en quatre par deux lames verticales qui se croisent, on peut préparer ou tenir chauds à la fois quatre mets différens.

Si l'on veut faire un rôti dans le caléfacteur, sans y préparer de bouillon, on substituera aux vases I, P, de la fig. 1, les pièces I', P' et *p* de la fig. 2.

I', fig. 2, est un *plat* en tôle battue sur lequel on pose le morceau qu'on veut faire rôtir. Ce plat est supporté, dans le caléfacteur, à une distance de 3 pouces de la grille *e*, *g*, au moyen des anses à tiges A', E'.

Le vase P', dans lequel des entailles G servent à faire passer les poignées des anses A', E', au dehors, est muni d'un fond et d'un tuyau vertical destiné au passage des gaz de la combustion. Ce vase peut être employé à divers usages, de même que le vase P : si l'on y veut préparer plusieurs mets à la fois, on le divise par des compartimens.

Le caléfacteur, disposé de cette manière, réverbère suffisamment la chaleur pour faire rôtir les morceaux qu'on a mis sur le plat en tôle ; lorsque la coction est à son point on ferme le registre H et le petit obturateur *p* ; le charbon s'éteint complètement, et cependant le tout se conserve assez chaud pour être servi une ou deux heures après.

Quel que soit l'usage qu'on fasse du caléfacteur, il arrive souvent qu'il sort de la double enveloppe une certaine quantité de vapeur ; on peut aisément augmenter cette quantité en laissant une légère ouverture au registre H, et tirer parti de cet excès de vapeur, qu'on peut ainsi augmenter à volonté, en introduisant le tuyau de dégagement LM dans un fourreau L'M' qui est posé sur un vase cylindrique en fer-blanc V. Ce fourreau débouche dans le vase par sa partie inférieure, et la vapeur portée au fond est introduite dans le vase V, en passant par l'ouverture N. Elle échauffe ou fait cuire dans ce vase divers légumes, tels que pommes de terre, artichauts, asperges, etc. L'eau qui se conserve chaude dans la double enveloppe sert à laver les vases après le repas. On voit que cet appareil est réellement une cuisine complète et économique. P.

CALFAT. (*Arts mécaniques.*) Pour empêcher l'eau de s'introduire par les fentes et les joints des pièces de bois qui forment la carcasse d'un bateau ou d'un navire on y entre de force des étoupes enduites de suif, de poix et de goudron. Ce *calfatage* se fait avec des ciseaux de forme appropriée à celle des jointures qu'on veut boucher, et en se servant de marteaux. La pression de l'eau s'exerçant de dehors en dedans, ne peut contribuer qu'à accroître la sûreté de l'opération. FR.

CALIORNE. (*Arts mécaniques.*) Les marins donnent ce nom à une machine formée d'un gros cordage passé dans deux MOUFLES à trois poulies, dont on se sert pour enlever de gros fardeaux. FR.

CALORIFÈRE. On entend en général par ce mot toute construction propre à échauffer plus ou moins économiquement l'intérieur des appartemens, des étuves, des séchoirs, des serres chaudes, etc.

Nous donnerons ici les principes généraux sur lesquels sont fondés les différens chauffages de ce genre ; chauffages qui peuvent être classés en deux systèmes : l'un consiste à renouveler l'air qu'on échauffe, et l'autre à maintenir à une température égale une masse d'air donnée qui ne se renouvelle pas. Les cheminées des appartemens rentrent dans la première classe (1), que nous nous proposons d'examiner ici plus particulièrement.

---

(1) L'économie dans le chauffage des habitations est une chose fort impor-

Il a été constaté par expérience que la respiration n'était nullement gênée lorsque chaque individu pouvait disposer de 16 mètres cubes d'air par heure; c'est donc cette quantité au plus qu'il s'agit d'échauffer d'un certain nombre de degrés. La quantité de chaleur correspondante en raison des *capacités pour la chaleur,* est égale à environ 0,250 de celle qui serait nécessaire pour échauffer d'un même nombre de degrés un poids égal d'eau; il faut ajouter encore la chaleur appliquée à remplacer les déperditions par les murs et les plafonds: on a évalué cette quantité, dans des circonstances ordinaires et d'après la moyenne de plusieurs expériences, au cinquième de la masse totale d'air de l'appartement, multiplié par la différence de température du dedans au dehors. Éclaircissons ceci par un exemple.

La température de l'air extérieur étant à 4° au-dessous de zéro, on veut élever celle de l'air intérieur d'une chambre à 16° au-dessus de 0°, et l'entretenir à ce terme.

Si le volume total de l'air de l'appartement est égal à 100 mètres cubes, et qu'on veuille opérer un renouvellement de 320 mètres cubes par heure, on aura à échauffer par heure une quantité d'air de $320 \times 1^k,3$ (poids d'un mètre cube à 10°) $= 416$ kilogrammes, dont la chaleur spécifique équivaut en poids à celle de 0,25 en eau, c'est-à-dire à 104 kilogrammes d'eau; or ces 104 kilogrammes, chauffés à 20°, équivalent à $20 \times 104 = 2080$ unités, l'unité de chaleur étant un kilo-

---

tante, non-seulement pour les particuliers, mais encore dans l'intérêt de la nation tout entière. On se persuadera facilement de cette vérité si l'on pense que l'on consomme dans la ville de Paris seulement 1,000,000 de stères de bois, dont la valeur est de 15,000,000 de fr.; que la consommation de la France en combustibles de toute nature excède une valeur de 500,000,000 de fr.; enfin que la première base de la prospérité de la Grande-Bretagne est l'abondance et la qualité de son combustible.

M. Clément s'est occupé d'apprécier numériquement la valeur des divers modes de chauffage; c'est des données fournies dans son Cours que nous extrairons la plupart des résultats pratiques que nous citerons ici.

gramme d'eau élevé d'un degré centigrade. Il faut ajouter, comme nous l'avons dit pour la déperdition par les parois, environ un cinquième de la masse d'air, multiplié par la différence de température, ou 100 mètres cubes d'air pesant 130 kilogrammes, équivalant à 32^k,5; $\dfrac{32,5}{5} = 6,5$

qui, multipliés par 20 (différence de température), donnent 130 unités; et en ajoutant cette quantité aux 2080, on aura en tout 2210 unités de chaleur à produire. Nous savons qu'un kilogramme de charbon de terre développe par sa combustion 7050 unités de chaleur. Si donc on divise 2210 par 7050, on aura 0,313, c'est-à-dire que 313 grammes de charbon de terre par heure suffiraient pour échauffer à 20° un appartement de 100 mètres cubes dont on renouvellerait l'air en totalité plus de trois fois dans le même temps, si toutefois on pouvait, en application, obtenir le *maximum* théorique de la chaleur que peut produire le charbon de terre par sa combustion.

Examinons maintenant jusqu'à quel point les diverses constructions pyrotechniques et les différens modes de chauffage s'approchent de cette limite de la théorie.

On peut diviser en trois groupes tous ces procédés : 1°. les calorifères à air; 2°. les calorifères d'eau ; 3°. les calorifères par la vapeur. Parmi les premiers se trouvent les constructions le plus généralement répandues, les poêles, les cheminées. Ces dernières sont certainement les plus vicieuses de toutes : en effet elles utilisent à peine 0,002 de la chaleur développée par les combustibles qu'on y brûle ; elles semblent avoir été construites, suivant l'expression de Franklin, dans le but d'utiliser la moindre quantité possible de la chaleur qui s'y produit.

L'expérience suivante démontre cette vérité. On a brûlé dans une chambre bien close, la température extérieure étant à + 5°, 11 kilogrammes de charbon de terre en 4 heures; l'élévation moyenne de la température observée à l'aide de plusieurs thermomètres, était de 2° et demi, et le poids de tout le volume d'air de 156 kilogrammes ; la chaleur communiquée dans l'intérieur pouvait donc être exprimée par $\dfrac{156}{4} \times 2,5 = 87$ unités. Si l'on suppose 78 unités de déperdition par les parois, on aura obtenu en tout $87 + 78 = 165$ unités de chaleur ; or 11 kilogrammes de charbon de terre produisent 11×7050 unités, ou 77550 ; c'est, comme on le voit, plus de 500 fois autant que la quantité de chaleur obtenue.

On conçoit en effet que toute la chaleur que le combustible développe dans l'air brûlé s'élevant avec cet air immédiatement dans la cheminée, il ne peut passer dans l'intérieur de la chambre qu'une partie de la chaleur rayonnante du combustible, et que le volume considérable d'air chaud qui s'élance continuellement dans le canal de la cheminée détermine un grand tirage ; d'où il résulte une sorte de ventilation par l'air froid du dehors, appelé puissamment dans l'intérieur pour remplacer l'air chaud que la cheminée emporte. Voici comment on peut calculer la quantité de l'air renouvelé, et par suite le refroidissement qu'il doit opérer.

Le canal des cheminées présente ordinairement dans toutes ses parties une section d'un quart de mètre ; or, en supposant pour l'air chaud dans ce conduit, une vitesse moyenne de 2 mètres par seconde, ce qui n'est pas beaucoup, il passera par cette section un demi-mètre cube par seconde, 30 mètres cubes par minute, ou 1800 mètres cubes par heure. L'air d'un appartement de 100 mètres cubes serait donc ainsi renouvelé en entier dix-huit fois *pendant une heure*. Lorsque cette quantité ne peut être fournie par des *ventouses* ou par les fentes des portes, des fenêtres, etc., l'air intérieur se dilate, et il y a réaction de l'air extérieur sur le haut de la cheminée : quelquefois même il s'établit dans le corps de la cheminée un double courant, l'un ascensionnel, l'autre descendant ; ce dernier remplace l'air entraîné par le tirage ; de là les cheminées qui fument lorsque les portes et les fenêtres sont exactement fermées, ce qui s'observe assez fréquemment ; et, dans tous les cas, le grand volume d'air qui passe dans le corps de la cheminée refroidit les produits de la combustion, et diminue beaucoup la vitesse du tirage, puisque celui-ci est en raison de la différence de température entre l'air intérieur de la cheminée et l'air extérieur.

Rumfort a amélioré la construction des cheminées en rétrécissant les ouvertures et les pratiquant plus près du combustible, en sorte que la quantité d'air entraînée dans le courant que forme l'air brûlé est bien moins considérable ; aussi la quantité de chaleur utilisée est-elle plus que doublée, comme nous le verrons plus bas ; la fig. 1 de la pl. 8 des *Arts chimiques* indique cette construction. Le passage de la fumée à l'entrée que représente la lettre A est moindre des deux tiers au moins que celui des ouvertures ordinaires ; ce passage peut encore être diminué au moyen d'une plaque Ac, qu'on fait mouvoir sur son axe CD, et qu'on fixe à volonté par une tige B. Cette dernière disposition est non-seulement utile pour régler le tirage, mais elle présenterait encore l'avantage, en cas d'incendie, de pouvoir fermer tout accès à l'air dans l'intérieur du conduit embrasé.

Les cheminées en fonte de Desarnod réalisent une plus grande proportion de la chaleur des combustibles. Au reste, ces appareils peuvent être considérés comme des *poéles*, puisqu'ils sont en entier dans l'intérieur des chambres, et quelquefois même très éloignés du corps de cheminée auquel il communiquent par des tuyaux qui traversent l'appartement. Si la longueur des tuyaux était assez grande pour que la fumée en sortît constamment au-dessous de 100 degrés, la chaleur utilisée équivaudrait à peu près aux 0,9 de celle développée par la combustion dans ces calorifères. Le seul point de ressemblance qu'ils aient avec les cheminées proprement dites c'est que, comme elles, ils laissent *voir le feu*. Desarnod avait senti toute l'utilité de cette disposition pour faire bien accueillir ses constructions du public ; en effet l'habitude qu'on a en France et dans beaucoup de pays, de voir le feu dans les cheminées, en a fait pour ainsi dire un besoin ; c'est du moins une fantaisie si généralement répandue, que les meilleures constructions pyrotechniques y seront peut-être toujours sacrifiées.

A l'aide des cheminées de Desarnod, on peut se procurer dans l'intérieur des appartemens un renouvellement d'air continuel ; en effet la plaque AB, fig. 2, qui forme la base de ces cheminées, est posée sur des tasseaux en brique qui permettent à l'air du dehors, amené par un conduit pratiqué sous le carrelage, de circuler librement sous la cheminée ; il s'introduit ensuite par une ouverture pratiquée à la plaque supérieure, entre celle-ci et une seconde plaque CD, par deux ouvertures o, o ; de là il suit plusieurs sinuosités f, g, h, formées par des lames verticales en fonte (adaptées à l'une des deux plaques, et appuyées sur l'autre à l'aide d'un peu de mortier), passe ensuite entre deux autres plaques K, K, élevées perpendiculairement dans l'intérieur de la cheminée ; enfin, deux ouvertures pratiquées latéralement et correspondant avec l'intervalle K, envoient l'air échauffé dans plusieurs petits tuyaux R, R, accolés verticalement à l'extérieur de la cheminée, desquels il sort pour se répandre dans l'appartement, par des bouches de chaleur qu'on peut ouvrir ou fermer à volonté. Cet air chaud remplace celui qui est entraîné dans la cheminée par le tirage, et prévient les courans d'air froid qui s'établissent sans cette disposition, par les fentes des portes et des fenêtres. Deux plaques MN, mobiles et glissant dans une rainure, permettent de régler l'accès de l'air et d'en diriger à volonté un courant plus rapide sur le point de la combustion ; en sorte que l'on active ainsi le feu, comme on le ferait à l'aide d'un soufflet.

Ces cheminées, dont l'usage est fort répandu en France, sont d'ailleurs assez généralement connues pour que la description que nous en donnons suffise à l'intelligence de leur mode d'échauffement. Diverses constructions pyrotechniques que l'on pourrait appeler comme elles *cheminées-poêles,* ont été faites sur les mêmes principes : l'une de celles qui sont le plus employées aujourd'hui consiste tout simplement en dispositions intérieures des *Rumfort* décrites ci-dessus, qu'on a ménagées dans un avant-corps semblable à celui de la cheminée de Desarnod, mais qui est construit en maçonnerie recouverte d'une peinture, de tablettes en marbre ou d'un carrelage en faïence. Assez ordinairement aussi l'on adapte à ces cheminées une plaque verticale glissante semblable à celles de Desarnod, et destinée, comme celles-ci, à régler ou supprimer l'entrée de l'air et à exciter une combustion vive sur un point, lorsqu'on commence à allumer le feu ; elle est mue par un cylindre perdu dans la maçonnerie, sur lequel s'enroulent les deux chaînes qui la suspendent ; et le mouvement est communiqué au cylindre par une petite manivelle extérieure qu'on arrête à volonté dans les crans d'un cercle fixe.

Cette construction présente l'avantage de mettre à profit une partie de la chaleur absorbée par les parois du foyer, et de répandre cette chaleur dans l'appartement d'une manière moins brusque et plus agréable que les surfaces métalliques fortement chauffées des poêles et des tuyaux en fonte, en tôle ou en cuivre ; mais aussi elles réalisent une moins grande quantité de chaleur que ces derniers.

On peut encore obtenir une économie très marquée dans l'emploi du combustible, en plaçant dans le corps des cheminées ordinaires, sous l'âtre, autour et au-dessus du foyer, des tuyaux ou de doubles plaques, dans lesquels on fait arriver l'air par la partie la plus basse. Il gagne successivement les parties les plus élevées en s'échauffant et devenant plus léger ; il s'introduit enfin dans l'appartement par une issue qu'on lui a ménagée le plus haut possible. Les cheminées de Curaudeau sont d'une construction analogue à celle-ci, ainsi qu'on peut le voir dans la coupe représentée par la fig. 3. Les produits de la combustion développés dans le foyer A sont conduits, à l'aide du rétrécissement de la partie supérieure de l'âtre, dans le tuyau de fonte BC ; ils passent ensuite entre ce tuyau et une double enveloppe semblable DD, redescendent sous une plaque en fonte, et remontent dans le tuyau principal M, en suivant les directions que les flèches indiquent dans la figure, et faisant plusieurs sinuosités que déterminent des lames en fonte. L'air s'échauffe par son contact avec toutes ces surfaces métalliques, chauffées en passant dans les espaces P, P, P, et s'introduit dans l'appartement par des bouches de chaleur.

En général, dans toutes ces constructions, les passages de l'air sont trop rétrécis. On pourrait souvent décupler la quantité de chaleur en portant à 9 pouces de diamètre les bouches de chaleur auxquelles on donne ordinairement 2 à 3 pouces au plus. Il est bien entendu que les conduits correspondans doivent présenter une section de passage égale à celle-ci. On conçoit en effet que la capacité de l'air pour la chaleur étant fort petite, il faut proportionnellement une masse considérable de ce fluide élastique, pour transporter la chaleur dans d'autres corps.

On a modifié de plusieurs autres manières les constructions des cheminées et des cheminées-poêles, mais sans réaliser sensiblement une plus grande quantité de chaleur que par les constructions que nous avons indiquées ; nous ne nous étendrons donc pas davantage sur ce sujet.

Poêles de Cureaudau. — L'un de ces poêles est représenté dans la figure 4 par une coupe qui fait voir sa construction intérieure : elle est semblable à celle des cheminées du même auteur.

La porte par laquelle on introduit le combustible correspond à la partie A du foyer. Les gaz produits de la combustion s'élèvent, descendent et remontent en circulant autour des chicanes qu'ils rencontrent, ainsi que l'indiquent les flèches tracées sur le dessin ; ils se rendent dans le tuyau commun M; les bouches de chaleur B, B, C, C, envoient de l'air chaud dans l'appartement.

Poêles-calorifères de Desarnod. — Leur construction est indiquée par les deux coupes, l'une horizontale, et l'autre verticale, de la figure 5. On brûle le combustible sur une grille placée dans le foyer A ; la cendre est reçue dans le cendrier B, et les produits gazeux de la combustion montant dans le tuyau C, se rendent dans un espace D, d'où ils se divisent dans plusieurs tuyaux G, G, G, descendent dans un conduit circulaire H, H, remontent dans les tuyaux E, E, arrivent dans un récipient commun P, d'où ils passent dans le tuyau principal M, pour se rendre enfin dans la cheminée. L'air circule autour de ces divers conduits échauffés dans les espaces que désignent les lettres R, R, R, et sort dans la pièce, où l'on veut porter la chaleur, par les ouvertures ou bouches de chaleur T, T, T. Une double enveloppe S, S, S, L, L, L, contient de l'air chaud autour de tout cet appareil.

En comparant ensemble, sous le rapport de l'effet utile qu'ils peuvent produire, les constructions et appareils de chauffage que nous avons décrits, on a obtenu les relations suivantes entre le poids du combustible employé et l'élévation de la température dans une chambre contenant 100 mètres cubes d'air.

La première colonne indique le nombre de degrés centigrades dont la température de l'air s'est élevée pour 2 kilogrammes de bois, équivalant à peu près à 1 kilogramme de charbon de terre. La deuxième colonne indique le poids du combustible qu'il faut employer dans chaque système pour obtenir la même température.

Cheminée ordinaire................ 0°,296 — 100
Cheminée de Rumfort............ 0°,758 — 39
Cheminée de Desarnod (en fonte).. 0°,900 — 33
Poêle de Cureaudau (en tôle)....... 1°,426 — 20,75
Poêle de Desarnod (en fonte et tôle). 1°,872 — 15,75

Calorifères à air. — Les appareils auxquels on a le plus particulièrement donné ce nom sont appliqués en général à échauffer l'intérieur des ateliers, des magasins, des étuves, des séchoirs, etc. Dans quelques contrées du Nord on s'en sert pour entretenir à une température douce toutes les chambres d'une maison, avec un seul foyer.

On a varié à l'infini les formes intérieures et extérieures des calorifères, et le plus souvent sans calculer d'avance les effets que ces divers changemens pouvaient produire, sans être par conséquent assuré des avantages ou des inconvéniens qui en devaient résulter.

Nous rappellerons ici les principes sur lesquels ces constructions doivent être établies. Nous décrirons un des calorifères les plus employés, et une application bien entendue des principes que nous aurons exposés.

La chaleur spécifique de l'air, à poids égal, équivalant seulement au quart de celle de l'eau, et le poids spécifique de celle-ci étant à celui de l'air comme 1000 est à 1,30, on voit que la chaleur spécifique de l'air est moindre que celle de l'eau dans la proportion de 0,325 à 1000, c'est-à-dire moindre qu'un trois-millième; il faut donc un très grand volume d'air pour qu'il serve de véhicule à la chaleur et échauffe différens corps à une température donnée; il faudra donc un courant d'air brûlé assez considérable dans l'intérieur des conduits qui doivent transmettre la chaleur, et une grande surface chauffante, en supposant même qu'on employât un métal bon conducteur, tel, par exemple, que le cuivre. Pour en donner une idée, nous citerons l'expérience suivante.

Dans un calorifère présentant une surface de 1 mètre carré en cuivre, de 2 millimètres d'épaisseur, on a brûlé 6 kilogrammes de charbon pour échauffer de 50°,179 mètres cubes d'air, ou 232,7 kilogrammes; la chaleur passée dans l'intérieur de la chambre était donc de $\frac{232,7}{4} \times 50 = 2908$ unités. Mais la chaleur dégagée par le COMBUSTIBLE était 6×7050 unités, ou 42300; donc, dans cette expérience, l'on n'avait utilisé que $\frac{2,908}{42,300}$ ou 0,6875 de l'effet théorique. On peut obtenir de meilleurs résultats en pratique, en multipliant les surfaces chauffantes, et utiliser par ce moyen les 0,9 de la chaleur dégagée; mais il faut pour cela que la température des produits de la combustion soit moindre que 100° lorsqu'ils sortent, et l'on n'y parvient facilement qu'en n'élevant pas la température du milieu qu'on veut échauffer de plus de 25 à 30°.

Lorsqu'il est utile de renouveler l'air en même temps qu'on l'échauffe constamment, ce qui a lieu le plus ordinairement dans les salles de spectacle, les hôpitaux et les ateliers, par exemple, on fera bien de disposer les choses de manière à ce que l'air extérieur s'introduise en passant d'abord sur les surfaces des tuyaux qui portent au dehors les produits de la combustion; en sorte que l'air le plus froid en contact avec les surfaces qui enveloppent la fumée, la dépouillent de la chaleur avec d'autant plus d'énergie que la différence de température est plus forte. Cet air s'échauffe ensuite graduellement de plus en plus en approchant davantage du foyer de la combustion, près duquel il entre dans l'espace qu'il doit chauffer.

La plupart des poêles et les cheminées de Desarnod même sont susceptibles de produire autant d'effet que les meilleurs calorifères, à l'aide de cette disposition fort simple dont la figure 6 présente un exemple. Il suffirait, comme on le voit, de prolonger le plus possible (1) les tuyaux en tôle ou en cuivre, en les faisant passer dans des conduits en brique ou dans d'autres tuyaux dont le diamètre fût plus grand de 4 pouces, en sorte qu'il restât un intervalle libre de 2 pouces environ. L'extrémité FD de la seconde enveloppe se prolonge de bas en haut près du poêle (ou, relativement aux cheminées de Desarnod, passe sous le foyer pour sortir par les bouches de chaleur), afin que l'air dilaté en cet endroit par la chaleur que le foyer

---

(1) Si la longueur des tuyaux était trop grande, ou que pour tirer encore meilleur parti de la chaleur que la fumée emporte avec elle, on voulût la forcer à redescendre près de l'endroit où elle doit entrer dans la cheminée (disposition qui détermine aisément la direction du courant d'air entre la double enveloppe), il faudrait ou que le corps de cheminée fût échauffé par quelque cause extérieure, telle que le voisinage d'un tuyau constamment chaud, ou qu'on ménageât à la partie inférieure de la cheminée une ouverture par laquelle on introduirait un corps enflammé au moment d'*allumer* le poêle, afin de déterminer le commencement du tirage.

lui communique, s'élève en raison de sa légèreté relative, et détermine un tirage qui appelle l'air extérieur à l'autre extrémité GH du tuyau. Il est utile de recourber vers le bas la double enveloppe, de peur que l'air chaud ne déborde par ce bout. Les choses ainsi disposées, lorsque le poêle et les tuyaux sont chauds, on conçoit que l'air extérieur est constamment appelé du dehors au dedans, et qu'il s'échauffe par degrés en passant d'un bout à l'autre de la double enveloppe, en même temps que les produits de la combustion se refroidissent graduellement aussi en communiquant leur chaleur au tuyau qui la transmet au courant d'air.

Lorsque dans le lieu qu'on se propose d'échauffer il est inutile de renouveler l'air, l'embouchure de la double enveloppe, au lieu de communiquer avec l'air du dehors, est pratiquée dans l'intérieur, en G par exemple. Le courant d'air chaud a lieu dans le même sens, et il s'établit dans la chambre une circulation d'air qui ramène sans cesse dans la double enveloppe l'air dont la température est plus basse, et répand dans l'intérieur de la chambre la chaleur enlevée à toutes les surfaces chauffées par les produits de la combustion.

Le tuyau et la double enveloppe peuvent être placés sous le carrelage dans toute leur longueur, en supposant même qu'ils fissent plusieurs circuits autour de la pièce qu'on veut échauffer : cette disposition est ordinairement la plus commode, puisque les conduits de chaleur ne tiennent alors aucune place. Il est bien aussi que la combustion soit alimentée par l'air extérieur, et que le service du foyer se fasse au dehors ; on évite par là les pertes de chaleur qui auraient lieu si l'on était obligé d'ouvrir les portes de l'étuve pour arranger le feu.

Les calorifères des grands établissemens, ordinairement composés de tuyaux cylindriques en fonte scellés dans un fourneau en brique, sont placés dans une cave construite à dessein sous le bâtiment. Cette disposition est commode parce qu'on évite par là d'embarrasser l'étage supérieur ; mais aussi on perd de la chaleur par les parois du fourneau. Il faudrait, pour que la déperdition fût la moindre possible, que le calorifère fût construit dans l'une des pièces basses qu'il doit échauffer, et que la bouche du foyer seulement fût au dehors pour la facilité du service. La fig. 4, pl. 10, des *Arts chimiques,* représente un de ces calorifères coupé par un plan perpendiculaire à tous les axes des cylindres. On voit que les produits de la combustion, développés dans le foyer **A**, passent sous le premier rang des cylindres, remontent entre le premier et le second rang, puis entre le second et le troisième, ensuite entre le troisième et le quatrième, et qu'enfin ils passent dessus le dernier rang et sous la voûte en brique pour se rendre dans la cheminée *fg*. Cette cheminée, composée de tuyaux en cuivre, dégage de la chaleur dans toutes les pièces qu'elle traverse, et s'élève au-dessus du comble du bâtiment.

Le même calorifère, coupé par un plan dans l'axe de quatre cylindres superposés (fig. 5), laisse voir les directions des courans d'air chaud dans l'intérieur de ces cylindres. L'air atmosphérique entre par l'orifice *b* ; il est conduit par des encaissemens ménagés dans la maçonnerie, d'un rang de tuyaux au rang supérieur ; il circule ainsi dans les directions indiquées par des flèches de *b* en *b'* ; *c,c'* ; *d,d'* ; *e,e'*, et va se rendre dans des tuyaux en cuivre K,L, destinés à porter la chaleur dans les étages supérieurs. On voit que l'air chaud doit s'y élever en raison de sa légèreté relative, et déterminer un courant continu dont la durée est égale au temps du développement de la chaleur dans le foyer.

Le calorifère que nous venons de décrire donne de grandes masses d'air chaud si le feu est actif et le courant d'air rapide ; mais pour dépouiller plus complètement les produits de la combustion de la chaleur qu'ils transportent, on peut rendre l'échauffement de l'air plus méthodique à l'aide de dispositions analogues à celles que nous avons indiquées plus haut ; il suffit de faire arriver l'air extérieur sous les conduits chauffés, près de l'endroit où ces conduits se rendent dans la cheminée, et de le diriger successivement sur tous les tuyaux en sens inverse de la direction que suit le courant d'air brûlé, de même que dans les serpentins et dans tous les réfrigérans en général on fait circuler le liquide dans tous les circuits qu'on fait prendre à la vapeur à condenser, et en sens inverse de celle-ci. On conçoit que, par cette méthode, l'air atmosphérique dépouille, durant toute sa course et avec le plus d'énergie possible, les tuyaux de leur chaleur, puisqu'il s'échauffe graduellement, étant moins chaud, partout où il arrive, que les surfaces qu'il rencontre, et que le passage de la chaleur au travers du métal qui forme les conduits est en raison de la différence de température du dedans au dehors ; que si les courans intérieurs et extérieurs étaient dirigés dans cet ordre, ou l'un et l'autre dans le même sens, la température pourrait être peu différente en beaucoup de points, ou même plus élevée en dehors qu'en dedans, et par conséquent le passage de la chaleur presque nul en ces endroits, quelquefois même contraire à celui qu'on veut obtenir.

Les fig. 6 et 7 indiquent une construction qui ne présente pas les vices que nous venons de signaler, et qui nous paraît avoir les avantages d'utiliser le plus possible la chaleur développée par le combustible. On voit, dans la coupe verticale que montre la fig. 6, le foyer A, sur lequel est placé le premier cylindre C, en fonte ou en cuivre ; celui-ci est recouvert d'une voûte en brique, et tout enveloppé de flamme dont le courant se dirige de A, A' en B, B'. La coupe horizontale, fig. 7, fait voir la suite du chemin que parcourent les produits de la combustion ; il est tracé par des diaphragmes en brique élevés entre les cylindres : ce courant suit la direction A, B, C, D, E, F..... K, indiquée par des flèches dans la figure ; à l'extrémité K il sort du calorifère pour se rendre dans la cheminée ; c'est là que se trouve aussi l'orifice du dernier tuyau, par lequel l'air extérieur s'introduit dans l'appareil et suit dans tous les autres tuyaux le même chemin que font extérieurement les produits de la combustion, mais dans un sens précisément inverse, indiqué dans la fig. 8 par la ligne ponctuée A, B', C', D'.... K'. On adapte à l'orifice K' les tuyaux qui conduisent l'air chaud dans les étages supérieurs.

Il est facile de voir comment on augmente l'effet de cet appareil ; il suffit en effet pour cela de placer sur le même foyer plusieurs tuyaux , au lieu-d'un seul que nous avons considéré ici, en observant du reste toutes les autres conditions indiquées d'un bon chauffage. Si par exemple on mettait sur un seul foyer, séparé en deux parties par un mur en brique , quatre de ces tuyaux cylindriques en fonte, deux seraient superposés , et tous les quatre seraient sous la même voûte ; chacun de ces tuyaux communiquerait avec six autres tuyaux semblables, placés horizontalement et formant deux lits de chaque côté du foyer : on aurait ainsi quatre orifices dans lesquels l'air extérieur se précipiterait, et quatre orifices rassemblés près du foyer, soufflant de l'air chaud dans les conduits ascendans qui leur seraient adaptés. Il y a certaines dispositions particulières à prendre pour porter l'air chaud dans les diverses pièces du Séchoir. Nous les indiquerons à ce mot.

Les tuyaux qui sont placés au-dessus du foyer et les trois premiers qui suivent immédiatement , devant supporter une température assez élevée , doivent être en fonte de 8 à 10 lignes ou en cuivre épais de 2 lignes , les autres en cuivre d'une ligne ; et ceux qui, au dehors du fourneau, portent l'air chaud dans tous les étages supérieurs , peuvent être de trois quarts de ligne ou d'une demi-ligne seulement , mais toujours en cuivre, parce que la chaleur traverse ce métal avec beaucoup de facilité.

Lorsque l'air doit être renouvelé dans les pièces échauffées, il est avantageux d'amener dans le foyer l'air expulsé par les parties inférieures (comme l'indique le tuyau RL de la fig. 6), afin d'en alimenter exclusivement la combustion. En effet la température de cet air est toujours plus élevée que celle de l'atmosphère, et c'est autant de chaleur que le combustible a de moins à fournir ; d'ailleurs l'air qu'on rejette ainsi alimente d'autant mieux la combustion qu'il contient ordinairement une assez grande quantité d'humidité, puisqu'il a servi à dessécher diverses substances. S'il n'y a pas nécessité de renouvellement d'air dans les pièces qu'on chauffe, on doit ramener à l'orifice K (fig. 7) des tuyaux qui sont le plus éloignés du foyer l'air des pièces échauffées, pris dans les parties basses, afin de déterminer ainsi une circulation qui enlève sans cesse la chaleur que les tuyaux reçoivent du combustible pour la porter continuellement dans toutes les pièces qu'on veut échauffer. On sait en effet que l'air est mauvais conducteur du calorique, et qu'il ne peut lui servir utilement de véhicule que par sa grande mobilité, qui permet une circulation rapide.

Calorifère d'eau. — Ce mode de chauffage est analogue au précédent ; il a lieu par la circulation de l'eau, qui, comme l'air, conduit mal la chaleur, mais peut lui servir de véhicule par sa mobilité. On se fait aisément une idée de l'appareil dont on peut se servir pour produire cet effet : on adapte à la partie supérieure d'une chaudière fermée ou d'un *cylindre bouilleur* ordinaire A (fig. 9), un tuyau B qui s'élève à une certaine hauteur, redescend ensuite en faisant plusieurs sinuosités en pente légère jusqu'à ce qu'il se trouve à la hauteur du fond de la chaudière, à laquelle il vient s'adapter en C dans la partie la plus basse, et celle qui reçoit moins de chaleur du combustible. Au point le plus élevé du tuyau, en E, on adapte un tuyau vertical destiné à servir d'issue à la vapeur qui pourrait se former si l'on élevait trop la température ; il sert aussi au dégagement de l'air qui est dans l'eau, et que la chaleur expulse ; c'est encore par son ouverture qu'on remplit tout l'appareil d'eau de temps à autre pour remplacer les déperditions ; et enfin ce tuyau sert de tube de sûreté.

L'appareil étant ainsi disposé, tous les tuyaux et la chaudière remplis d'eau, si l'on allume du feu dans le foyer D, les premières portions de l'eau qui se seront échauffées, devenues spécifiquement plus légères, tendront à s'élever ; elles monteront en effet dans la partie supérieure de la chaudière, et par suite dans le tuyau DF ; en même temps une quantité d'eau correspondante rentrera dans la chaudière par l'autre extrémité C du tuyau. On voit que ces mouvemens simultanés

.détermineront dans toute la masse du liquide une circulation qui continuera tout le temps qu'il y aura développement de chaleur dans le foyer; et si l'on suppose que les tuyaux , dans les divers contours qu'on leur a fait suivre , soient accolés à toutes les parois d'une chambre ou d'une étuve , l'air intérieur s'échauffera par son contact avec les surfaces chaudes , et l'on pourra accélérer cet échauffement en multipliant ces contacts par les moyens que nous avons indiqués.

Ce calorifère ne peut être employé aussi utilement que ceux que nous avons décrits plus haut, lorsqu'il s'agit de produire de grandes masses d'air chaud. En effet le passage de la chaleur au travers des surfaces métalliques est en raison de la différence de température et de la quantité de surfaces chauffantes : or ici la température de l'eau sans pression dans les tuyaux doit être toujours au-dessous de 100°, dans les points même où elle est le plus échauffée , et moindre encore dans tous les autres , tandis que la température des conduits chauffés directement par les produits de la combustion , dans les calorifères à air , peut être beaucoup plus élevée ; de plus, dans ces derniers calorifères les tuyaux peuvent, sans aucun inconvénient, être d'un grand diamètre , et par conséquent présenter beaucoup de surface chauffante , tandis qu'avec le calorifère d'eau la pression que le liquide exerce entre les parois étant en raison des surfaces, on est obligé , pour éviter une pression forte, d'employer une multitude de petits tuyaux , ce qui est plus dispendieux. Enfin si la chaleur devait être portée à une grande hauteur, ainsi que cela est souvent nécessaire dans les vastes établissemens, la pression résultant de la hauteur à laquelle l'eau devrait être portée nécessiterait une forte épaisseur dans toutes les parois des tuyaux et de la chaudière. Par les mêmes motifs et par d'autres encore, l'eau ne pourrait être avantageusement substituée à l'air ou à la vapeur dans les applications que nous venons de citer ; mais ce mode de chauffage présente des avantages très marqués dans tous les cas où il est utile d'élever la température d'un petit nombre de degrés, et d'une manière constante et uniforme.

Il nous resterait à parler des *calorifères à vapeur;* mais cette expression n'étant pas usitée, nous renverrons à l'article *chauffage à la vapeur,* locution plus généralement en usage.

P.

CAMÉES. (*Arts mécaniques.*) La nature produit des agates variées de diverses couleurs, et dont l'art sait tirer parti; on travaille ces pierres, et l'on en use la surface de manière à mettre à nu en relief diverses images , et à profiter des nuances naturelles pour imiter de petits tableaux où les couleurs sont réparties avec adresse. Ordinairement ce sont des têtes antiques ou des figures groupées qui forment le sujet des camées : ces images ont une couleur différente de celle du fond, sur lequel elles semblent collées, et se détachent en saillie ou relief. La difficulté et la longueur du travail des pierres dures (*voy.* LAPIDAIRE), l'habileté de l'artiste pour obtenir des contours vrais et une expression naturelle, l'art de profiter des accidens de couleur pour produire des effets, sont les causes du grand prix de ces ouvrages, ordinairement très chers. On en fait des cachets en relief, des bagues et autres bijoux.

La cherté des camées, et le goût des amateurs pour ces sortes de produits de l'art, a conduit à chercher à les imiter. C'est à Rome un objet de commerce assez étendu; on y travaille les camées artificiels dans la COQUILLE d'une espèce d'huître qu'on tire des Indes orientales, et dont la substance est formée de couches diversement colorées en blanc, en rose, en brun , etc. C'est en délitant pour ainsi dire ces couches qu'on en tire des tableaux très agréables. Cette substance est assez dure pour que les images résistent long-temps au frottement, et l'on a ainsi, à fort bon marché, de faux camées qui imitent assez bien les véritables. Les acides les détruisent promptement. On voit encore de faux camées composés d'une tête blanche collée sur un fond obscur. Mais quoique ces pierres soient ordinairement dures, elles n'ont aucune valeur dans le commerce. C'est une sorte de fraude facile à reconnaître.

On fait aussi de faux camées en faïence, en porcelaine et
en émail; ce sont des bijoux très gracieux.

FR.

CAMERA LUCIDA. *Voy*. CHAMBRE CLAIRE. FR.

CAMES. (*Arts mécaniques.*) Supposons qu'un pilon P
(fig. 12, pl. 6), dont la tige PQ est retenue dans les
collets *mn*, puisse se mouvoir de haut en bas, et qu'on
veuille que, retombant par son poids dans un mortier M,
il y broie une substance quelconque : il s'agit de communiquer à ce pilon le mouvement vertical en le soulevant
par le *bras* ou *mantonnet* R, puis l'abandonnant à la gravité.
On donne ce mouvement ascensionnel par une machine qui
attaque le bras par-dessous, l'élève et le quitte à la hauteur
prescrite. Soit disposée une roue C, mue à l'aide d'une MA-
NIVELLE M, par un courant d'eau, ou de toute autre manière; on garnit la circonférence de dents F, F′, F″... convenablement longues et espacées; la rotation imprimée à cette
roue apportera tour à tour ces dents sous le bras R, l'éle-
vera; et lorsqu'il aura atteint une hauteur qui l'éloigne du
centre C plus que l'extrémité de la dent n'en est elle-même
éloignée, cette dent ne rencontrera plus le bras, et le pilon
retombera de tout son poids, jusqu'à ce qu'une autre dent
l'élève de nouveau, et ainsi de suite. Ces dents prennent le
nom de *cames*; elles sont destinées à changer le *mouvement
circulaire continu* imprimé à la roue C, en *va-et-vient* vertical
ou *alternatif rectiligne* dans le pilon.

La forme de la came doit être telle que le frottement sous
le mentonnet soit le moindre possible, et que la pression sur
la dent soit constante, pour que le moteur, conservant la
même intensité d'action, produise le même effet. Il convient
que si le mouvement imprimé à la roue est uniforme, celui
du pilon le soit aussi.

La distance des cames entre elles doit être telle, que
quand l'une, F, cesse d'être en prise, le bras retombe sans
atteindre la suivante F′. Ces cames ne doivent cependant
pas être trop écartées, parce que le pilon n'agirait pas

9..

pendant l'intervalle où aucune came ne serait en prise. Voici les moyens de satisfaire à toutes ces conditions.

On détermine d'abord, par expérience, sous quel poids et quelle hauteur de chute le pilon doit agir pour produire l'effet demandé : puis, d'après la force dont on dispose pour moteur, on assigne à la ROUE C, à sa MANIVELLE, ou aux autres parties de la machine, les dimensions capables de suffire à cette action. Développons ces notions générales, et donnons d'abord la figure des cames.

Soient CAB (fig. 13) la roue qu'il s'agit de garnir de cames, GI l'excursion verticale du mantonnet à mouvoir, I le point le plus bas de sa course après que le pilon est retombé, G le point le plus haut où le bras doit s'élever. Décrivez, du centre C, les deux circonférences ponctuées DGb, Igac, avec les rayons CG, CI. Concevez que la plus petite soit en relief, et qu'on l'ait enveloppée d'un fil Igac : développez ce fil en le maintenant toujours tendu, de manière à prendre successivement les directions Iga1, Ige2, Igf3, etc. ; le bout c de ce fil se trouvera décrire une courbe c1234, que les géomètres nomment une *épicycloïde*, et qui n'est, comme on le voit, qu'une suite de petits arcs de cercle dont les centres a, e, f, g, varient sans cesse en parcourant la circonférence Igac. Cette courbe est la figure que la face intérieure de la came doit affecter : on limite le développement du fil par cette condition, que dans sa plus grande extension gb il ait pour longueur l'excursion totale IG $= gb$. Quant à la face postérieure ba de la came, on peut lui donner telle forme qu'on veut, sous la condition que l'épaisseur de la came soit suffisante pour offrir une résistance convenable ; le contour c1234b est la seule partie frottante et dont la forme soit déterminée. Dans la fig. 13 nous avons tiré la droite ab au centre c, et laissé à la partie ca une épaisseur arbitraire ; nous avons raccordé cette droite ab à l'épicycloïde par une courbe arbitraire b4, pour que la came ne soit pas brusquement terminée en une pointe fragile.

Toutes les cames dont la roue est garnie sont égales entre

elles, et l'une étant construite, les autres se fabriquent sur le même modèle.

Au lieu de courber un fil sur une circonférence en relief, et de détendre ce fil pour tracer l'épicycloïde, on peut construire cette courbe par points, comme dans les Épures ordinaires. On partagera (fig. 14) l'arc Aa, égal à l'excursion totale, en plusieurs parties égales, assez petites pour que chacune puisse être considérée comme une ligne droite; ce qui donnera les points de division $f, e, d, c\dots$, par lesquels on tracera des tangentes au cercle, telles que $f1$, $e2$, $d3\dots$; puis on portera l'ouverture de compas Af, une fois sur $f1$, deux fois sur $e2$, trois fois sur $d3$, etc.; on joindra ensuite les extrémités de ces longueurs par un trait continu A123M, qui sera l'épicycloïde demandée.

Le jeu de la machine est facile à concevoir. La roue C (fig. 8) tourne, et chaque came vient à son tour soulever le bras R, monte le pilon, jusqu'à ce que l'extrémité de ce bras fuyant le centre C, en soit plus loin que l'extrémité de la came : alors le pilon cesse d'être soutenu et retombe ; mais bientôt une autre came entre en prise et répète l'effet.

La figure qu'on donne à la came résulte des conditions imposées à la machine. En effet, lorsque la roue CAa (fig. 14) tourne, elle emporte avec elle l'épicycloïde AM ; prenons les arcs AB, BC, CD\dots, égaux à Af: quand le point A arrivera en B, l'épicycloïde prendra la position BM′, f viendra en A, et la tangente $f1$ se couchera sur la verticale A1. De même quand A se couchera sur D, DM‴ sera le lieu de l'épicycloïde, d tombera en A, et la tangente $d3$ se placera sur A3 ; et comme la tangente aux divers points de AM est perpendiculaire aux bouts des rayons $f1$, $e2$, $d3\dots$, on voit que ces tangentes se portent selon $i1$, $i″2$, $i‴3\dots$, et sont toutes horizontales, et que les hauteurs A1, A2, A3,\dots sont égales aux longueurs développées des arcs Af, Ae, A$d\dots$ Concluons donc de là que le bras qui monte le long de AN est soutenu sur un plan sans cesse horizontal, et qu'il décrit des espaces égaux aux arcs parcourus par la roue CA ; en sorte que si le mouvement de cette roue est uniforme, celui de l'ascension du pilon le sera aussi, la pression exercée sur la came sera sans cesse normale, constante, et conservera le même MOMENT relativement à l'axe C.

Comme il y a un petit intervalle de temps entre la fin de l'action d'une came et le commencement de l'action de celle qui suit, on régularise les effets de la force motrice à l'aide de VOLANS. Ordinairement on ne se contente pas de mouvoir un seul pilon ; alors les cames, au lieu d'être portées par une roue, sont implantées sur un arbre et attaquent les mantonnets de ces divers pilons rangés sur une même ligne, comme on le voit dans les MOULINS A POUDRE.

On peut construire les cames en bois dur et les faire entrer dans les mortaises pratiquées à la roue ; si l'on ne veut point affaiblir cette roue, on les arrête dans deux entailles avec des brides en fer et des boulons, comme on le voit fig. 15. Mais il est bien préférable de fabriquer les cames en fonte ; elles ont beaucoup plus de résistance, moins de volume, plus de durée, et offrent plus d'économie, produisant un frottement moins considérable. FR.

CAMION. (*Arts mécaniques.*) C'est une espèce de tombereau à deux roues qui sert à transporter des matériaux de construction. On a imaginé des camions dont l'essieu traverse la caisse, en sorte que la charge est autant au-dessous qu'au-dessus de l'axe, ce qui augmente la stabilité, et facilite la manœuvre du déchargement.

Le terme de *camion* est aussi employé à désigner une très fine ÉPINGLE et aussi un vase de terre où les peintres en bâtimens délaient leurs couleurs. FR.

CAMPHRE. (*Arts chimiques.*) C'est un principe immédiat, blanc, translucide, d'une odeur et d'une saveur fortes et caractéristiques, d'une densité un peu inférieure à celle de l'eau, presque insoluble dans ce liquide, très soluble au contraire dans l'alcool et dans l'éther, fondant à 175°, et bouillant à 204°.

Le camphre existe dans un très grand nombre de végétaux ; mais c'est principalement du *laurus camphora* qu'on l'extrait pour les besoins de la médecine. On s'y prend à cet effet de la manière suivante.

On coupe le bois du *laurus* en petits morceaux, on l'introduit avec de l'eau dans de grandes chaudières en fer sur lesquelles on place un chapiteau en terre : celui-ci est garni dans
son intérieur de cordes en paille de riz; on porte à l'ébullition,
et le camphre, entraîné par la vapeur d'eau, se sublime et va
s'attacher aux cordes de paille, sous forme de grenailles de
couleur grise. Lorsque l'opération est terminée on enlève le
chapiteau, et l'on détache mécaniquement le camphre sublimé; on le met dans des tonneaux pour l'expédier.

C'est dans cet état brut que tout le camphre vient de la Chine
et du Japon en Europe; on ne le raffinait autrefois qu'à Venise; depuis, cette industrie a été portée successivement en
Hollande, en Angleterre, à Berlin et en France; en sorte qu'aujourd'hui les raffineries de camphre sont très multipliées.

Les procédés du raffinage du camphre sont fondés sur la
propriété que présente cette substance de se volatiliser à une
température de 204 degrés; celui qu'on a suivi en Hollande
jusqu'à présent, et qui est encore usité généralement aujour-
d'hui dans les fabriques de produits chimiques, est à peu près
le même que celui qui a été publié par M. Clémandot.

On mêle le plus intimement possible 1 partie de chaux vive
à 50 de camphre brut; on introduit ce mélange dans une
grande fiole en verre mince et d'une épaisseur égale; celle-ci
est placée ensuite dans un bain de sable. On chauffe lentement,
ou si la température du bain de sable est restée élevée par
suite d'une opération précédente, on n'enfonce la fiole que
par degrés et de manière à ce que tout le camphre soit fondu
avant que le sable extérieurement soit plus élevé que le niveau
du camphre liquide à l'intérieur; on entoure alors complètement de sable la fiole jusqu'au col, afin que les premières portions sublimées, qui sont ordinairement salies, retombent dans
le camphre; on découvre ensuite peu à peu la partie supérieure
au fur et à mesure que la sublimation a lieu. Il faut que cette
opération soit conduite avec beaucoup de soin, ou plutôt que
l'on en ait acquis l'habitude; en effet elle présenterait sans
cela plusieurs difficultés assez grandes.

Si la température était élevée trop lentement, le col de la fiole pourrait s'emplir de camphre condensé avant que cette température eût atteint son *maximum;* et lorsqu'on viendrait à atteindre un peu subitement ce degré, il pourrait y avoir rupture du vase et explosion. Si l'opération était continuée lentement, et que la partie supérieure de la fiole ne fût pas assez près du terme de la fusion (c'est-à-dire un peu au-dessous de 175°), le camphre condensé ne pourrait se rapprocher au point de former un tout bien homogène, et il serait neigeux ou opaque, tandis qu'il doit être *transparent* pour être vendable. Quelquefois les inégalités brusques de température déterminent dans le liquide des soubresauts qui lancent vers le *pain,* en partie formé, des gouttes du mélange de camphre brut et de chaux; le pain de camphre, auquel elles s'attachent, est sali dans l'intérieur, et l'on est obligé de le refondre; enfin, indépendamment des principes théoriques sur lesquels on peut s'appuyer dans cette opération, il faut de toute nécessité, nous le répétons, que l'habitude apprenne à la bien conduire.

On peut apporter au procédé que nous venons de décrire quelques modifications utiles; du moins elles m'ont semblé donner plus constamment de meilleurs résultats.

Si au mélange de 50 parties de camphre et 1 de chaux, on ajoute 2 parties de CHARBON ANIMAL en poudre impalpable, la petite quantité de matière colorante du camphre brut, dont une partie est toujours volatilisée avec le camphre, sera retenue, et les pains de camphre raffiné seront sensiblement plus blancs. La vaporisation trop rapide du camphre dans le fond cause souvent des soubresauts qui deviennent d'autant plus fréquens que le camphre est mêlé d'une plus grande quantité de matières étrangères susceptibles de se précipiter dans le liquide. La régularité et la modération du feu, au commencement surtout, sont des circonstances à observer pour éviter ces accidens; cependant on y parviendra plus sûrement encore en introduisant dans la fiole une lame de platine tournée en spirale, et dont l'effet, comme on sait, sera de répartir la chaleur également dans toute la masse du liquide, et d'empêcher ainsi les dégagemens brusques de la vapeur formée au fond du vase.

Enfin, si au lieu de placer la fiole dans un milieu de sable, et séparée encore du feu par l'épaisseur d'une plaque en fonte, on la met à feu nu en engageant son fond seulement dans un trou circulaire pratiqué dans la plaque en fonte ; on accélérera l'opération, et l'on emploiera une moindre quantité de combustible ; dans ce cas il est bon de faire observer que le fond de la fiole doit être *luté*, et soutenu par un fil de fer en croix, et qu'on doit sceller cette fiole avec une petite quantité de mortier qu'on pose autour avant de l'entourer de sable ; on approche ensuite graduellement le sable de la fiole, ainsi que nous l'avons dit précédemment.

Quel que soit le mode d'opérer qu'on ait adopté entre les deux que nous avons décrits, l'atelier doit être disposé de la même manière ; il faut qu'un seul ouvrier puisse voir, sans se déplacer, toutes les fioles mises en train, et pour cela il est nécessaire qu'il se trouve au milieu d'elles et à peu de distance ; cette disposition très commode est facilement ménagée ; il suffit de construire une galère de fourneaux tout autour des murs d'une chambre carrée de moyenne dimension , c'est-à-dire de 3 mètres de côté environ. Un homme pourra ainsi surveiller toutes les opérations, quoique les fioles, sur le même bain de sable formé de plaques en fonte contiguës, aient chacune leur foyer séparé.

On a indiqué dans les Annales de Chimie et de Physique (t. VIII, page 78), une méthode qui semble beaucoup plus simple ; il suffit en effet de distiller le camphre dans une cornue ou dans une chaudière à chapiteau, en tenant la partie supérieure et le col de cet alambic à une température assez élevée pour que le camphre ne s'y puisse solidifier, mais qu'il s'y condense seulement, et de recevoir le camphre liquide dans un récipient de cuivre étamé, formé de deux hémisphères réunis. Lorsque le camphre rassemblé dans l'hémisphère inférieur est devenu solide, on le détache en le chauffant un peu au dehors, après avoir enlevé l'hémisphère supérieur.

Le camphre raffiné par ce procédé est, dit-on, aussi beau que celui qu'on prépare à l'aide de la méthode ancienne, et coûte moins de combustible, de soins et de frais d'ustensiles. Il est bien certain du moins qu'à l'aide de cet appareil on éviterait de casser une fiole pour chaque pain de camphre; cependant on ne saurait garantir les avantages de ce procédé, et je ne puis connaître les inconvéniens qu'il présenterait peut-être dans la pratique, ne l'ayant pas mis en usage moi-même et ne l'ayant vu employer dans aucune fabrique de produits chimiques. Le camphre est formé, d'après M. Liebig, de 81,8 carbone; 9,7 hydrogène; 8,5 oxigène; nombres qui correspondent à la formule $C^{12}H^9O$.

R.

CANAL. (*Arts mécaniques.*) Espèce de rivière artificielle qui sert, à défaut de rivières naturelles, à la navigation intérieure. Les rivières et les canaux navigables sont les grands moyens que le commerce emploie pour répartir avec économie les productions du sol et de l'industrie sur la surface d'un vaste territoire. Avec les mêmes forces motrices on transporte par eau beaucoup plus de marchandises, à beaucoup moins de frais, souvent avec autant et quelquefois avec plus de célérité qu'avec les moyens ordinaires de transport sur les grandes routes. Il est prouvé qu'un cheval ne peut porter à dos qu'environ 100 kilogrammes pesant, traîner sur la voiture la plus favorable, qui est le chariot léger à quatre roues des Francs-Comtois, que 1000 kilogrammes; tandis qu'il peut faire mouvoir avec la même vitesse et sans éprouver plus de fatigue, un bateau chargé de 18 à 20,000 kilogrammes, sur une eau stagnante, telle que doit être celle d'un canal de navigation. Il en coûterait 6 millions de francs pour faire voiturer par terre le même poids d'objets qui, chaque année, est transporté par le canal de Languedoc pour la somme de 1,200,000 francs; ce qui est le cinquième de la dépense du transport par terre.

Avant d'en venir à l'exécution d'un canal de navigation on a dû en faire le projet, c'est-à-dire en déterminer la direction, le nivellement, la dimension, le point culminant ou de partage, le nombre et l'emplacement des Ponts, des Écluses, des Sas ou des Plans inclinés qu'il faut pour le parcourir dans toute sa longueur. On doit s'assurer de la quantité d'eau qu'on peut se procurer par le moyen de sillons prolongés au loin, pour fournir aux éclusées des branches descendantes de ce canal; voir si un courant d'eau, un étang, un lac déjà formé au point culminant, sont suffisans pour les alimenter sans nuire aux établissemens auxquels ils sont utiles soit comme moteurs de quelque usine, soit à l'agriculture; car ici, comme en beaucoup d'autres choses, l'homme ne peut rien créer; mais il a seulement la puissance de déplacer.

Le seul calcul à faire est que les terres provenant du creusement doivent suffire à former les bords ou chemins de halage; ce qu'on exprime en disant *que les déblais doivent être égaux aux remblais.* La pente du talus varie suivant la nature des terres; mais on la fait ordinairement de 45°. La hauteur des chemins de halage au-dessus du niveau de l'eau est d'environ un mètre; quant à la largeur du canal et à la profondeur de l'eau, on en règle les dimensions d'après celles des bateaux qui y doivent naviguer.

Si la différence de niveau des eaux qu'il s'agit de faire communiquer est peu considérable, de 2, 3 pieds, on les soutient par un barrage composé de quelques madriers en bois placés de champ les uns au-dessus des autres en travers du canal, et qu'on retire au moment du passage des bateaux.

Si la différence de niveau était plus forte, on établirait une ou plusieurs écluses; des plans inclinés, des sas mobiles, etc., suivant que le comporte la localité et l'affluence d'eau dont on peut disposer. La règle est que les eaux d'un canal qui n'est que de navigation doivent être stagnantes, afin de pouvoir voyager avec la même facilité dans les deux sens. Il ne doit y avoir de mouvement d'eau que celui qui est occasioné par les éclusées qui viennent du réservoir ou biez supérieur au moment du passage des bateaux.

Les canaux qui sont tout-à-la-fois de navigation et conducteurs d'eau, soit pour un service public, soit pour servir de force motrice, tels que le canal de l'Ourcq, doivent avoir une pente qu'on rend uniforme depuis la prise d'eau jusqu'à son point d'arrivée. La vitesse de l'eau dépend non-seulement de la pente du canal, mais encore de sa largeur et profondeur, et de la construction du fond et des parois. On a reconnu que sous une pente de 4 centimètres pour une longueur de 100 mètres, l'eau parcourait un espace de 8 mètres par minute, et que sous une pente de 27 millimètres pour la même longueur, la vitesse de l'eau n'était plus que de 2,66, c'est-à-dire d'environ un tiers de la vitesse précédente.

Des observations pratiques portent à croire que la pente de 1 centimètre par 100 mètres, dans un canal de 3 à 4 mètres de large sur une profondeur de 2 mètres, et une charge d'eau un peu forte, suffisent pour donner une grande quantité d'eau sans gêner sensiblement la navigation.

Le nivellement et le tracé d'un canal étant faits, on le creuse en commençant par l'endroit où il doit aboutir, et en remontant successivement jusqu'au point de partage ou de la prise d'eau. On peut y employer à la fois un grand nombre d'ouvriers, divisés par atelier de 10 ou 12, qui travaillent sans confusion sur divers points de la direction. La profondeur du canal étant déterminée d'avance à chaque endroit, on donne aux conducteurs des travaux un cadre en bois ayant la forme d'un trapèze, dont le petit côté représente le fond, et dont les deux montans gradués en échelle ayant la pente de talus, marquent la largeur du canal correspondante à chaque hauteur. On voit de cette manière la largeur que doit avoir le canal à la surface du sol.

Quant au fond, il doit être exactement le même partout, afin que l'écoulement des eaux ne se trouve gêné sur aucun point.

Si le terrain que le canal traverse est argileux il n'a besoin pour tenir l'eau que d'être raffermi; ce qu'on opère en battant le fond et les parois. Si l'argile s'y trouve mêlée avec des pierres le battage est inutile ; mais si le sable s'y trouve dans une proportion un peu trop forte on est obligé de donner un peu moins de pente aux bords, ou bien de les soutenir par un mur en pierre. Les endroits bourbeux ou tourbeux sont re-couverts d'une couche de gravier ou avec des dalles en pierre. Les terrains rocailleux et ouverts qui laisseraient échapper l'eau sont garnis d'une couche d'argile bien battue, ou mieux encore de gazon découpé en parallélépipèdes serrés fortement les uns à côté des autres, en tournant l'herbe en dessous.

Les canaux traversent quelquefois des terrains bas où ils se trouvent en relief ; c'est encore le cas d'employer le gazon pour revêtir le fond et les bords ; mais alors les banquettes de gazon doivent être formées de plusieurs couches faisant ensemble au moins un mètre, qu'on appuie encore par des terres provenant des excavations voisines.

On rencontre quelquefois des ravins, des ruisseaux, des sources, dont il ne peut pas convenir de recevoir les eaux dans le canal ; alors on établit des ponts, des aqueducs, suivant que le local l'exige, pour en éviter la rencontre.

Le transport des matières s'effectue à bras d'homme et par relais, avec des brouettes ou avec des tombereaux traînés par des chevaux. Si les terres ne sont que jetées sur les bords on paie de 0,50^c à 0,60^c par mètre cube d'excavation, on paie plus cher quand il faut les transporter au loin.

On se sert en Angleterre pour creuser des canaux ou des fossés, quand le terrain n'est pas très dur, d'une espèce de houe-traîneau à cheval, armée dans sa partie antérieure et horizontale d'un fer tranchant qui creuse la terre, se charge et se vide par le seul mouvement en avant du cheval ; un homme placé en arrière en dirige le travail à l'aide de deux manches semblables à ceux d'une charrue dont cet instru-ment est garni.

On se sert aujourd'hui avec avantage de la DRAGUE mue par une machine à vapeur, non-seulement pour nettoyer et égaliser le fond des rivières et des canaux, mais encore pour les approfondir. S'il s'y trouve des rochers ou de grosses pierres on emploie la cloche de plongeur pour aller les briser. *Voy*. Cloche de plongeur.

Lorsque l'eau entre pour la première fois dans un canal elle entraîne toutes les matières légères qu'elle rencontre, et en forme un amas qui arrêterait bien vite son cours si l'on ne les enlevait pas. Des ouvriers doivent être occupés à ce travail, à serrer et battre les parties mouillées, et à fermer les voies par où l'eau pourrait s'échapper. Ce n'est que lentement, et après avoir mouillé toutes les terres qu'elle traverse, que l'eau s'avance dans le canal ; elle arrive enfin au bout, mais ce n'est qu'après quelques jours et même quelques mois, si le canal a une certaine longueur, qu'elle se fixe et permet de faire le service.

Canal de dessèchement. — Lorsqu'un terrain est trop mouillé, et qu'il se trouve placé de manière à permettre un écoulement vers un point quelconque, on ouvre un canal dans la direction de la plus grande pente. Sa largeur et sa profondeur doivent être en raison de la quantité d'eau qu'il faut évacuer, et de la pente qu'on peut donner au fond.

Lorqu'un terrain à dessécher est dominé de toute part par des terres plus élevées, un canal devient impossible. C'est le cas où presque toute la Hollande se trouve : on l'a desséchée à l'aide de pompes, de vis d'Archimède et autres machines mises en mouvement par des moulins à vent qui portent l'eau jusque sur les versans extérieurs, d'où elle coule à la mer ou dans des canaux.

Canal d'irrigation. — L'objet de ce canal est précisément le contraire de celui du canal de dessèchement. On établit des canaux d'irrigation pour donner de la fertilité à des terres par trop desséchées. Pour cela il faut pouvoir prendre les eaux dans un réservoir provisionnel supérieur, et les amener, par une pente douce, auprès ou sur le terrain qu'on veut arroser. Des vannes placées convenablement les distribuent en telle quantité qu'on veut, d'abord dans des canaux majeurs, et ensuite dans des rigoles qui les portent dans toutes les directions.

Canal d'usine ou de dérivation.—Dans la construction de ce canal on n'a en vue que d'amener la quantité d'eau motrice dont on a besoin pour faire tourner les roues d'une usine ou d'un établissement quelconque. Ayant intérêt de conserver toute la chute, il faut que ce canal, depuis la prise d'eau jusque auprès des roues, ait le moins de pente possible. Il faut donc que ses dimensions, largeur et profondeur, soient telles que l'écoulement soit très lent, et que le niveau de sa surface n'éprouve qu'une dépression pour ainsi dire insensible vers l'endroit où l'eau s'échappe pour tomber sur ou dans les roues.   E. M.

CANIF. (*Arts mécaniques.*) Outil à lame petite, étroite et pointue, en acier fin, et extrêmement tranchante, qui sert à tailler les plumes.   Fr.

CANNE a sucre. *Saccharum officinarum* Linn. *Arundo saccharifera.* C'est un roseau dont la tige est divisée, de distance en distance, par des articulations entre chacune desquelles il y a un renflement. De chacune de ces articulations il part latéralement une feuille dont le bourgeon naissant s'appelle *l'œil.* On donne communément, dans nos colonies, le nom de *nœud* à l'intervalle compris entre deux articulations.

La canne à sucre fleurit en un magnifique panicule supporté par une hampe élégante fort allongée, régulièrement cylindrique et assez consistante, connue sous le nom de *flèche;* mais cette fructification est toujours stérile ; la canne se reproduit de boutures, et se multiplie avec une extrême facilité.

L'arundo saccharifera pousse communément dans nos colonies d'Amérique à la hauteur de 5 à 9 pieds de tige utile. On la coupe à l'âge de 14, 15 ou 16 mois, aux îles d'Amérique. Dans l'Inde cette croissance est beaucoup plus rapide.

La canne à sucre, originaire, dit-on, de l'Inde, et apportée des contrées au-delà du Gange, a été pour la première fois introduite dans nos îles d'Amérique par Pierre d'Étiença, qui la fit connaître à Saint-Domingue.

Michel Balestro fut le premier, dans cette colonie espagnole, qui en exprima le suc à l'aide de moulins, et Gonzalès de Veloza fut le premier qui a extrait de ce suc le sucre cristallisé.

La canne à sucre ne prospère que dans des climats à la fois très chauds et humides. Les essais qui ont été tentés pour en naturaliser la culture, même dans nos départemens les plus méridionaux, n'ont pas été heureux. A la nouvelle Tempé, près de Nice, M. Bermond fit choix d'un terrain qui lui semblait convenable pour une plantation de cannes à sucre. En effet elle y acquit une grosseur et une hauteur à peu près égales à celles de la même plante en Amérique, et qui excitèrent les plus belles espérances ; mais on n'en obtint que du mucoso-sucré en assez petite quantité, et point de sucre cristallisé, du moins en quantité notable.

Pendant bien long-temps la culture de la canne à sucre a été livrée, dans nos colonies françaises, à la pratique d'une aveugle ou négligente routine, et nous n'obtenions qu'en bien moins grande abondance que les Anglais des produits en sucre. Ce n'est donc pas des opérations de la culture française-américaine que nous parlerons ici. Nous préférons décrire ce qui se pratique dans les îles anglaises, et nous choisirons de préférence pour exemple le travail de l'île de la Barbade, la plus habilement cultivée peut-être de toutes les possessions américaines des Anglais, et où chaque pouce de terrain est mis à profit.

De bonne heure, en novembre, on prépare le terrain pour l'opération que les Anglais appellent *holing* (façon des trous). Les fosses sont creusées à environ 18 pouces de profondeur (sur un terrain où la charrue n'a point passé) : on leur donne ordinairement 3 pieds et demi carrés. Ces fosses sont tirées au cordeau avec toute la régularité des cases d'une table d'échiquier. Cette régularité est bien loin d'être superflue, et elle n'est que trop négligée par nos planteurs français ; car nonseulement il en résulte qu'une étendue donnée ainsi plantée régulièrement contient plus de touffes de cannes, mais encore cette régularité dans l'alignement des touffes favorise la libre circulation de l'air à l'entour des tiges, et c'est un point fort essentiel pour la croissance et la maturation uniformes des cannes.

Le travail du *holing* est réputé le plus pénible de tout le procédé de la culture pour les nègres esclaves, et à cette époque les planteurs anglais ont coutume de leur allouer un supplément de vivres.

Le *plantage* des cannes commence à la fin de novembre ou dans les premiers jours de décembre : on place dans chaque fossé 3 ou 4 tronçons ou boutures. Ces boutures consistent en tronçons faits sur l'extrémité supérieure des cannes, c'est-à-dire dans la partie qui contient le moins de matière sucrée. Les tronçons ont de 8 à 10 pouces de long, et portent assez communément de 5 à 7 *œils* ou bourgeons.

Au plantage succède le *sarclage* des jeunes cannes. On le commence quand celles-ci ont atteint environ 20 pouces de hauteur. Les Anglais réservent en général ce premier sarclage aux jeunes *négrites,* qui, à cause de la petitesse de leurs pieds et de la délicatesse de leurs mains, sont moins sujettes à endommager les jeunes plants.

Vient ensuite l'*épaillage,* qui consiste à enlever de chaque joint la feuille morte, à mesure que le soleil brûlant du tropique la fane et la dessèche. Cette opération hâte le développement et la maturation de la canne. C'est un travail assez désagréable, parce que ces feuilles sèches laissent facilement échapper les pointes ou petits aiguillons qui garnissent leurs bords. Il en résulte quelquefois des démangeaisons sur le corps des travailleurs, et ils sont affectés de ce qu'on appelle dans le pays la *gratelle.*

Les travailleurs étendent sur le sol, entre les touffes de cannes, une partie de ces feuilles sèches, qui garantissent la terre de l'ardeur trop grande du soleil et lui conservent une utile moiteur. Une autre partie est portée en réserve pour servir de combustible lors de la cuisson du jus des cannes.

Les sarclages et les épaillages alternatifs se succèdent plus ou moins de fois, suivant la nature du terrain, et toujours de manière à ce que la canne ne soit pas envahie par les herbes parasites, ni ne reste embarrassée de ses feuilles mortes.

C'est immédiatement après le premier sarclage, c'est-à-dire quand la canne a atteint 20 pouces de hauteur, qu'on procède à la *fumure,* en général. Pour que cette opération soit moins laborieuse, on a soin de parquer le bétail à des distances rapprochées des champs sur lesquels il faudra porter l'engrais.

Cet engrais se place au pied de chaque touffe de canne, et l'on a soin de le recouvrir et de le tasser légèrement, en répandant par-dessus la terre primitivement extraite des fosses par le *holing,* et dont une partie est restée en réserve entre elles.

Voilà, avec autant d'étendue qu'il nous a été permis de le faire connaître, le procédé de culture de la canne à sucre dans les îles d'Amérique.

Nous avons cru devoir le faire suivre d'un extrait d'un ouvrage anglais fort estimé, sur la culture dans les possessions anglaises de l'Inde. Cela pourra présenter quelque intérêt, aujourd'hui surtout que nous occupons Alger, pays qui offre un climat assez analogue à celui du Bengale, et où l'hiver fait aussi sentir de légères atteintes. *Voy.*, pour la fabrication, l'article Sucre.

Mode de culture de la canne à sucre dans le district manufacturier de Rajahmundry, *dans l'Inde.*

Parmi les nations de l'Inde, les transitions d'une époque de perfectionnement à une autre sont tellement lentes, que c'est à peine si elles méritent ce nom.

Dans les provinces septentrionales, ainsi que dans le Bengale, le Cadapah, etc., il se fait d'immenses quantités de sucre; c'est principalement dans les districts de Rajahmundry et de Ganjam que la canne à sucre est cultivée avec avantage. Cette branche d'agriculture, dans ce *sircar,* est surtout florissante dans le Peddapore et le Pettapore, sur les rives de la rivière Elyséram, peu considérable à la vérité, mais dont le

cours non interrompu pendant toute l'année suffit à l'arrosement des cannes pendant la saison la plus sèche.

Les planteurs n'essaient pas de récolter deux fois la canne à
sucre sur le même terrain sans laisser un intervalle de deux
et même trois années. La canne appauvrit tellement le sol,
qu'il faut pendant cet intervalle le couvrir de plantes répara-
trices : pour cet effet on a trouvé que ce qui convient le
mieux est une plantation des diverses espèces de légumineuses.

La méthode de culture de la canne à sucre est dans l'Inde
de la plus grande simplicité, comme presque tous les travaux
qui s'exécutent dans cette contrée. Tout l'appareil y consiste
en quelques paires de buffles ou de bœufs; le reste ne vaut
pas plus de 15 à 20 pagodes; tandis qu'un planteur de nos
îles d'Amérique doit y consacrer autant de mille louis.

Le sol le plus convenable dans l'Inde pour la culture de la
canne à sucre est une terre végétale riche qui, par l'effet du
défoncement et de l'exposition à l'air, se réduit promptement
en poudre. Il convient encore que le niveau du terrain soit tel,
qu'on puisse se servir des eaux d'une rivière pour l'irrigation ; mais de telle sorte cependant que, selon le besoin, on
puisse écouler ces eaux et assécher la plantation ; c'est ce qu'il
est nécessaire de faire quand arrive la saison des grandes pluies.
Un tel sol, dans une telle situation, après avoir été amélioré
par plusieurs récoltes successives de plantes légumineuses, ou
être resté en jachère pendant deux ou trois ans, doit cependant encore recevoir une légère fumure ; ou mieux encore, on
y fait parquer le bétail pendant quelque temps. Le planteur
indien considère comme le meilleur engrais pour la canne à
sucre les tiges pourries des *pessaloo* verts et noirs (*phaseolus
nungo max*). Pendant les mois d'avril et de mai on fait passer
à plusieurs reprises sur ce terrain la charrue indienne commune, qui ne tarde pas à mettre ce riche sol en bonne préparation. Vers la fin de mai ou le commencement de juin
viennent assez généralement les pluies, qui tombent en averses
fréquentes et lourdes; c'est alors l'époque du plantage : mais
si les pluies étaient tardives il faudrait humecter ce sol pré-

paré, en faisant déborder dessus les eaux de la rivière, convenablement élevées à l'aide de barrages. Ce n'est qu'alors que le terrain est totalement mouillé et même réduit en une sorte de boue, qu'on doit planter la canne.

Ce plantage est on ne peut plus simple ; les travailleurs, portant des paniers remplis de tronçons de canne à la longueur d'un ou deux nœuds (articulations de la tige), se placent en une ligne transversale sur le terrain et marchent à égale distance les uns des autres, tenant une ligne la plus droite possible ; pendant ce progrès ils laissent tomber les tronçons un à un, de 18 pouces en 18 pouces de distance environ. D'autres travailleurs suivent les planteurs, et ceux-ci recouvrent du pied les tronçons et pressent dessus en marchant. Voilà tout. Si le temps est modérément pluvieux jusqu'à l'époque où le jeune plant de canne a atteint la hauteur de deux ou trois pouces, on ameublit la terre à l'entour jusqu'à quelques pouces de distance ; on se sert pour cela d'un outil, espèce de sarcloir, ressemblant beaucoup pour la forme au ciseau de charpentier ; mais si la saison était sèche, il faudrait de temps à autre humecter artificiellement. D'ailleurs on sarcle continuellement, et l'on tient la terre très meuble et toujours légère à l'entour des plants. En août, c'est-à-dire deux ou trois mois après le plantage, il convient de couper de distance en distance de petites tranchées pour faciliter l'écoulement des eaux ; car souvent la saison devient par trop pluvieuse, et cela pourrait avoir de fâcheuses conséquences pour le produit en sucre. Ces mêmes tranchées, dans le cas assez rare d'une saison trop sèche, servent encore à l'introduction des eaux d'irrigation dans le champ de cannes.

Immédiatement après que les tranchées dont il vient d'être parlé ont été creusées, les cannes sont soigneusement *soutenues* et *parées* : cette opération est considérée comme fort essentielle. Les tiges ont alors 3 pieds de haut environ, et chaque touffe est composée de trois à six jets. On relève avec soin les feuilles inférieures de chaque canne et l'on en fait une sorte d'enveloppe à l'entour d'elle ; on fiche ensuite en terre, dans le milieu de chaque touffe, un bambou (quelquefois deux) de 8 ou 10 pieds de long, et l'on attache tous les jets sur cette espèce d'échalas, qui les maintient droits et favorise à l'entour d'eux la libre circulation de l'air. A mesure que les cannes croissent en hauteur on continue de les entourer avec les feuilles quand celles-ci commencent à se faner, et l'on ajoute de nouveaux liens pour fixer les tiges de plus en plus haut sur les bambous. Pendant tout ce temps, si la saison est humide, on tient les tranchées ouvertes pour l'écoulement des eaux, et s'il y a trop de sécheresse, on a recours aux irrigations. Toutes les cinq ou six semaines on procède à un sarclage, de manière à tenir le terrain toujours bien net. On assure que cette précaution d'attacher soigneusement les feuilles à l'entour de la tige prévient le craquement ou déchirement de la canne, qu'occasionerait la violence du soleil ; que le suc de la canne en devient plus riche en sucre, plus abondant, et que cette enveloppe empêche d'ailleurs les tiges de pousser des jets parasites qui les appauvriraient.

En janvier ou février les cannes sont mûres et peuvent être coupées avec avantage. Elles ont alors environ neuf mois d'âge. A cette époque leur hauteur sur pied (feuillage compris) est de 8 ou 10 pieds. La canne nue a depuis 1 pouce jusqu'à 15 lignes de diamètre. A l'article SUCRE *voy*. les procédés indiens de fabrication.   P...ZE.

CANNELLE. (*Arts mécaniques*.) Court tuyau en bois qu'on adapte au fond d'une cuve pour tenir lieu de ROBINET, et permettre ou défendre l'écoulement d'un liquide. Ce tuyau est bouché par une grosse cheville ayant le calibre du tuyau, où il entre comme dans une douille, et peut être enfoncé ou ôté à volonté.   FR.

CANNELURES. (*Arts mécaniques*.) Les sillons longitudinaux qu'on creuse à la surface des cylindres sont d'un usage si fréquent dans les appareils, qu'on a imaginé une machine pour les exécuter à peu de frais. Cette machine a beaucoup de ressemblance avec un TOUR à deux pointes, dont l'une, tournant librement dans sa poupée, porte un MANDRIN à quatre vis, pour saisir le cylindre, et une plate-forme qu'une alidade arrête à chaque division de cannelure.

Des moyeux assujettissent les poupées de manière à permettre la variation de leur distance, selon la longueur des cylindres, qu'on fait aller et venir à bras le long de deux barres de fer, à l'aide d'une crémaillère, d'un pignon et d'une manivelle. L'outil qui creuse la cannelure est attaché à un support qui est fixé lui-même entre les deux poupées. Cet outil ou burin, qui doit être du meilleur acier fondu, est tenu à charnière au-dessus du cylindre dans un plan vertical qui passe par son axe; il ne coupe que dans un sens, et cède pendant le mouvement rétrograde du cylindre. Sans cette disposition, il casserait à chaque instant. Pour qu'il coupe bien le fer et le cuivre rouge il doit être incliné en arrière d'environ 8 à 10 degrés; mais on le maintient dans une position perpendiculaire à la direction du cylindre, si celui-ci est en fonte de fer ou en cuivre jaune.

Nous ferons observer que le porte-outil peut se fixer sur un point quelconque de tout l'espace que parcourt le cylindre, et que l'outil, ordinairement assujetti au mouvement d'une vis de pression, a la faculté de s'approcher ou de s'éloigner plus ou moins du centre; de sorte que sur la même machine on peut canneler non-seulement des cylindres de toute longueur, mais encore de toute grosseur, depuis 6 lignes jusqu'à 6 et 8 pouces.

La fonction du burin étant terminée, on le remplace par un morceau de bois frottant debout et avec de l'émeri contre le cylindre, pour lui donner le poli.

Les cannelures en hélice se font sur des machines du même genre, mais qui sont combinées de manière que le mouvement de translation du cylindre donne en même temps à celui-ci un mouvement de rotation autour de son axe. Le burin reste fixe comme dans le cas des cannelures droites. E. F. M.

CANNETILLE. (*Arts mécaniques.*) C'est un fil de métal très délié qu'on tourne en spirale sur une broche cylindrique, précisément comme on fait les Ressorts a boudin et les Bretelles. On retire la broche, et la cannetille est ensuite employée à divers usages, et particulièrement à faire des *pail-*

lettes. On coupe chaque tour de spire, et on l'aplatit au marteau : chacun des brins du fil de métal prend alors la forme
d'un petit disque fendu par le côté et percé au centre. On se
sert de paillettes pour donner de l'éclat à des parures, des ornemens, etc. FR.

CANON. (*Arts mécaniques.*) Pièce cylindrique creuse qui
donne passage à l'axe d'une roue, et sert elle-même d'axe de
rotation à une autre roue.

Nous avons traité de la fabrication des canons de guerre à
l'article BOUCHES A FEU. FR.

CANOT. (*Arts mécaniques.*) Espèce de chaloupe ou de petit bateau qu'on manœuvre le plus souvent à la rame.

FR.

CAOUTCHOUC. (*Arts chimiques.*) Le caoutchouc ou la *gomme élastique* est un principe immédiat neutre qu'on rencontre
dans plusieurs plantes à l'état de dissolution laiteuse. Pur, il
se présente sous la forme d'une matière blanche, incristalli-
sable, extrêmement élastique, sans saveur, sans odeur, insoluble dans l'eau et dans l'alcool, soluble dans les huiles grasses
et volatiles, d'une densité de 0,925, fusible vers 120°, non
volatile.

L'éther le dissout, surtout lorsqu'il a été préalablement ra-
molli par l'eau bouillante.

Le caoutchouc qu'on trouve dans le commerce est presque
toujours sous forme de poires ou bouteilles creuses de grandeur variable, tantôt recouvertes de dessins en creux, tantôt
lisses, plus ou moins comprimées, et de couleur noire. Pour
les préparer on fait un moule en argile, on y adapte un morceau de bois qui lui sert de manche, et après l'avoir bien poli
à l'aide d'un peu d'eau, on l'enduit d'une couche du suc lai-
teux de l'arbre qui doit fournir le caoutchouc (c'est ordinairement l'*evea guianensis*), et on l'expose sur-le-champ à une
fumée très épaisse. On applique ensuite de la même manière,
et en faisant sécher chaque fois, de nouvelles couches de suc,
jusqu'à ce que le vase soit assez épais.

Depuis quelques années on trouve dans le commerce, mais

en assez faible quantité, du caoutchouc en planches ou lanières de quelques lignes d'épaisseur, et de plusieurs pieds de longueur.

Les usages de la gomme élastique sont fort nombreux. On s'en sert pour enlever du papier les taches de crayon, pour rendre les chaussures et les tissus imperméables, pour la préparation des sondes, des pessaires et de quelques autres instrumens employés dans la Chirurgie ou dans les Arts. Les chimistes font avec le caoutchouc des tubes flexibles qui tiennent parfaitement le vide, et dont l'usage est extrêmement commode. On prend pour cela du caoutchouc qu'on découpe en morceaux ou en lanières après l'avoir tenu pendant quelques minutes dans l'éther ou l'essence de térébenthine; on applique ces morceaux sur un mandrin, on les y maintient à l'aide d'un ruban, et on les fait sécher. Au bout de quelque temps on retire le mandrin; et si l'on a opéré avec soin, le tube est parfaitement soudé dans toutes ses parties.

On prépare aujourd'hui dans plusieurs pays des tissus imperméables en dissolvant le caoutchouc dans l'huile de pétrole naturelle, ou dans l'huile empyreumatique purifiée de charbon de terre, et appliquant ces dissolutions sur des étoffes que l'on comprime fortement entre deux cylindres, et qu'on fait ensuite sécher.

M. Berzélius se sert souvent du caoutchouc fondu pour luter les jointures des appareils distillatoires, quand une chaleur trop élevée ou la présence d'un acide s'oppose à l'emploi du lut ordinaire.

Les bouteilles de gomme élastique sont aussi employées à différens usages. En les ramollissant dans l'eau chaude, et y insufflant de l'air avec précaution, on en fait des ballons dont on se sert pour conserver les gaz, ou que l'on coupe pour s'en servir en place de vessie ou de peau, pour couvrir des flacons qui renferment des substances qu'on veut préserver de l'air ou de l'humidité.

En Angleterre on s'est servi avec avantage du caoutchouc pour préserver de la rouille le fer et l'acier, et il n'est pas dou-

teux que ses usages ne deviennent par la suite encore plus nombreux et plus importans.   P...ze.

CAPILLAIRE (Action). (*Arts mécaniques.*) L'attraction
qu'exercent les molécules fluides les unes sur les autres et
sur les corps solides qui les touchent en élève ou abaisse
le niveau. Comme cet effet s'observe quand on plonge des
tubes capillaires dans les liquides, on a donné le nom
d'*action capillaire* aux phénomènes dus à cette cause. Ex-
posons les circonstances de ce phénomène.

Quand on met en équilibre avec des poids le fléau [d'une
bonne balance dont l'un des bras soutient un disque horizontal de verre, il suffit du plus petit poids pour faire
trébucher cet instrument ; mais il n'en est pas ainsi lorsqu'on approche un vase plein d'eau, de manière à faire
reposer le disque à la surface du liquide ; le poids capable
d'enlever ce disque et de le détacher du liquide est assez
considérable ; il reste le même quelle que soit l'épaisseur
du verre, pourvu que le diamètre conserve la même étendue ; mais il croît avec cette surface, et varie lorsqu'on
change de liquide : l'alcool, l'éther, etc., présentent des
effets semblables, avec quelques différences dans l'étendue
des résultats.

Ce phénomène physique est facile à expliquer. L'attraction du verre pour le liquide suffit pour que celui-ci s'attache à la surface qui le touche, en sorte que le poids
additif doit d'abord égaler celui du liquide adhérent ; mais
ce poids n'est que la moindre partie de celui qui est nécessaire pour détruire l'équilibre, parce que ce liquide attire lui-même le liquide voisin et l'enlève. Deux causes
agissent donc ici : la première, qui est la plus faible, est
l'attraction du verre sur le liquide, et ne s'étend qu'à une
distance extrêmement petite de la surface ; la seconde est
l'action du liquide sur lui-même.

Pareillement lorsqu'on plonge dans l'eau un tube de verre
percé d'un canal très étroit, ce liquide y monte au-dessus de
son niveau, parce que le verre attire le liquide qui s'en trouve

très voisin, et que celui-ci agit à son tour sur les molécules fluides qui le touchent, les entraîne et les force à s'élever. Que le tube soit mince ou épais, le liquide y monte à la même hauteur, pourvu que le canal intérieur conserve son calibre; l'épaisseur de la paroi est ici tout-à-fait indifférente. Plus ce canal est étroit et plus le liquide monte haut; *cette hauteur d'ascension étant à très peu près en raison inverse des diamètres intérieurs.* La surface supérieure du liquide se façonne en concavité vers le haut, sous la forme hémisphérique.

Entre deux lames de verre parallèles et très rapprochées l'eau s'élève par la même cause; mais la hauteur de l'ascension n'est que la moitié de celle qu'on voit dans un tube de même diamètre intérieur, quelle que soit l'épaisseur du verre.

Un autre fait important à remarquer, c'est que si le liquide est de nature à ne pas pouvoir mouiller la paroi, comme dans le cas où le verre est enduit d'une petite couche de graisse, et qu'on le plonge dans l'eau, la liqueur, loin de monter dans le tube, s'y affaisse au contraire; alors la surface supérieure du liquide affecte la forme d'une *goutte de suif*. C'est ainsi que lorsqu'on plonge un tube capillaire dans un bain de mercure, ce liquide métallique se déprime dans le tube et s'abaisse au-dessous du niveau. Nous avons donné à l'article Baromètre la grandeur de cette dépression d'après le diamètre du canal.

Le plan de cet ouvrage ne nous permet pas de nous étendre sur la partie théorique de l'action capillaire : Laplace a démontré toutes les circonstances de ce genre de phénomènes. M. Gay-Lussac, à l'aide d'un appareil très simple, a mesuré l'étendue de ses effets et mis en évidence l'accord des résultats avec la théorie.

Quoique l'*attraction capillaire* ne soit à proprement parler que l'effet qu'on observe lorsqu'un tube dont le calibre est très fin se trouve plongé dans un liquide, cependant les physiciens ont généralisé l'acception de cette dénomination en l'imposant à tous les phénomènes produits par la double attraction d'une substance solide sur un liquide et de ce liquide sur lui-même. C'est cette action qui donne la forme de globules aux gouttes de mercure et d'eau qu'on isole sur des surfaces que ces liquides mouillent peu ou point. Le sucre posé à fleur d'eau semble aspirer le liquide ; une éponge produit le même effet. Certains corps hygrométriques absorbent l'humidité contenue dans l'air et dans les corps qu'on met en contact ; les eaux pluviales s'insinuent entre les tuiles et les ardoises et remontent contre la tendance de leur propre poids, etc. ; enfin à chaque instant dans les Arts on a l'occasion de remarquer ce phénomène, qui doit être pris en considération dans une foule de cas. Fr.

CARABINE. (*Arts mécaniques.*) La carabine ne diffère des autres armes à feu qu'en ce que le canon est à la fois plus fort et plus court, et que son intérieur est rayé en hélice dans toute sa longueur, d'environ un tiers ou un quart d'obliquité par rapport à la direction de l'axe. La carabine se charge à balle forcée, et à cet effet elle est munie d'une forte baguette d'acier. L'excédant de diamètre de la balle sur le calibre du canon fait que la rayure ou cannelure de celui-ci est exactement empreinte sur le contour de la balle quand elle est arrivée au fond. Elle offre une plus forte résistance à l'explosion de la poudre, et en reçoit par conséquent une plus forte impulsion. Cette arme est fabriquée comme les Fusils ; les Cannelures se font à la machine. Fr.

CARACTÈRES d'Imprimerie. (*Arts mécaniques.*) Chaque lettre d'un ouvrage typographié est sculptée en relief à l'extrémité d'un petit parallélépipède de métal ; c'est ce qu'on nomme un *caractère*. On assemble l'un près de l'autre divers caractères pour former les mots et les lignes : le système des lignes et des pages serrées avec des coins de bois dans un cadre en fer appelé *forme*, est ensuite porté à la presse ; on en tire sur du papier humide l'empreinte des lettres saillantes qu'on a frottées d'encre. Tel est l'ensemble des opérations de la Typographie, dont chaque partie sera le sujet d'un article distinct. *Voy.* Alliage, Fondeur, Presse typographique, etc.

Nous devons exposer ici quels sont les diverses sortes de caractères, en nous bornant à ceux qui sont en usage. On appelle *force de corps* d'un caractère sa hauteur totale, ou plutôt la somme de l'œil et des queues de dessus et de dessous. Cette hauteur est exprimée en *points* ou sixièmes de ligne (chacun de 0,376 de millimètre). On distingue quinze sortes de caractères.

1°. *Parisienne*, 5 points ; c'est le plus petit de tous.

2°. *Nompareille*, 6 points ou 1 ligne.

3°. *Mignonne*, 7 points.

4°. *Sept et demi*, le corps a 8 points, avec l'œil d'une mignonne.

5°. *Gaillarde*, 8 points, avec l'œil plus gros que la précédente.

6°. *Petit romain*, 9 points ou 1 ligne et demie.

7°. *Philosophie*, 10 points.

8°. *Cicéro*, 11 points.

9°. *Saint-Augustin*, 12 points ou 2 lignes.

10°. *Gros texte*, 14 points.

11ᵉ. *Gros romain*, 16 points.

12°. *Petit parangon*, 18 points. ⎫

13°. *Gros parangon*, 20 points. ⎬ en usage pour les titres

14°. *Petit canon*, 24 points. ⎪ et les affiches.

15°. *Gros canon*, 32 points. ⎭

Il faut encore distinguer les caractères *capitales*, *romains* et *italiques*, ceux d'écriture *bâtarde*, *coulée* et *anglaise ;* les caractères *grecs*, *allemands*, *arabes*, *algébriques*, etc. Fʀ.

CARBONATES. (*Arts chimiques.*) Sels formés par la combinaison de l'acide carbonique avec les diverses bases. Cette combinaison peut avoir lieu en trois proportions pour former des carbonates neutres, des bicarbonates et des sesquicarbonates. Pour un équivalent d'oxide, les premiers contiennent un équivalent, les seconds deux équivalens, et les derniers un équivalent et demi d'acide carbonique.

Voici les caractères qui appartiennent à ces divers sels : 1°. ils font une effervescence très vive avec les acides et laissent dégager du gaz acide carbonique pur reconnaissable à la pro-

priété qu'il a d'éteindre une allumette enflammée, de précipiter les eaux de chaux, de baryte, etc.

2°. Il sont décomposés par la chaleur, exceptés les carbonates neutres de potasse, de soude, de baryte et de lithine.
Encore ces derniers le sont-ils eux-mêmes lorsqu'on fait in-
tervenir l'action de l'eau en vapeur.

3°. Le charbon en opère la décomposition à l'aide d'une
température plus ou moins élevée, il enlève à l'acide carbonique la moitié de son oxigène pour former du gaz oxide de
carbone.

4°. Le phosphore chauffé avec les carbonates les décompose aussi, produit un phosphate et met à nu le carbone, qui
se présente avec la couleur noire et tous les autres caractères
qu'on lui connaît.

Les carbonates sont excessivement répandus dans la nature ; quelques-uns sont fabriqués en grand pour les besoins
du commerce ou de la Médecine.

Carbonates d'ammoniaque. Il en existe trois, le carbonate
neutre, le sesquicarbonate et le bicarbonate.

Le *carbonate neutre* s'obtient directement en introduisant
dans une cloche remplie de mercure deux volumes de gaz ammoniac et un volume d'acide carbonique. Ces gaz disparaissent
peu à peu, et l'on trouve à leur place une matière blanche qui
n'est autre que le sel en question. Il est d'ailleurs sans usage.

Le *sesquicarbonate*, aussi appelé *sel volatil concret, sel
volatil d'Angleterre,* est fréquemment employé en Médecine et
dans les laboratoires de Chimie. Il est formé de

$$1\tfrac{1}{2}\ \text{équivalent d'acide carbonique}\ldots\ 414,657$$
$$1\ \text{équivalent d'ammoniaque}\ldots\ldots,\ 214,474$$
$$1\ \text{équivalent de sesquicarbonate}\ldots\ 629,131$$

Il renferme toujours 15 à 16 pour 100 de son poids d'eau
ou 3 équivalens = 337,437.

Ce sel a une saveur âcre et alcaline, une odeur fortement
ammoniacale. Il se dissout dans le double de son poids d'eau

froide et dans une beaucoup moindre quantité d'eau bouillante.

On emploie le sesquicarbonate d'ammoniaque dans l'art du dégraisseur, principalement pour enlever les taches d'acides. On s'en sert aussi pour donner du montant au tabac. Les médecins l'ordonnent souvent dans les cas de syncope, etc.

Préparation. — Toutes les fois qu'on soumet une matière azotée à l'action d'une chaleur suffisamment élevée il se produit du carbonate d'ammoniaque ; mais, outre que l'état de saturation de ce sel est très variable, comme il est constamment accompagné d'huiles fétides, de goudron, etc., et qu'il serait très difficile de le purifier convenablement, on n'a jamais recours à ce moyen direct de préparation. Il y a beaucoup plus d'avantage à prendre un sel ammoniacal déjà tout purifié et à le décomposer par un carbonate. C'est ordinairement l'hydrochlorate d'ammoniaque et la craie dont on fait choix. A une température qui n'est pas très élevée ces deux sels se décomposent réciproquement pour produire du sesquicarbonate d'ammoniaque hydraté et du chlorure de calcium. Si l'échange de bases et d'acides était complet il y aurait évidemment production de carbonate neutre d'ammoniaque, puisque les deux sels soumis à la réaction sont neutres eux-mêmes, mais l'expérience prouve que dans tout le cours de l'opération il se dégage abondamment de l'ammoniaque, ce qui explique la formation du sesquicarbonate.

L'opération se fait soit dans une cornue de grès *chemisée*, soit dans un appareil en fonte. (*Voy.* pl. 9, fig. 3 et 4, des *Arts chimiques.*) Pour 8 parties de sel ammoniac sec et blanc on prend 10 parties de craie également sèche et lavée ; on pulvérise séparément ces matières, puis on les mêle avec rapidité et l'on introduit le mélange bien intime dans le vase distillatoire, qu'on fait communiquer avec un récipient portant une douille à sa partie supérieure, ou bien encore avec une cruche en grès perforée. Quel que soit d'ailleurs ce récipient on doit l'entretenir constamment froid. On procède alors à la distillation avec beaucoup d'attention, ne faisant que peu de feu à la fois et ne l'augmentant que lorsque les vapeurs se conden-sent bien dans le récipient. Une cheville mobile adaptée à l'ouverture du fond de la cruche est très propre à servir de guide pour la conduite du feu. Vers la fin de l'opération la formation du carbonate d'ammoniaque étant beaucoup plus difficile, il devient nécessaire d'élever fortement la tempé-rature. Quand les vapeurs, de nébuleuses qu'elles étaient d'a-bord, sont devenues transparentes, c'est un indice que l'opé-ration est terminée. On retire le feu, on laisse refroidir l'ap-pareil, et l'on trouve dans le récipient en grès, qu'on brise, du sesquicarbonate d'ammoniaque très blanc, si les matières employées à sa préparation étaient pures.

Bicarbonate d'ammoniaque. — Il est formé de 2 équivalens d'acide carbonique, 1 équivalent d'ammoniaque et 1 équi-valent d'eau, quantité correspondant à 22,7 pour 100. Cette eau paraît indispensable à son existence, car lorsqu'on met en contact le gaz ammoniac sec avec un excès d'acide carbonique, la combinaison n'a jamais lieu que dans le rapport de 2 vo-lumes du premier avec 1 volume du second, c'est-à-dire dans les proportions qui constituent le carbonate neutre.

Ce sel se forme quand on conserve dans des vases imparfai-tement bouchés l'un et l'autre des carbonates précédens; mais il n'est jamais pur dans ce cas; pour l'obtenir avec la constitution indiquée ci-dessus, on fait arriver, jusqu'à refus, de l'acide carbonique dans une solution concentrée d'ammo-niaque ou mieux de sesquicarbonate. Comme il est peu soluble, il se précipite, à mesure qu'il se produit, sous forme de prismes à six pans demi transparens et presque sans odeur.

CARBONATE DE MAGNÉSIE. Il en existe trois, le carbonate neutre, le bicarbonate et le trois quarts carbonate, lequel est formé de 3 équivalens d'acide carbonique, 4 de magnésie et 4 d'eau. Ce dernier est la *magnésie blanche des pharmaciens,* et le seul employé en Médecine. Il se présente sous la forme d'une poudre blanche, amorphe, excessivement légère, so-luble dans 2500 parties d'eau à 18° et dans 9000 parties d'eau bouillante, dans M. Fyfe.

Presque tout le carbonate de magnésie qu'on rencontre dans le commerce est préparé en Angleterre, non pas qu'il soit difficile de l'obtenir partout et aussi pur que celui qui vient de ce pays ; mais jusqu'ici l'on n'a pas réussi, au moins en France, à lui donner la blancheur et la légèreté tant recherchées dans ce médicament, et qu'on trouve à un si haut degré dans la magnésie de W. Henry.

Quoi qu'il en soit, on prépare ce sel en versant l'une dans l'autre des dissolutions très étendues de sulfate de magnésie et de carbonate de soude ou de potasse. Si l'on se sert de carbonate de soude, il faut laisser un petit excès de sulfate de magnésie dans la liqueur ; mais avec le carbonate de potasse cela n'est pas nécessaire. Le précipité doit être débarrassé par quelques lavages du sulfate de potasse ou de soude qui l'imprégnait.

Lorsqu'on décompose le sulfate de magnésie par un carbonate neutre soluble, si les solutions sont concentrées on remarque une vive effervescence due à un dégagement d'acide carbonique. Cette circonstance explique pourquoi de la réaction de deux sels d'ailleurs neutres il peut résulter un sel *basique*. La composition de la *magnésie blanche*, indiquée ci-dessus, correspond en poids à 44,75 oxide de magnésium, 35,77 d'acide carbonique et 19,48 d'eau. M. Berzélius la considère comme un sel double hydraté, formé de 3 équivalens de carbonate de magnésie neutre, 1 équivalent d'hydrate de magnésie et 3 équivalens d'eau.

La magnésie blanche récemment précipitée se dissout dans l'eau chargée d'acide carbonique, mais le sel qui en résulte, et qui sans doute est un bicarbonate, n'a pas encore pu être obtenu cristallisé. On peut cependant admettre qu'il existe et qu'il est très soluble, car quand on verse un bicarbonate dans un sel magnésien il ne se produit pas de précipité.

Quoi qu'il en soit, c'est en exposant à l'air cette dissolution, qu'on obtient le carbonate neutre de magnésie. L'excès d'acide carbonique se dégage peu à peu, et il se dépose de nombreux cristaux qui sont des prismes hexagones à sommets droits , contenant 39 pour 100 d'eau ou 3 équivalens.

CARBONATE DE PLOMB. *Voy*. CÉRUSE.

CARBONATE DE POTASSE. *Voy*. POTASSE.

CARBONATE DE SOUDE. *Voy*. SOUDE.

CARBONATES SATURÉS , ou BICARBONATES. On n'en trouve que trois dans le commerce , savoir, ceux de potasse , de soude et d'ammoniaque. Le mode de préparation est le même pour tous ; il consiste à saturer d'acide carbonique une solution aqueuse concentrée de carbonate neutre de potasse et de soude ou de sesquicarbonate d'ammoniaque. Lorsqu'on opère en petit on se sert de l'appareil de Woolf ; quand on en a de grandes quantités à préparer à la fois on peut s'y prendre de différentes manières.

1°. On prend un plat de grès contenant une dissolution concentrée de carbonate neutre , on le place dans un tonneau au-dessus d'une masse de liquide subissant la fermentation alcoolique. L'acide carbonique est absorbé à mesure qu'il se dégage , le bicarbonate se dépose sous forme de cristaux qu'on égoutte bien et qu'on fait ensuite sécher sur du papier gris.

2°. On prépare quelquefois les bicarbonates de potasse et de soude en ajoutant à une dissolution concentrée de leur carbonate neutre une certaine quantité de sesquicarbonate d'ammoniaque. Les Anglais obtiennent le bicarbonate de soude , pour le *soda water*, en faisant dissoudre dans 4 parties d'eau distillée, 6 parties de carbonate neutre de soude purifié , y ajoutant 4 parties de carbonate d'ammoniaque , évaporant jusqu'à pellicule , à une très douce chaleur. L'ammoniaque se dégage peu à peu , et l'acide carbonique qui lui était combiné passe sur le carbonate de soude. Il se produit ainsi une grande quantité de bicarbonate qui se dépose et cristallise.

3°. Au lieu de dissoudre dans l'eau les carbonates neutres , on fait agir directement l'acide carbonique sur ces mêmes sels à l'état solide. Ce moyen est même **préférable** à tous les au-

tres, quant à l'économie et à la rapidité de son exécution
Les vases dans lesquels on opère la saturation peuvent être d
nature et de configuration très différentes, mais ordinairemen
ils sont en grès et présentent à peu près la forme des fontaine
de nos ménages. A 1 ou 2 pouces au-dessus du fond du vas
de grès on place un diaphragme percé de trous, et par-dessu
on range avec ordre des cristaux de carbonate de soude, d
manière à en remplir entièrement la fontaine. On fait arrive
un courant d'acide carbonique dans la partie inférieure du
vase, de manière à ce qu'il se divise à travers toute la masse
du sel. (*Voy. Eaux minérales.*) Quand la saturation est faite,
l'excès du gaz passe dans un second appareil disposé de la
même manière. Quelquefois, lorsqu'on veut hâter la préparation du bicarbonate, on augmente la force élastique de l'a-
cide carbonique. Son absorption est alors infiniment plus
rapide.

Les bicarbonates de potasse et de soude sont beaucoup
employés aujourd'hui en médecine pour faciliter les mauvaises
digestions, etc. On en fait avec le sucre et la gomme des pas-
tilles digestives de D'Arcet. On les emploie aussi dans le traitement de certaines maladies de la vessie, principalement lorsqu'il s'agit de dissoudre les calculs d'acide urique.

Les Anglais font une assez grande consommation du bicarbonate de soude pour la préparation de la boisson qu'ils
appellent *soda water,* et qu'ils préparent en versant un verre
d'eau sur un mélange de 44 grains de bicarbonate de soude
et de 32 grains d'acide tartrique ou citrique. Il se manifeste
tout aussitôt une vive effervescence, et c'est dans ce moment
même qu'il faut boire le soda water. On se sert également des
bicarbonates dans quelques expériences de Chimie analyti-
que, principalement pour séparer la magnésie de quelques
autres oxides qui l'accompagnent quelquefois.

Enfin, lorsqu'il est nécessaire d'avoir du carbonate neutre
de potasse bien pur pour titrer l'acide sulfurique normal destiné aux essais alcalimétriques, la meilleure chose à faire est
de calciner le bicarbonate de potasse, parce qu'il est tou-

jours très facile de se procurer ce sel parfaitement pur, tandis que le carbonate neutre, en raison de son extrême solubilité, ne peut être entièrement débarrassé, par la méthode ordinaire de concentration, des sels étrangers qui l'accompagnent presque toujours. P...ze.

CARDES. (*Arts mécaniques.*) Le lin, le chanvre, la laine, le coton, pour être filés, doivent subir des préparations dont nous parlerons à l'article FILATURE. L'une des opérations consiste à carder ces substances pour les réduire à la forme de rubans ou de loquettes qu'on tord et étire pour en faire des fils. Le cardage est le travail dont nous nous occuperons ici.

Les cardes sont des bandes de cuir percées régulièrement d'une multitude de trous dans lesquels on entre des *dents* ou pointes de fer plus ou moins serrées et fortes, selon la nature de la substance qu'on traite. On taille de petits brins de fil de fer que l'on coude deux fois à angles droits pour produire deux branches parallèles, et l'on coude ensuite parallèlement ces deux branches en leur milieu (pl. 9, fig. 5 et 6). C'est ce brin de fil métallique qui, entré dans les trous du cuir, y forme deux dents de la carde. Quand le cuir est ainsi couvert de dents on le fixe sur une planche ou à la surface d'un cylindre cardeur, pour fonctionner ainsi qu'il va être expliqué. C'est ainsi que sont faites les cardes qui servent à carder la laine des matelas ; opération qui se fait à la main, et n'exige aucune explication spéciale.

Comme il est absolument indispensable que les dents des cardes soient régulières, c'est-à-dire également longues et distantes, à coudes parallèles, on ne pourrait obtenir d'un travail à la main ce genre de perfection. Aussi se sert-on de machines, dont l'une perce les trous sur le cuir, et l'autre taille le fil de fer, et le coude : des femmes enfilent ensuite ces dents dans les trous. Nous ne décrirons pas ces machines, non plus que celle de M. Ellis, qui effectue toutes ces opérations successivement, parce que ces appareils seront facilement compris à sa seule inspection, et que chacun peut se les représenter. Nous devons réserver le peu d'espace que nous pouvons employer à l'article cardes, pour des descriptions plus délicates : la machine de M. Ellis est d'ailleurs si compliquée, que nous ne pourrions la faire comprendre sans des détails nombreux et étendus que notre *Abrégé* ne peut comporter.

Il importe de remarquer avant tout que si l'on fait agir deux cardes dont l'une est seule chargée de filamens, en frottant leurs dents l'une sur l'autre en sens contraires, elles se distribueront également la matière, c'est-à-dire que celle qui est vide enlevera la moitié de la charge à la première ; tandis qu'au contraire si la denture est disposée dans le même sens dans les deux cardes, celle qui est mobile dépouillera et nettoiera complètement les dents de l'autre.

Cardage du coton. — Les cardes mécaniques pour le coton sont composées d'un cylindre principal A (pl. 9, fig. 1, 2 et 3) de 9 à 10 décimètres de diamètre, revêtu de plaques de cardes sur la surface convexe ; de neuf ou dix chapeaux ou planches garnies de cardes *a, a, a,* superposées au cylindre et parallèles à son axe ; enfin, d'un petit cylindre B nommé *cylindre de décharge,* et couvert de cardes en ruban. D'autres pièces accessoires servent à amener graduellement le coton sur la machine, en le distribuant avec uniformité. Une toile sans fin, *bb,* tendue entre deux rouleaux, est placée en avant du grand cylindre ou tambour ; immédiatement après vient un paire de *cylindres cannelés c, c,* nommés *nourrisseurs,* qui livrent peu à peu le lainage posé sur la toile sans fin, à un petit cylindre *briseur ;* ce cylindre brise le coton et le prépare à être reçu sur le tambour A, où il doit subir l'opération du cardage en circulant entre les dents des cardes du cylindre et celles des chapeaux. Le coton arrivé sur le cylindre de décharge B, en est dégagé par un peigne d'acier *e* qui l'en détache sous forme de nappe, et il va s'enrouler sur un cylindre de bois uni nommé *tambour à matelas,* qui n'est pas représenté dans cette planche. Dans la vue de ne pas multiplier les figures, nous nous sommes contenté de donner ici la carde à rubans, qui ne diffère de celle-ci que par ce cylindre.

L'axe du gros cylindre reçoit l'action du moteur par une courroie C qui passe sur une poulie D qu'on peut faire engrener ou désengrener à volonté : à cet effet elle est mobile dans le sens de l'axe, et peut s'approcher d'une poulie fixe portant deux mentonnets qui, venant à engrener avec ceux de la première, en reçoivent l'impulsion et la transmettent à l'axe commun. Un levier à fourchette facilite ce rapprochement, et permet par conséquent de donner ou de suspendre le mouvement de la machine ; c'est ce qu'on appelle *embrayer*.

De l'axe du tambour le mouvement se transmet au cylindre de décharge par un engrenage de pignons et de roues E, F, qui en diminuent considérablement la vitesse ; l'autre bout de l'axe du petit cylindre porte une roue d'angle G qui fait tourner un arbre de couche H destiné à communiquer le mouvement aux cylindres nourrisseurs c, c, et de là aux rouleaux de la toile sans fin b, b. Enfin, d'une poulie double I placée sur l'axe du tambour, le mouvement se propage, d'une part au cylindre briseur, de l'autre à l'axe coudé f qui fait mouvoir le peigne.

Maintenant on peut suivre sans peine l'opération de la machine ; la toile sans fin livre le coton aux cylindres cannelés qui le compriment et qui ne le cèdent au petit cylindre briseur qu'en le déchirant, celui-ci tournant beaucoup plus rapidement que les premiers. Le coton dont s'est ainsi chargé ce premier cylindre passe ensuite au grand tambour, mais en subissant encore un nouveau brisage ; car, quoique les surfaces de ces deux cylindres tournent dans le même sens, comme elles ont une vitesse relative fort différente, le coton passe de l'une à l'autre et se partage entre elles, comme si l'une était fixe et l'autre mobile. Les filamens sont ensuite entraînés contre les dents des chapeaux, où ils éprouvent un étirage prolongé qui les redresse et les peigne, pour ainsi dire. Chaque fibrille passe successivement d'une dent à la suivante, tantôt sur le cylindre, tantôt sur le chapeau, et est entraînée jusque vers le cylindre de décharge ; celui-ci présente une surface continuellement dépouillée de filamens par le peigne ; aussi les cardes qui le couvrent, tournant plus lentement que celles du tambour, quoique dans le même sens, tendent-elles à enlever la moitié de sa charge à ce dernier; elles l'auraient bientôt entièrement mis à nu s'il ne réparait constamment ses pertes par l'action des cylindres alimentaires qui lui fournissent au fur et à mesure de nouvelle matière.

Le coton se réduit finalement en une toile filamenteuse très mince et très déliée; et l'on juge que le travail est parfait; lorsqu'en mettant cette nappe entre la lumière et l'œil on aperçoit partout la même transparence et la même homogénéité.

Mais un premier cardage ne suffit pas pour atteindre ce degré; une seconde et même quelquefois une troisième opération deviennent indispensables. Le dernier cardage s'appelle *cardage en fin,* par opposition au premier, qui ne fait que dégrossir; et la machine sur laquelle il s'opère prend le nom de *carde à rubans,* parce qu'en effet le coton en sort sous cette forme. Elle diffère de la carde en gros ou carde à nappes, en ce qu'au lieu d'avoir un dernier cylindre uni, comme nous l'avons déjà dit, elle porte un entonnoir et deux rouleaux compresseurs destinés à transformer la nappe en rubans. Les cardes dont elle est garnie ont en outre plus de finesse et de douceur que dans le premier cas.

Pour qu'une machine à carder agisse d'une manière satisfaisante, il faut que les cylindres qui la composent aient des dimensions convenables, et que leurs vitesses de rotation aient entre elles des rapports déterminés. L'expérience seule a pu indiquer quelles sont les dimensions et les vitesses les plus avantageuses : voici celles que les constructeurs ont adoptées presque généralement.

Les cylindres alimentaires ont ordinairement de 3 centimètres à 3 centimètres et demi de diamètre.

Le diamètre du grand tambour varie entre 9 et 10 décimètres.

Le cylindre de décharge a 3 décimètres de diamètre.

La vitesse relative des surfaces de ces deux tambours doit être dans le rapport de 6 ou 7 à 1, c'est-à-dire que tandis que le dernier fait un tour, l'autre doit en faire seize ou vingt.

Dans quelques machines, le grand tambour ayant 1 mètre de grosseur, fait vingt-cinq révolutions pendant que le petit, de 33 centimètres, n'en fait qu'une ; ce qui donne à la surface de l'un plus de huit fois la vitesse de l'autre : c'est un défaut reconnu, surtout pour les lainages à courte soie ; quoique la nappe en paraisse plus belle, on a remarqué que les filamens en étaient trop brisés par la vitesse disproportionnée du grand tambour au petit : le fil qui résulte de l'emploi de ce coton doit être nécessairement moins adhérent ; plus chargé de filamens non réunis, et conséquemment plus velu.

Le produit moyen d'une carde à nappes est de 30 kilogrammes par 24 heures, en supposant que le grand cylindre décrive environ cent révolutions par minute.

La charge de la carde est de 12 décagrammes environ de coton, étendu le plus également possible, par un enfant, sur la toile sans fin, de 8 décimètres de long, qui la transmet aux cylindres nourrisseurs.

L'égalité du fil qu'on fait avec le lainage cardé, et la possibilité de lui donner la plus grande finesse, dépendent essentiellement de la régularité avec laquelle les cardes préparent les nappes et les rubans.

Cardage de la laine. — Le cardage de la laine a pour effet d'en démêler et d'en séparer les filamens pour la rendre plus légère, plus égale et plus homogène ; le cardage brise la laine en l'ouvrant ; ce brisage en multiplie les poils, rend les fils plus hérissés et plus velus, et par conséquent plus disposés à se lier et à s'entremêler les uns avec les autres. La laine prend ainsi beaucoup d'expansion ; les filamens courts et brisés n'ont aucune direction déterminée ; ils tendent à s'accrocher mutuellement ; ce qui fait que les fils de laine cardée, employés à la confection d'un tissu, ont la plus grande disposition à draper ou à se feutrer.

Les machines à carder la laine sont analogues à celles qu'on emploie pour carder le coton ; mais elles en diffèrent en plusieurs points essentiels. Les filamens de la laine, plus entortillés et plus raides que ceux du coton, exigent une quantité de cylindres alternatifs de décharge et de renvoi, et ce n'est que par leur moyen qu'on peut ouvrir la laine sans trop la briser; au lieu que dans les machines à carder le coton, des coussinets immobiles remplacent les cylindres dont nous venons de parler.

Les filamens de la laine offrent encore une autre particularité remarquable qui les distingue de ceux du coton, du chanvre et du lin; ceux-ci présentent une surface lisse, tandis que les poils sont revêtus de très petites lamelles ou écailles extrêmement minces, et superposées de la racine à la pointe.

On conçoit aisément que par suite de cette structure particulière de la laine, pour que le fil eût la plus grande force possible, il faudrait que tous les poils contigus fussent placés en sens opposé, c'est-à-dire qu'il faudrait que la pointe de l'un fût adossée à la racine de l'autre, *et vice versâ*; alors les écailles de l'un s'engreneraient dans les écailles de l'autre; l'adhérence des poils serait la plus complète possible, et le fil en acquerrait la plus grande force. On doit donc, dans l'opération du cardage, faire en sorte que les poils prennent la disposition la plus analogue à celle que nous venons d'indiquer. Ainsi cette importante opération doit les diviser, les agiter, les retourner un grand nombre de fois et les placer de manière à ce que, autant qu'il est possible, aucun poil ne se trouve couché dans le même sens que son voisin, afin qu'ils puissent s'accrocher immanquablement l'un à l'autre. On obtient cet effet en composant les cardes d'un gros cylindre autour duquel tournent en différens sens plusieurs autres cylindres. Il en résulte que les poils, entraînés par leur mouvement circulaire, portés et reportés de tous les côtés, ne peuvent se trouver dans la position relative qu'ils avaient d'abord, que par un très grand hasard. Les fils faits avec la laine ainsi cardée, et qui est devenue susceptible de prendre une très grande adhérence, sont d'une filature à la fois plus facile et plus solide que celle qui résulte du cardage à la main.

Le travail du cardage mécanique de la laine se subdivise en deux opérations : la première appelée *scriblage, droussage,* ou *cardage en gros,* n'est en quelque sorte qu'un dégrossissement préparatoire ; la laine sort de la machine qui effectue cette première opération, sous la forme de nappe. Elle subit ensuite l'action d'une autre machine qui opère le cardage définitif, ou cardage proprement dit, et qui la réduit en loquettes prêtes à être filées.

La carde à nappes, comme la carde à loquettes (pl. 9, fig. 4), est composée de divers cylindres revêtus de cardes et groupés autour d'un tambour A également couvert de cardes, dont le diamètre est d'environ 9 décimètres. La laine est d'abord déposée et étendue sur une toile sans fin *a* tendue entre deux rouleaux *b,b,* qui l'amènent graduellement vers les rouleaux alimentaires *c, c* ; ceux-ci saisissent peu à peu les filamens placés sur la toile, et les distribuent au premier cylindre cardeur B, qui de son côté les transmet au tambour A. Ce grand cylindre est surmonté de trois paires d'autres cylindres plus petits qui effectuent successivement l'opération du cardage. Chaque paire de cylindres est composée d'un *travailleur* C et d'un *nettoyeur* D, celui-ci plus petit et tournant avec l'autre en sens inverse du tambour. Les dents du premier travailleur prennent la laine de dessus le grand cylindre et se la laissent ensuite enlever par le nettoyeur, qui va avec beaucoup de rapidité et qui la restitue aux cardes du tambour : elle est presque aussitôt enlevée par le second travailleur, qui la remet de même au nettoyeur qui l'accompagne, et qui la transmet au tambour, et ainsi de suite. C'est par ce transport répété d'un cylindre à un autre, et par un étirage continuel qu'éprouve la laine entre les dents des cardes, que s'opère la séparation des filamens, leur écartement et leur expansion. Entraînés, tournés et retournés dans tous les sens, ils se mêlent, se confondent, se dégagent successivement, et forment un lainage léger, uniforme et homogène dans toutes ses parties.

Les dents des différens cylindres ne se touchent pas, mais

elles travaillent si près, qu'elles s'enlèvent successivement toute la laine dont elles sont chargées, en ne la prenant que par très petites parties.

Lorsque les filamens ont été ainsi tiraillés par trois et quelquefois par quatre paires de travailleurs, ils sont finalement entraînés de dessus le tambour par un cylindre de décharge E plus petit que ce dernier, et qui tourne très lentement. La laine est enlevée de dessus le cylindre de décharge par un peigne d'acier F, doué d'un mouvement alternatif tel, que le peigne ne touche pas la surface du cylindre en montant, mais seulement en descendant ; de sorte que la laine sort d'entre les dents des cardes sous la forme d'une large nappe continue, mais extrêmement mince, laquelle est reçue sur un tambour uni où elle fait plusieurs circonvolutions, et finit par former un matelas de matière filamenteuse plus ou moins épais, et assez homogène (1).

Cependant la laine n'y est pas encore assez démêlée ; on y remarque beaucoup de boutons ou de petits flocons tout entortillés, que ce premier dégrossissage n'a pu effacer. On fait subir à la laine une seconde opération sur la même machine, et on la répète, s'il est nécessaire ; puis on procède au cardage proprement dit, qui s'effectue sur la carde à loquettes.

La carde à loquettes diffère de la machine précédente en plusieurs points : le cylindre de décharge, au lieu d'avoir sa surface convexe entièrement couverte de rubans de cardes, ne porte que des plaques posées de distance en distance ; de sorte que la laine cardée en est détachée par le peigne, sous forme de nappes étroites et longues comme les plaques. Chacune de ces nappes partielles forme ensuite une loquette ; à cet effet elles sont reçues successivement sur un cylindre cannelé G enveloppé dans sa partie inférieure et postérieure d'une portion de cylindre creux H. La laine en roulant dans le petit intervalle qui sépare ces deux cylindres prend elle-

____

(1) Ne décrivant ici que la carde à loquettes, la figure ne représente pas ce tambour.

même la forme cylindrique, et vient tomber sous forme de loquettes sur une toile sans fin I, placée au-dessous et en avant du cylindre cannelé.

La carde à loquettes a d'ailleurs une denture plus fine que la carde à nappes.

Toutes les parties de l'une et de l'autre machine reçoivent leur mouvement d'un moteur unique qui fait tourner l'axe du grand tambour. De là le mouvement se distribue jusqu'aux extrémités à l'aide d'engrenages, de courroies et de chaînes sans fin.

Le bâti de la machine est ordinairement en bois ; mais il est bien plus solide et moins sujet à varier lorsqu'il est en fonte. Le bâti porte le tambour principal, auquel on donne 9 décimètres de diamètre sur 8 de longueur. Ce tambour fait cent révolutions par minute. Un arc ou une demi-lune JJ, en bois, mais mieux en fonte, est placé sur le bâti, à droite et à gauche du tambour, pour porter les supports destinés à soutenir les petits cylindres qui recouvrent le grand. Comme ces cylindres travailleurs et nettoyeurs doivent être plus ou moins rapprochés l'un de l'autre, ainsi que du tambour, leurs supports doivent se prêter à cette condition, et être en conséquence mobiles dans un seul sens, et les autres dans deux ; ce qu'il est facile d'obtenir en les fixant à l'aide de vis de rappel.

La surface des travailleurs se meut dans la même direction que celle du tambour, mais elle tourne beaucoup plus lentement, ces cylindres étant mus par une chaîne à mailles K, K, qui reçoit son mouvement de l'axe du tambour, par l'intermédiaire d'un engrenage qui le ralentit extrèmement. Les proportions doivent être telles, que les travailleurs ne fassent qu'une révolution pour dix tours du tambour, et comme ils ont 2 décimètres de diamètre, leur surface se meut quarante-cinq fois moins vite que celle du tambour.

Les nettoyeurs sont placés de manière à carder la laine sur les travailleurs, et aussi sur le grand cylindre : ils tournent très vite et prennent la laine sur les travailleurs, qu'ils nettoient complètement ; mais leur surface ne se meut pas aussi rapidement que celle du tambour, dont l'axe porte une poulie de 5 décimètres, qui leur transmet le mouvement par l'intermédiaire d'une courroie sans fin et d'autant de poulies de 15 centimètres. Ainsi les nettoyeurs font à peu près 3 tours par chaque révolution du grand cylindre ; mais comme ils n'ont que 1 décimètre de grosseur, leur surface se meut trois fois moins vite environ que celle de ce dernier.

La même courroie fait aussi tourner le dernier travailleur, qu'on nomme *volant* à cause de sa vitesse extrême. Sa surface se meut dans le même sens que celle du tambour, mais presqu'une fois et demie plus vite, son diamètre étant de 25 centimètres, et la poulie qui la mène ayant 1 décimètre de grosseur. Le volant n'est pas placé si près du tambour qu'il puisse en enlever la laine, mais seulement la dégager d'entre les dents des cardes et la relever sur la surface du tambour, de manière qu'elle puisse être enlevée très facilement par le cylindre suivant, ou cylindre de décharge. C'est pour cela que le volant est garni de cardes à dents toutes droites.

Le cylindre de décharge tourne très lentement, la vitesse de sa circonférence n'étant que le trentième de celle du tambour ; il a 3 décimètres et demi de diamètre, et reçoit son mouvement par le même engrenage qui fait tourner les travailleurs. Il est couvert de rubans dans la carde à nappes, et de plaques de 1 décimètre de large dans la carde à loquettes. Dans la première de ces machines la nappe s'enroule autour d'un cylindre de bois qui a 7 décimètres de grosseur, et dont la surface doit tourner assez rapidement pour attirer à lui la nappe à mesure qu'elle se développe, mais sans la déchirer ni même l'étirer.

Le peigne F, qui détache la nappe ou les loquettes, est soutenu horizontalement par deux leviers *d* et deux tiges verticales que traverse à leur partie inférieure un axe coudé L, ou à manivelle. Cet axe reçoit un mouvement rotatif de la courroie qui passe sur les nettoyeurs, par l'intermédiaire d'une poulie de renvoi placée sous le grand cylindre. Le mécanisme

est disposé de manière que le peigne décrit une courbe elliptique de 5 centimètres de hauteur, et que ce n'est qu'en descendant qu'il peut toucher et peigner la denture du cylindre
de décharge pour en détacher la laine, en lui conservant la
forme de nappe ; ce qui exige que son mouvement alternatif
soit très rapide par rapport au mouvement continu du cylindre
de décharge. Les dents du peigne ont 3 à 4 millimètres de
longueur, et elles sont espacées à raison de 60 à 70 par décimètre. *Voy.* PEIGNES DE CARDES.   FR.

CARMIN. Le carmin est, d'après l'opinion émise par MM. Pel-
letier et Caventou, une combinaison triple, formée par la
réunion d'une substance colorante et d'une matière animale,
l'une et l'autre contenues dans la cochenille, avec un acide
étranger qu'on ajoute pour en déterminer la précipitation.

On vend chez les marchands de couleurs différentes espèces de carmin qui sont distinguées par ordre de numéros,
et qui sont d'une valeur relative. Cette différence tient à deux
causes, ou bien à la proportion d'alumine qu'on leur ajoute
dans la précipitation, ou bien à une certaine quantité de vermillon qui sert à les étendre. Dans le premier cas la nuance
est plus affaiblie ; dans le deuxième elle n'a pas le même éclat.
Il est toujours facile de s'apercevoir de la proportion du mélange en mettant à profit la propriété que possède le carmin pur
de se dissoudre dans l'ammoniaque ; tout ce qui lui est étranger reste intact, et l'on en peut estimer la proportion en faisant dessécher le résidu.

Carmin ordinaire. — 1 livre de cochenille en poudre ;
                    3 gros et demi de sous-carbonate de
                       potasse ;
                    8 gros d'alun en poudre ;
                    3 gros et demi de colle de poisson.

On fait bouillir la cochenille avec la potasse dans une chaudière de cuivre contenant cinq seaux d'eau ; on apaise l'effervescence avec de l'eau froide.

Après quelques minutes d'ébullition on enlève la chaudière

et on la place sur une table, en l'inclinant de manière à pouvoir transvaser la liqueur commodément.

On y jette l'alun en poudre et l'on remue la décoction; elle change aussitôt de couleur et vire à une teinte plus brillante.

Au bout de quinze minutes la cochenille est déposée au fond, et le bain est clair comme s'il eût été filtré. Il contient la matière colorante, et probablement un peu d'alun en suspension.

On décante dans une chaudière d'égale capacité, et on la met sur le feu en ajoutant la colle de poisson dissoute dans beaucoup d'eau et passée au tamis.

Au moment de l'ébullition on voit le carmin monter à la surface du bain, et un coagulum se former, comme cela a lieu dans les clarifications par le blanc d'œuf.

On retire aussitôt la chaudière, et l'on remue le bain avec une spatule.

Au bout de 15 à 20 minutes le carmin est déposé. On décante, et l'on met égoutter le dépôt sur un filtre de toile serrée.

Manière de préparer la colle de poisson. — Après l'avoir coupée en petits morceaux on la met tremper dans l'eau pendant une nuit; elle se gonfle prodigieusement et absorbe entièrement l'eau; alors on la pile dans un vase approprié, et on la réduit en une gelée transparente qui se fond dans l'eau chaude en un instant.

On trouve cette recette dans plusieurs ouvrages; mais au lieu de colle de poisson on prescrit le blanc d'œuf, et dans quelques-uns on prescrit le blanc et le jaune.

Si l'opération a été bien faite, le carmin étant sec s'écrase facilement sous les doigts.

Plus la potasse est carbonatée, plus le carmin doit être friable.

Ce qui reste après la précipitation du carmin est encore très chargé en couleur, et peut être employé très avantageusement à la préparation des laques carminées. *Voy.* LAQUES.

Préparation du carmin d'après l'ancienne Encyclopédie *française.* — On prend 5 gros de cochenille, 36 grains de graines de chouan, 18 gros d'écorce d'autour, et 18 grains d'alun de roche. On réduit chacune de ces substances en poudre fine ; on fait bouillir 2 livres et demie d'eau de rivière ou de pluie ; on y met, pendant qu'elle bout, la poudre de chouan, et l'on donne trois ébullitions en agitant constamment le liquide avec une spatule de bois ; on passe ensuite à travers une toile propre ; on remet le liquide sur le feu ; et lorsqu'il est bouillant on y ajoute la cochenille. Après trois ébullitions on y introduit l'écorce ; et après une ébullition on y ajoute l'alun ; on verse alors la liqueur sur une toile tendue sur un vase plat de porcelaine ou de faïence, sans exprimer le linge ; on laisse le liquide rouge sept à huit jours en repos, et l'on fait chauffer le sédiment au soleil ou dans une étuve ; on le détache avec un pinceau ou une plume : c'est le carmin.

Dans un temps froid le carmin ne se dépose pas ; le liquide forme une espèce de gelée et se gâte.

La cochenille restée dans la toile peut être mise en ébullition une seconde fois ; ce qui donne un carmin inférieur. Outre l'écorce d'autour et les graines de chouan, quelques personnes y ajoutent encore du roucou.

Carmin superfin de madame Cenette, à Amsterdam. — On fait bouillir dans une chaudière 6 seaux d'eau de rivière ; au moment où elle commence à bouillir on y ajoute 2 livres de cochenille mestèque en poudre fine. Au bout de 2 heures d'ébullition on y met 3 onces de nitre pur, et un moment après 4 onces de sel d'oseille. Après avoir fait bouillir encore 10 minutes on ôte la chaudière du feu, et on laisse reposer le tout 4 heures. On enlève l'eau de dessus le carmin à l'aide d'un siphon, et l'on partage cette eau dans plusieurs terrines ; on les met pendant 3 semaines sur une planche ; au bout de quelque temps il se forme une pellicule de moisissure ; on l'enlève avec une baleine à l'extrémité de laquelle on aura attaché une petite éponge ; on fait ensuite découler l'eau par un siphon ; le siphon peut être plongé jusqu'au fond de la terrine, car le carmin y est tellement attaché qu'il y paraît adhérent. Ce carmin, desséché à l'ombre, répand beaucoup de feu ; il est si vif qu'il fatigue la vue.

Carmin chinois. — On fait bouillir dans un seau d'eau de rivière 20 onces de cochenille en poudre très fine ; on y ajoute 60 grains d'alun de Rome. Après 7 minutes d'ébullition on ôte la chaudière du feu et l'on fait passer la liqueur dans un autre vase à l'aide d'un siphon ; on peut aussi la passer à travers une toile fine. On conserve cette liqueur.

On prépare une dissolution d'étain ; à cet effet on dissout dans 1 livre d'eau-forte 10 onces et demie de sel marin ; on ajoute à cette dissolution froide peu à peu 4 onces d'étain de Malaca en limaille : il ne faut ajouter une nouvelle quantité d'étain que lorsque la première est dissoute. On verse de cette dissolution goutte à goutte dans la liqueur de cochenille qu'on a fait réchauffer ; le carmin se précipite. Lorsque le carmin est déposé l'on décante et on le fait sécher à l'ombre dans des vases de faïence ou de porcelaine.

Procédé qu'on suit en Allemagne pour faire le carmin. — On fait bouillir 6 pintes d'eau de rivière dans une bassine de cuivre ; on y projette 2 onces de cochenille en poudre, et l'on agite. Après 6 minutes d'ébullition on y jette 60 grains d'alun en poudre et l'on fait bouillir encore 3 minutes. On ôte la bassine du feu, on enlève la liqueur par un siphon et l'on filtre à travers un tamis de soie ; on partage la liqueur dans plusieurs terrines de faïence ou de porcelaine, et on laisse reposer encore trois jours, alors on décante et l'on fait sécher le dépôt à l'ombre. Au bout de trois autres jours on décante la liqueur des autres *carmins ;* il s'y formera encore un carmin d'une qualité inférieure.

Le carmin est très employé pour la miniature ; on en fait aussi une assez grande consommation dans la fabrication des fleurs artificielles ; enfin les confiseurs et les pharmaciens s'en servent pour colorer diverses préparations. Il suffit de le mélanger avec les substances qu'on veut colorer ; mais lorsqu'il

s'agit de teindre avec on le dissout d'abord dans l'alcali volatil, puis on laisse dissiper l'excès d'alcali par l'évaporation
spontanée, et lorsque la solution est devenue inodore elle est
bonne à employer.   R.

CARREAUX. (*Arts mécaniques*.) Le pavage des appartemens est fait avec des carreaux carrés ou hexagones en terre
cuite (*voy*. BRIQUES), ou avec des dalles carrées en marbre ou
en pierre calcaire. Le *carreleur* couvre d'abord avec des *bar-
deaux* ou fragmens de douves l'espace qui sépare les solives, et
les rapproche assez pour que le mortier ou le plâtre dont on
les recouvre ne passe pas à travers. Sur un lit d'environ un pouce
de ces matériaux on dispose une couche de platras en poudre
ou de terre sablonneuse, qu'on établit exactement de niveau :
les carreaux sont ensuite placés avec régularité et bien nivelés
sur un lit de plâtre ou de mortier : cette pratique empêche
qu'aucune poussée ne les puisse déranger. Il faut que les joints
des carreaux soient tous exactement en ligne droite dans toutes
les directions des côtés, et forment un réseau régulier et en
quinconce.

Les carreaux en terre cuite sont de quatre sortes, ou carrés,
ayant 6 ou 7 pouces et demi de côté ; ou hexagones réguliers
de grand et de petit moule. Le grand moule est taillé dans un
cercle de 7 pouces de diamètre, il a 3 pouces et demi de côté,
et 6 de largeur d'un bord au bord opposé ; sa surface est de
31 pouces et demi carrés. Il en faut environ 165 pour couvrir
une toise carrée, ou 41 par mètre ; le mille couvre 6 toises
carrées ou 24 mètres. Ce carreau pèse 1,86 livre ou 9 hecto-
grammes, et le mille pèse de 1830 à 1860 livres.

Le carreau petit moule n'a que 4 pouces de largeur ; il
est taillé dans un cercle de 5 pouces de diamètre, et son côté a
2 pouces et demi ; la surface est de 16 pouces un quart carrés ;
il en faut 318 pour couvrir une toise carrée, ou 40 par
mètre. Le mille fait un peu plus de 3 toises et pèse 750 livres.

On fait aussi des carreaux de faïence pour paver les âtres,
les salles de bain, laiteries, etc.   FR.

CARRELET. Grosse aiguille en fer ou en acier dont la tige est à trois ou quatre pans. *Voy.* AIGUILLES.   Fr.

CARRIÈRES. (*Arts mécaniques.*) Pour ce genre d'exploitation il faut d'abord s'assurer que le sol cache un *banc* calcaire ou siliceux, et remplir les formalités légales de sûreté publique qui autorisent cette entreprise. Il est rare que la carrière soit plus élevée que le sol d'un chemin ; mais lorsque cet avantage se présente, les galeries de la carrière se trouvent au niveau du terrain environnant, ce qui rend l'extraction très facile. Le plus ordinairement on est obligé de creuser un puits qui traverse, le banc de la carrière, et l'exploitation se fait en enlevant les pierres jusqu'au haut du sol. On se sert pour cette manœuvre d'un TREUIL nommé dans ce cas *roue de carrière*. L'ouverture du puits doit avoir une largeur suffisante pour l'extraction des blocs et des dalles, selon la nature de la couche pierreuse. Les parois du puits sont revêtues en pierres, et de forts madriers s'opposent à l'éboulement des terres.

On délite et sépare en dalles ou en blocs plus ou moins pesans la masse de la carrière ; l'exploitation se fait en formant des galeries souterraines qui se dirigent selon les dispositions naturelles de la couche, en y laissant des parties intactes pour soutenir les terres ; en sorte que la carrière imite une sorte de village souterrain, habité et percé de rues.

Le carrier se sert, pour détacher les pierres, de plusieurs outils, tels que des *coins* de diverses grosseurs, une *barre* ou levier en fer, une *tarière* et des marteaux nommés *mail*, *mailloche*, *pic*. Il emploie encore quelquefois la poudre à canon pour détacher et fendre de grandes pièces de rocher. *Voy.* MINES.

Nous traiterons à l'article MEULES DE MOULIN des procédés qu'on emploie pour l'exploitation des carrières de pierres siliceuses destinées à ce genre de fabrication. Celle des PAVÉS de grès fera aussi la matière d'un article séparé.   Fr.

CARTES A JOUER. (*Arts mécaniques.*) On y emploie trois sortes de papiers collés l'une sur l'autre : l'intermédiaire, qui est double, a sa pâte grise, pour priver la carte en partie de sa transparence, et prendre la colle ; celui du dos est blanc ou coloré, d'un grain très fin, sans aucun défaut ni filigrane (*voy.* PAPIER) ; enfin le papier de la face opposée porte les figures et enluminures ; c'est la *régie* qui fournit ce papier, afin d'avoir une garantie contre la fraude, attendu que les cartes paient des droits considérables. Ces feuilles sont collées l'une sur l'autre.

L'impression se fait avec des planches en bois ; chaque cartier a les siennes, et les tient en dépôt dans les bureaux de la régie : c'est là que les ouvriers exécutent cette opération. L'enluminure se fait après dans l'atelier avec des couleurs en détrempe, savoir la graine d'Avignon avec alun pour le jaune, le cinabre pour le rouge, le noir de fumée avec gélatine pour le noir, l'indigo aussi avec gélatine pour le bleu et même le gris. Ces couleurs sont appliquées à l'aide de patrons taillés à jour, nommés *platines;* il faut un patron pour chaque couleur, de chaque feuille contenant 20 cartes. Une brosse passée sur ce patron dépose la couleur sur toutes les parties à jour ; on enlève le patron et on laisse sécher.

Quand les cartes ont reçu toutes leurs couleurs, on procède au *lissage.* Cette opération consiste à bien sécher chaque pièce en la chauffant, à la couvrir d'un peu de savon sec qui enduit un morceau de feutre, enfin à la frotter avec un caillou arrondi nommé *lissoir.* On met ensuite sous presse. Il ne reste plus qu'à tailler les cartes toutes de même grandeur et sous la forme de parallélogrammes exactement rectangulaires. Cette dernière partie du travail se fait avec des ciseaux dont les fonctions sont régularisées par un mode d'assemblage convenable.

FR.

CARTON. (*Arts mécaniques.*) Les cartons communs se font comme le papier, et avec les rebuts des papeteries, les chiffons les plus grossiers, les pâtes colorées. Ces cartons sont bruns ou gris, épais, cassans ; ils servent à faire des reliures de livres, des cartonnages communs, etc. La fabrication ne présente aucun intérêt. *Voy.* PAPIER.

Les cartonnages délicats se font avec des cartons fins qui

sont composés de feuilles de papier collées l'une sur l'autre; seulement on a soin que les deux surfaces opposées du carton soient en beau papier, et de réserver pour l'intérieur des papiers gris, cassés ou de rebut. Quand ces feuilles sont apprêtées et mises en tas dans leur ordre de collage, l'ouvrier prend la première, l'étend devant lui sur une table, la couvre, avec une brosse fine et à longs poils, d'une couche de colle, applique la feuille suivante, met dessus une couche de colle, et ainsi de suite.

Quand on a ainsi fait une pile de cartons on les met sous presse, en ayant soin de modérer d'abord l'action de la machine; on presse ensuite graduellement de plus en plus, et jusqu'à refus, à mesure que la colle sèche; on enlève les bavures de colle, et l'on suspend les cartons pour les dessécher complètement; enfin on met de nouveau en presse, et même on lisse avec un caillou et du savon. *Voy.* Cartes a jouer.

On fait aussi du carton avec des rognures de papier et des papiers rebutés ou salis; on réduit ces matières en pâte qu'on traite comme pour la fabrication du papier : on obtient ainsi des cartons dont la finesse est intermédiaire entre les deux sortes dont on vient de parler.

L'industrie du *cartonnier* consiste à faire la multitude des petits meubles de carton dont on fait usage, dont plusieurs sont d'une délicatesse et d'une élégance remarquables, et servent à protéger et conserver les parures des dames. L'art de découper les pièces de carton, de les contourner, de les coller et réunir ensemble, de les recouvrir de papiers colorés ou gauffrés, etc., a fait le sujet d'un *Manuel du Cartonnier* qui est assez intéressant. Mais comme les descriptions ne consistent qu'en tours de main particuliers qui varient avec les objets qu'on veut confectionner, nous jugeons inutile d'occuper le lecteur de ces détails; nous croyons seulement devoir recommander l'ouvrage cité aux personnes qui désirent faire du cartonnage un amusement utile.

La pâte de carton, coulée dans des moules convenablement préparés, et séchée à l'étuve, revêt mille formes plus ou noins élégantes. On en fait des ornemens qu'on colle sur les murs, les plafonds, les boiseries, et qui remplacent avec économie les sculptures. Ces ornemens sont ensuite recouverts de peintures et de dorures. Fr.

CARTOUCHE. (*Arts mécaniques.*) Les cartouches de fusil de munition se font ainsi qu'il suit. On plie d'abord la feuille de papier ouverte, en trois dans sa largeur, puis chacun de ces tiers en deux qu'on découpe, et ensuite chacune de ces moitiés en deux, mais diagonalement, en commençant à 2 pouces 2 lignes de l'angle supérieur à gauche, et finissant à même distance au-dessus de l'angle inférieur à droite. Il en résulte douze morceaux égaux pour autant de cartouches, portant 5 pouces 4 lignes de hauteur, 4 pouces 3 lignes de largeur à un bout, et 2 pouces 2 lignes à l'autre.

Un de ces morceaux de papier étant étendu sur une table, on le roule autour d'un mandrin cylindrique en bois dur et sec qui a 7 pouces de long et 5 lignes trois quarts de diamètre. Le bout de ce mandrin est creux et garni d'une balle. On laisse passer un peu de papier au-delà de la balle, pour le replier par-dessus; alors relevant le mandrin ainsi enveloppé de la cartouche, on replie le papier par-dessus la balle, et on l'arrondit dans un trou pratiqué à cet effet dans la table. On retire le mandrin, et l'on passe la cartouche à un autre *artificier*, qui met la charge de poudre renfermée dans une mesure conique en fer-blanc, laquelle contient le quarantième d'une livre. Le papier est enfin replié au-dessus de la poudre, et aussi près que possible. E. M.

CASCADE. *Voy.* Jets d'eau. Fr.

CASQUE. (*Arts mécaniques.*) Armure défensive dont les gens de guerre se couvrent la tête pour se préserver de blessures.

Le casque se compose de plusieurs parties distinctes fabriquées par des ouvriers d'états différens. La coiffe ou calotte, faite en tôle de fer, d'acier, de cuivre ou de plaqué, est l'ouvrage du chaudronnier, qui l'emboutit à la manière ordinaire. La visière, les ornemens, les jugulaires, sont découpés, et reçoivent leur forme au moyen du balancier et de matrices disposées à cet effet. Le chapelier garnit l'intérieur de la coiffe, les jugulaires, place les crinières, aigrettes, etc.

La jugulaire est une espèce de courroie qui, en passant sous le menton et étant attachée aux deux côtés du casque, l'affermit sur la tête. Les jugulaires sont garnies de plaques métalliques qui se recouvrent successivement par moitié, et présentent l'aspect d'écailles de poisson. Leur objet est de parer un coup de sabre.

La visière des anciens casques se déployait sur toute la figure au moment du combat; elle ne laissait d'autres ouvertures que deux trous vis-à-vis des yeux. Cette disposition devait être fort gênante pour la respiration. Les visières des casques modernes sont fixes, et ne descendent tout au plus qu'à la hauteur des yeux.   F. M.

CENDRES GRAVELÉES. (*Arts chimiques.*) La cendre gravelée se fabriquait originairement en brûlant dans des fours la lie de vin desséchée; mais actuellement on donne aussi cette même dénomination au produit de l'incinération du marc de raisin, des grattures de tonneaux, des vinasses, etc.

La plupart des produits végétaux soumis à la combustion laissent un résidu qu'on nomme *cendres,* qui est composé ordinairement de diverses substances et principalement d'alcali carbonaté, de différens sels et de quelques oxides. Ces cendres sont extrêmement variables : tantôt c'est l'alcali qui domine, d'autres fois se sont les sels; cela dépend uniquement de la nature du produit végétal sur lequel on a opéré. Parmi les substances dont les cendres sont les plus riches en alcali, la lie tient un des premiers rangs, car elle est presque entièrement composée de tartre qui se dépose dans le vin à mesure que l'alcool se développe, et ce sel par la calcination ne fournit que du carbonate de potasse pur.

Si l'on se bornait à prendre des lies de vin pour fabriquer les cendres gravelées, elles seraient aussi de fort bonne qualité, parce que les matières qui avec le tartre forment la lie se détruisent aussi par la chaleur, pour la plupart ; mais il n'en est pas ainsi quand on ajoute à ces lies, comme cela se pratique ordinairement, des rafles, des pepins, des grabeaux de tartre, et à plus forte raison lorsqu'on les mélange avec du sable ou de la brique.

Lorsqu'on emploie la lie dans la fabrication des cendres gravelées il faut auparavant la faire dessécher, et l'on y parvient facilement soit en lui faisant subir une forte compression après l'avoir enfermée dans des sacs, soit en l'exposant au soleil. Dans le premier cas il s'en écoule une sorte de vinasse qui sert à faire du vinaigre ou bien qu'on soumet à la distillation pour en retirer un peu d'eau-de-vie. On reconnaît que la lie est parfaitement desséchée lorsqu'elle casse net et avec une sorte de bruit. C'est dans cet état qu'on en opère l'incinération soit dans des fourneaux ronds qu'on exhausse à mesure que la combustion s'effectue, soit dans un fourneau fixe dont le tirage se fait par une porte pratiquée dans le fond ; enfin dans quelques fabriques on fait cette opération dans des fours ordinaires, et dans tous les cas on commence par échauffer le fourneau en y brûlant des fagots de sarment ou tout autre combustible susceptible de développer beaucoup de flamme. Lorsque la chaleur a été portée à un point suffisant on ajoute quelques pains de lie fortement desséchée, et on les laisse brûler sans les remuer ; de temps en temps on en jette quelques nouveaux pains, et l'on continue ainsi jusqu'à ce que le four ou le fourneau soit suffisamment rempli par le résidu de la combustion. Ce résidu forme une masse poreuse, légère, qui se brise facilement, et il prend, par le refroidissement qui s'opère dans le fourneau, une couleur verdâtre mêlée de bleu, due à la présence d'un peu de manganèse.

La cendre gravelée bien préparée doit être presque entièrement soluble et ne donner, d'après Chaptal, qu'un seizième environ de résidu, composé pour les trois quarts de carbonate terreux et d'un quart à peu près de sulfate de potasse. Essayée à l'alcalimètre de Descroizilles, elle donne de 70 à 75°. Lorsqu'on en sature la dissolution par un acide il ne doit se former aucun précipité. Enfin les nitrates d'argent et de baryte n'y produisent qu'un louche assez sensible.

Pour que la cendre gravelée soit propre à la plupart des principaux usages auxquels elle est destinée, et surtout pour la teinture, il faut aussi que sa solution dans l'eau soit incolore; autrement sa propre matière colorante s'ajouterait à celle qu'on veut obtenir et en altérerait nécessairement la nuance. Cet inconvénient a surtout lieu lorsque la cendre gravelée n'a pas été suffisamment brûlée, c'est-à-dire lorsqu'elle contient encore quelques matières végétales qui n'ont pas été complètement détruites par la chaleur, et alors elle présente quelques points noirs dans sa cassure. R.

CÉRAMIQUE (Art de la). Il ne paraît pas qu'avant le xive siècle on ait connu en Europe aucune poterie à pâte compacte, imperméable et dure comme celle dite de *grès* qui y est aujourd'hui si commune; on ne connaissait même aucune poterie à pâte aussi imperméable et aussi solide que celle de la faïence proprement dite ou faïence italienne; non plus aucune poterie à vernis de plomb ou d'étain, étendu avec égalité sur de grandes surfaces. Quand aux vraies porcelaines européennes, elles ne remontent pas au-delà du commencement du xviiie siècle; et les faïences fines à pâte blanche, dites *terre de pipe* ou faïence anglaise, sont d'une origine encore bien plus récente.

Lorsque Lucca della Robia, à Florence vers 1400; Orazzio Fontana, à Pesaro vers 1540, découvrirent et portèrent rapidement à un haut degré de perfection la belle faïence connue dans ces temps sous les noms de *majolica* et de *terra invetriata*, les ducs de Toscane, et notamment le duc Guidobaldo de la Rovere, admirant ces belles productions, en favorisèrent la fabrication par toute sorte d'encouragemens. Les plus célèbres artistes s'en occupèrent à l'envi, et cette faïence, qui porta alors le nom de *porcelaine d'Italie*, servit pour les présens fastueux de prince à prince.

Vers le même temps en France (1580), Bernard Palissy chercha, et après des peines et des dépenses infinies il trouva le secret de ces poteries brillantes par leurs couleurs, et ces reliefs coloriés, partie difficile de l'art du faïencier, qui, après avoir pris naissance en Italie, venait de s'y perdre. François Ier et son successeur Henri II encouragèrent Palissy en lui permettant de prendre le titre de *potier royal*.

Ce n'est que vers l'année 1725 que la vraie porcelaine à pâte dure et quasi vitreuse fut fabriquée en Europe. Les souverains voulurent d'abord s'attribuer la fabrication presque exclusive de cette belle poterie, ou du moins ils cherchèrent à l'encourager par tous les moyens possibles : elle ne tarda pas à recevoir une sorte d'illustration par l'usage qu'on en fit dans la diplomatie et le style des cours, en la faisant figurer dans les cadeaux que se faisaient les souverains; et cet usage dure encore.

Une troisième découverte, tout-à-fait européenne, eut lieu en Angleterre vers le milieu du xviiie siècle. On y fabriqua une sorte de poterie toute différente des précédentes, et dont on ne pourrait guère trouver quelque modèle qu'en Chine : c'est la faïence à pâte fine et dure, mais non vitrifiée, et à couverte transparente, portée presque du premier jet à un degré de perfection qu'elle a à peine dépassé depuis, par le célèbre manufacturier Wedgwood. Cette poterie est remarquable par sa légèreté, sa solidité, et par bien d'autres qualités.

La première fabrication de la porcelaine dure en Europe est due à Bœttiger, allemand de nation.

Matériaux de la céramique.

Aux argiles, aux marnes, aux ocres, bases ordinaires des poteries et des matières qui les colorent, matériaux que connaissaient les anciens, les modernes ont ajouté, parmi les substances terreuses, la craie, la magnésie, le quarz, le silex, le talc, le feld-spath, le kaolin; parmi les substances salines, le gypse, le phosphate de chaux, le sulfate de baryte, le borax, l'acide borique. La classe des métaux avait déjà fourni aux anciens les innombrables préparations du fer, l'or, le plomb, l'étain, le cuivre; et cependant ils ne faisaient dans leur céramique que peu d'emploi de ces substances, aujourd'hui si utiles dans cet art, qui tire en outre parti, depuis un certain nombre d'années, du cobalt, de l'antimoine, du zinc, du chrôme, de l'urane, du titane, du manganèse, etc.

La Chimie a donné l'art de modifier tous ces corps ; elle a mis à profit leurs propriétés fondantes, durcissantes, colorantes, et les potiers modernes ont aujourd'hui à leur disposition une multitude de moyens qui étaient restés inconnus aux anciens.

On sent d'avance combien toutes ces découvertes ont dû multiplier et étendre les modifications que l'emploi de ces corps et la proportion de leurs mélanges entre eux ont dû faire naître. De là le nombre considérable d'espèces diverses de poteries que les manufactures et le commerce nous fournissent actuellement.

Avant de faire l'histoire particulière de chaque sorte dè poterie on va exposer les principes généraux qui président à tous les genres de fabrication.

Les objets et les opérations principales de l'art céramique sont :

1°. La composition et la préparation des pâtes.

2°. La préparation des pièces.

3°. Le vernis, couverte ou émail.

4°. La cuisson.

5°. La coloration et décoration des pièces.

Art. 1ᵉʳ. Composition des pâtes céramiques en général.

La composition essentielle de toutes les pâtes céramiques consiste, en dernière analyse, en une combinaison chimique de silice avec une base terreuse. C'est toujours un véritable silicate soit d'alumine ou de magnésie. On ne connaît pas de pâte, quelque impure et souillée qu'elle puisse être d'ailleurs par des substances accidentellement mélangées avec elle, qui ne renferme les constituans de l'un ou de l'autre silicate ou de tous les deux à la fois. Ces élémens du silicate sont essentiels, et cela est si vrai, que si l'on vient à enlever à une pâte céramique quelconque l'un des élémens du silicate, on la détruit. Il n'en est pas de même des matières accidentellement en mélange, telles que les oxides de fer, de manganèse, de titane, etc., la potasse, la chaux. On peut toujours priver la pâte céramique de toutes ces substances sans faire disparaître ses propriétés plastiques et durcissantes à la cuisson. Il est même à présumer que les proportions sont définies dans ces silicates à base simple de magnésie ou d'alumine, ou à base double de magnésie et d'alumine ; mais c'est nonobstant les quantités de l'un des élémens qui peuvent se trouver interposées en excès dans la pâte.

Ces silicates n'existent à l'état de perfection dans les pâtes céramiques que par l'intermédiaire d'une température plus ou moins élevée, mais toujours considérable ; car avant la cuisson il suffit de l'action de l'eau pour désagréger la pâte.

Si dans les pâtes céramiques il se trouve un mélange plus ou moins abondant de silicate alcalin, après l'exposition à une haute température elles participeront à un degré quelconque des propriétés du verre. La porcelaine, et surtout la porcelaine française, par exemple, offre cette condition, parce qu'elle contient une certaine quantité de potasse qui était un des constituans du feld-spath qui a servi à sa fabrication.

On conçoit facilement dès lors que plus une pâte renfermera d'élémens quelconques en excès sur le silicate neutre, moins bien elle sera liée, moins le grain en sera serré, plus elle sera poreuse : telles sont en général toutes ces poteries campaniennes, indiennes, américaines, gauloises.

Les faïences fines, dites vulgairement *terre de pipe*, et surtout les grès durs, nous offrent un exemple bien tranché des pâtes de silicate neutre presque exempt de matières en excès, mais avec lequel il n'existe pas de silicate alcalin.

Mais de même que dans un verre parfait il peut entrer une certaine quantité de chaux qui s'est vitrifiée avec la masse, de même aussi il en peut entrer dans une pâte céramique même privée de tout silicate alcalin.

Il est d'observation assez générale que les proportions respectives de 55 de silice et 35 d'alumine se rencontrent, à peu de chose près, dans toute pâte céramique cuite qui offre une grande solidité. Mais ces proportions peuvent s'é oigner de cette donnée jusqu'à la limite de 75 de silice sur 25 d'alumine, sans que la composition céramique soit encore très mauvaise.

Il est plus rare que le silicate soit magnésien : ce genre de composition existe cependant quelquefois, soit totalement ou partiellement. Les proportions des constituans peuvent sans inconvénient être à peu près les mêmes dans le silicate magnésien que dans le silicate alumineux.

Mais il faut remarquer que la plupart des pâtes céramiques contiennent, outre les élémens essentiels, de la chaux, du peroxide de fer, du manganèse, du titane, etc.

L'art y fait entrer, et souvent avec un grand avantage, selon la destination des pâtes, d'autres élémens, tels que le phosphate de chaux, les sulfates de baryte et de chaux, etc. Ces matières accessoires sont susceptibles, dans certains cas, d'influer beaucoup sur les qualités particulières des poteries, sur le degré d'élasticité, la dureté, la propriété qu'ont les vases de passer brusquement d'une température élevée à une température beaucoup plus basse. Nous aurons occasion de revenir sur ces considérations quand nous traiterons en particulier des diverses sortes de poteries.

Quant aux élémens volatils que renferment les pâtes céramiques crues, et qui sont le plus généralement l'eau, l'acide carbonique et quelquefois l'hydrogène sulfuré ou carboné, pendant la cuisson ces substances s'échappent.

C'est principalement à la présence de l'eau dans les pâtes céramiques non cuites qu'est due leur ductilité. L'*ut figulo fingere terram* serait vide de sens si l'eau n'existait pas dans ces pâtes.

Les matériaux qui, dans la nature, fournissent à l'art céramique, sont :

Les argiles plastiques.

Les argiles figulines.

Les marnes argileuses.

Les kaolins divers.

La magnésite et la giobertite.

L'argile plastique a pour caractère de ne renfermer que de l'alumine, de la silice et un peu d'oxide de fer ; par conséquent de ne faire aucune effervescence avec les acides ; elle est infusible au four de porcelaine, c'est-à-dire à une température de 120° environ du pyromètre de Wedgwood.

On trouve en France cette argile dans beaucoup de localités ; les plus connues sont *Abondant*, sur la lisière de la forêt de Dreux ; *Forges*, dans le département de la Seine-Inférieure ; *Montereau*, dans le département de l'Yonne ; *Saint-Amand*, dans le département du Nord.

Dans la première de ces localités l'argile plastique est presque blanche, teinte de vert pâle.

Dans la seconde localité elle est d'un gris foncé.

Dans la troisième, d'un gris blanchâtre ou jaunâtre : celle-ci contient du sable micacé.

Celle de Saint-Amand est grise, mouchetée de jaune, et contient un peu de mica.

A l'étranger on cite avec avantage deux principaux gîtes d'argile plastique : ce sont, en Angleterre, dans le *Devonshire*, et en Belgique, à *Andenne* près de Namur. La première est d'un blanc grisâtre, onctueuse ; étant calcinée elle devient blanchâtre. Les Anglais en tirent un grand parti pour leur faïence fine. L'argile d'Andenne est grise, d'un grain fin, douce au toucher. On en fait un grand usage dans la fabrication des creusets de fondeurs. L'argile de Saint-Amand convient parfaitement pour la fabrication des poteries de grès dur.

Dans toutes ces argiles plastiques les proportions respectives d'alumine et de silice varient de 43 à 24 de la première de ces substances, et de 73 à 59 de la seconde.

L'argile figuline a pour caractère essentiel d'être liante, et très abondante en silice ; elle contient aussi notablement de l'oxide de fer, et toujours une petite quantité de craie. Elle fait avec les acides une faible effervescence de peu de durée. A une haute température elle éprouve un commencement de ramollissement. Alors elle prend une teinte rouge très prononcée due à la suroxidation du fer qu'elle renferme. On trouve, entre autres localités assez nombreuses, l'argile figuline à *Provins*, dans le département de Seine-et-Marne, et à *Livernon* près de Figeac, dans le département du Lot.

La marne argileuse est un minerai terreux, peu solide, friable même; mais qui néanmoins, au moyen de l'eau, se prend en une pâte contractant une assez forte liaison. Elle est essentiellement composée de silice, d'alumine et de carbonate de chaux. Elle fait avec tous les acides une effervescence vive et continue, et se fond à la température du four à porcelaine, et même fort au-dessous, dans le cas de certaines variétés.

Les gîtes de la marne argileuse sont très nombreux : on cite principalement, d'après l'emploi qui en est fait dans la céramique, les carrières de *Billom*, département du Puy-de-Dôme; de *Belleville* près de Paris; de *Viroflay* près de Versailles. La marne argileuse de Billom est brune feuilletée ou grise compacte ; celle de Belleville est verte.

Les constituans de l'argile figuline varient entre les proportions de 57 de silice sur 37 d'alumine, et 60 de silice sur 30 d'alumine. La chaux varie de 2 à 3, et le fer oxidé de 4 à 8.

Les constituans de la marne argileuse sont communément de 45 à 30 silice et de 20 à 10 alumine. Le carbonate de chaux s'y trouve depuis 53 jusqu'à 28; quelques traces de bitume et beaucoup d'eau.

Le kaolin est un minerai terreux, friable, souvent d'une grande blancheur, quelquefois jaunâtre ou grisâtre. Il ne forme avec l'eau qu'une pâte très courte. *Saint-Yrieix*, près de Limoges; *Aux*, près de Schneeberg en Saxe, sont des localités réputées pour la production d'un beau kaolin. Aux *Pieux*, près de Cherbourg, dans le département de la Manche, on en extrait qui ne produit pas à la vérité une porcelaine très blanche, mais qui a donné lieu, dans le pays, successivement à Valognes et plus tard à Bayeux , à l'établissement de fabriques dont les produits sont extrêmement recherchés pour la solidité et la résistance aux brusques alternatives de températures extrêmes. Dans ces dernières années il a été découvert en France d'autres gîtes de kaolin , tels que ceux du Berry et autres, qui sont exploités pour la fabrication de la porcelaine. Les constituans des kaolins varient assez généralement dans les proportions suivantes : silice de 54 à 40 ; alumine de 45 à 25 ; fer de 0,01 à 0,08 ; potasse de 0,02 à 0,03 ; quelquefois de la chaux en quantité notable , et toujours beaucoup d'eau de composition.

La magnésite , et sa variété la *giobertite,* sont encore des minerais d'aspect terreux ; mais souvent ils offrent une grande dureté. Avec l'eau il faut un long broyage pour en obtenir une pâte ductile. Ces minerais sont essentiellement composés de carbonate de magnésie et de silice ; quelquefois la magnésie y existe à l'état de vrai silicate. C'est proprement le cas du minerai, le premier connu sous le nom de magnésite. Toutes les variétés sont apyres , c'est-à-dire absolument infusibles à la température de cuisson de la porcelaine la plus dure.

La variété *giobertite* se trouve à *Baudissero,* près de Turin ; la vraie magnésite à *Vallecas,* près de Madrid.

Nous allons passer aux procédés de fabrication.

La plasticité et l'homogénéité sont des conditions essentielles dans la fabrication de toute pâte céramique. Les pâtes qui jouissent de la première de ces propriétés sont dites, en termes de fabrique , *pâtes longues,* et par opposition on appelle *pâtes courtes* celles qui en sont presque totalement privées.

C'est l'alumine qui contribue le plus puissamment, par son mélange avec la silice , à donner la propriété plastique ; et cependant, chose remarquable et jusqu'ici mal expliquée, l'alumine pure n'en jouit pas elle-même ; car, soit qu'on la prenne à l'état gélatineux , ou qu'après l'avoir desséchée on la broie même très long-temps avec de l'eau , on n'obtient pas la plasticité. On ne peut même y parvenir par une addition artificielle de silice. Il est à présumer que sa propriété naturelle dépend de l'eau de composition : jusqu'ici l'art n'a pu suppléer au jeu successif et lent des forces de la nature.

Dans la fabrication l'excès de plasticité n'est pas moins à redouter que son manque absolu. Cet excès a les plus graves inconvéniens dans beaucoup de cas. Les pièces formées avec une pâte trop plastique se dessèchent difficilement et inégalement; elles éprouvent dans leur dessiccation une déformation considérable et sont très sujettes à se fendre. La cuisson ne fait plus tard que développer et aggraver ces inconvéniens.

Pour corriger l'excès de plasticité l'on a recours à une addition de matière absolument sèche et privée de toute ductilité ; cette opération porte dans la fabrication le nom de *dégraissage* de la pâte. Selon la nature de la poterie qu'on veut obtenir, et considérant d'ailleurs la nature de la base plastique , on peut employer pour ce dégraissage soit du sable fin , du silex broyé , de la craie, du ciment de pâte cuite, ou même quelquefois des escarbilles pulvérisées grossièrement. On sent que ces matières agissent sur les pâtes non-seulement comme moyen mécanique de division , mais qu'àyant aussi une grande influence sur leur fusibilité et sur quelques-unes de leurs autres qualités , elles doivent être choisies en conséquence.

L'eau paraît adhérer avec une grande force aux pâtes céramiques. Cette adhérence est telle, qu'une longue dessiccation favorisée par l'élévation de la température à 100° ne suffit pas pour l'en chasser entièrement : il faut une température au moins égale à celle de la fusion de l'argent pour cette expulsion complète.

L'adhérence de l'eau à la pâte est d'autant plus grande que celle-ci est plus plastique. Le dégraissage par les matières *arides* ou sèches paraît donc avoir pour but de permettre à l'eau de se dégager facilement et également, de manière à ce que la pâte reste d'une égale densité dans toutes les parties. Cela est essentiel. Mais il est également essentiel que la dessiccation ne soit pas trop rapide , parce que, dans ce cas , il se produit à la surface des pièces une croûte desséchée et dense qui s'oppose à la sortie de l'eau de l'intérieur de la pièce ; en sorte qu'une pièce ainsi desséchée et qui paraît l'avoir été complètement, renferme encore de l'eau dans l'intérieur. Cette eau, vaporisée pendant la cuisson, fait alors briser la pièce.

Il est important de donner à la pâte dans toutes ses parties une égalité parfaite de composition et de densité, de manière à ce que le mouvement qui s'opère dans les pièces par leur dessiccation, par la *retraite* que prend la pâte pendant la cuisson, ait lieu le plus également possible dans toutes les parties de la pièce.

Des opérations préparatoires pour la formation des pâtes céramiques.

Ces opérations consistent d'abord dans le *lavage* des matières, le *broyage* de celles qui sont grossières, et le *mélange* des matières ainsi atténuées.

A ces premières opérations succèdent le *marchage*, le *battage* et parfois la *pourriture.*

Le lavage comprend le *délayage* et le *décantage.* Pour laver une matière céramique, c'est-à-dire pour séparer par l'eau les matières ténues et légères, des matières ou grossières ou plus lourdes, il convient d'abord de délayer cette matière dans une quantité suffisante d'eau. Pour être complet, ce lavage exige différentes précautions : il ne faut pas qu'il reste aucune motte qui n'ait été pénétrée, divisée par l'eau ; or cette division par pénétration n'a lieu facilement et complètement que sur des matières sèches. Les matières dans un état d'agrégation par humidité ne se divisent que difficilement. Mais il ne faut pas non plus que les matières soient pulvérulentes ; sans quoi l'eau les pelotonne quand on les en couvre à la fois d'une trop grande quantité ; il faut donc quand une matière terreuse bien sèche doit être lavée, n'y mettre l'eau d'abord qu'en petite quantité, l'y introduire par brassage au râble ou spatule, faire un mélange intime, et ensuite verser une plus grande quantité d'eau. Les kaolins, les sables, ne demandent pas d'autres précautions ; mais quand ce sont des marnes argileuses, des argiles figulines et surtout des argiles plastiques, le lavage, et le délayage qui doit le précéder, deviennent beaucoup plus difficiles.

Il faut, dans ce cas, non-seulement faire dessécher les matières, mais ensuite les pulvériser grossièrement, puis les humecter d'une petite quantité d'eau et les laisser s'en pénétrer par un séjour de plus de 24 heures. On les délaie ensuite dans la quantité d'eau suffisante. Ce qui paraît valoir encore mieux c'est de répandre dans l'eau, comme par saupoudration, l'argile réduite en poudre grossière, de la même manière qu'on procède ordinairement pour le gâchage du plâtre.

Pour le lavage et le décantage, le procédé le plus usité est de recevoir dans des cuves échelonnées en contre-bas de la grande cuve de délayage l'eau trouble qui tient en suspension la partie argileuse la plus fine, séparée, par ce délayage, du sable et des autres matières plus grossières, et d'y laisser l'eau déposer la partie argileuse la plus pure et la plus ténue.

Les matières dures et en gros quartiers de roche qu'on emploie dans les pâtes céramiques doivent être successivement cassées, pilées et broyées, pour les réduire au degré de ténuité nécessaire pour en opérer intimement le mélange avec l'élément argileux. Pour rendre plus faciles ces opérations, on doit dans certains cas exposer ces roches à une haute température, d'où on les fera passer subitement dans l'eau froide pour les étonner et les rendre brisables à moins de peine et de frais.

Mélange intime des matières.

Les matériaux des pâtes céramiques, réduits au même degré de ténuité par le décantage et le broyage, sont en état d'être mêlés.

Ce mélange se fait à l'état liquide ; il ne faut cependant pas que la liquidité aqueuse des matériaux soit trop grande, parce qu'étant de pesanteur spécifique différente, ils se séparent facilement. On doit les prendre à l'état d'une bouillie claire et les mêler avec rapidité.

Ce mélange s'opère tantôt dans une grande cuve où ces deux bouillies sont agitées à l'aide de râbles; tantôt dans une tine ou cuve cylindrique plus profonde que large où les matières sont mêlées par des palettes attachées à un axe vertical et tournant; tantôt enfin dans une auge à patouillet et par le même procédé que celui qui est employé pour le lavage des minerais de fer.

La pâte ainsi composée est en consistance d'une bouillie plus ou moins épaisse; mais on ne peut la laisser long-temps dans cet état, premièrement, parce qu'on aurait à craindre que les parties d'inégale pesanteur ne se séparassent; en second lieu, parce qu'elle n'est pas maniable. Il faut donc lui faire acquérir la consistance qu'on nomme *pâteuse*.

Lorsqu'une fabrication emploie peu de pâte à la fois, les moyens d'absorption et d'aérage suffisent pour l'amener à la consistance nécessaire. Lorsqu'au contraire la fabrication consomme beaucoup de pâte, comme celle des faïences fines, on est obligé d'avoir recours à la chaleur artificielle pour opérer le ressuage ou raffermissement de la pâte.

Pour raffermir par absorption on met la pâte ou bouillie dans des caisses de plâtre. Les parois en doivent être épaisses. L'eau est promptement absorbée par le plâtre, et la pâte, amenée à l'état de fermeté nécessaire, s'en détache aisément.

La méthode par évaporation convient principalement dans les fabriques de faïence fine. Elle consiste à introduire la bouillie dans de grandes caisses ou cuves en forme de parallélépipèdes très longs, composées de plaques de terre cuite très exactement jointes. On chauffe dessous avec un combustible léger. La pâte en bouillie est portée jusqu'à l'ébullition. C'est une des parties coûteuses de la fabrication.

Le *pétrissage* ou *marchage* succède à cette évaporation. On étend la pâte en un cercle plein, sur une aire en pierre ou en bois, et sous une épaisseur d'environ 8 pouces. L'ouvrier marcheur, pieds nus, la pétrit en partant du centre et marchant vers la circonférence, et revenant de même en spirale de la circonférence au centre. Il la relève ensuite à l'aide d'une pelle, et la met en ellipsoïdes d'environ 25 à 30 kilogrammes, qu'on nomme *ballons*.

Tantôt la pâte est immédiatement employée après cette opération (dans les fabriques de poteries communes, faïence à couverte opaque, etc.), tantôt la pâte, après avoir éprouvé encore une opération préparatoire qu'on nomme *ébauchage*, est mise en réserve dans des fosses, bâches ou caves, pour y acquérir les qualités qui paraissent résulter de l'ancienneté.

Mais dans presque toutes les fabriques dont les poteries s'élèvent au-dessus des poteries grossières, l'homogénéité de la pâte est encore augmentée par le *battage* et le *coupage*.

Battre la pâte céramique c'est la comprimer à l'aide d'une percussion violente exercée par les forces seules de l'ouvrier, ou quelquefois par des machines de diverses espèces.

Dans le premier cas, qui est le plus ordinaire, l'ouvrier roule la pâte avec ses mains et ses bras, la réunit en petites masses ou ballons qu'il frappe fortement contre la table, et en resserrant par ce moyen toutes les parties, il chasse l'air qui pourrait être engagé entre elles. Il reconnaît que cette opération, qu'on appelle *manier* et *battre la pâte*, a atteint son but, lorsqu'en cassant les petites masses ou ballons il n'y aperçoit plus aucun *vent*.

Façon des pièces.

1°. *De l'ébauchage.* — L'ébauchage est la sorte de façon qui consiste à donner à la pâte molle une forme quelconque avec le seul moyen des mains, sans l'aide d'aucune espèce de moule ou d'appui.

Le tour à ébaucher, qui est le véritable tour du potier, est mis en mouvement par le pied de l'ouvrier. Lorsque l'ouvrier a de grandes pièces à exécuter, et que la résistance deviendrait trop considérable pour les seules forces de son pied, le tour, avec sa roue massive qui fait l'office de volant, est mis en mouvement par un autre ouvrier, au moyen d'une manivelle.

Pour l'ébauchage sur le tour d'une pâte céramique quelconque, l'ouvrier prend une masse humide de pâte proportionnée à la pièce qu'il veut faire, il la met sur la tête ou girelle du tour, mouille ses mains avec de la barbotine (bouillie de la même pâte très liquide), met le tour en mouvement, élève cette masse en cône informe, la rabaisse en une espèce de grosse lentille et perce cette masse lenticulaire avec les deux pouces; il l'élève ensuite de nouveau en la pinçant entre le pouce et les autres doigts, et lui donne le commencement de forme qu'il veut faire prendre à cette masse.

Il l'étend ainsi en la tenant humectée au moyen de la barbotine qu'il prend avec la main, et la rapproche plus ou moins de la forme définitive qu'elle doit conserver.

Lorsque ce sont des poteries à formes grossières et à parois épaisses que le potier doit produire, l'ébauchage peut compléter les formes de manière à ce qu'il n'y ait plus à retoucher à ces pièces; mais lorsque les formes doivent être plus pures et plus légères, l'ouvrier termine l'ébauchage à l'aide d'une sorte d'ébauchoir de bois appelé *estèque*, et dont il se sert pour amincir les pièces par-dedans et en unir en même temps la surface. Enfin, lorsque la pâte qu'il travaille doit donner des pièces très légères, très délicates et de contours bien purs, il arrête son ébauche long-temps avant d'approcher de ce terme, afin de conserver assez d'épaisseur à la pièce pour pouvoir lui enlever par le tournage, après qu'elle aura été raffermie, tout ce qui excéderait les contours et épaisseurs déterminés.

Les pièces fermées ou à col étroit sont ébauchées en deux parties réunies ensuite. Une sorte de tige verticale garnie de pièces horizontales qu'on peut faire avancer plus ou moins, sert à l'ouvrier pour donner à la pièce ébauchée à peu près la dimension déterminée.

L'opération de l'ébauchage est une des plus importantes; le succès de la pièce dans certaines poteries en dépend. Cette opération est d'autant plus importante, que le mauvais résultat d'un ébauchage vicieux ne s'aperçoit qu'après la cuisson, et lorsque les différentes modifications que la pièce a reçues par le tournage, le desséchement, la cuisson, le vernis, etc., ont fait perdre la trace du défaut originaire, et donné à l'ouvrier le moyen de s'excuser sur les opérations subséquentes.

Plus la pâte est argileuse et plastique, plus l'ébauche est difficile à bien conduire ; non pas que cette pâte soit plus difficile à ébaucher qu'une pâte courte, mais parce que les inégalités de mouillage et de compression s'y manifestent bien plus par l'effet de la dessiccation et de la cuisson ; que dans une pâte maigre.

2°. *Du tournassage des pièces sur le tour.* — La fabrication des poteries grossières rondes faites sur le tour, se borne à un ébauchage plus ou moins soigné et qui suffit pour leur donner l'épaisseur et la forme désirées : la plupart des poteries antiques n'ont pas reçu d'autre façon ; mais dans les poteries modernes et fines, telles que la faïence fine, les porcelaines, on exige des contours mieux arrêtés et des surfaces plus unies ; pour y parvenir, lorsque la pièce dont la forme a été préparée par l'ébauche a acquis assez de consistance pour résister à la pression de l'outil tranchant dont on va se servir, on la remet sur le tour. Cette opération s'appelle *tournasser*.

Les pièces rondes de poterie qui doivent subir le tournassage se tiennent d'autant plus épaisses à l'ébauchage, que la pâte est moins liante et moins plastique. On conserve à l'ébauche des pièces en porcelaine dure une épaisseur telle, qu'à peine peut-on présumer sur la vue de l'ébauche la forme de la pièce qu'on veut obtenir. Les pièces en faïence fine sont au contraire amenées, par l'ébauchage, presqu'à leur épaisseur définitive ; car cette dernière pâte est bien plus plastique que celle de porcelaine.

Lorsque la pièce *ébauchée* a acquis par une dessiccation suffisante et appropriée la consistance convenable, qu'elle n'est pas tout-à-fait sèche, mais qu'elle conserve encore un certain degré d'humidité qui permet de la couper, d'en enlever des copeaux sans la réduire en poussière, on la place sur ou dans un *mandrin* fixé sur la girelle du tour : on l'y attache de manière à ce que son axe se continue avec celui du tour ; elle s'y fixe soit par la seule humidité propre au mandrin de pâte, ou au moyen d'un peu de barbotine claire mise au pinceau.

Des pièces moulées.

1°. Les *modèles* pour le moulage des pâtes céramiques, faits par les artistes *modeleurs* ou empruntés à d'autres arts, n'exigent essentiellement aucune construction particulière. L'art céramique peut exécuter toutes les formes, mais il en est qui réussissent plus facilement et plus constamment que d'autres.

Les modèles en argile se font aisément, mais il est difficile de les terminer avec pureté. Les *modèles* en cire présentent de grands avantages et sont préférables, pour la netteté, à tous autres, quand ils ne doivent pas fournir un grand nombre de moules.

Les modèles en plâtre ont plus de fermeté ; on les fait en plâtre gâché serré, et l'on en augmente encore la durée en les pénétrant d'huile siccative qui les durcit considérablement.

2°. *Des moules.* — Il faut que les moules destinés aux pâtes céramiques molles soient faits avec une matière absorbant l'humidité ; c'est une règle qui ne souffre pas d'exception ; car pour que la pièce moulée puisse se détacher du moule, il faut que l'eau de la superficie de cette pièce puisse être absorbée.

Cette nécessité restreint considérablement le nombre des matériaux susceptibles d'être employés à la confection des moules, et les réduit même à deux, le plâtre et la terre cuite poreuse.

On doit préférer les moules en terre cuite pour tous les moulages qui doivent être fréquemment répétés et donner des empreintes nettes et économiques. Cependant ces moules précieux ont aussi leurs inconvéniens. Comme à la cuisson ils prennent de la retraite, il faut pour ce genre de moulage faire un modèle exprès, et dont les dimensions soient calculées sur la retraite du moule. Ils servent principalement dans les fabriques de faïence à la manière anglaise. La pâte argileuse dont on confectionne ces moules doit être peu grasse, afin qu'elle adhère moins au modèle, et que les moules gauchissent moins en séchant et à la cuisson; cette pâte doit néanmoins conserver assez de plasticité pour s'étendre sans ce gercer. Voici des compositions éprouvées pour la pâte de ces moules.

Pâte maigre pour les grands moules.

Pâte de porcelaine dure............... 7
Pâte de porcelaine tendre ou frettée... 1
Argile très plastique................. 1

Pâte grasse pour les petits moules.

Pâte de porcelaine dure............. 5
Argile plastique. 2

Il faut sécher les moules en terre cuite avec beaucoup de lenteur, parce qu'ils sont sujets à gauchir, et ne les porter, par la même raison, au four de cuisson que quand ils sont complètement secs. Le feu de cuisson pour ces pièces est de peu d'intensité, afin que le moule ne cesse pas d'être poreux et absorbant : c'est ce qu'on connaît sous le nom de feu de *dégourdi.*

3°. *Du moulage à la main.* — C'est celui dans lequel la main de l'ouvrier est l'instrument principal. Suivant l'objet qu'on veut mouler, on prépare la pâte en *balle* ou en *croûte.* Pour le moulage à la balle, on fait, par le *maniage,* des balles de pâte bien serrées et bien homogènes, comme pour l'ébauchage au tour. Si la pâte est trop courte on peut lui donner du liant ou de la plasticité par le gommage ou l'addition d'un mucilage : il faut choisir ce mucilage de telle nature qu'il ne prenne pas, en se desséchant, plus de retraite que la pâte, afin d'éviter les gerçures : la gomme arabique en petite quantité et la colle de farine sont les matières qu'on emploie ordinairement.

Ayant ouvert le moule en deux parties, on imprime fortement dans toutes les cavités d'une des coquilles de ce moule, et le plus également possible ainsi que le plus lentement, les petites balles de pâte. Pour que cette pâte adhère au moule comme il convient, qu'elle ne se soulève pas et ne produise pas de contre-moulage, on met une toile fine entre le doigt et la pâte, ou bien on se sert d'une éponge : la pâte n'adhère pas tant à ces corps qu'elle le ferait avec la peau.

Le *moulage à la croûte* consiste à faire, sur une table, une croûte ou lame de pâte qui soit bien égale de densité et d'épaisseur ; cette lame est destinée à prendre sur le moule la forme de la pièce qu'on veut obtenir. Pour cet effet on étend sur une table de marbre ou de pierre bien dressée, une toile mouillée ou une peau de daim ; on place sur cette peau la masse de pâte bien corroyée et bien battue ; on pose des deux côtés de la peau des petites réglettes d'égale épaisseur sur lesquelles on appuie un rouleau de bois bien dressé et bien uni, qu'on fait rouler pour étendre la pâte d'une épaisseur égale. C'est une opération fort analogue à celle du pâtissier. Cette croûte, détachée de dessus la peau, est ensuite étendue dans le creux du moule et pressée convenablement jusque dans ses dernières cavités.

Quels que soient les moyens mis en usage et la nature de la pâte employée dans le moulage, il faut faire en sorte que toutes les parties d'une même pièce soient également comprimées dans le moule ; cette condition est de rigueur pour le succès des pièces d'une certaine dimension.

4°. *Du moulage à la presse.* — Le succès du moulage à la main dépend constamment de la diversité de talent et des dispositions accidentelles de l'ouvrier ; c'est pour éviter ces incertitudes, les lenteurs, les précautions minutieuses, qu'on a cherché à employer des moyens mécaniques.

Le moulage des pâtes molles à la presse est presque impossible pour peu que les pièces aient des dimensions de plus de 3 pouces de côté ; car les moules *absorbans* étant les seuls qui soient propres au moulage des pâtes humides, on ne peut employer pour ces moules que deux matières, comme nous l'avons dit plus haut, le plâtre, qui est très peu solide, et la terre cuite, qui ne convient que pour des moules très petits et toujours peu réguliers.

5°. *Du rachevage des pièces à leur sortie des moules.*— Cette opération comprend toutes celles qui ont pour but de perfectionner, de polir, d'orner ou de compléter une pièce déjà ébauchée, ou préparée par les opérations précédentes.

Le rachevage, qui concerne le fini ou l'ornement des pièces, a bien moins d'importance pour ce qu'on appelle la *réussite de la pièce*, que l'ébauchage; mais il exige en général de l'adresse, de la finesse de main et de travail, du goût, et un talent plus voisin de celui de l'artiste que de l'artisan.

Le *reparage* et l'*évidage* des pièces moulées consistent, le premier à enlever les coutures des moules ou les lignes de suture que laissent leur commissure. Il faut remarquer que loin d'abattre ces sutures avec l'ébauchoir, et de les faire pour ainsi dire rentrer dans la pâte, il faut les enlever avec l'instrument coupant et dentelé qu'on appelle *gradine*. Le reparage consiste encore à boucher avec de la pâte les bulles, cavités et gerçures que le moulage a fait naître ou que le tournassage des pièces rondes a découvertes.

Lorsqu'une pièce doit faire voir des ouvertures ou *jours* qui en traversent l'épaisseur, comme dans les corbeilles, etc., le moulage ne pouvant les donner par aucun procédé connu jusqu'à présent, il faut ouvrir tous ces jours à la main, ce qui est une opération longue et assez difficile. Le moulage forme les parties saillantes, et présente en empreinte les parties qui doivent être enlevées pour produire ces jours ou trous. C'est avec une lame de couteau mince et effilée que le repareur ouvre et découpe tous ces jours. Il doit éviter de presser sur la pièce, crainte de briser ou de fausser les parties à conserver.

6°. *Réunion des parties*. — L'ébauchage au tour et même le moulage ne pouvant donner ou que des parties unies, ou que des portions de vase qui ne présentent aucune partie comme dégagée et indépendante, il faut donc, dans toutes les sortes de poteries, depuis les plus communes jusqu'aux plus précieuses, faire séparément le corps de la pièce, puis les anses, les becs, les pieds, et dans beaucoup de cas les ornemens en saillie; et ensuite il faut réunir toutes les pièces accessoires, qu'on nomme ordinairement la *garniture*, à la pièce principale, par un véritable collage.

Le façonnage des garnitures ne diffère pas de celui des pièces principales; mais le collage de ces garnitures est une opération très délicate.

La plupart des garnitures sont moulées; d'autres cependant sont faites par un procédé qui est aussi une sorte de moulage, mais qui a encore plus de ressemblance au tirage à la filière des métaux ductiles. Le moulage des garnitures proprement dit s'applique nécessairement aux parties qui, offrant des inégalités de diamètre dans leur longueur, et des ornemens variés, soit horizontaux, soit longitudinaux, mais interrompus, ne pourraient pas être faites par le second procédé.

Les pièces de garniture étant détachées du moule doivent être réparées et finies sans délai : on les place, pour les laisser raffermir, sur des supports en plâtre ou en terre cuite qui en absorbent l'humidité.

L'autre procédé de préparation de garnitures, qu'on peut appeler *procédé de tirage*, n'est applicable qu'à des parties pleines, d'une grosseur qui doit être au plus de 4 lignes dans son diamètre, et rester la même aux deux extrémités; enfin dont les ornemens ne peuvent consister qu'en canalicules ou *côtes de céleri*.

Lorsque les garnitures ont été réparées, et que les pièces sur lesquelles elles doivent être placées ou appliquées sont également terminées, il s'agit de les y attacher d'une manière propre et solide; c'est ce qu'on appelle l'*applicage* et le *collage*.

La condition essentielle pour le succès est que les deux pièces soient à très peu près au même point de dessiccation, c'est-à-dire entièrement humides ou également sèches l'une et l'autre.

Il s'agit d'abord d'ajuster les deux pièces l'une sur l'autre : l'ouvrier trace sur la pièce principale la place des deux attaches de la garniture. Le moule a souvent indiqué l'inclinaison et la courbure du point d'attache. L'ouvrier présente la garniture à plusieurs reprises, en l'y ajustant au moyen de la lame tranchante ; enfin il *cliquette*, c'est-à-dire qu'il grave des raies croisées sur les surfaces d'application, afin de rendre ces surfaces rugueuses ; et prenant avec un petit pinceau ou une petite palette de la pâte délayée en consistance de bouillie épaisse (*barbotine*), il en met une couche mince sur la surface d'application, et colle promptement la garniture, anse, bec ou ornement d'application.

Si l'anse est un peu longue et qu'elle soit attachée, comme elles le sont presque toutes, par les deux extrémités, la pièce, à la cuisson, prend de la retraite et tourne un peu sur elle-même ; elle emporte le bas de l'anse et lui fait quitter la direction perpendiculaire qu'elle devrait avoir sur le bord ou sur le pied de la pièce. Il faut que le garnisseur prévoie et évalue ce mouvement de torsion, et qu'il place son anse hors de la ligne perpendiculaire, afin qu'elle y revienne par la cuisson.

La barbotine suffit pour coller solidement, même avant la cuisson, une garniture humide sur une pièce humide ; mais lorsque les deux pièces sont sèches, comme elles ont une grande avidité pour absorber l'eau, la barbotine serait desséchée avant qu'on eût pu appliquer les deux pièces l'une sur l'autre. Il faut, pour éviter cette absorption, enduire d'eau gommée les deux surfaces d'application, et gommer également la barbotine afin de lui faire contracter avec les deux pièces une adhérence suffisante pour les contenir avant que la cuisson ait complété cette adhérence.

De la couverte, émail ou vernis des pièces céramiques.

L'objet de ces vernis ou enduits vitreux est de rendre la pâte des poteries imperméable aux liquides, et surtout aux corps gras ; de leur donner un éclat et quelquefois des couleurs agréables à l'œil.

Nous verrons que ces enduits vitreux sont très variés. Chacun d'eux doit avoir les qualités indispensables à l'objet qu'on se propose.

Il faut, en général et pour tous, qu'ils puissent s'étendre complètement sur les pièces, de manière à ne laisser aucune partie à nu. Cette condition exige une certaine affinité entre la matière de l'enduit vitreux et la pâte ; tantôt elle dérive de la nature même du vernis, tantôt de celle des pâtes. Ainsi la chaux est indispensable dans la composition des faïences communes, pour leur faire prendre l'émail stannifère : sans cette condition les vernis ou émaux se réunissent en gouttes, ce qui cause ce qu'on nomme le *retirement ;* ils bouillonnent ou même tombent en écailles.

Il ne faut pas non plus que cette affinité soit poussée trop loin ; car dans ce cas le vernis pénètre dans la pâte, disparaît presque de la surface des pièces, et montre le défaut auquel on donne le nom de *vernis terne, desséché* ou *ressuyé.*

Il faut en second lieu que le vernis ait un degré de fusibilité approprié à la pâte sur laquelle on le place, et qu'il ait éprouvé la température convenable à son degré de fusibilité. Si ce vernis est ce qu'on nomme *trop dur,* il ne sétend pas sur la pâte, il reste *terne* ou se couvre de petits trous qu'on nomme *coques d'œuf.*

Si le vernis est trop fusible il fond avant que la pâte ne soit cuite, il coule sur les parties inférieures des pièces, et pénétrant dans le corps de la pâte, il laisse la surface rude et non glacée. Un feu trop fort produit, même avec un vernis convenable, à peu près le même effet. On dit alors que le vernis a été *sucé.*

Une troisième condition non moins essentielle, non moins difficile à obtenir que toutes les autres, c'est que le vernis soit en rapport de dilatabilité avec la pâte des pièces sur lesquelles on le place : lorsqu'il ne possède pas cette qualité il ne peut céder aux mouvemens de dilatation de la pâte et se fendille dans tous les sens. On donne le nom de *tressaillure* à ce défaut qui est des plus graves. Ces tressaillures peuvent résulter non-seulement d'un vernis dont la dilatabilité n'est pas en rapport avec celle de la pâte, mais encore ou d'une trop grande épaisseur dans le vernis, ou de ce qu'il n'a pas été porté à la température nécessaire pour le parfondre.

Nature et qualités des enduits.

Les enduits vitreux sont : 1°. *Terreux purs*. Dans cette classe il faut ranger le feld-spath, les ponces, quelques produits volcaniques. 2°. *Salins,* dans l'ancienne acception de ce mot. Ce sont, le sel marin, les alcalis des cendres, l'acide borique, le phosphate de chaux, le sulfate de baryte. 3°. *Métallico-terreux*. Les élémens de ceux-ci sont ou simplement mélangés avant l'emploi, ou préalablement fondus à l'état de verre. Cette classe comprend les enduits les plus nombreux : tels sont les verres de silice et de plomb, les émaux de silice, d'étain ou de plomb. 4°. Composés avec des *oxides* et des *sulfures métalliques purs :* tels sont l'oxide de plomb à l'état de litharge ou de minium, l'oxide de manganèse et l'oxide de cuivre mêlés avec le premier, le sulfure de plomb, appelé *alquifoux* par les potiers.

Mais ces corps forment par leur incorporation avec la matière des poteries, au moyen du feu, un composé vitreux dans lequel presque aucun des enduits n°s 3 et 4 ne reste dans l'état où on l'avait pris pour le placer sur la poterie. Ces verres salins ou métalliques forment avec la pâte céramique un verre dans lequel la matière de l'enduit est plus ou moins dominante. Ce verre ainsi formé sur la surface même des pièces, et aux dépens de la silice de leur pâte, est ordinairement tendre et facilement attaquable par les acides mêmes les plus faibles, les graisses, etc.

Les enduits vitreux ont encore pour objet d'embellir les poteries en laissant voir la couleur et rehaussant l'éclat de la pâte de celles qui ont une pâte blanche ou qui sont d'une couleur agréable, et en cachant ou changeant la couleur des poteries à pâte d'un ton incertain et sale. On a pour obtenir ces résultats divers trois sortes d'enduits vitreux.

1°. Les *enduits transparens*, qui sont en général donnés par les vernis terreux, salins et vitreux; 2°. les *enduits opaques*, que l'oxide d'étain et le phosphate de chaux donnent exclusivement; 3°. les *enduits colorés*, qui sont dus aux oxides presque purs de manganèse, de cuivre, de fer, ou à l'introduction de ces oxides et des oxides de cobalt et de chrôme dans les enduits vitreux opaques et demi transparens.

Lorsqu'on veut cacher les couleurs désagréables d'une pâte ou les changer, et qu'on ne peut ou qu'on ne veut pas employer soit les enduits vitreux opaques, soit les enduits transparens, on place sur la pâte et dessous l'enduit vitreux un enduit terreux mince fait avec des ocres, des argiles blanches ou des argiles colorées; c'est ce qu'on appelle une *engobe*.

Lorsque les pièces de poterie sont façonnées et parfaitement sèches, tantôt on les passe au four immédiatement pour leur donner ou une demi-cuisson ou une cuisson complète; tantôt, avant toute cuisson ou après la demi-cuisson, on les recouvre d'un enduit qui doit se vitrifier par l'action d'une cuisson appropriée.

Posage des enduits vitreux.

Le nombre des pièces qu'on doit couvrir de ces enduits étant toujours considérable, on ne peut employer pour poser le vernis que des moyens expéditifs et économiques; par conséquent aucun de ces vernis ne se pose au pinceau. D'ailleurs, outre le temps qu'une semblable opération exigerait, il serait difficile d'étendre également par ce moyen les enduits lourds et *courts*, qui sont très difficiles à employer. Il faut donc avoir recours à d'autres procédés, qui peuvent en général se réduire à trois principaux : 1° l'*immersion*, 2° l'*arrosement*, 3° la *volatilisation*.

Posage de l'enduit par immersion. — Ce procédé ne peut s'appliquer qu'aux pièces suffisamment poreuses pour absorber l'eau avec avidité, et assez solides cependant pour rester plongées un instant dans ce liquide sans s'y délayer. Pour réunir ces deux conditions, on fait éprouver aux pièces un commencement de cuisson qu'on appelle le *dégourdi*. Cela a lieu ordinairement pour la porcelaine dure et les faïences fines.

L'enduit vitrifiable, quel qu'il soit, ayant été finement broyé à l'eau dans des moulins semblables à ceux dans lesquels on broie les élémens durs des pâtes, on le délaie dans une quantité convenable de liquide. Afin d'empêcher que la poudre vitrescible ne se précipite au fond du baquet où se fait le mélange et l'immersion, on l'agite fréquemment pendant le travail, et l'on y introduit même une certaine quantité de vinaigre, dans de certains cas; cela a évidemment la propriété de retarder beaucoup cette précipitation, encore bien que cet effet ne s'explique pas d'une manière très satisfaisante.

On plonge rapidement, avec adresse et précaution, la pièce à vernir dans ce liquide encore trouble; cette pièce absorbe avec avidité le liquide, qui dépose à sa surface, en pénétrant dans l'intérieur de la pièce, la matière vitrescible que l'eau tenait en suspension. Par ce procédé simple et rapide la pièce se trouve recouverte d'une couche d'enduit qui est d'une épaisseur convenable, si l'on a eu attention à bien doser le mélange de matière vitrescible et de liquide, et de n'accorder à l'immersion que le temps nécessaire. Cette couche sera d'ailleurs d'une épaisseur égale sur toutes les pièces et sur toutes les parties de chaque pièce, si celle-ci n'a pas été laissée dans le liquide plus long-temps sur un de ses côtés que sur un autre, et si l'on a opéré uniformément pour toutes les pièces, en tenant d'ailleurs le liquide constamment au même degré de consistance.

Les bords d'une pièce prennent moins d'enduit que le milieu, et les parties par lesquelles on tient la pièce plongée dans le liquide n'en prennent pas du tout : c'est ici qu'il faut, après l'immersion, faire usage du pinceau pour suppléer au défaut d'épaisseur de l'enduit ou à son absence totale. Cette dernière opération est délicate et beaucoup plus difficile qu'on ne le croit à faire régulièrement.

On enlève ensuite avec une lame, et à l'aide d'un morceau de feutre, le vernis des parties où il n'en doit pas rester, telles que le dessous des pieds des pièces, les gorges qui reçoivent des couvercles, etc.

Les corps gras s'opposent à l'adhérence des enduits. On trouve dans cette propriété un moyen de laisser sans vernis certaines parties qu'on veut réserver mattes, telles que des ornemens délicats. On les enduit d'huile avec le pinceau avant de plonger la pièce dans le liquide. Enfin, lorsqu'on veut qu'une partie prenne moins d'enduit que le reste de la pièce, avant l'immersion on mouille plus ou moins cette partie à l'aide du pinceau. Plus cette partie aura été fortement imbibée, moins elle sera avide d'eau, moins elle en absorbera dans un temps donné, et par conséquent moins il se déposera de matière vitrescible à sa surface.

Posage de l'enduit par arrosement. — Lorsque la pâte est complètement cuite et qu'elle n'est plus absorbante, il devient impossible de poser l'enduit par immersion ; alors il faut donner au liquide aqueux qui tient l'enduit en suspension une consistance beaucoup plus forte, telle que celle d'une bouillie épaisse. On prend de cette bouillie dans un vase d'une petite capacité, et on la verse dans la pièce plate ou sur la pièce ronde qu'on veut mettre en vernis. On imprime à cette pièce un mouvement particulier de balancement qui empêche ce liquide visqueux de quitter trop promptement la surface, et qui le sollicite au contraire à s'étendre assez également sur la surface. Une légère secousse fait tomber l'excédant.

Le reste du procédé de retouche et de nettoyage de la pièce

dans les parties où il ne doit pas rester de vernis est le même que dans l'opération de l'immersion des pièces.

Ce procédé s'applique presque exclusivement aux porcelaines tendres et aux grès : la mise en couverte ou en vernis des faïences fines peut être considérée comme participant à peu près également du procédé de l'immersion et de celui de l'arrosement.

Le procédé dit d'*aspersion* n'est qu'une modification de l'*arrosement;* c'est l'arrosement à sec. Il consiste à saupoudrer la pièce à vernir d'un corps qui doit se fondre à la surface et entraîner une partie de la pâte dans sa fusion. Ce procédé ne s'emploie que pour les pâtes les plus grossières, qui ne doivent recevoir qu'un feu pour leur cuisson, et qu'on ne pourrait plonger dans un liquide sans les briser ou les délayer. L'enduit vitrescible dont on couvre ordinairement ces poteries est d u minium ou de la litharge en poudre.

Cuisson des pâtes céramiques.

En considérant sous le même point de vue la cuisson complète des pâtes céramiques formées en vases divers, c'est-à-dire la cuisson de la pâte et celle de son enduit vitreux, on pourra remarquer que les poteries en général offrent deux modes de cuisson, la *cuisson simple* ou *unique,* et la *cuisson double.*

La cuisson simple ou unique appartient à toutes les poteries dont la pâte et l'enduit, étant susceptibles de cuire au même degré de température, et par conséquent tout d'une seule fois, n'ont besoin de passer qu'à un seul feu. Ce mode de cuisson embrasse des pâtes très diverses et des vases de prix bien différens, depuis les belles et riches porcelaines *dures* jusqu'aux poteries les plus communes, soit à pâte lâche et à vernis tendre, soit les grès parfaits. La température à laquelle tous ces objets sont soumis varie dans des limites très étendues; mais le mode général de cuisson est le même.

Dans le mode de cuisson double, au contraire, l'enduit vitreux d'une part, et la pâte de l'autre, exigeant chacun un coup de feu d'intensité différente, il faut nécessairement cuire d'abord la pâte, et ensuite le vernis dont on la recouvre. Quelques espèces de grès, la faïence fine dite *terre de pipe*, et les faïences fines ou communes à enduits stannifère opaques, se rangent dans cette dernière catégorie. La pâte ainsi cuite séparément a reçu le nom bizarre et mal appliqué de *biscuit*; c'est plutôt un *proto-cuit*. Souvent le degré de cuisson de cette pâte y a imprimé tous les caractères de dureté, de compacité et de sonorité, tels que dans les *terres de pipe*. La seconde cuisson (celle de l'enduit vitreux, qui est ordinairement un émail métallico-terreux assez fusible) s'opère généralement à une température beaucoup moins élevée que celle nécessaire pour la cuisson de la pâte ou biscuit. Les deux cuissons successives peuvent s'effectuer soit dans le même four, soit dans deux fours différens.

Sans rien avoir omis d'essentiellement utile à connaître, nous croyons avoir ainsi concentré dans les limites les plus étroites les données générales de la céramique. Nous avons suffisamment fait connaître les principes physico-chimiques et le mode général d'opérations manuelles sur lesquels repose cet art assez compliqué et si varié dans ses intéressantes applications. Restent les spécialités, c'est-à-dire la description des procédés qui appartiennent à tel ou tel genre de fabrication. Nous essaierons d'accomplir cette tâche dans le cours de ce Dictionnaire, aux articles GRÈS, pour les pâtes colorées, dites de Wedgwood, pour les creusets, capsules, cornues et autres instrumens de laboratoire; aux articles FAÏENCE, pour les vases à vernis stannifère; PORCELAINE DURE et PORCELAINE TENDRE, pour ces admirables produits de notre industrie; TERRE DE PIPE ou *Faïence anglaise*, pour cette partie la plus essentielle peut-être de la fabrication commerciale, en raison de son étendue et de la généralité de sa consommation.

Mais avant de clore le présent article, nous croyons ne pouvoir nous dispenser de dire quelques mots de certains procédés généraux de fabrication que nous considérons comme des exceptions, et que nous avons renvoyés à une espèce de supplément, parce que l'adoption de ces procédés n'est pas généralement indispensable dans les travaux sur lesquels s'exerce l'art de la Céramique.

1°. *Du moulage par coulage.* — La propriété absorbante des moules en plâtre suffisamment secs a laissé remarquer qu'une pâte liquide qu'on y répand est très promptement amenée à un état de fermeté, à celui des pâtes ébauchées et déjà ressuyées. On a pensé qu'on pourrait faire prendre facilement, promptement et assez sûrement un grand nombre de formes à des pâtes liquides versées dans ces moules; de là est résulté le procédé de moulage par coulage.

Il consiste en général à choisir des pierres dont les parties non soutenues, et surtout les parties supérieures, présentent peu d'étendue, soit dans le sens vertical, soit dans le sens horizontal; à faire des moules dans lesquels on puisse introduire la matière par une ouverture en forme de goulot, et dont on puisse la faire ressortir, ou par cette même ouverture, ou par une autre convenablement située.

Quand une pièce est de forme à remplir la première condition, on prépare la pâte pour la rendre propre au coulage, on l'amène, par une addition suffisante d'eau, à l'état d'une bouillie peu épaisse, et surtout complètement exempte et de parties grumeleuses et de bulles d'air; lorsqu'elle est réduite à cet état d'homogénéité on la coule avec des précautions nombreuses, minutieuses, mais très importantes, de manière à remplir entièrement et promptement le moule. On n'y laisse cette pâte délayée qu'un instant, puis on décante tout ce qui est resté liquide par l'ouverture destinée à laisser sortir cette partie de la pâte. Le moule se trouve couvert sur toutes ses parties d'un enduit de pâte céramique de 2 à 3 lignes d'épaisseur, suffisamment solide pour se soutenir, et qui prend de plus en plus de la consistance à mesure que l'eau dont il était imprégné pénètre dans la masse du moule par l'effet de la capillarité.

Lorsqu'on juge que l'absorption a atteint ses limites on coule une seconde couche de pâte de la même manière, et ensuite une troisième, et ainsi de suite jusqu'à ce que la pièce ait acquis assez d'épaisseur dans ses parois pour pouvoir, sans brisure, être dégagée du moule, et maniée et reparée.

Les coutures du moule, en général très peu saillantes, sont faciles à enlever, et ne laissent presque aucune empreinte, même sur les pâtes les plus sensibles aux inégalités de la pression. Ce procédé est principalement applicable à la fabrication des grès colorés de Wedgwood et à la porcelaine : nous y reviendrons en traitant ces articles.

2°. *Du tour anglais,* ou *tour horizontal,* ou *tour en l'air, appliqué au tournassage des pièces céramiques.* — L'axe de ce tour est horizontal. La pièce à tournasser se place à l'extrémité de cet axe, sur un mandrin qu'on y a établi ; et comme par la dessiccation elle a acquis assez de consistance pour se soutenir dans cette position horizontale, on ne craint pas de la lui donner. On la consolide sur le mandrin en pressant le bord de la pièce sur le support au moyen d'une lame. Ce mode de tournassage est spécialement applicable aux pâtes longues et très plastiques, sur lesquelles il est possible d'opérer avec une grande vitesse, et où il est nécessaire que la main de l'ouvrier soit sûre et reposée par un appui.

3°. *Du moletage* et *de l'estampage.* — On peut enrichir toutes les poteries, sans aucune exception, d'ornemens variés et mêmes délicats qu'on y place à très peu de frais, pourvu que ces ornemens, ou au moins leur champ, soit en creux.

C'est au moyen d'espèce des cachets de métal, ou de roulettes de même matière qu'on nomme *molettes,* qu'on imprime avec tant de promptitude et d'avantage sur les pâtes céramiques encore un peu molles ces ornemens délicats qu'on a reproduits avec tant de profusion dans ces derniers temps.

Pour l'emploi de ce procédé, il faut en général que la pièce soit encore assez molle pour recevoir facilement l'empreinte du cachet ou de la molette ; mais il faut aussi qu'elle ait déjà acquis par un commencement de dessiccation assez de consistance pour ne pas plier sous la pression de l'estampage. Au surplus, l'estampage et le moletage ne sont guère applicables aux pâtes courtes des porcelaines. P...ZE.

CÉRAT. Espèce de pommade qui doit sa consistance à la cire. On en fait un fréquent usage pour dessécher les plaies légères, adoucir la peau, prévenir les gerçures, etc.

Le cérat se fait en prenant 1 partie de cire vierge divisée en très petits morceaux, et 4 parties d'huile d'amandes douces très récente. On met le tout dans un pot de faïence et l'on chauffe à la chaleur du bain-marie. D'une autre part, on a un mortier de marbre dans lequel on met de l'eau bouillante, et quand il est suffisamment échauffé, on jette l'eau ; on essuie le mortier, puis on y verse le mélange liquéfié de cire et d'huile. On agite circulairement à l'aide du pilon, en ayant soin de rabattre continuellement les portions qui commencent à se figer sur les parois, et d'écraser les grumeaux à mesure qu'il s'en forme. Du moment où toute la masse a pris à peu près la consistance du saindoux, on ajoute successivement et par très petites portions 3 parties d'eau de rose. On bat vivement et en tous sens pour incorporer cette eau. On finit par obtenir une pommade bien homogène, très lisse et comme crémeuse. C'est à cette pommade qu'on donne le nom de *cérat de Galien* : on nomme *cérat de Goulard* celui auquel on ajoute, outre les substances ci-dessus indiquées, une très petite quantité d'extrait de Saturne, ou sous-acétate de plomb en solution. R.

CERCLE. (*Arts mécaniques.*) Espace limité par une courbe nommée *circonférence*, dont tous les points sont à égale distance d'un point intérieur appelé CENTRE. Le RAYON est cette distance constante. Le DIAMÈTRE est une ligne double du rayon qui traverse le cercle de part en part en passant par le centre. On nomme ARC une partie quelconque de cette courbe ; CORDE, une droite qui joint les deux bouts d'un arc de cercle, et SEGMENT la surface comprise entre l'arc et sa corde ; le SECTEUR est l'espace renfermé entre deux rayons et l'arc.

Le diamètre d'une circonférence est contenu dans la longueur de cette courbe 3 fois et un septième, ou plus exactement autant de fois qu'il est exprimé par la quantité

3,14159265, *dont le logarithme est* 0,49714987.

Pour avoir la longueur développée en ligne droite d'une circonférence, on multipliera donc son diamètre par ce nombre : et réciproquement, connaissant la longueur d'une circonférence rectifiée, on obtient le diamètre du cercle en divisant par le nombre précédent, ou, ce qui équivaut, en multipliant par 0,3183...

La surface renfermée dans un espace circulaire, ou le nombre d'unités carrées qui y est contenu, est le produit du nombre 3 et un septième (ou 3,14159...) par le carré du rayon ; et réciproquement lorsqu'on connaît la surface d'un cercle, en multipliant la racine carrée de ce nombre par 0,56419, on a le rayon pour produit. FR.

CERCLE RÉPÉTITEUR. (*Arts mécaniques.*) De tous les instrumens destinés à mesurer les angles, le plus précieux est assurément celui qui fait le sujet de cet article, à cause de la grande précision des résultats qu'il fournit.

Imaginez que le cercle de la fig. 1, pl. 7, soit monté sur un GENOU et sur un PIED, et orienté de manière à se trouver dans le plan de deux objets éloignés I et K ; on se propose de mesurer l'angle que forment les rayons visuels CA, CB, qui joignent I et K au point C. Concevez en outre que ce cercle puisse tourner autour d'un axe, de manière que, sans sortir du plan des objets, un rayon quelconque CA, tournant avec ce cercle, puisse être dirigé vers tous les points compris dans ce plan ; que ce cercle porte deux lunettes AA', BB', mobiles autour d'un axe central C et placées, l'une AA' en-dessus du limbe, l'autre BB' en-dessous, et indépendantes dans leur rotation. Ces lunettes sont représentées dans la fig. 1 par leur axe optique.

Le cercle peut tourner sur son axe perpendiculaire en entraînant avec lui les deux lunettes ; et aussi chaque lunette peut tourner seule sans changer la position du cercle. Des VIS DE PRESSION affectées à chacun de ces trois mouvemens indépendans, servent à les arrêter à volonté, et des VIS DE RAPPEL produisent les petits mouvemens nécessaires pour ajuster facilement les objets.

Les lunettes sont formées de deux verres convexes (un *objectif* et un *oculaire*), et par conséquent font voir les objets renversés (*voy*. LUNETTES); ce qui importe peu pour le but qu'on se propose. Ces verres sont assez écartés l'un de l'autre pour que les foyers coïncident au même point intérieur du tube, à peu de distance de l'oculaire (la forme et la distance des verres sont combinées pour satisfaire à ces conditions). Le tube contient, à ce foyer commun, un RÉTICULE, sorte de diaphragme à jour qui porte deux fils très fins se croisant à angle droit. L'un de ces fils est parallèle au limbe, l'autre lui est perpendiculaire. Le point de croisement est dans l'axe optique, et doit être dirigé juste sur le signal qu'on vise. On dirige d'abord la lunette à peu près sur cet objet, et ensuite, avec la vis de rappel, on achève de faire coïncider le signal et le point où les fils se croisent.

Le limbe est divisé en parties égales, savoir, en degrés, demi-degrés ou quarts de degrés, etc., selon la grandeur de l'instrument; ces divisions vont même quelquefois jusqu'à procéder de 5 en 5 minutes. La lunette supérieure traîne avec elle une pièce qui porte un VERNIER, pour laisser lire les fractions de divisions à l'aide d'une LOUPE.

Qu'on ait d'abord placé le cercle sur son pied dans le plan des deux objets proposés I et K, fixé la lunette supérieure A'CA (fig. 1) sur le zéro de la graduation en A, et tourné ce cercle, à l'aide de son mouvement général sur l'axe qui lui est perpendiculaire, jusqu'à ce que cette lunette A'CA vise juste sur l'objet à droite I ; ensuite qu'on fasse tourner la lunette inférieure B'CB pour viser l'objet à gauche K, il est clair que l'angle ACB, formé par les axes des deux lunettes, est mesuré par l'arc intercepté AB. Jusqu'ici l'usage de cet instrument est le même que celui du GRAPHOMÈTRE, si ce n'est qu'on ne pourrait lire sur le limbe l'ouverture de l'angle ACB, attendu que la lunette inférieure n'indique pas le degré du point B où elle est arrêtée sous le cercle. Mais si l'on fait tourner ce cercle en totalité, emportant avec lui les deux lunettes, jusqu'à ce que le rayon CB, dont la lunette inférieure se dirigeait à gauche en K, vienne prendre sa direction CA sur l'objet à droite I, la lunette supérieure sera transportée en CD; le point A (zéro de la division de l'instrument) sera en D, en faisant l'arc AD égal à AB. Dans cet état, si l'on détache la lunette supérieure, actuellement selon CD, pour la diriger selon CB sur l'objet à gauche K, la graduation marquée par le point B sera la mesure de l'arc DB, double de celui DA qu'on cherche; en sorte qu'on aura il est vrai fait deux fois l'observation de l'angle proposé, mais qu'en divisant la graduation de DA par 2, on aura celle de cet angle.

Répétez une autre fois cette opération double, c'est-à-dire faites tourner le cercle emportant ses deux lunettes, jusqu'à ce que la supérieure BB′ revienne s'aligner sur le point I; en passant de l'objet K à gauche, sur celui I de droite, le zéro de l'instrument sera rejeté de D en E, et la lunette inférieure le sera selon CD. Détachez celle-ci. et faites-la revenir sur le point K vers la gauche, et l'arc EDAB sera triple de AB; puis réitérez la même manœuvre, faisant tourner le cercle en totalité pour ramener la lunette inférieure sur le point I, et le zéro de l'instrument en F, puis visez le point K avec la lunette supérieure selon BB′; l'arc FEDAB sera quadruple de celui qu'on demande. On devra donc prendre le quart de la graduation marquée par le vernier de la lunette supérieure, et ainsi de suite.

Il est clair que si dix observations ramenaient la lunette supérieure sur le zéro de l'instrument, ces dix arcs vaudraient 360°, et que chaque arc serait de 36° : le résultat serait à l'abri des erreurs, soit des divisions du cercle, soit de la précision avec laquelle les lunettes tournent autour du centre. Il est vrai que ce serait un événement bien extraordinaire de se trouver ramené de la sorte juste sur le n° zéro des divisions. Mais si vous admettez qu'après dix observations on soit tombé sur 320°, par exemple, et que la division correspondante soit affectée de quelque inexactitude, comme vous divisez par 10 pour obtenir votre angle, l'erreur est aussi ré-

duite au dixième; en sorte que si l'instrument, au lieu de 320°
devait réellement marquer 320°5', dont le dixième est 32°0'30",
il est clair que l'erreur finale sur l'angle cherché ne serait que
de 30" au lieu de 5'. Ainsi le cercle répétiteur présente l'avantage, lorsqu'on opère avec soin et adresse, d'atténuer les erreurs qui tiennent aux vices de construction de l'instrument.

D'après ces notions on concevra la formation du cercle répétiteur (fig. 3). La colonne S est percée dans sa longueur d'un
canal légèrement conique où est logé un axe central d'acier,
fixé perpendiculairement au centre d'un disque circulaire O.
C'est autour de cet axe d'acier que se fait le mouvement général qui entraîne le cercle et ses lunettes; mouvement qu'on
arrête à volonté par la vis de pression O. Ce disque est gradué,
et l'alidade O, munie d'un vernier, donne les valeurs angulaires de la rotation générale.

Un pied à trois branches très solides porte un plateau MN,
sur lequel le disque et la colonne dont on vient de parler sont
établis; en sorte que le cercle répétiteur pose sur trois vis v, v', v'',
destinées à donner diverses petites inclinaisons à la colonne S.
En haut de cette colonne est porté le limbe et ses lunettes, sur
un axe V autour duquel il peut basculer. La vis de pression P arrête ce mouvement en serrant une pièce de cuivre en
quart de cercle qui tient à l'axe V. On amène le limbe dans
le plan des objets à viser, en dirigeant à la fois les deux lunettes vers eux : il faut pour cela incliner le limbe par le mouvement général qu'arrête la vis P, et achever l'effet à l'aide
des vis v, v', v'', du plateau, au centre duquel est fixé l'axe de
la colonne. *Voy. Machine à* DIVISER.

Le limbe MM est soudé à son centre à un arbre d'acier perpendiculaire autour duquel tournent les deux lunettes AB, A'B :
la fig. 3 montre comment ces lunettes doivent être ajustées
pour que les rotations soient indépendantes. Cet axe entre dans
un canal alésé juste sur son calibre, qui perce la pièce V et va
se souder au centre d'un disque circulaire T. Lorsque le disque
circulaire tourne, il entraîne dans sa rotation et l'axe, et le limbe,
et les deux lunettes. On travaille le contour de ce disque T,

nommé *tambour*, en sillons où s'engagent les filets d'une Vis sans fin pressée contre eux par un ressort, afin de produire de petits mouvemens; et comme on peut soulever ce ressort pour dégager les filets de la vis, le limbe et les lunettes peuvent prendre ensemble de grands mouvemens. L'arbre dont on vient de parler doit être exactement concentrique au limbe et aux arcs des verniers de la lunette supérieure. Il faut beaucoup de soins et de talens pour rendre tous ces détails précis dans leurs rapports.

Lorsqu'on veut faire usage du cercle répétiteur, après avoir dirigé la colonne et le limbe sous les inclinaisons qui conduisent à avoir les deux objets dans le plan du limbe, on met la lunette supérieure sur zéro, on dégage le tambour T de sa vis sans fin, et l'on fait tourner le cercle jusqu'à amener l'objet de droite dans le champ de cette lunette; on achève par la vis du tambour la coïncidence exacte des fils et de l'objet. En même temps un second observateur vise l'objet à gauche avec la lunette inférieure, et l'on a ainsi une première observation: à la rigueur une seule personne peut suffire à cette mesure; mais on ménage beaucoup de temps lorsqu'on est deux. De là on passe à une deuxième mesure de l'angle, puis à une troisième, une quatrième, etc.; on lit l'arc indiqué par la dernière direction, et l'on divise par le nombre des observations: le quotient exprime la valeur de l'angle cherché.

On a souvent besoin de prendre la *distance d'un signal au zénith*, c'est-à-dire l'angle que fait la verticale avec le rayon visuel dirigé au sommet proposé; angle qui est le complément de la *hauteur* à 90°. Alors on fait tourner le limbe autour de l'axe V jusqu'à ce qu'il soit vertical; le tambour T est même lesté d'un poids qui fait équilibre, autour de l'axe V, à celui du limbe et des lunettes, pour que le centre de gravité demeure sans cesse dans l'axe de la colonne S; on rend la colonne aussi verticale : cela se fait à l'aide de niveaux à bulle d'air, comme nous le verrons plus bas; puis on procède à l'observation, d'après le principe suivant. *Voy.* fig. 4.

On fixe la lunette supérieure sur le zéro A, selon A'CA (fig. 2); puis, en faisant tourner le système autour de la colonne, on amène le limbe dans le vertical de l'objet vers lequel on dirige la lunette supérieure A'CA, en faisant tourner le cercle, après avoir levé la vis du tambour ; la lunette supérieure A'CA reste fixée au zéro du limbe. L'angle dont on demande la valeur est ACD, CD étant une verticale. On dirige la lunette inférieure B'CB de manière qu'un Niveau dont elle est munie ait sa Bulle d'air au milieu ; car dans ce genre d'observation les verres de la lunette inférieure ne sont d'aucun usage, et l'on ne se sert que de ce niveau.

Maintenant lâchez la vis de pression O (fig. 4) et faites tourner la colonne de 180° autour de son axe, ce qu'il vous sera aisé de faire, puisque le plateau circulaire est gradué et porte une alidade ; le limbe sera alors tourné du côté opposé : s'il regardait l'est, il sera maintenant vers l'ouest ; la lunette A'CA aura tourné autour de la verticale CD (fig. 2), pour prendre la situation E'E, E étant le zéro de l'instrument. Dans ce mouvement général le niveau à bulle d'air dirigé selon BB' sera retourné bout pour bout ; et si en effet la colonne et le limbe sont exactement verticaux, la bulle reviendra dans les mêmes repères. C'est même par quelques essais de ce genre qu'on produit la verticalité de la colonne et du limbe dont nous avons parlé. Comme il n'arrive jamais que cette disposition verticale subsiste en toute rigueur, on a soin de ramener la bulle en s'aidant des vis v, v', v'' du pied, et sans toucher à celle de la lunette inférieure.

Puisque l'angle cherché est ECD, dirigez de nouveau la lunette supérieure CE selon CA vers l'objet ; et l'excursion EDA qu'elle fera sera double de cet angle : donc ici comme précédemment deux observations ont donné un angle double. On voit que si l'on ramène le limbe dans sa position primitive en faisant tourner tout le cercle autour de l'axe vertical S, qu'on vise la lunette supérieure au signal sans déranger le point où elle est attachée au limbe, et en faisant tourner le cercle et ses lunettes d'un mouvement commun autour de l'axe du tambour, on pourra prendre A pour point de départ, et faire deux nouvelles observations qui quadrupleront l'angle, et ainsi de suite.

Fr.

CÉRUSE, ou Blanc de Céruse, Blanc de Plomb, Blanc de Krems. C'est un carbonate neutre de plomb formé de 1 équivalent d'acide carbonique = 276,438 et de 1 équivalent de protoxide de plomb = 1394,478. Il est blanc, anhydre, presque complètement insoluble dans l'eau, soluble *sans residu* dans les acides acétique, hydrochlorique et nitrique faibles. Une chaleur d'un rouge obscur le décompose en acide carbonique et en litharge ou protoxide de plomb. L'acide hydrosulfurique le noircit immédiatement en produisant de l'eau et du sulfure de plomb.

La céruse est beaucoup employée dans la peinture à l'huile, tantôt seule, tantôt mêlée avec d'autres couleurs. Elle se mêle facilement avec les corps gras, surtout avec les huiles, en facilite la dessiccation, conserve long-temps sa couleur et s'étend bien sous le pinceau. Sa fabrication est devenue aujourd'hui l'objet d'un commerce très considérable : on l'exécute de diverses manières suivant les localités.

A Klagenfurt en Carinthie on prend des caisses en bois longues de 5 pieds, larges de 1 pied et hautes de 9 à 10 pouces environ ; on enduit leur fond d'une couche de poix, après y avoir introduit un mélange de lie de vin et de vinaigre, et l'on y suspend par leur milieu, à peu près comme les feuillets d'un livre, des lames de plomb placées sur des morceaux de bois équarris, en ayant soin que ces lames ne se touchent pas entre elles et qu'elles ne touchent pas non plus le bois des caisses. Ces caisses, au nombre d'environ 90, sont exposées pendant 15 à 18 jours à une température moyenne d'environ 30°, dans une étuve qui n'est ordinairement chauffée que par deux fourneaux et qui n'a qu'une ouverture qui lui sert de porte. Lorsque l'opération est bien conduite on obtient autant de céruse que de plomb employé : le reste de ce métal qui n'a pas été attaqué est fondu et converti en nouvelles lames. Le mélange de vinaigre et de lie ne peut servir qu'une fois.

Ce procédé donne de bons résultats, mais il est toutefois inférieur à la méthode suivante , qui est depuis long-temps employée en Hollande et qu'on a suivie avec un plein succès en France , principalement dans les environs de Lille où l'on fabrique chaque année plusieurs millions de kilogrammes de céruse.

1°. On choisit du plomb aussi pur que possible, ne retenant plus, ou ne retenant que des traces de fer et d'argent ; on le fond dans une chaudière en fonte , de forme ordinaire, puis on le coule en lames de 12 centimètres de largeur sur 60 centimètres de longueur, sur des plaques de tôle qui en opèrent le refroidissement immédiat et qui ont des rebords de 2 à 3 millimètres pour retenir le plomb fondu avant qu'on ait incliné la plaque pour faire écouler. On donne à ces lames de plomb une épaisseur d'environ 1 et demi à 2 millimètres ; leurs surfaces sont planes. On a essayé pendant quelque temps de leur substituer des lames dont la surface était raboteuse , dans l'idée qu'elles s'attaqueraient plus aisément, leurs points de contact avec les vapeurs acides étant plus nombreux ; mais le résultat n'a pas répondu à l'attente qu'on s'en faisait : outre que le plomb ne se carbonatait pas plus vite ni plus profondément, il était plus difficile d'en détacher la céruse, et l'on s'est hâté de revenir aux plaques à surfaces unies.

2°. Les plaques obtenues, on en laisse une moitié de côté et l'on roule l'autre, afin de les placer dans des pots en terre cuite. Ces pots sont de forme conique tronquée , vernissés en dehors et en dedans, de 32 centimètres de hauteur, et portant dans leur intérieur, à 8 cent. du fond, 3 arêtes destinées à arrêter le rouleau de plomb.

3°. On procède au montage des couches. Ces couches sont formées de 8 à 10 tas de pots. On les dispose dans une cavité en maçonnerie pratiquée dans le sol ou entre quatre murailles de briques formant un carré de 3 à 4 mètres de côté. Ces trous ou ces chambres sont en nombre plus ou moins considérable ; on les recouvre d'une toiture commune. A la partie inférieure on établit un lit de fumier de cheval de 32 centimètres., sur cette couche une légère assise de paille, et sur cette paille on place les pots tous contigus les uns aux autres et dans un même plan. On y verse du vinaigre *de grain* jusqu'aux trois arètes sur lesquelles doit reposer le rouleau de plomb, et cela avec un arrosoir qui en laisse couler sur la paille sans qu'on y prenne attention, attendu que tout le vinaigre se volatilise par suite de la production considérable de chaleur qui ne tarde pas à avoir lieu. Cela fait, on place dans les pots les rouleaux de plomb, qui affleurent avec les bords de ces pots ou ne les dépassent que de 4 à 5 centimètres. Sur les pots on place des poutrelles de 0^m,1 de côté, espacées entre elles de 30 à 40 centimètres. On recouvre alors les pots avec les plaques de plomb qui n'ont pas été roulées sur elles-mêmes, et qu'on dispose comme des tuiles. Sur ces poutrelles on établit des planches, sur ces planches une nouvelle couche de paille et de fumier, dans le fumier une nouvelle couche de pots, de poutrelles, de plaques non roulées, et ainsi de suite jusqu'au sommet de la couche.

Il est prouvé par l'expérience qu'il faut que l'air atmosphérique puisse circuler en quantité assez considérable dans les couches pour que le plomb se carbonate bien, et pour éviter en outre qu'il ne se sulfure. Il suffit pour remplir cette condition de laisser un petit espace vide dans toute la longueur des angles des murs. L'opération dure ordinairement 6 semaines en été et 2 mois en hiver. On s'aperçoit qu'elle est terminée lorsque la température des couches de céruse est la même que celle de l'air et des corps ambians.

4°. Lorsque la céruse est formée on défait les couches avec beaucoup de précaution, on recueille les plaques et les rouleaux de plomb. On bat ces plaques ou on les épluche à la main; on déroule les rouleaux et l'on en détache ainsi la céruse; quelquefois on termine en battant toutes les plaques. Le plomb qui reste à l'état métallique est ajouté aux rouleaux avec lesquels on forme de nouvelles couches : il se loge entre les plaques neuves.

5°. La céruse détachée des plaques et des rouleaux est

portée sous un jeu de meules verticales où elle est broyée *à sec.*

6°. Elle passe de là dans un blutoir. Les portions qui ne passent pas au blutoir sont reportées aux meules verticales jusqu'à ce qu'elles ne soient plus formées que de beaucoup de plomb métallique uni à un peu de céruse ; alors on les reporte à la fonte.

7°. La portion fournie par le blutoir est portée aux meules horizontales, qui sont disposées comme des meules à farine, mais ont un poids beaucoup moindre et un diamètre de $0^m,80$ à $0^m,90$. La pulvérisation est continue : de l'eau est ajoutée à la céruse en poudre, et la meule la transforme en une pâte liquide qu'on recueille à la circonférence. Cette pâte ou bouillie est mise dans des pots en terre cuite perméable à l'eau. Ces pots sont tous placés sur des étagères dans des étuves bien aérées ou chauffées quand l'air est humide. La dessiccation s'opère peu à peu. Quand elle est suffisante pour que le pain de céruse puisse être retiré du pot, on retourne celui-ci. Le pain est encore laissé pendant quelques jours sur les étagères, et quand l'air lui a enlevé toute l'eau qu'une température modérée peut enlever, on le porte dans une étuve chauffée de 30 à 50° où la dessiccation s'achève.

La céruse est alors mise en papier bleu, puis en tonneau, et ainsi livrée à la consommation.

La fonte du plomb est une opération dangereuse ; elle nécessite de grandes précautions : il faut surmonter la chaudière d'un tambour en communication avec la cheminée et garni de deux portes à coulisses, l'une pour l'introduction du saumon de plomb, l'autre pour puiser le plomb fondu et le couler en plaques. Il faut d'ailleurs un local vaste et bien aéré.

Le battage des plaques est fort nuisible à la santé des ouvriers ; il vaut mieux les éplucher à la main, lors même qu'on devrait y employer plus de main-d'œuvre.

Le broyage par les meules verticales et à sec est aussi une opération fort dangereuse. Il faut que les meules soient dans un local élevé d'environ 4 mètres et que l'air y arrive de tous côtés à 3 mètres du sol, par des persiennes d'un mètre de hauteur.

Le blutage exige quelques soins ; il faut que la boîte du blutoir ferme exactemeut et qu'on ait assez de blutoirs pour n'ouvrir celui qui vient de travailler qu'après que la poussière de céruse s'est bien affaissée.

Les autres opérations ne présentent pas grand danger.

A Lille on considère généralement le lait comme la meilleure nourriture dont puissent faire usage les ouvriers employés à la fabrication de la céruse. On leur en fait prendre le matin, le soir et à midi. Les fabricans soigneux forcent aussi les ouvriers à se laver très fréquemment, et ils évitent de conserver les ivrognes. Un excès de boisson amène des coliques, et, souvent répété, il produit une mort inévitable.

Je tiens de M. Lefèvre, l'un des principaux fabricans de céruse de Lille, que les chevaux qui travaillent au manége vivent beaucoup plus long-temps quand on leur fait prendre avec leur nourriture une petite quantité de mélasse de sucre de betteraves. Il est très important que les écuries soient placées hors de l'atteinte de la poussière de céruse.

Le choix du fumier est très important, et de sa qualité dépend en grande partie le succès de l'opération. On choisit ordinairement celui qui a été fait avec de la paille longue et arrosé avec des urines fraîches. Il ne doit être ni trop récent ni trop vieux. Dans le premier cas il ne subirait qu'imparfaitement cette espèce de fermentation de laquelle résultent l'acide carbonique et la chaleur nécessaires à la production de la céruse. Dans le deuxième cas son action serait également nulle, et la céruse serait mêlée de beaucoup de sulfure de plomb. En général on se sert du fumier de 15 à 25 jours. Après le démontage des couches on le revend aux agriculteurs à un prix peu inférieur à celui auquel on l'a acheté. Il ne paraît pas d'ailleurs que son pouvoir fertilisant ait beaucoup diminué. Dans beaucoup de fabriques on remplace le fumier par du tan.

Le vinaigre est, comme nous l'avons dit, du vinaigre de

grain ; mais il pourrait également provenir d'une autre source quelconque, telle que de l'acescence des mélasses, de la distillation du bois, etc. Il est inutile qu'il soit distillé : les matières solides restant dans le fond des pots, on les en retire après l'opération ; son degré acidimétrique est de peu d'importance ; seulement quand il est faible on en met plus que quand il est concentré.

M. Thénard a proposé, il y a une trentaine d'années, un procédé aussi simple que remarquable pour obtenir de la céruse ; il est fondé sur la propriété qu'a l'acide carbonique de ramener à l'état d'acétate neutre l'acétate de plomb tribasique, c'est-à-dire de se combiner avec les deux tiers de sa base pour constituer ainsi du carbonaté neutre de plomb ou céruse, et de l'acétate neutre de la même base.

1°. On fait passer un courant d'acide carbonique dans une dissolution de sous-acétate de plomb, jusqu'à ce qu'un papier rouge de tournesol cesse d'être ramené au bleu, ou bien encore jusqu'à ce qu'une petite quantité de la dissolution, mise dans un verre à expérience, ne se trouble plus par de l'eau chargée d'acide carbonique. 2°. On laisse déposer pendant quelque temps le précipité de carbonate de plomb, on enlève la liqueur qui le surnage, et qui consiste en acétate neutre de plomb dissous dans l'eau, et on le fait bouillir avec un excès de litharge en poudre, afin de lui faire prendre deux nouvelles proportions d'oxide, et de le reporter ainsi à l'état d'acétate tribasique. 3°. On décompose de nouveau ce dernier sel par l'acide carbonique, et ainsi de suite. La céruse se dépose peu à peu dans le fond des vases dans lesquels elle a été formée ; on la lave pour la débarrasser de l'acétate neutre qui l'imprègne, on la fait sécher lentement, et on la verse dans le commerce.

Ainsi préparée, elle est fort blanche et d'excellente qualité. Cependant on admet assez généralement qu'elle *couvre* moins que la céruse préparée par le procédé hollandais. Pendant long-temps ce dernier procédé ne fournissait, entre les mains de ceux qui l'exécutaient en France, qu'un produit grisâtre manifestement inférieur à la céruse de Clichy ; mais aujourd'hui l'on prépare avec le fumier, non-seulement à Lille, mais dans plusieurs autres villes de France, de la céruse d'une blancheur parfaite ; et à peine dans une opération de plusieurs milliers de kilogrammes remarque-t-on une trace noire de sulfure de plomb.

Tels sont les principaux procédés exécutés jusqu'ici pour préparer en grand la céruse : celui qui paraît être le plus économique est le procédé dit *hollandais ;* c'est aussi celui qui est le plus répandu en France.

La céruse ne se trouve pas toujours pure dans le commerce ; les acheteurs la demandent, et les fabricans la vendent souvent mêlée avec du sulfate de baryte. On y introduit quelquefois jusqu'à 7 à 8 parties de ce dernier sel, qu'on pulvérise préalablement avec des moulins à pilon. On reconnaît d'ailleurs avec une extrême facilité la présence du sulfate de baryte dans la céruse, au moyen du vinaigre, qui la dissout en totalité lorsqu'elle est pure, et laisse au contraire un résidu blanc plus ou moins abondant quand elle est mêlée de sulfate de baryte.

La théorie de la formation de la céruse par les deux premiers procédés que nous avons indiqués n'est pas encore bien assise. Les uns admettent que le vinaigre en se décomposant fournit l'oxigène et l'acide carbonique nécessaires à la transformation du plomb en carbonate ; les autres pensent que l'oxigène est fourni par l'air atmosphérique, et l'acide carbonique par le fumier ; en sorte que l'acide acétique ne ferait que servir d'intermédiaire, et sans rien prendre ni rien donner, il déterminerait la production du blanc de plomb, ce qui n'est pas sans exemple en Chimie.

Diverses expériences que j'ai faites récemment militent en faveur de cette dernière manière de voir.

Une certaine quantité de plomb en feuilles très minces ayant été mise en contact avec un volume déterminé d'acide carbonique et d'air dans une cloche graduée dans laquelle on avait placé un petit tube contenant du vinaigre, il ne tarda pas à se produire sur le plomb une couche blanche assez épaisse de céruse. Au bout de 6 semaines on examina les produits, et l'on s'assura, 1°. que le vinaigre contenu dans le tube décomposait sensiblement autant de marbre qu'une même quantité du même vinaigre mise en réserve ; 2°. que l'oxigène et l'acide carbonique qui avaient disparu pendant l'opération correspondaient à l'oxigène et à l'acide carbonique que le calcul indiquait devoir être contenus dans la céruse qui s'était produite.

D'une autre part, il ne s'est pas formé une trace de céruse l'espace de plus de 3 mois dans des cloches contenant, 1°. du plomb, de l'oxigène et du vinaigre, *sans acide carbonique ;* 2°. du plomb, du vinaigre et de l'acide carbonique, *sans oxigène.*

La première de ces trois expériences n'ayant été faite qu'une fois, je ne puis encore tirer de conclusion définitive sur la véritable théorie de la formation de la céruse par le procédé hollandais ; mais si, comme cela est probable, les mêmes résultats se reproduisent dans de nouvelles recherches, il ne restera plus de doute sur le véritable rôle qu'il convient d'assigner aux divers agens qui servent à la fabrication du carbonate de plomb. Il sera sans doute possible de tirer de la connaissance de ces résultats quelques utiles modifications, comme par exemple de diminuer les doses de vinaigre, qui sont peut-être trop élevées ; de le condenser pour le faire servir plusieurs fois, etc.

P...ZE.

CHAGRIN. (*Arts mécaniques.*) On donne ce nom à une sorte de cuir couvert de grains, dont on fabrique des étuis et des boîtes. Ce cuir nous vient de Constantinople, de Tunis, d'Alger et de Tripoli : les Orientaux qui le fabriquent font un secret de cette préparation, mais on croit en connaître le mystère. Les peaux de la croupe de cheval, d'âne et de mulet, étant tannées et amincies autant qu'on le peut, on sème dessus des graines fines, telles que celles de moutarde, on met sous presse et on laisse sécher. Les graines s'incrustent dans le cuir, qui se durcit

par la dessiccation ; mais on le ramollit à l'eau et on lui fait
prendre des formes très variées.

On réussit assez bien à imiter le chagrin en se servant de
peaux de chèvre ou de mouton auxquelles on donne le grain
à l'aide de planches gravées sur cuivre, qu'on applique à
chaud en se servant de la presse ; mais ces peaux ont l'inconvénient de s'écorcher, ce qui n'arrive pas au véritable chagrin.

Fr.

CHAINES. (*Arts mécaniques.*) Nous distinguerons trois espèces de chaînes en fer, dont la fabrication et les usages sont
très différens : 1°. les chaînes plates à mailles régulières et non
soudées, flexibles seulement dans deux sens opposés, qu'on
emploie pour la communication du mouvement dans les machines, au lieu de courroies ou de cordes ; 2°. les chaînes ordinaires à mailles soudées, de forme allongée ou ovale, droite
ou torse, dont on fait usage dans une infinité de circonstances,
à la place de cordes ou de câbles de chanvre ; 3°. les chaînes à
mailles étançonnées, pour le service de la marine. Nous avons
traité de celles-ci à l'art. Cable ; il nous reste à parler des deux
premières.

C'est au célèbre Vaucanson qu'on doit l'emploi des chaînes
d'engrenage pour la transmission du mouvement de rotation.
On voit au Conservatoire des Arts et Métiers de Paris une
machine extrêmement ingénieuse qu'il avait imaginée pour
fabriquer ces sortes de chaînes. Des bouts de fil de fer d'un
numéro et d'une longueur convenables étant placés successivement sur cette machine, se trouvent, en trois mouvemens différens, pliés, coupés rigoureusement de longueur et entrelacés
à la suite les uns des autres de manière à former une chaîne
extrêmement régulière.

Plusieurs mécaniciens ont imité et même simplifié cette machine ; de sorte qu'on trouve aujourd'hui chez presque tous
les marchands quincailliers de Paris des chaînes de tout numéro
à la Vaucanson. On vend aussi la machine de cet artiste.

A l'égard de ce moyen de transmettre le mouvement, nous
ferons observer, 1°. qu'on ne doit pas l'employer dans le cas

où il faudrait vaincre une certaine résistance, parce que les mailles de cette chaîne n'étant pas soudées, elles ne sont pas capables de supporter, sans s'ouvrir, un effort un peu considérable; 2°. que le frottement qui a lieu incessamment à chaque articulation use les mailles et les allonge, et qu'alors la denture des roues, qui est invariable, n'étant plus exactement en rapport avec l'espacement des mailles, l'engrenage devient défectueux et même impossible au bout de très peu de temps. Un mécanicien doit donc éviter, pour les raisons que nous venons de donner, de faire usage des chaînes d'engrenage, surtout dans les machines de fatigue.

On fait d'autres chaînes à mailles non soudées, mais qui s'assemblent avec des goupilles rivées ou des boulons : telles sont les chaînes de montre, de pendule; les chaînes qui s'appliquent sur les arcs de cercle des balancier des machines à vapeur, pour maintenir la tige du piston dans la verticale; les chaînes sans fin des machines à draguer, des noria, des pompes à chapelet; celles des bancs à tirer, etc. L'exécution de ces chaînes n'exige d'autre soin qu'une égalité parfaite dans la longueur de chacun des élémens qui les composent. Ceux des chaînes de montre se découpent et se percent au balancier, et des enfans les assemblent. Les élémens des grosses chaînes sont des pièces de forge fourchues par un bout et simples par l'autre, de manière à pouvoir s'ajuster successivement les unes dans les autres. La garniture des trous et des boulons d'assemblage est ordinairement d'acier, pour éviter une trop prompte usure. *Voy.* la *chaîne* de M. Galle, Bull. Société d'Encour. 1832.

Le travail des chaînes ordinaires à mailles soudées, dont nous avons parlé en second lieu, se divise en deux parties, le pliement et la soudure des mailles.

On prend pour cet objet de la tringle de fer de la meilleure qualité, bien calibrée, et ayant la force convenable pour l'espèce de chaîne qu'on veut fabriquer. Ces tringles, chauffées en masse et au rouge dans un four à réverbère, sont d'abord entortillées sur un mandrin ou barre de fer rond d'un diamètre égal à celui de l'intérieur des mailles; et ensuite, coupant obliquement chacune des circonvolutions que fait la tringle autour du mandrin, on obtient autant d'anneaux ronds prêts à être soudés et sensiblement égaux.

La soudure se fait de la manière ordinaire, à un petit feu de forge et sur la pointe arrondie d'une bigorne. Le forgeur, après avoir passé l'anneau à souder dans l'anneau précédemment soudé, rapproche l'un de l'autre les deux bouts coupés obliquement et les soude en une seule chaude. Il donne en même temps à la maille la forme ovale ou allongée qu'elle doit conserver.

Les chaînes destinées au service des grues, des chèvres, des cabestans ou des moufles, doivent avoir leurs mailles les plus courtes possible, afin qu'elles prennent plus facilement la courbure qu'exige leur enveloppement sur des treuils, des poulies, dont les diamètres sont en général fort petits.

Quelque soin qu'on apporte à la fabrication des chaînes, on ne peut cependant répondre de leur solidité qu'après les avoir soumises à l'épreuve. Une seule maille défectueuse, mal soudée ou de mauvais fer, peut, en se brisant, compromettre la vie des hommes occupés à des manœuvres, ou la sûreté d'un navire ou des marchandises ; il est donc bien essentiel de ne s'en servir qu'après leur avoir fait supporter un effort au moins double de celui qu'on présume devoir être leur charge habituelle.   E.M.

On se sert de chaînes pour mesurer les grandes distances. La *chaîne d'arpenteur* est formée de tiges en gros fil de fer, dont les bouts sont courbés en boucle et réunis deux à deux par des anneaux. Ces tiges, ou *chaînons*, ont toutes la même longueur ; il y a, par exemple, 6 pouces ou 16 centimètres de distance entre les centres de deux anneaux consécutifs. Chaque bout de la chaîne porte une poignée qui fait partie de sa longueur totale.

L'arpenteur tient sa poignée fixée sur le sol, tandis qu'un aide traînant la chaîne, se porte dans l'alignement et la tient tendue sans tortillement ; l'aide fiche alors en terre un petit piquet de fer qu'il passe dans sa poignée, et procède en avant.

L'arpenteur le suit et vient prendre ce piquet pour point d'arrêt de la station suivante. Il enlève le piquet; en sorte que le nombre des piquets qu'il a enlevés indique combien de fois la longueur de la chaîne est contenue dans la distance entière.   Fr.

CHALUMEAU. (*Arts mécaniques.*) Les orfèvres, minéralogistes, émailleurs, bijoutiers, etc., font un fréquent usage du chalumeau pour faire de petites soudures, analyser des substances minérales par la chaleur, etc.

Le chalumeau est un tube de verre, d'argent, de cuivre jaune, etc., dont un bout est arqué (*voy.* fig. 1, pl. 8), et dont le canal intérieur va en se rétrécissant jusqu'à ne former qu'un trou capillaire à cette extrémité. On souffle par l'autre bout avec la bouche. Comme la vapeur humide qui sort des poumons se dépose dans le tube et l'obstrue bientôt, on ménage ordinairement vers la courbure du chalumeau une ampoule ou petite sphère creuse où le liquide se réunit. Le jet d'air que l'insufflation produit par le bout capillaire n'est plus interrompu par les globules aqueux qui s'y mêleraient sans cette précaution.

Le chalumeau de Bergmann et de Gahn est en argent ou en fer-blanc (fig. 2, A), formé de quatre à cinq pièces, savoir, le *manche* ou tube b, le petit tuyau a, en ivoire, qu'on porte à la bouche; le *réservoir* c, cavité cylindrique qui reçoit le bout du tube b; et le bec d, auquel on adapte l'*ajutage* capillaire e. Ces pièces sont assemblées à frottement, et le réservoir c peut tourner en f autour du tube b, pour diriger le bec d du côté où l'on veut porter le courant d'air.

Voigt faisait son réservoir en chambre plate et circulaire d'un pouce de diamètre (fig. 2, B). Le bec d partait du centre de ce cylindre court, et pouvait se tourner dans toutes les directions. Cet instrument est d'un fréquent usage.

La fig. 2, C, représente le chalumeau de Tennant; c'est un tube droit à peu près cylindrique b, fermé à son extrémité e, ouvert à l'autre bout par lequel on fait entrer le souffle. A la partie latérale, et à quelque distance du bout fermé, ce tube est percé d'un trou *i* dont le calibre est tel, qu'on y peut introduire à frottement le bec recourbé *d*, lequel peut être dirigé dans tous les sens. Le cul-de-sac *c* tient lieu du réservoir qui reçoit l'humidité, sans qu'elle puisse entrer dans le bec *d*, qui dépasse un peu la paroi intérieure.

Le Bailly lui a fait subir une modification utile. Le bout *c*, au lieu d'être fermé par un fond soudé au tube, ne l'est que par un bouchon qu'on ôte lorsqu'on veut chasser le liquide. Le Bailly renfle un peu la partie *ci* de son tube, pour en former une chambre ou réservoir d'air. Il adapte au trou latéral un bec de platine non recourbé qui s'y engage à vis. Le reste de l'instrument est en fer-blanc. Ce chalumeau est celui qu'on préfère maintenant à tout autre.

On se sert d'une lampe ou d'une chandelle allumée dont la mèche soit large et en pleine combustion ; on dirige le souffle du chalumeau au milieu de la flamme, ce qui en fait jaillir un dard de feu tellement vif, qu'il est capable de fondre la plupart des particules métalliques qu'on expose à son action.

Le dard de feu présente à son axe central un jet de flamme bleue dont l'extrémité est le point où se développe la plus haute température. Le chalumeau porte sur ce petit espace, situé au milieu de la flamme, une masse d'air condensé qui y chasse un torrent de matières combustibles enflammées ; telle est la cause de l'énorme chaleur qui y est produite. Si l'on souffle trop doucement, l'effet est médiocre ; en soufflant trop fort, l'impétuosité du courant d'air enlève la chaleur aussitôt qu'elle s'est développée ; il est donc un point qu'il faut atteindre, et que l'expérience apprend à trouver.

Nous ne dirons rien des supports sur lesquels on place la matière d'essai. Le plus ordinairement, dans les Arts, on emploie un charbon creusé ; mais lorsque le feu doit être long-temps soutenu, ou dans des cas particuliers qui ne permettent pas de recourir à ce moyen, on se sert d'un fil ou d'une feuille de platine très mince. Ce métal est mauvais conducteur de la chaleur, et le peu de masse de ce support ne cause presque aucune déperdition de température.

Au reste il y a des substances qui sont si difficiles à fondre, ou, comme on a coutume de le dire, qui sont si *réfractaires* au feu, que ce moyen ne suffit pas pour en opérer la fusion. On se sert alors de vessies dont le col est hermétiquement joint et collé à une virole de cuivre qu'on ferme et ouvre à volonté avec un robinet, et à l'orifice extérieur de laquelle on peut visser le gros bout du chalumeau, on alimente le feu par du gaz oxigène.

Au lieu d'introduire dans la vessie du gaz oxigène, si on la gonflait avec un mélange de 2 volumes de ce gaz et de 1 d'Hydrogène, comme ce sont les proportions nécessaires à la formation de l'eau, et que le jet du chalumeau fournit à l'action de la chaleur les doses de ces gaz qui sont les plus favorables à la combinaison, la chaleur qui se développerait serait si considérable, qu'il n'y a aucun corps de la nature qui ne se fondît ou ne se volatilisât sous cette action puissante.

Mais comme le mélange gazeux dont nous parlons est détonant, et que la moindre étincelle qui pénétrerait dans le chalumeau causerait une inflammation subite dans la masse gazeuse, il en résulterait une explosion terrible qui pourrait frapper de mort l'opérateur. Le *chalumeau de Newmann* est l'appareil qu'on emploie dans cette circonstance. Voici la composition de cet instrument.

Un vase V en cuivre (fig. 3) à parois très résistantes, porte à sa partie supérieure un tube latéral dont le bec capillaire *e* est destiné à la sortie du gaz ; c'est à proprement parler le tube du chalumeau ; le reste de l'appareil est destiné à fournir le gaz. Le tube *e* communique au réservoir V̇ par un robinet *r* qu'on ouvre lorsqu'on veut laisser jaillir le gaz. Une pièce *o*, vissée à la base interne de ce tuyau, est recouverte d'une toile métallique très serrée (ayant sept à huit cents mailles dans un pouce carré). Comme la flamme ne peut passer à travers ce réseau, à cause de la conductibilité du métal, qui facilite la dispersion de la chaleur, jamais le gaz du réservoir ne peut prendre feu. Le vase est hermétiquement fermé de toutes parts, et il n'y a communication de l'intérieur au dehors que par le tube e, et par un tuyau m que ferme aussi un robinet n pour introduire les gaz.

Lorsqu'on veut mettre cet instrument en fonction, on visse au tube m le bout d'une pompe foulante A (fig. 4), dont le piston P est poussé par une force appliquée à la tige Q. Cette pompe est alimentée de gaz par une vessie C, où l'on a fait entrer le mélange détonant. L'action de cette POMPE (*voy.* ce mot) lorsque le robinet n est ouvert et que r est fermé, condense le gaz dans la capacité intérieure V. Lorqu'on juge que ce réservoir en contient une assez grande quantité l'on ferme le robinet n, on dévisse la pompe foulante A, et l'instrument peut fonctionner. Il suffira d'ouvrir le robinet r, et le gaz, par la seule force expansive due à sa compression intérieure, sortira rapidement et sera lancé sur un charbon en ignition où l'on aura placé la substance sur laquelle on veut agir. Rien ne résiste à cette action puissante ; le platine et le silex fondent, le diamant s'évapore en gaz acide carbonique, etc.   Fr.

CHAMBRE CLAIRE, Camera lucida. (*Arts mécaniques.*) Cet instrument d'optique, inventé par Wollaston, transporte l'image d'un objet sur un papier, avec les dimensions qu'on juge à propos de lui donner, et en conservant ses couleurs et ses apparences naturelles ; il ne reste plus, pour en avoir une copie fidèle, qu'à suivre au crayon les traits et le contour de cette image projetée, et de la colorier.

Concevez un prisme quadrangulaire de cristal ABCD (fig. 5, pl. 8), dont l'un des angles B est droit, et l'angle opposé C obtus. L'une des faces AB de ce prisme est placée horizontalement ; l'autre BD est verticale. Les rayons émanés d'un objet éloigné Q pénétreront dans le verre selon les directions ac, bd, et se réfléchiront deux fois à leur rencontre avec les faces DC, CA, de manière à sortir de la face horizontale BA selon des directions convergentes vers O. L'œil, placé en ce point O, verra donc l'objet éloigné Q comme s'il était réellement situé en P, selon les lignes a'O, b'O. Comme la pupille se trouve près de l'arète A du prisme, on fait en sorte que les rayons réfléchis sur AC n'entrent dans l'œil que par une partie de la pupille, et que l'autre moitié, débordant légèrement le prisme, aperçoive directement les objets extérieurs situés en bas. De cette manière le spectateur verra à la fois et du même œil l'image réfléchie et un carton blanc placé au-dessous, sur lequel elle se dessinera et semblera située. (*Voy.* fig. 6.) Il sera donc facile de placer une feuille de papier AB sur ce carton fixé sous l'instrument, et d'y recevoir l'image projetée ; on suivra au crayon tous les contours de cette figure, dont on aura de la sorte une copie fidèle.

Tel est l'instrument imaginé par le docteur Wollaston ; on y ajoute un verre convergent ou divergent qu'on place en avant du prisme, lorsque la vue exige ce secours. Enfin on enferme le prisme dans une boîte en cuivre noirci qui laisse à nu les faces que les rayons de lumière doivent traverser, et l'on y adapte une monture qui permet d'attacher l'instrument sur le bord d'une table à l'aide d'une vis de pression, comme on le voit dans la fig. 6. La tige a peut recevoir un mouvement de rotation et de torsion ; elle peut même s'allonger dans de certaines limites à l'aide d'un tirage comme pour les lunettes : ces mécanismes permettent de donner au prisme la position convenable relativement au plan AB, qui est destiné à reproduire l'image sous les traits du crayon.

Le principal inconvénient de cet ingénieux instrument d'Optique est de ne pas laisser voir avec une égale netteté l'image projetée et le crayon qui doit la reproduire : l'éclat de l'image ne s'obtient jamais qu'en diminuant celui du crayon, et réciproquement, selon qu'on réserve une plus ou moins grande partie de la pupille pour percevoir les rayons émergens ou ceux qui sont directs. Un léger mouvement de l'œil suffit pour faire disparaître soit l'image, soit le crayon, et l'on conçoit qu'il est impossible de tracer l'une fidèlement si l'on cesse un moment de la voir ou de voir la pointe du crayon.

C'est pour obvier à ce défaut, que M. Amici, habile professeur de Modène, a imaginé divers appareils parmi lesquels on doit distinguer le suivant : ABCD (fig. 7) est une glace transparente, et FG la surface polie d'un miroir métallique qui fait avec BD un angle BFG de 45°. Un rayon lumineux RM, émané d'un objet éloigné, se réfléchit en M sur ce miroir, de là va se réfléchir de nouveau en N sur la surface du cristal BD, dans une direction NO perpendiculaire à RM : un œil placé en O verra donc à travers cette glace BD l'objet se projeter vers le bas, précisément comme s'il était réellement situé en X; et comme la main placée en-dessous peut facilement être vue, il est aisé, ainsi que dans la *camera* de M. Wollaston, de dessiner tous les traits des objets aperçus.

Il faut avoir soin de donner à la glace BC assez d'épaisseur pour que les réflexions produites par la surface inférieure AC ne pénètrent pas dans la pupille : les deux faces opposées de cette glace doivent être exactement parallèles, pour éviter les doubles images qui résulteraient nécessairement de ce que cette condition ne serait pas remplie. Ce doublement, surtout ceux des limites des images, rend la projection confuse et détruit toute la régularité de la figure.

M. Amici dispose encore l'appareil autrement. ACB (fig. 8) est un prisme isoscèle triangulaire dont l'angle C est moindre que 90°; l'arête B pose sur la glace MN, avec laquelle le prisme est fixement assemblé sous un angle ABM de 45°. Le rayon lumineux émané d'un point R, entre dans le prisme par la face AC, se réfléchit sur AB, sort par la face BC, et va se réfléchir de nouveau en I, à la surface supérieure de la glace MN, de manière à permettre à l'œil, placé en O, de voir l'objet projeté en bas vers X. Nous avons dit que l'angle C du prisme ne devait pas atteindre 90°, parce que l'œil pourrait, en s'avançant un peu en R, apercevoir une seconde image réfléchie dans l'intérieur du prisme. On évite cet inconvénient en recouvrant le dessus d'une lame CN qui fait partie de la monture de l'instrument, et est percée d'une fente par laquelle on regarde. Cette plaque arrête les rayons étrangers qui, après avoir rencontré la face antérieure du prisme, se réfléchiraient vers l'œil.

Fr.

CHAMBRE NOIRE ou obscure. (*Arts mécaniques.*) Lorsqu'on empêche la lumière du jour d'entrer dans un appartement en fermant les issues, et qu'à l'un des volets on pratique un trou O (fig. 9, pl. 8) d'environ un pouce de diamètre, pour laisser pénétrer les rayons émanés d'un objet Q situé au loin, ces rayons se croisent en O, forment deux cônes lumineux opposés par leur sommet commun O. Une section faite avec un écran N dans le cône intérieur y détermine une image P renversée de l'objet ; mais cette image est confuse et ressemble à des ombres légères. Pour la rendre plus nette et mieux dessinée, on adapte à cet orifice un verre convergent dont la distance focale soit très courte relativement à l'éloignement de l'objet.

Comme l'image reçue sur un écran ou un verre dépoli est verticale et renversée, que d'ailleurs il serait difficile de la reporter sur un papier pour en prendre copie, on préfère briser le faisceau de lumière incidente pour le rendre vertical. Un miroir *ab* (fig. 10), incliné de 45° à l'horizon, remplit très bien cette condition ; l'image AB se transporte en *a'b'* après avoir traversé le trou O et le verre qui y est adapté ; elle est reçue sur un papier horizontal, et se présente droite au spectateur placé vers *b'*, c'est-à-dire qui tourne le dos aux objets qu'il veut dessiner.

On fabrique dans le commerce des boîtes légères qu'on peut démonter et plier par parties à l'aide de charnières placées aux arêtes, et qu'on transporte à volonté près des lieux dont on veut prendre la perspective. Un rideau qui couvre la baie dans laquelle on passe la tête et les bras empêche la lumière de pénétrer dans l'enceinte, et le cône de lumière transporte sur le papier une image assez nette des objets extérieurs. (*Voy.* fig. 11.) On varie beaucoup la forme de ces boîtes, auxquelles on donne le nom de *chambre obscure* ou *chambre noire*. On cherche à les rendre portatives, faciles à dresser sur place, propres à recevoir le dessinateur et à supporter le papier sur lequel il forme les traits, etc.

Les miroirs métalliques sont préférables à ceux de verre, qui, à cause des réflexions produites par leurs deux surfaces opposées, n'offrent que des images plus ou moins confuses, surtout quand ces surfaces ne sont pas exactement parallèles. Cependant, comme les miroirs étamés sont à bas prix, on les emploie toujours, parce qu'ils suffisent pour un instrument qui n'est guère que de pur agrément. Les miroirs métalliques sont d'ailleurs sujets à se ternir à l'air en s'oxidant.

M. Vincent Chevalier, opticien, a imaginé de remplacer le système du miroir et du verre convergent par un prisme triangulaire ABC (fig. 13), dont la grande face AB est inclinée à 45° sur la petite AC qu'on dispose horizontalement; la troisième face CB est façonnée en segment sphérique de 5 décimètres de foyer, plus ou moins. Ce prisme, dont le fig. 13 montre la base, a 60 millimètres de hauteur à peu près ; le côté AB a 84 millimètres, AC en a 45 ; ces dimensions sont d'ailleurs arbitraires. Le prisme est retenu dans une monture qui permet de le diriger vers les lieux environnans, de le faire pirouetter autour d'un axe horizontal, pour varier l'inclinaison des faces AB, AC, BC, enfin pour l'élever à volonté au-dessus de l'orifice supérieur de la chambre noire, qui n'est plus garnie d'un verre. Les rayons lumineux extérieurs entrent dans le prisme, se réfléchissent sur la face AB, sortent en se croisant, et se projettent sur la feuille horizontale ; la surface BC, en forme de segment de sphère, tient lieu de verre convergent. Un papier blanc appliqué sur la face réfléchissante AB, et retenu par une lame de cuivre, s'oppose à ce que la lumière incidente sorte du prisme.

Les avantages de cet appareil consistent à éviter les doubles réflexions, et par conséquent à donner des images plus nettes ; à rendre inutile l'emploi d'un miroir à faces parallèles, qui est toujours coûteux et difficile à exécuter ; à ne pas se servir d'étamage, facile à détériorer ; enfin à laisser la communication libre avec l'air extérieur en haut de la boîte ; ce qui rend la situation du dessinateur moins pénible, en permettant le renouvellement de l'air vicié par la respiration, et échauffé dans une enceinte très resserrée. Fr.

CHANDELLES (Fabrication des). Une chandelle est un cylindre de suif dont le centre est occupé d'un bout à l'autre par un fil de coton appelé *mèche*.

Toutes les graisses ne sont pas également propres à la fabrication des chandelles; celles dont on se sert presque exclusivement sont les graisses de mouton, de brebis, de bœuf et de vache. On obtient la consistance et les autres qualités requises lorsqu'on mêle ensemble, en quantités égales, les deux premières et les deux dernières de ces substances. Dans tous les cas elles doivent être fondues ensemble, bien homogènes et bien purifiées.

Quant aux *mèches*, on n'a trouvé jusqu'ici rien de préférable au coton. Elles doivent être bien démêlées, légèrement torses et parfaitement sèches. Le coton filé le plus fin forme les plus belles mèches. On fabrique deux sortes de chandelles : les unes sont *moulées*, les autres *plongées* ou bien faites *à la baguette*. Les moules les plus économiques sont ceux de verre et de fer-blanc; ils sont très légèrement coniques, évasés en forme d'entonnoir à l'un des bouts et terminés à l'autre bout par un cône percé. On les fait entrer jusque vers la moitié de leur longueur dans des trous percés dans une planche supportée par des tréteaux.

Pour passer les mèches dans les moules on les attache par un bout avec de petits morceaux de bois qui reposent en travers sur l'orifice supérieur du moule; l'autre bout sortant alors par un trou qui se trouve à la partie inférieure du moule, il est facile, au moyen d'un petit coin en bois, de maintenir la mèche dans un état de tention convenable.

Alors on fait fondre le suif à une très douce chaleur, on le verse dans un vase en fer-blanc muni d'une anse et d'un goulot, et l'on remplit successivement tous les moules. Si l'on coulait le suif trop chaud, outre l'inconvénient qu'il aurait de sauter, on ne pourrait retirer les chandelles des moules qu'avec beaucoup de difficulté. On attend toujours qu'il se soit formé une légère pellicule au-dessus du suif en fusion.

Les chandelles *plongées*, qu'on appelle aussi chandelles *à la baguette*, se fabriquent sans moule à l'aide de baguettes de bois de noisetier ou de sapin de 2 pieds et demi de long, et dont l'un des bouts est terminé en pointe de manière à mieux enfiler les mèches.

L'auge, ou abîme, dans laquelle on verse le suif fondu est en bois et repose sur une table qui a des rebords et une gouttière pour recevoir le suif qui découle des chandelles, et le porter de là dans un autre vase placé au-dessous. On met d'autant plus de mèches sur chaque baguette, que le nombre des chandelles qu'on veut à la livre doit être plus grand. Un ouvrier prend ordinairement deux de ces baguettes à la fois, il en couche les mèches sur le suif, les relève verticalement sur l'abîme, les y fait égoutter, et lorsqu'elles sont sèches, les plonge de nouveau dans le bain de suif, les fait sécher sur l'établi et répète la même opération jusqu'à ce que les chandelles aient acquis la grosseur convenable. Il ne reste plus qu'à en couper les extrémités pour leur donner une forme et un poids convenables, et à les exposer à l'air; ce qui achève de les sécher et de les blanchir.

L'addition d'une petite quantité de cire au suif augmente la consistance de la chandelle en la rendant d'ailleurs d'un usage plus agréable. Elle porte alors le nom de *chandelle économique*. Quelquefois au lieu de fondre le suif avec la cire, on fond cette dernière substance à part; on l'introduit dans le moule à chandelle, qu'on roule horizontalement jusqu'à ce que ses parois en soient partout recouvertes. On remplit le vide à la manière ordinaire par une mèche et du suif fondu, et l'on obtient ainsi une chandelle entièrement revêtue de cire, dont l'aspect est agréable et le prix peu élevé.

L'alun est aussi quelquefois employé pour donner de la consistance au suif.

D'après quelques auteurs, la fécule de marron d'Inde ajoutée au suif dans des proportions convenables, donnerait une chandelle-bougie qui réunirait presque toutes les qualités de la cire.   P...ze.

CHANTERELLE. (*Arts mécaniques.*) C'est le nom qu'on donne à la plus fine des cordes d'un instrument de musique. Les *chanterelles* de violon sont, de toutes les cordes à boyau, les plus difficiles à fabriquer, parce qu'on veut qu'elles réunissent à la finesse une force de résistance à la tension qui leur permette de s'élever au ton sans casser. Il faut que les sons soient justes et éclatans, qu'elles soient de trois ou quatre fils, ne se détordent pas par l'humidité, etc. Jusqu'à présent on a regardé les chanterelles qui viennent de Naples comme ayant une qualité supérieure à celles de France. *Voy*. BOYAUDIER.

Fr.

CHAPELET HYDRAULIQUE. (*Arts mécaniques*, pl. 4, fig. 22.) Machine qui sert à élever l'eau. Elle se compose d'une CHAÎNE sans fin EDC, faite de maillons en cuivre réunis par articulations, portant des disques a, b ... en cuir fort, qu'on fait circuler à l'aide de tambours B, E. Ces disques passant successivement dans un tuyau vertical EE dont le bas plonge dans l'eau, et qui a le même calibre que les disques, élèvent l'eau de la même manière qu'un piston de pompe ordinaire.

A, deux moises en bois servant de support; B, tambour hexagone qu'on fait tourner par une manivelle dans le sens indiqué par les flèches; E, tambour inférieur ou poulie qui dirige la chaîne et les disques. Le tuyau dans l'intérieur duquel circule la chaîne a sa partie inférieure de même calibre que les disques; mais il s'élargit un peu à partir d'une distance égale à une fois et demie l'intervalle des disques, comptée du bas du tuyau.

Le produit de cette machine est égal à la surface d'un disque multipliée par la vitesse qu'on imprime à la chaîne : la résistance est proportionnée à la colonne d'eau, comme dans les POMPES. On emploie le chapelet aux épuisemens, en le disposant soit verticalement, soit obliquement, suivant les localités.

Fr.

CHAPELIER. L'art du chapelier, l'un des plus compliqués qui existent, est aussi l'un de ceux où l'on trouve le plus ce qu'on appelle de petits secrets. Chaque fabricant a son secrétage, sa teinture, son apprêt, et attribue à sa méthode la bonté de ses produits. Ainsi l'on doit s'attendre à trouver dans le cadre limité que nous nous sommes imposé, plutôt une idée de cette fabrication que des détails étendus.

Chapeaux de feutre. — Le feutrage repose sur cette propriété qu'ont les poils de former, au moyen d'une légère agitation et de la pression, un tissu naturel tellement solide qu'on ne peut plus le diviser sans déchirement : c'est ce tissu qu'on appelle *feutre.*

Tous les poils ne sont pas susceptibles d'être feutrés ; les poils de lièvre, de lapin, sont dans ce cas, tandis que la laine est douée de cette propriété au plus haut degré ; aussi, quelle que soit la qualité de chapeau qu'on veuille obtenir, on ajoute toujours une certaine quantité de laine d'agneau ou de vigogne pour former la trame et donner de la solidité à l'étoffe ; quant aux autres poils, on leur communique la propriété feutrante au moyen d'une opération particulière qu'on nomme *secrétage.*

Du secrétage. — On commence l'opération par nettoyer ou *dégaler* les peaux au moyen du *carrelet,* petite carde très fine qu'on promène sur le poil ; puis on frappe à la baguette jusqu'à ce qu'il n'en sorte plus de poussière. Cela fait, on *ébarbe,* c'est-à-dire qu'au moyen de ciseaux fins on coupe la *jarre* ou poil plus long qui dépasse le duvet, au niveau de celui-ci. Cette opération demande de l'habitude, car si l'on enlevait la partie supérieure du duvet on perdrait les portions les plus soyeuses. Enfin on raccourcit le poil de la poitrine et du ventre d'un tiers environ, et l'on soumet la peau ainsi préparée à l'action du nitrate acide de mercure.

La dissolution qu'on emploie est variable chez les divers fabricans : les uns prescrivent 16 parties de mercure et 250 d'acide nitrique étendues, après solution, de deux tiers d'eau ; d'autres préfèrent 6 parties de mercure en poids, 16 d'acide nitrique étendues également de deux tiers d'eau ; plusieurs ajoutent à la dissolution une certaine quantité d'eau mucilagineuse pour faciliter le secrétage, tandis que d'autres la rejettent comme inutile. En tout cas, quelle que soit la manière dont on ait préparé le nitrate acide, on en imbibe une brosse

de poils de sanglier avec laquelle on frotte fortement la surface des poils jusqu'à ce que toutes les parties aient été également mouillées, puis on réunit les peaux par paire, et poils
contre poils, et l'on porte à l'étuve, où l'on fait sécher le plus
rapidement possible.

Le secrétage terminé, on s'occupe de séparer les poils de la
peau. Pour cela, après avoir cardé, on coupe avec le couteau,
ou mieux l'on arrache, avec seulement la précaution de mouiller légèrement la peau du côté interne, ce qui facilite la sortie
du bulbe; ce mouillage se fait en humectant d'eau de chaux
une éponge qu'on passe sur les peaux, après quoi on les soumet à une forte pression pendant 24 heures.

De l'arçonnage. — Un arc fixé au plancher par son milieu,
et dont les extrémités sont réunies par une corde fortement
tendue, est ce qu'on appelle l'*arçon*. Un fuseau, ou *coche* terminée par un bouton, est destiné à faire vibrer la corde. Les
poils, placés en tas sur une claie d'osier très serrée, sont traversés par cette corde qui, mise en vibration, les agite, les mélange intimement. Lorsque le mélange est fait on *vogue l'é-
toffe*, c'est-à-dire qu'au moyen d'un brusque arçonnage, les
poils, enlevés à une certaine hauteur, retombent sur la claie
dans un grand état de raréfaction; puis on donne une seconde
vogue afin de former une couche égale de poils, ce qui dépend
surtout de l'adresse de l'ouvrier, et l'on procède au *bastissage*
ou premier degré de feutrage.

La quantité de poils nécessaire pour la confection d'un chapeau est divisée en plusieurs lots ou *capades*. En en supposant
deux, ce qui est le cas le plus ordinaire, voici comment on
agit. On humecte la feutrière et l'on y place la première capade, on applique dessus une feuille de papier mouillée, puis
la seconde capade; on replie la feutrière. Alors l'ouvrier plie
et replie dans tous les sens, humecte de temps en temps, pour
empêcher l'adhérence du poil à la toile, et continue jusqu'à
ce que les deux capades, déjà assez consistantes pour ne point
s'étendre, soient pourtant encore assez molles pour être réunies
en un seul feutre par l'opération suivante, qui consiste à les

remettre en feutrière, à les unir par les bordures au moyen de *marches* et *remarches* successives, et à en former une sorte de cône creux que l'on a soin d'ouvrir fréquemment pour *dé-crocher* et changer les plis. On entretient la moiteur et la souplesse au moyen d'aspersions fréquemment répétées. Des feuilles de papier interposées empêchent l'adhérence là ou elle ne doit point avoir lieu, et lorsqu'il se présente des endroits faibles, on les fortifie avec une pièce *d'étoupage* ou morceau d'une capade destinée à cet usage.

Comme le feutre que donne le bastissage ne peut pas encore être employé à cause de sa mollesse, on le *foule* pour le faire rentrer et lui donner la solidité nécessaire. Cette opération se fait en trempant les chapeaux dans la dissolution suivante. On fait bouillir dans la valeur d'un muid d'eau 72 livres de lie de vin pressée, on écume, et l'on s'en sert immédiatement. Quelques chapeliers y ajoutent une certaine quantité de tan, dont le tannin pénètre le feutre et le dispose à une teinture plus égale. Cette liqueur maintenue à une température d'environ 80° centigrades reçoit les feutres, qu'on retire presque aussitôt, qu'on place sur un banc incliné où on les laisse égoutter, après quoi on les exprime avec un *roulet*. L'ouvrier déploie le feutre, s'assure qu'il est bien imbibé; s'il ne l'est pas complètement, passe dessus le *lustre*, ou brosse, après l'avoir plongé dans le bain, jette ensuite un peu d'eau froide, et avec la paume de la main presse dans tous les sens afin de faire rétrécir l'étoffe, puis quand elle est bien formée continue la pression avec la brosse, en commençant par le milieu et en finissant par les bords. Pour que le foulage soit bon, il faut tremper souvent et que l'opération dure de 2 à 4 heures.

C'est après cette opération qu'on met le chapeau en forme; pour cela on le trempe dans l'eau claire et chaude, on l'applique sur la forme, et on le fait entrer en pressant le feutre avec le pouce, du centre à la circonférence. Enfin on lie le chapeau sur le milieu de la forme avec une ficelle qu'on pousse ensuite jusqu'au bas. Le chapeau est bon s'il ne contient ni grains ni grumeaux, s'il est lisse partout, si de moyenne force en tête, il est très fort sur le lien, et si l'arête est fine et ronde. On termine l'opération par le tirage au moyen d'un carrelet très doux.

Cela fait, on procède à la teinture des chapeaux ; on les remet sur des formes plus fortes, qu'on fait entrer en frappant sur un billot, on trempe de nouveau, on tire au carrelet, et l'on plonge dans un bain fait de la manière suivante.

4000 parties d'eau, 100 de bois de Campêche, 8 de gomme du pays, et 16 de noix de galle concassée ; on fait bouillir pendant 2 heures et demie en agitant de temps en temps le mélange, et alors on ajoute 7 parties de vert-de-gris et 12 de sulfate de fer. Presque aussitôt on dispose les chapeaux dans le bain, par couches, en plaçant la première sur la tête, la seconde sur la forme, la troisième sur la tête, et ainsi de suite. On couvre le tout avec des planches, et l'on charge également de poids la surface. Au bout d'une heure et demie les chapeaux ont reçu la première *chaude;* on les retire, on les égoutte, on les expose à l'air pour faire passer le gallate de fer au *summum* d'oxidation : c'est ce qu'on appelle donner l'*évent.* On donne ainsi aux chapeaux trois chaudes et trois évens, et l'on a soin d'ajouter à la dernière 3 parties de vert-de-gris et 4 de sulfate de fer, dans le bain. Pour abréger l'opération on se sert en Angleterre de nitrate de fer, et en France d'acétate ou de pyrolignite de fer. Ce dernier procédé est pourtant sujet à l'inconvénient de déposer du goudron sur les poils si l'acide pyroligneux dont on s'est servi n'était pas pur.

Enfin le teinturier fait bouillir les chapeaux dans l'eau ordinaire, pour les dégorger, les étire pour effacer les plis, relève les poils à l'aide du carrelet, et fait sécher à l'étuve ; puis il brosse à sec, lustre en brossant de nouveau à l'eau froide, remet à l'étuve pendant 1 heure, et livre enfin à l'apprêteur.

L'apprêt est, suivant les fabricans, ou de la gomme arabique ou un mélange de colle-forte et de gomme du pays. Le chapeau est placé dans le trou d'une table et ne pose que par les bords. L'ouvrier trempe la brosse dans l'apprêt, en imprègne la surface inférieure du bord sans atteindre jusqu'au tour, et expose la partie imprégnée de l'apprêt à la vapeur d'eau développée au moyen d'aspersions sur un bassin de fer poli, recouvert d'une toile et placé sur un fourneau. La vapeur fait pénétrer l'apprêt, ce qui se reconnaît à ce que la surface inférieure n'adhère plus à la main. Si l'apprêt sortait sur l'autre surface le chapeau deviendrait galeux ; il faudrait alors dégorger au savon chaud et recommencer. Pour le fond, on le couvre au pinceau, vers son milieu, d'une rosette de colle-forte ; on recouvre de deux couches d'apprêt qu'on étend dans tout l'intérieur sans le faire rentrer. On fait ensuite sécher à l'air libre, et on livre aux détaillans, qui se chargent de garnir.

Les poils de castor sont préférables pour la fabrication des chapeaux ; vient ensuite le lièvre, où l'on distingue plusieurs qualités de poils, celui du dos, qui est le meilleur, puis celui de la gorge, et enfin celui du ventre. Le lapin sert à la chapellerie commune. Enfin pour faciliter le feutrage on ajoute toujours, comme je l'ai dit, une certaine quantité de laine d'agneau, de chameau ou de vigogne. R.

CHAR, CHARIOT, CHARRETTE. (*Arts mécaniques.*) Nous traiterons à l'article TIRAGE, de la force nécessaire pour traîner les voitures ; il ne sera question ici que du mode de construction de celles qui sont employées au transport des fardeaux.

Les *chars* sont des voitures légères, à deux roues et non suspendues. Ceux qu'on destine à porter des voyageurs ont souvent leurs bancs dans le sens transversal, et soutenus par des courroies ou des ressorts d'acier : on les nomme *char-à-bancs*. Rarement on y attèle plus d'un cheval.

Les *chariots* ont quatre roues, et sont souvent de très grande dimension ; en voici la construction (fig. 5, pl. 7). Ils sont formés de deux trains qui tiennent ensemble par ce qu'on appelle une *cheville ouvrière*.

Le train de derrière se compose de deux *roues*, d'un *essieu*, d'une *encastrure d'essieu*, d'une *flèche* et de deux *brancards*. L'avant-train a également deux roues, ordinairement plus petites que celles de derrière ; un essieu, une encastrure d'essieu, deux *armons*, un *lissoir*, un *à-s'asseoir* ou *sellette*, un *timon* ou une *limonière*.

La *flèche* est une pièce de bois fixée perpendiculairement sur le corps d'essieu de derrière, et qui tient au train de devant par la cheville ouvrière. Dans les grands chariots de roulier la flèche est disposée de manière à pouvoir s'allonger suivant le besoin. Il en est de même des brancards, sur lesquels la charge porte ; ceux-ci doivent être tout-à-la-fois d'un bois solide et élastique, plier sous la charge sans nul danger de rompre.

Les *armons* sont deux pièces de bois fixées sur l'encastrure du corps d'essieu de l'avant-train, qui, d'un côté, servent de lien au timon ou à la limonière, et de l'autre, d'appui au lissoir, dont la fonction est de tenir le timon dans une position horizontale. La sellette, placée sur les armons dans le sens du corps d'essieu, sert de support aux brancards réunis dans cet endroit par une traverse qui a la faculté de pivoter autour de la cheville ouvrière, de sorte que le timon ou la limonière d'un chariot puisse prendre à droite ou à gauche, dans l'étendue d'un quart de cercle, toutes les directions nécessaires.

La *charrette* est une voiture à deux roues formée de deux *limons*, longues pièces de bois réunies par des traverses dans la moitié de leur longueur, où elles sont planchéiées. Ces traverses sont appelées *éparts* en-dessous, et *burettes* en-dessus. Entre les parties libres des limons on attèle le cheval, nommé *limonier*. Les *ridelles* sont les deux clayonnages qui s'élèvent verticalement à droite et à gauche sur les limons, et sont soutenues par des bois nommés *ranchers*. Les bouts antérieurs et postérieurs sont fermés par des *clayons* qu'on met ou ôte à volonté, et qu'on peut remplacer par d'autres plus élevés et divergens, pour augmenter la capacité de la voiture : on appelle ceux-ci des *cornes*. Il y a un Treuil sur le derrière des limons pour serrer la charge.

La charrette est préférable au chariot dans quelques circonstances ; elle est moins lourde, moins dispendieuse ; elle tourne plus facilement. Le tirage en est moindre, par la raison que les rais des roues sont toujours plus grands que les rais moyens des roues du chariot. On doit s'en servir de préférence dans les chemins pavés, unis et bien entretenus, peu montueux, parce que le cheval du limon n'en éprouve pas une grande fatigue, quand d'ailleurs la charge est parfaitement en équilibre sur l'essieu.

Le chariot est préférable dans les mauvais chemins, pour le transport des gros fardeaux. Les chevaux sont au nombre de deux pour maintenir le timon de l'avant-train dans la direction; ils ne sont ni chargés ni soulevés dans les descentes et les montées. Dans une charrette, où le poids n'est supporté que par deux roues, si l'une tombe dans un trou, la plus grande partie de la charge se porte de ce côté, et les chevaux ont beaucoup de peine à l'en retirer. Ils en éprouvent bien moins quand cette même charge se distribue sur quatre roues.

En général, en se servant de charrettes on fait plus de travail avec moins de dépense; mais les chevaux limoniers ne durent pas si long-temps. En se servant de chariots la dépense est plus forte, mais les chevaux et les marchandises sont mieux conservés. E. M.

CHARBON. On nomme ainsi diverses substances dans lesquelles le CARBONE a été mis à nu soit en les carbonisant à l'aide de procédés particuliers, soit par des altérations spontanées qui se présentent dans la nature. Des dénominations particulières indiquent les diverses variétés de charbon qu'on emploie dans les Arts ou dans l'économie domestique. En les plaçant par ordre alphabétique, nous parlerons successivement du CHARBON ANIMAL, du CHARBON DE BOIS, du CHARBON MINÉRAL et du CHARBON VÉGÉTAL, et pour quelques autres substances dans lesquelles le carbone joue un grand rôle sans qu'elles soient dénommées *charbon*, nous renverrons aux articles ANTHRACITE, DIAMANT, HOUILLE (*charbon de terre*), NOIR DE FUMÉE, NOIR D'IVOIRE, NOIR D'OS, TOURBE CARBONISÉE, etc. P.

CHARBON ANIMAL. Depuis quelques années l'usage a consacré

cette dénomination, par laquelle on désigne particulièrement la matière charbonneuse qu'on obtient en distillant
dans des vases clos, à une température élevée (un peu au-
dessus du rouge cerise), les os de divers animaux.

Préparation. — Le charbon animal se prépare avec les os
qu'on se procure dans les grandes villes, et particulièrement à
Paris où la consommation de la viande est très considérable.
Une multitude de gens, connus sous le nom de CHIFFONNIERS,
ramassent dans ces grandes villes, parmi les débris d'autres
substances, les os de cuisine qu'on jette dans les rues ; des
teneurs de boutiques, que l'on nomme MAGASINIERS, les achè-
tent pour les revendre aux FONDEURS ; ces derniers, après en
avoir extrait le SUIF ou *graisse d'os,* les vendent aux fabricans
de noir et de sel ammoniac. Il s'agit alors de calciner ces os
débouillis en vases clos ; cette opération se fait par deux procédés différens : on emplit d'os concassés de gros cylindres
placés horizontalement dans un four et terminés par une *buse*
ou tuyau de 3 pouces de diamètre, qui, au moyen de brides,
est adapté à une longue suite d'appareils réfrigérans.

On élève graduellement la température de toute la masse
jusqu'au rouge cerise, et l'on soutient à cette température
pendant 36 heures, puis on extrait le charbon des cylindres, pour le renfermer dans des étouffoirs. Il suffit alors de
le laisser refroidir et de le réduire en poudre très ténue.

C'est ainsi qu'on prépare les plus grandes masses de noir
animal. Nous ne terminerons pas ici la description de ce procédé, parce qu'il fait partie essentielle des opérations qui ont
pour but d'obtenir le SEL AMMONIAC et tous les autres sels ammoniacaux, et que nous serions obligés de nous répéter lorsque nous en serons à cet article.

Le deuxième procédé consiste en une carbonisation des os
dans des marmites en fonte assemblées par paires et renversées l'une sur l'autre sur leur orifice ; en sorte qu'elles présentent à peu près la forme d'un cylindre terminé par deux
portions de sphère : la jonction est lutée avec de l'argile
grasse ; quelques fissures déterminées par le retrait que la

terre éprouve au feu suffisent pour le passage de l'eau vaporisée, de l'huile empyreumatique et des gaz résultant de la décomposition des matières animales, hydrogène, carbone, oxigène, azote, isolés ou combinés deux à deux ou trois à trois et en diverses proportions, pendant les différentes périodes de l'opération. La température de toute la masse est bientôt assez élevée pour que les produits volatils dégagés s'enflamment et viennent aider à l'opération, en contribuant avec le combustible à produire de la chaleur. Lorsque la carbonisation est complète et que tous les produits volatils sont dégagés, on laisse refroidir le four assez pour qu'un homme puisse y entrer ; on démolit la porte en maçonnerie, on vide les vases en fonte et l'on broie *à sec* le charbon d'os qu'ils contenaient. C'est en cet état qu'on le livre au commerce. Comme le mode d'opérer que nous venons d'indiquer a pour but principalement de préparer le Noir d'ivoire, nous entrerons dans de plus grands détails à cet article.

L'énergie décolorante du charbon animal est incomparablement plus considérable que celle du charbon végétal, quoiqu'il contienne cependant sous un même poids beaucoup moins de carbone pur que ce dernier. J'ai fait, dans le but d'éclairer l'histoire si importante des charbons, un grand nombre d'expériences qui m'ont conduit aux résultats suivans.

Ni le phosphate de chaux, ni en général aucun des principes que l'analyse démontre dans le charbon animal (le carbone excepté), pris isolément ou combinés deux à deux ou trois à trois, ne jouissent des propriétés que présente le charbon.

Le charbon animal agit d'autant mieux qu'il est plus divisé et que la carbonisation est plus complète, sans qu'un certain degré de température ait été dépassé pendant la calcination.

Son énergie est augmentée lorsqu'on le dégage de quelques substances solubles qui l'accompagnent ordinairement.

Les substances végétales solubles étrangères au sucre et qui accompagnent la matière colorante sont entraînées par le charbon animal, dans le traitement des solutions de sucre brut.

Cet effet contribue sans doute à l'augmentation de la quantité de sucre cristallisable obtenu.

Le carbone isolé des substances qui l'accompagnent dans le charbon animal, et notamment du phosphate et du carbonate de chaux, à l'aide de l'acide hydrochlorique et de nombreux lavages, jouit d'une énergie plus forte sur la matière colorante du sucre brut, que le charbon animal tout entier à poids égal. Ce corps pourrait donc être considéré comme le principe actif du charbon animal.

Il fallait rechercher, pour vérifier l'exactitude de cette induction dans toute son étendue, si 10 parties de carbone étaient aussi actives que 100 de charbon brut dont elles étaient extraites, et c'est ce qui n'eut pas lieu. Je trouvai que le carbone extrait avait un pouvoir décolorant seulement trois fois plus fort que celui du charbon animal; or, comme ce dernier ne contient que 0,1 de carbone, on peut en conclure « qu'en éliminant le sous-carbonate et le phosphate de chaux du charbon animal, on fait une perte réelle en action décolorante, dans la proportion de 10 à 3 ou de 7 dixièmes. »

Il semblait, d'après ces résultats, que le pouvoir décolorant ne résidait pas seulement dans le carbone; il était démontré cependant qu'il ne pouvait résider dans aucune autre substance. Pour expliquer cette anomalie apparente, j'ai cru pouvoir supposer que, sans agir directement, les substances étrangères dans le charbon d'os servaient d'auxiliaires au carbone, en tenant ses molécules écartées et les présentant ainsi aux matières colorantes dans une sorte de division chimique; d'autres résultats me confirmèrent dans cette opinion.

Je reconnus que tous les charbons provenant de substances animales, végétales ou minérales, quelque divisés (mécaniquement) qu'ils fussent, avaient très peu d'énergie sur les matières colorantes, lorsque après la carbonisation ils présentaient des surfaces brillantes : tels sont les charbons ordinaires de bois, ceux de corne, de chair musculaire, de nerfs, de cuirs, et généralement de toutes les parties molles des animaux; ceux des bitumes et de la houille, etc. Le *charbon animal des os* lui-même devient très peu actif lorsqu'on le calcine mélangé avec des matières animales, végétales ou minérales, susceptibles de se fondre en se carbonisant : elles laissent sur toute la surface du charbon d'os une sorte de vernis charbonneux qui paralyse l'action décolorante en liant entre elles toutes les molécules de carbone. Un instrument que j'ai fait construire dernièrement permet d'apprécier comparativement la vertu décolorante des divers charbons; il sera décrit au mot Déco-LORIMÈTRE.

Il était donc bien clairement prouvé que les charbons qui présentent des surfaces brillantes, quelle que soit leur origine, ont très peu d'énergie sur les matières colorantes.

Or, j'ai fait voir par un grand nombre d'expériences, que ces mêmes substances, qui donnent directement des charbons brillans, peuvent être traitées de manière à produire des charbons ternes très actifs. C'est ainsi qu'en calcinant au rouge le sang desséché, avec de la potasse, dans la préparation du bleu de Prusse, on obtient un résidu charbonneux qui, épuisé des sels solubles qu'il contient, jouit d'une action décolorante extraordinaire, plus que décuple de celle du *noir animal.* A la vérité l'on n'est pas parvenu à préparer ce charbon d'une manière constante, en sorte qu'il donnât toujours d'aussi bons résultats; je l'ai tenté inutilement en opérant sur de grandes masses.

Enfin j'ai annoncé que si l'on parvient à débarrasser le noir animal qui a déjà servi, des substances animales et végétales avec lesquelles il reste mélangé, on arrive par une calcination nouvelle à lui rendre son énergie première.

Le charbon animal est employé en quantités immenses dans les fabriques et les raffineries de sucre de cannes et de betteraves. Réduit en poudre impalpable il est appliqué utilement comme *ponsif* dans le moulage des pièces en fonte et en bronze. Il forme le noir d'ivoire et le noir d'os; on le répand sur les terres comme engrais après qu'il a servi dans les raffineries, etc. On l'emploie aussi pour décolorer et purifier une foule de substances de nature très variable; mais il est quelquefois nécessaire de lui enlever préalablement, par le moyen de l'acide hydrochlorique, les sels calcaires qu'il contient.

La *revivification du noir animal* se fait aujourd'hui dans presque toutes les raffineries et les fabriques de sucre de betteraves. Nous en parlerons à l'article Sucre.   P.

Charbon de bois. Les procédés à l'aide desquels on convertit depuis long-temps dans les forêts le bois en charbon sont encore ceux qu'on emploie le plus généralement, quoiqu'ils donnent des résultats moins avantageux que ceux qu'on leur a substitués en quelques endroits; nous devons donc décrire les uns et les autres, en indiquant les conditions de leur réussite, leurs avantages et leurs inconvéniens, suivant les localités et les diverses circonstances.

Les charbonniers commencent par choisir, à portée des tas de bois abattus, un terrain assez uni et ferme sur lequel il leur suffit de nettoyer et de battre une place pour y établir leur *charbonnière;* mais si l'on ne rencontre aux environs des cordes de bois empilées, que des fonds en pente, ou caillouteux, ou crevassés, il est nécessaire de niveler le terrain, d'y ajouter une couche de terre, de la ratisser et de battre, afin d'obtenir une surface unie. L'aire d'un *fourneau* ou d'un *feu* a de 12 à 15 pieds de diamètre ordinairement.

Le choix du bois n'est pas indifférent; les bois durs donnent le meilleur charbon, celui qui est le plus compacte, qui sous le même volume contient le plus de combustible; ce charbon est non-seulement le plus économique, mais comme il est susceptible de produire une plus haute température, on ne peut employer d'autre charbon de bois dans beaucoup d'opérations des Arts; les charbons légers, réellement plus chers puisqu'ils se vendent également à la mesure, ne conviennent qu'à ceux qui désirent allumer promptement de petites quantités de charbon et avoir un feu de peu de durée. En comparant les résultats de plusieurs procédés de carbonisation, on voit qu'avec les mêmes bois on obtient des charbons dont le poids spécifique et quelques autres propriétés diffèrent beaucoup.

Les bois doivent être assemblés d'avance ou fractionnés par les charbonniers, suivant leur nature (*durs* ou *blancs*) et leur grosseur, qui varie de 1 à 3 pouces de diamètre , afin de les employer comme il convient : tous les morceaux doivent avoir la même longueur.

Voici comme on s'y prend pour *former un fourneau* ou amonceler le bois qu'on veut carboniser. On choisit une forte bûche qu'on appointit d'un bout pour l'enfoncer en terre, et qu'on fend en quatre à l'autre bout ; on la plante au centre de l'aire du fourneau , et l'on ajuste dans les fentes de sa partie supérieure deux bûches qui forment entre elles quatre angles droits et sont dans un même plan horizontal ; puis on place debout quatre bûches qui s'inclinent vers celles du centre , y sont appuyées et contenues dans les quatre angles indiqués.

Il s'agit alors de former le *plancher ;* pour cela on couche par terre , sur toute la surface de l'aire , des bûches de bois blanc assez grosses et droites, en les disposant très rapprochées, comme les rayons d'un cercle dont le centre se trouve dans la bûche plantée en terre ; on remplit les vides restés entre ces bûches avec de plus petites dont on recouvre même entièrement toute la surface du premier lit.

Pour que ce plancher ait quelque solidité et ne se dérange pas, on plante des chevilles autour de la circonférence , à un pied environ de distance les unes des autres ; on apporte alors le bois sur des brouettes dont la civière est surmontée de quatre morceaux de bois formant un V, et pouvant contenir entre eux un quart de corde de bois ; on prend toutes ces bûches par brassées, et on les place sur le plancher autour des premières, sur lesquelles elles s'appuient. Ainsi rangées, elles forment un cône tronqué dont la base est sur le plancher : on continue de dresser du bois de cette manière, jusqu'à ce qu'on soit près de ne plus pouvoir atteindre facilement le milieu de ce tas de bois.

On aiguise une bûche par un bout, l'une des plus grosses et des plus droites de celles à charbon ; on l'implante droite au milieu du cône formé ; on la fixe à l'aide de menu bois, puis on l'entoure de bûches dressées comme les premières, sur lesquelles elles s'appuient, et on leur donne la même inclinaison sur un axe commun, en sorte qu'elles continuent et doublent l'élévation du cône tronqué.

Ce deuxième étage formé, on continue lep remier jusqu'à l'extrémité du plancher, puis on achève le deuxième étage jusqu'aux bords du premier ; pour étendre encore celui-ci, on arrache les piquets, et l'on augmente la surface du plancher en plaçant tout autour de nouvelles bûches de bois blanc dont on arrête encore les extrémités par des piquets ; on dresse sur ce plancher, excentrique au premier, deux étages de bûches, en s'y prenant comme nous l'avons dit : enfin on répète encore une fois toute cette manœuvre pour donner au *fourneau* les dimensions qu'il doit avoir, c'est-à-dire la hauteur de deux bûches et un diamètre de 15 pieds.

On arrache les chevilles qui contenaient le plancher, pour les faire servir à la construction d'un autre *fourneau*, puis on ramasse, à la circonférence du plancher, du menu bois de *chemise*, et à l'aide d'une échelle courbée on monte sur le haut du tas, pour élever, en l'ébranlant un peu, la grosse bûche du centre ; on remplit les intervalles restés entre les bûches du deuxième étage, avec du bois de chemise qu'on étend sur toute la surface : on ajoute assez de ce menu bois pour former un cône peu élevé dont le sommet aboutit vers la bûche verticalement plantée.

Le charbonnier couvre alors toute la surface du tas de bois, ainsi disposé, avec de l'herbe ou des feuilles, et trace un chemin autour, en bêchant la terre. Si la charbonnière est toute nouvelle, et qu'il n'ait pas de *frazin* (mélange de terre et de poussier de charbon), il divise la terre le plus possible, et la met en tas : il s'en sert à donner le dernier enduit, en en couvrant toute la surface du fourneau d'un pouce et demi d'épaisseur, à l'exception d'un demi-pied par le bas, afin de laisser accès à l'air dans cette partie. On emploie quelquefois des plaques de gazon pour former cette couverture.

Cette dernière façon étant donnée, il faut mettre le feu ; pour cela on ôte la bûche placée au centre du deuxième étage, et l'on jette dans le vide ou cheminée qu'elle laisse, des brindilles de bois sec, puis une pellée de feu. Bientôt une épaisse fumée se dégage tout autour du fourneau et par la cheminée ; on laisse les choses en cet état jusqu'à ce qu'on aperçoive de la flamme sortir par la cheminée ; on la recouvre alors d'un morceau de gazon sans la fermer complètement, afin de laisser la fumée sortir en cet endroit. L'ouvrier doit alors être très attentif à observer ce qui se passe, afin de remédier à une foule de petits accidens qui pourraient avoir des conséquences graves. L'accès de l'air et les issues de la fumée doivent être régularisés soigneusement. Il faut jeter de la terre ou mieux du frazin dans les endroits où la fumée sort trop abondamment. Quelquefois les gaz comprimés font de petites explosions desquelles résultent quelques trous ou *cheminées;* on doit les reboucher à l'instant avec de la terre, du frazin ou des pièces de gazon ; enfin il faut ajouter de la terre au bas du fourneau, et rétrécir ainsi de plus en plus le passage qu'on y a ménagé ; la carbonisation se fera bien et assez également lorsque la fumée s'exhalera lentement de tous les points, excepté au sommet, où le courant est entretenu plus rapide.

Il arrive souvent dès le premier jour, que le tas en combustion s'affaisse beaucoup d'un côté ; il faut alors ouvrir une issue du côté opposé, à l'aide de l'angle d'un *rabot*, sorte d'outil formé d'une planche taillée en un segment de cercle, emmanchée, par le milieu de sa *surface,* d'un long manche en bois : en se servant de l'un des côtés rectilignes de ce même outil, on étend et l'on unit la terre qu'on jette sur l'endroit affaissé. C'est ainsi qu'on doit de temps à autre changer la direction des courans établis dans l'intérieur du *feu.*

Les charbonniers observent encore l'influence du vent sur la carbonisation, et sont obligés pour s'en garantir d'élever des abris avec des clayonnages en osier. Ils veillent durant les nuits aux progrès de cette opération, dont le succès dépend entièrement de leurs soins, et qui pourrait ne leur donner d'autre résultat qu'un tas de cendres sans valeur. C'est à l'approche de la seconde nuit surtout qu'ils doivent redoubler d'attention ; en effet presque toute la masse est alors en incandescence , et l'on attend l'apparition du *grand feu;* c'est le moment où la chemise entièrement devenue rouge indique que le charbon est fait. On recouvre de terre et de frazin qu'on unit à l'aide du rabot, en tirant de haut en bas ces matières jetées à la pelle, et l'on achève ainsi de couvrir la partie inférieure du contour extérieur qui était à nu jusque là. Le tout étant bien *poli,* on ne voit plus que très peu de fumée. Quelques heures après il faut *rafraîchir,* ce qui s'exécute en tirant avec le rabot le plus possible de terre et de frazin , y ajoutant de nouvelle terre et étendant de nouveau le tout à la pelle sur la surface du four-neau. Cette opération, qu'il faut, lorsqu'elle n'est pas soigneu-sement faite , renouveler une fois et même deux , a pour but d'étouffer complètement le charbon en interceptant toute com-munication avec l'air extérieur.

Le quatrième jour le charbon est prêt à être tiré. Il faut donc trois jours entiers pour terminer la carbonisation et le refroi-dissement; ce temps n'est pas nécessaire lorsque le bois est sec, il ne faut que deux jours et demi.

Pour tirer le charbon on ouvre le tas d'un côté seulement, à l'aide d'un *crochet* en fer ; et si le feu était mal éteint, on reboucherait cette ouverture avec du gazon et de la terre.

Le procédé que nous venons de décrire est celui qu'on suit le plus généralement dans les forêts. On y a apporté cependant plu-sieurs modifications en différens endroits ; mais ce sont tou-jours au fond les mêmes précautions à prendre, les mêmes principes à suivre. Ainsi , par exemple , on a varié les formes des *fourneaux* et leurs dimensions , on les a construits en py-ramides quadrangulaires , en cônes élevés de deux étages de plus; quelquefois on met le feu par le bas et on laisse sortir la fumée sur plusieurs points de la partie inférieure, etc.

A l'article ACIDE PYROLIGNEUX, on a indiqué un procédé de carbonisation qui , outre l'avantage de fournir plusieurs pro-duits employés dans les Arts , donne une quantité de charbon qui s'élève , terme moyen , à 25 pour 100 du poids du bois supposé sec , c'est-à-dire à un tiers environ de plus que ce qu'obtiennent les *charbonniers.*

Il serait trop long d'énumérer ici tous les usages du charbon de bois ; nous nous contenterons de dire qu'il est employé 1°. comme combustible ; 2°. pour garnir le pied des paratonnerres ; 3°. pour tapisser les parois intérieures des tonneaux destinés à la conservation de l'eau dans les voyages de long cours et la garantir ainsi de la putréfaction ; 4°. pour la dépuration des eaux ; 5°. pour la désoxidation d'un grand nombre de corps ; 6° pour la préparation de la poudre , des crayons , etc.   P.

CHARBON DE TERRE, CHARBON MINÉRAL. *Voy*. HOUILLE , ANTHRACITE.

CHARBON DE TERRE ÉPURÉ. *Voy*. COKE.

CHARBON DE TOURBE. *Voy*. TOURBE et SCHISTE.

CHARDON. (*Arts mécaniques.*) On cultive en Normandie et en Picardie une plante qui a l'apparence des chardons (*dipsacus fullonum*) , dont les fleurs réunies en capitules terminaux sont entremêlées de paillettes raides et crochues : on la nomme *chardon à foulon* ou *de bonnetier.* On s'en sert pour lainer les draps avant de les tondre. Ces chardons , quand ils sont bien secs , forment des espèces de cardes ou brosses rudes dont on frotte les draps humectés , pour en faire sortir les poils. Comme ces brosses se détériorent promptement, on est obligé de les renouveler souvent. M. Henraux a imaginé de composer des chardons artificiels en lames d'acier découpées , présentant environ 18 dents par pouce. Il attache ces lames en plusieurs rangs sur des planches qui ont environ 6 pouces de large et 6 pieds de long. On étame ces pièces d'acier pour les garantir de la rouille. Ces chardons ont beaucoup de durée et donnent du lustre aux draps. M. Henraux fabrique ces appareils avec des laminoirs et des découpoirs.   FR.

CHARRUE. (*Arts mécaniques.*) Cette machine sert à labourer la terre , c'est-à-dire à la couper, diviser, renverser et ameublir. La houe et la bêche sont préférables sous le rapport de la perfection du travail ; mais à raison de son extrême célérité et de l'économie, la charrue convient beaucoup mieux à la grande culture.

Pour qu'une charrue soit d'un usage avantageux, il faut qu'un seul laboureur puisse la tenir, et conduire en même temps l'attelage; qu'elle soit simple, légère et solide; que l'attelage ne soit, s'il est possible, que de deux bêtes; que le soc ait une forme appropriée à la nature du sol, c'est-à-dire tranchant pour des terres compactes, argileuses et pleines de racines, et pointu pour des terres maigres, pierreuses, sablonneuses et légères; que le versoir ait la courbure la plus propre à pénétrer et à renverser graduellement la terre; qu'elle nettoie bien le fond de la raie et range la terre sur le côté; que la charrue obéisse avec la plus grande facilité au mouvement et à la direction que veut lui faire prendre le laboureur qui la tient; qu'elle se maintienne en terre et d'à-plomb sans effort, ce qui s'obtient par un juste équilibre entre l'action et la réaction de la charrue et des terres coupées et renversées, et en entretenant avec soin le tranchant du soc à sa face inférieure.

Il y a un grand nombre de charrues d'espèces différentes; chaque pays a la sienne; mais elles peuvent se réduire à quatre, qui sont les types de toutes. *Voy*. pl. 10.

Fig. 1. Charrue à avant-train, à un seul versoir en fonte.

Fig. 2. Charrue sans avant-train, dite *brandilloire*.

Fig. 3. Charrue tourne-oreille, avec ou sans avant-train, dite *de France*.

Fig. 4. Charrue à butter à deux versoirs en fonte, mobiles et opposés, avec ou sans avant-train.

Les parties qui appartiennent au corps de la charrue sont :

1°. Le *soc* A, qui varie de forme, suivant l'espèce de charrue à laquelle il est adapté, et la nature de la terre qu'on laboure. En général il porte une *douille* ou un *talon* par lequel on le fixe sur le corps de la charrue, au moyen de clavettes ou de clous à vis. Il est pointu ou de forme triangulaire dans les charrues destinées aux terrains rocailleux, et dans les charrues tourne-oreille et à butter, fig. 3 et 4. La *lame* ou *aile* des socs propres aux terres argileuses ou compactes a la forme d'un triangle rectangle dont le plus grand côté de l'angle droit suit la direction à gauche du corps de la charrue; et l'hypoténuse s'écartant à droite, a une largeur égale à celle du fond de la raie, pour en détacher horizontalement la bande de terre. Les socs se font en fer, dont la pointe et le tranchant sont acérés, ou en fonte dure. Pour que la charrue ne soit pas dans le cas de sortir de terre il faut que le tranchant du soc soit toujours exactement dans le plan de la face inférieure.

2°. Le *versoir* ou l'*oreille* B; c'est la pièce la plus importante d'une charrue. L'oreille ne doit pas être seulement la continuation de l'aile du soc, en commençant à son arrière-bord, mais encore il faut qu'elle soit sur le même plan. Sa première fonction est de recevoir horizontalement du soc la motte de terre détachée par celui-ci, et de l'élever et de la renverser graduellement avec le moins d'effort possible. Or la surface qui produit cet effet est engendrée par une ligne droite ou légèrement arquée, qui se meut le long de deux lignes directrices *ab, cd*, fig. 5, 6, 7, formant le bord supérieur et inférieur du versoir; laquelle ligne génératrice, partant de l'arrière-bord du soc *ef*, s'avance d'un mouvement uniforme le long des deux directrices, qui lui font changer à chaque instant l'angle qu'elle fait avec le plan horizontal, arrive en *g*, où elle est verticale, et enfin en *bd*, où elle est renversée à 45° environ.

L'expérience a confirmé que cette forme est la plus avantageuse. On sent que plus l'angle sous lequel le soc et l'oreille pénètrent en terre est aigu, moins la charrue doit éprouver de résistance; mais cette oreille devant s'écarter à droite d'environ un pied, on serait obligé de lui donner une longueur démesurée, si cet angle était par trop aigu. Il en résulterait aussi une grande augmentation de poids et un frottement sur une plus grande surface. L'usage a fait connaître que la longueur de l'oreille ne devait pas excéder 20 à 24 pouces; ce qui donne un angle de 10 à 12 degrés, mesuré avec la ligne de gauche. Quant à la hauteur de l'oreille, on la proportionne à la profondeur du labour : on lui donne ordinairement 9, 10 ou 12 pouces.

On peut facilement tailler une oreille de charrue dans un bloc de bois, d'après le mode de génération de sa surface, que nous avons expliqué. On commence par équarrir et mettre aux dimensions le morceau de bois ; et après avoir tracé sur deux de ses faces opposées les lignes directrices d'en bas et d'en haut, on donne, de pouce en pouce, des traits de scie dans la direction transversale, jusqu'à atteindre de part et d'autre ces mêmes directrices, de manière que le fond de chacun de ces traits représente une des positions de la génératrice. Alors, taillant le bois jusqu'à fond de traits, on se trouve avoir un versoir parfait. La face opposée se fait de la même manière, en conservant toutefois une épaisseur convenable.

Comme il est rare que les versoirs soient bien faits, ceux en fonte de fer finiront par être généralement adoptés, ainsi qu'ils le sont déjà en Angleterre et aux États-Unis, parce qu'il suffit d'avoir un bon modèle pour les multiplier à l'infini. Déjà, malgré le prix très élevé de nos fontes, nos bons cultivateurs n'en ont plus d'autres.

On sait que les *araires* du Gers, les charrues de la Franche-Comté, n'ont pas de versoir ; seulement les manches qui viennent se fixer à droite et à gauche du sep en tiennent lieu.

3º. Le *sep* C qui, étant prolongé vers le soc, sert à fixer celui-ci, de même que le versoir. On le fait ou en bois ou en fonte. Nous le supposons ici de cette dernière matière.

4º. La *semelle* D placée à gauche et par-dessous le sep ; elle le garantit de l'usure, et forme en même temps le côté gauche de la charrue, qui est le prolongement du même côté du soc, en faisant cependant une légère inflexion concave à l'endroit de la jonction de ces deux pièces.

5º. Le *coutre* E, dans lequel nous distinguons la poignée par laquelle il est fixé, et la *lame* ou partie *tranchante*, affûtée en biseau du côté du sillon, ayant sa face de gauche ou de terre un peu éloignée de celle de la charrue.

Les autres pièces qui composent la charrue sont : les man-

ches ou *mancherons* F, par lesquels le laboureur tient sa
charrue : celui de gauche descend jusque sur le *talon* du sep,
auquel il est réuni par un boulon. Celui de droite se fixe contre
la face intérieure du versoir.

Les charrues de Flandre n'ont que le manche de gauche.

La *haie*, l'*age* ou la *flèche* G, est ordinairement en bois de
frêne; elle se trouve unie au corps de charrue par l'étançon H et
par le manche de gauche, dans lequel elle est fortement assem-
blée à mortaise et tenon. C'est à travers le milieu de l'age que
passe la poignée du coutre; et à cet effet on a soin de lui conserver plus de force à cet endroit. D'autres fois on le fixe au
moyen d'une pièce de fonte qui est elle-même fixée contre la
haie avec des boulons, comme on le voit aux charrues que
nous avons figurées. Le placement du tranchant du coutre,
par rapport à la pointe du soc, n'est pas une chose bien déterminée. Les uns le placent en avant, et d'autres en arrière
du soc; il y en a même qui les assemblent afin de les fortifier
l'un par l'autre. Chacune de ces manières a ses avantages et ses
inconvéniens, que nous ne croyons pas devoir examiner ici.
Nous dirons seulement que le plus usité est que le coutre précède le soc de quelques pouces.

L'age, dans les charrues à avant-train comme celle représentée fig. 1, a une position inclinée par rapport au terrain,
qui varie entre 12 et 18°. C'est en allongeant ou en raccourcis-
sant la chaîne, et par conséquent en changeant le point où il
appuie sur la sellette de l'avant-train, qu'on fait piquer plus
ou moins la charrue; ce qui s'appelle *donner* ou *ôter* de l'*entrure*. Dans les charrues de la Brie et de la Beauce la haie est
relevée à près de 45°. Alors on en fait varier l'entrure en ajoutant ou en retirant quelques rondelles de fer entre la cheville
et le collet de la chaîne : mais aussi le tirage s'exerçant sur la
haie dans une direction qui approche l'angle de 45°, tend-il à
la rompre; ce qui oblige à lui donner beaucoup de force, et
par conséquent de poids.

La forme des avant-trains varie beaucoup ; leur fonction n'é-
tant que de régulariser la marche de la charrue, et n'ayant que

très peu d'effort à soutenir, on doit les faire très légers. En général ils se composent de deux roues égales ou inégales dont la hauteur est de 24 à 26 pouces, d'un essieu en bois armé d'équignons, d'une sellette fixe ou mobile et sur laquelle pose la haie.

L'utilité de l'avant-train est contestée, et il est à souhaiter que cette opinion prévale, car il coûte presque autant que la charrue. On sait que les Anglais, les Américains, les Flamands, n'en mettent plus aux leurs ; ces derniers l'ont remplacé par une espèce de sabot traînant qui supporte le bout de la haie. Mais les premiers n'y mettent absolument rien : c'est le tirage des animaux, combiné avec l'effort que peut faire l'homme qui tient la charrue, qui la maintient dans sa direction. *Voy*. fig. 2.

La charrue tourne-oreille qu'on voit fig. 3 ne peut avoir un versoir ni aussi large ni aussi courbé que les autres. Dans la charrue dite *de France* c'est tout simplement une planche triangulaire qu'on place tantôt d'un côté et tantôt de l'autre du sep, suivant le côté où il faut renverser la terre. Le coutre se porte en même temps du côté opposé. A cet effet sa poignée passe dans une mortaise assez grande pour lui permettre ce mouvement, qu'on lui fait faire à l'aide d'un levier. On sait qu'au moyen de cette charrue on laboure en revenant toujours dans le même sillon; ce qui est avantageux dans les terrains en pente.

La charrue à butter (fig. 4) n'est autre chose qu'une houe à cheval. Son poitrail étant extrêmement aigu, on peut se dispenser d'y mettre un coutre; elle peut être établie dans le système des brandilloires; mais pour être plus sûr de sa marche, on lui met une roulette sous le bout de la haie, comme nous l'avons figurée. Les oreilles, courbées comme à l'ordinaire, sont à charnière; ce qui permet de les ouvrir plus ou moins, suivant la largeur du sillon qu'on trace. Cet instrument est employé pour butter les pommes de terre, le blé de maïs, la vigne, etc. On peut par son moyen faire des rigoles, des fossés, etc.

L'Agriculture emploie encore un grand nombre d'autres espèces de charrues, telles que celles à deux et même à un plus grand nombre de socs. Les binots, les sillonneuses, etc., dont on trouve la description dans les ouvrages qui traitent spécialement cette matière, tels que le Nouveau Cours d'Agriculture, l'ouvrage de Thaer, traduit par Mathieu de Dombasle, etc.

E. M.

La fig. 8 représente la *charrue Granger,* qui offre tous les avantages des araires, quoiqu'elle ait un avant-train; cette invention nouvelle tire sa principale utilité d'un système de leviers qu'on peut même employer dans toute autre espèce de charrue. Le travail du laboureur est tellement réduit, qu'un enfant un peu intelligent peut tenir lieu d'un homme fort et habile. On y remarque diverses chaînes DE, N, G, qui servent à rendre les pièces solidaires et à faciliter le jeu des leviers. *Voy*. fig. 8.

B est un levier pour soutenir les *armonts* L. C est les *montans* fixés par des mortaises dans la sellette mobile, et maintenus dans le haut par une traverse O indiquée par des points. EF, levier de pression. H, régulateur de la sellette ; deux boulons passés dans des trous permettent d'élever à volonté la sellette ; alors les montans s'inclinent, et l'age, qui est fixé entre ces montans, suit ce mouvement, qu'il communique à tout le corps de la charrue. Le *mancheron* I forme avec l'age un angle de 45° mesuré sous la haie. K est le régulateur du tirage ou le *tétard*. P est un levier qui a son appui sur la traverse O ; R est le *sep*, garni en dessous d'une semelle de fer. S est le *versoir*. T est le *soc*. Y est le *coutre*. Z est la charnière de la sellette mobile.

Les expériences ont toutes été favorables à ce système ingénieux. La charrue Granger laboure exactement seule ; il suffit que le laboureur règle la hauteur de l'age au moyen d'un boulon passé dans les trous des jumelles ou montans C, et la longueur de chacune des chaînes de tire A, suivant la profondeur et la largeur qu'il veut donner aux sillons ; qu'ensuite il dirige la marche des chevaux, qu'il les arrête au bout du champ, fasse une légère pression sur le levier P, pour soulever la pointe de l'age et par suite faire sortir de terre le soc T ; il fixe alors l'extrémité de ce levier dans le crochet U, et lui rend enfin la liberté dès que ses chevaux sont arrivés au commencement de la raie nouvelle.

FR.

CHAUDIÈRE. (*Arts mécaniques.*) Grand vase de métal dans lequel on fait chauffer, bouillir, évaporer, etc., diverses substances.

Comme chaque espèce de chaudière est décrite avec l'appareil dont elle fait essentiellement partie, aux articles BIÈRE, BLANCHISSEUR, DISTILLERIE, etc., nous devons nous borner ici, pour ne pas tomber dans des répétitions inutiles, à quelques considérations générales.

Il n'y a que quatre espèces de métaux avec lesquels on fabrique des chaudières, savoir : le cuivre rouge en planche, le fer battu ou laminé, la fonte de fer et le plomb.

Le cuivre rouge, par sa malléabilité, se travaille avec une facilité extrême; il se soude bien et prend sous l'emboutissoir toutes les formes qu'on veut lui donner, sans se gercer; il résiste très bien et fort long-temps à l'action du feu d'un fourneau, et quand, par un travail, très prolongé une chaudière de cuivre se trouve hors de service, la matière qui reste a encore les deux tiers de sa valeur primitive. Mais le cuivre ne peut pas servir à toutes sortes d'opérations, étant facilement dissous par les acides minéraux et végétaux, et même par les alcalis fixes et volatils, le sel ammoniac, etc. Les chaudières de cuivre qu'on emploie dans l'économie domestique, dans les distilleries, les laboratoires de Chimie, de Pharmacie, doivent avoir leur intérieur étamé (*voy.* ÉTAMAGE), pour éviter qu'elles ne prennent le *vert-de-gris.*

On fait encore en planches de cuivre clouées à la suite les unes des autres avec des clous-rivets de même métal, sans les étamer, de très grandes chaudières d'appareils et de machines à vapeur. Le cuivre ayant à la fois une grande force de cohésion et de l'élasticité, on en forme des vases plus solides et plus légers qu'avec tout autre métal ; ils transmettent plus rapidement la chaleur aux substances qu'on veut échauffer. Enfin, en calculant tout, il paraît qu'en dernière analyse, quoique le prix du cuivre façonné en chaudière soit plus élevé qu'en toute autre matière (il coûte à présent 5 fr. 5o cent. le kilogramme), il n'y a pas une grande économie à lui substituer un autre métal.

On fait aussi des chaudières avec de la tôle de fer ; mais elle doit être de la meilleure qualité possible, sans pailles, sans gerçures et extrêmement malléable. Les CHAUDRONNIERS la coupent, la courbent et la percent à froid au moyen de machines qu'ils ont pour ce travail. (*Voy*. CISAILLE et EMPORTE-PIÈCE.) Les feuilles ainsi disposées pour chaque place qu'elles doivent occuper, sont assemblées successivement par des clous rivés placés très près les uns des autres, de manière à faire exactement joindre les feuilles, pour que l'eau ou la vapeur ne passe pas à travers. C'est ainsi que s'exécutent pièce à pièce les chaudières des MACHINES A VAPEUR, avec des tôles qui portent 2, 3, 4, et même 5 lignes d'épaisseur, suivant la force de ces machines et celle de la vapeur.

Depuis que l'art du fondeur en fer s'est perfectionné, on fait beaucoup de chaudières en fonte de fer, même pour les machines à vapeur à haute pression ; mais il faut leur donner une épaisseur considérable pour qu'elles aient une force équivalente à celles de tôle en fer ou en cuivre. On estime que cette épaisseur doit être quatre fois celle du fer et cinq fois celle du cuivre. Les capacités devant rester les mêmes dans tous les cas, les chaudières de fonte ont un poids énorme en comparaison des autres ; le seul avantage qu'on y trouve est de pouvoir leur donner des formes mieux appropriées à leur usage.

Les fabricans de sel ammoniac, de sulfate de fer, d'acide sulfurique, font usage de chaudières ou de chambres de plomb, inattaquables par ces substances.   E. M.

CHAUDRONNIER. (*Arts mécaniques.*) Artisan qui travaille

la tôle de cuivre et de fer pour en fabriquer des marmites, des chaudières et une foule d'ustensiles de ménage.

Le cuivre rouge serait trop mou si on l'employait sans l'*écrouir*, c'est-à-dire sans le battre à froid sur une enclume. Cette pratique sert d'ailleurs à donner des formes diverses aux vases qu'on veut fabriquer.

L'opération la plus difficile du chaudronnier est la *rétreinte ;* elle a pour objet de façonner au marteau une plaque de cuivre, de manière à lui faire prendre la forme concave sans aucune soudure. On *emboutit* d'abord la plaque en frappant au milieu, sur un tas, avec un marteau à tête ronde. Quand le métal a pris de la dureté on le *recuit* en le faisant rougir au feu et le laissant refroidir. On réitère cette opération autant de fois qu'il est nécessaire. Lorsque la plaque a été suffisamment emboutie par ce travail on pose la partie concave sur une bigorne ronde, et l'on frappe en dehors afin d'étendre le cuivre, en ménageant toujours les bords. On réussit ainsi à faire des caffetières, des tasses, et même des boules sphériques.

Quand le vase doit être fait de plusieurs pièces, on taille et l'on travaille à part chaque partie pour lui faire prendre la forme voulue, et l'on cloue les bords l'un sur l'autre en les *rivant*. Pour cela on perce avec un balancier les deux bords contigus ; on passe un clou de cuivre dans le trou ; on le rive en dedans à coups de marteau, tandis qu'un ouvrier tient fixement en dehors le *chasse-rivet ;* on nomme ainsi un marteau dont la tête est creusée d'un trou peu profond. Le clou entre dans ce creux, et se refoule sur lui-même. L'adresse de l'ouvrier consiste à joindre exactement les deux bords sans solution de continuité. Lorsqu'on remarque un espace vide dans la rivure il faut y couler de l'étain.

Les vases faits de plusieurs pièces sont aussi quelquefois réunis par des soudures. On découpe les bords qu'on veut joindre en tenons et mortaises, avec le soin et la précision convenables pour qu'après avoir soudé ces bords l'épaisseur soit partout la même. Ensuite on joint les bords, et on les lie pour les maintenir momentanément ensemble ; on couvre les joints avec du borax mouillé, et l'on dispose du côté inté- rieur des grains de soudure. On expose à un coup de feu ; la soudure fond et coule dans les interstices. La pièce est alors aussi solide que si on l'avait rétreinte. On rapporte de la sorte un fond circulaire sur une partie cylindrique ; cette opération s'appelle *braser*. On peut ensuite forger la pièce comme si elle n'avait pas de soudure.

Les soudures se font souvent sur des pièces dont l'un des bords a un pli qui s'adapte exactement sur le contour de l'autre bord.

Il y a deux espèces de soudures pour le cuivre rouge, la *forte* et la *tendre*. La première est ordinairement composée de 8 parties de laiton et 1 de zinc : on fait fondre le laiton dans un creuset, et l'on y jette le zinc chauffé ; on agite le mélange, et on le verse sur un balai de bouleau qu'on tient au-dessus d'une cuve d'eau. Cette soudure en grenaille est fu- sible et très malléable.

On peut aussi employer 3 parties de cuivre rouge et 1 de zinc. En augmentant la proportion de cuivre rouge la soudure devient plus forte et moins fusible ; on peut aller jusqu'à 16 parties de cuivre rouge sur 1 de zinc. (*Voy*. ALLIAGE.) Quand plusieurs pièces doivent être soudées successivement on commence par employer la soudure la moins fusible, et l'on termine par celle qui l'est le plus, afin que les premières soudures ne coulent pas quand on fait les dernières.

La soudure tendre est un alliage de 2 parties d'étain et 1 de plomb ; on le coule dans une lingotière pour l'employer au fer chaud, à la manière des FERBLANTIERS.

Quant aux soudures propres aux pièces de laiton, la forte est la même que ci-dessus ; cependant on réduit quelquefois la proportion de laiton jusqu'à 2 parties contre 1 de zinc. La soudure tendre se fait avec 6 parties de laiton, 1 de zinc et 1 d'étain : on fait fondre le laiton ; on y jette ensuite l'étain, puis enfin le zinc, qu'on a fait chauffer. On brasse le mélange, et on le réduit en grenailles comme on vient de le dire.

Il est inutile de remarquer que pour qu'une soudure puisse prendre il faut que les pièces soient grattées, décapées et bien nettes.

Les chaudronniers font souvent aussi les étamages, et même des pièces en tôle de fer, en fer-blanc, etc.　　　　　Fr.

CHAUFFAGE. *Voy*. les articles Cheminées, Fourneaux, Étuves, Séchoirs, etc. Nous ne traiterons ici que du Chauffage a la vapeur.

Chauffage à la vapeur. — Ce mode d'échauffement, dont la découverte est due à Rumfort et plusieurs applications à MM. Montgolfier, Clément et Desormes, etc., présente des avantages marqués dans un grand nombre de circonstances; aussi devient-il d'un usage de plus en plus général. En effet il n'offre aucun danger pour le feu, le foyer pouvant être à une grande distance des endroits que la vapeur doit échauffer, cette considération est importante lorsqu'il s'agit de porter la chaleur dans de vastes ateliers, ou des magasins remplis de matières très combustibles, telles que le coton, par exemple.

Dans le système de chauffage par la vapeur un seul foyer suffit pour toutes les parties d'un bâtiment d'une grande étendue : cette circonstance est une cause d'économie, puisque les pertes de chaleur s'augmentent avec le nombre des foyers. Il y a de plus économie de main-d'œuvre et facilité dans la surveillance. Une grande régularité de température est facile à obtenir, et c'est une condition essentielle de succès dans beaucoup d'applications : pour certaines étuves et séchoirs, pour les manufactures de coton filé en numéros très fins, les opérations de teinture, divers apprêts, l'encollage du papier, etc. Enfin il est très facile, comme nous le verrons plus bas, de calculer d'avance, pour ce mode de chauffage, toutes les dimensions de la chaudière et des conduits propres à donner les résultats qu'on se propose d'obtenir : la quantité de *combustible*, la dépense d'établissement, etc.

Les appareils que nécessite ce procédé varient de mille manières dans leurs formes, en raison des choses qu'on veut échauffer, et suivant les localités. Nous indiquerons les principes auxquels toutes ces variétés de forme doivent se rattacher, et nous citerons quelques exemples des nombreuses applications utiles qu'on peut en faire.

De tous les métaux propres à la fabrication des chaudières destinées à échauffer par le moyen de la vapeur, le cuivre est celui qui réunit le plus d'avantages. La fonte, pour présenter la même résistance que le cuivre, exige l'emploi d'une masse plus considérable de matière, et partant des constructions plus solides. Les réparations sont plus difficiles, et lorsque les chaudières, d'ailleurs beaucoup plus altérables, sont hors de service, la fonte a perdu les deux tiers de sa valeur, tandis que le cuivre n'en a perdu qu'un tiers. Il en est à peu près de même de la tôle.

Le plomb est trop sujet à se fondre et à se déformer. L'étain, plus fusible encore, manque de ténacité; il se ploie difficilement. Il est cher et peu solide. Le zinc est trop susceptible d'altération.

On a donc tout intérêt à employer le cuivre pour établir un chauffage à la vapeur. La forme de la chaudière présentera d'autant plus de solidité qu'elle s'approchera davantage de celle d'une sphère ou d'un cylindre terminé par des fonds hémisphériques. Cette observation est importante lorsqu'il s'agit d'élever la température de la vapeur beaucoup au-delà de 100°, puisque dans ce cas il faut établir une pression dans la chaudière et dans tous les tuyaux avec lesquels elle est en communication : cette pression peut équivaloir à celle de plusieurs atmosphères. Dans ce cas aussi, qui est celui des évaporations vives au moyen de la vapeur, toutes les clouures doivent être doubles, et le recouvrement des feuilles de cuivre de 7 à 8 centimètres; l'épaisseur du cuivre sera proportionnée à la pression qu'il doit supporter, et devra être capable de résister à une pression double au moins.

Les dimensions de la chaudière et des tuyaux sont réglées sur la quantité de chaleur dont on a besoin, et d'après ces données, que la chaudière ayant 2 ou 3 millimètres d'épais-

seur, elle produit par heure 45 ou 50 kilogrammes de vapeur
par mètre carré de surface exposé au feu d'un foyer ordinaire, pour lesquels on brûlera environ 6 à 7 kilogrammes de
charbon de terre ; et que dans les tuyaux destinés à porter la
chaleur où elle est utile, et dont l'épaisseur est de 1 millimètre et demi, la vapeur condensée est égale en poids à $1^k,2$
pour chaque mètre carré, par heure ; ce qui équivaut
à $1^k,200 \times 650 = 780$ unités, équivalant à $15^k,60$ d'eau
chauffée à 50°, ou $62^k,4$ d'air (51 mètres cubes environ);
ou enfin à 102 mètres cubes d'air dont la température serait
élevée de 25°.

Un résultat pratique reconnu en Angleterre démontre qu'il
faut 1 mètre carré de fonte ayant 20 millimètres d'épaisseur,
chauffé constamment par la vapeur, pour élever la température de 67 mètres cubes d'air de 20°. Relativement aux
calorifères par la vapeur, non-seulement la forme de la chaudière peut varier, mais encore, pour les mêmes résultats, sa
capacité et la *surface du liquide* qu'elle contient, puisque tout
dépend de la surface métallique exposée au feu : ainsi dans
les bateaux à vapeur, où l'on doit surtout économiser la place
le plus possible et produire beaucoup de vapeur, on multiplie les surfaces chauffantes en faisant passer les produits de la
combustion par plusieurs tuyaux qui circulent dans l'intérieur
de la chaudière ; on laisse aussi la surface extérieure de la chaudière enveloppée par la flamme.

Il résulte de là que la quantité de liquide contenue dans une
chaudière ne peut nullement être considérée comme une cause
de production de vapeur, mais seulement comme un *magasin*
ou *réservoir* de chaleur.

Parmi les tuyaux dans lesquels passe la vapeur, il faut distinguer ceux qui servent à échauffer de ceux dont la fonction
est seulement de faire traverser à la vapeur l'espace compris
entre l'endroit qu'elle doit échauffer et la chaudière ; on conçoit que ces derniers doivent être d'un petit diamètre, puisque la chaleur qu'ils perdent est proportionnelle à leur surface. Pour calculer la section du passage nécessaire à une

quantité de vapeur donnée il suffit de se rappeler la vitesse de la vapeur d'eau, sous la pression que peut supporter la chaudière; cette vitesse est énorme : elle est égale pour une atmosphère à 590 mètres par seconde, en sorte que sous cette pression, il passerait par un orifice d'un centimètre carré 59 mètres cubes de vapeur par seconde, ou 3540 mètres par minute ou 212400 mètres par heure, $=$ 1630 kilogrammes de vapeur environ : ce qui équivaut à la chaleur de 10595 kilogrammes d'eau à 100°; ou enfin à 1059500 unités de chaleur.

On voit, d'après ces bases, que de très petits passages et une légère pression de 2 ou 3 pieds d'eau doivent suffire pour conduire la vapeur, et que dans presque toutes les circonstances ordinaires, des tuyaux d'un pouce de diamètre sont bien plus que suffisans : on ne doit cependant pas les construire plus petits en général, de peur que le passage ne se trouve trop rétréci dans les coudes, par un aplatissement dû à une cause quelconque, et par l'eau qui peut se condenser dans le trajet de la vapeur. Il faut avoir la précaution d'envelopper ces tuyaux de poussier de charbon sec, de laine ou de tout autre corps peu conducteur, pour éviter le refroidissement.

Les conduits de la vapeur dans les endroits qu'elle doit échauffer sont établis dans un but tout opposé : ainsi ils doivent développer la plus grande quantité de chaleur possible, et celle-ci étant en raison de la quantité de vapeur condensée et de la facilité avec laquelle le calorique traverse les enveloppes, il est nécessaire que les surfaces de ces conduits soient étendues et le rayonnement du calorique facilité en les enduisant d'une couche de peinture d'une couleur terne. Nous avons vu qu'une surface de 1 mètre carré en cuivre de 2 à 3 millimètres d'épaisseur laisse passer par heure dans l'air (en supposant une différence de 60° entre l'intérieur du conduit et l'air extérieur, ou que l'eau condensée sorte à 40°) la chaleur de 1200 grammes de vapeur condensée$=$1,200$\times$650$-$40$=$732 unités.

Les tuyaux de chaleur dans lesquels la vapeur se condense

doivent être soutenus par des supports mobiles, tels que des rouleaux ou des bancs à roulettes ; sans cette précaution, les allongemens et retraits alternatifs qui ont lieu fréquemment dans les variations de température, ne pouvant s'opérer librement, feraient plisser ou déchirer les tuyaux, ou même arracher les scellemens peu solides qui les retiendraient. Ces dilatations et contractions des tuyaux sont d'autant plus considérables que la température moyenne dans toute la longueur est plus élevée, et réciproquement ; comme les mouvemens qui en résultent deviennent faciles au moyen de la disposition que nous venons d'indiquer, on peut en profiter pour régler l'entrée de la vapeur : une soupape est placée à cet effet dans le tuyau ; lorsque celui-ci s'allonge par la chaleur, elle diminue graduellement le passage de la vapeur et abaisse en même temps la température : c'est, comme on le voit, un véritable régulateur.

Les produits de la combustion doivent être dirigés, au sortir du fourneau de la chaudière à vapeur, sous un réservoir destiné à alimenter celle-ci d'eau, indépendamment de l'eau qui se condense et qui peut être ramenée directement dans la chaudière ou dans le réservoir qui l'alimente ; on peut faire passer les conduits de la fumée dans les pièces qu'on veut échauffer, afin de tirer parti d'une portion de la chaleur qui est entraînée dans la cheminée par le tirage. Le tuyau du réservoir qui alimente d'eau la chaudière à vapeur doit plonger dans le liquide qu'elle contient, et avoir, soit au-dessus, soit au-dessous de ce réservoir, une hauteur perpendiculaire plus grande que celle d'une colonne d'eau qui représente la pression de la vapeur. Si cette pression était un peu considérable, il faudrait que l'eau fût introduite dans la chaudière au moyen d'une POMPE FOULANTE (*voy*. ce mot et MACHINES À VAPEUR) ; c'est ce qui a lieu lorsqu'il est utile d'élever la température de la vapeur au point d'avoir une ébullition vive dans le liquide, qu'elle doit échauffer au-delà de 100°.

Lorsqu'on n'a à sa disposition que des eaux chargées de sels calcaires, les dépôts qu'elles forment dans les chaudières présentent de graves inconvéniens : ils peuvent faire casser la fonte et même faire éclater le cuivre par une explosion, ou causer sa fusion là où ils sont adhérens. On évite ces accidens en introduisant dans l'eau de la chaudière quelques pommes de terre coupées en morceaux, et qu'on renouvelle de temps à autre, tous les quinze jours ou tous les mois, après avoir vidé l'eau bourbeuse et rincé la chaudière.

La surface de la grille sur laquelle le charbon brûle doit être égale au tiers environ de la surface du fond de la chaudière, et en être distante d'environ 45 centimètres : le passage de la fumée dans la cheminée et les autres conduits doit être le même dans tous les points, et sa section être égale à la surface de la grille. Des dimensions qui seraient sensiblement différentes de celles-ci présenteraient des inconvéniens que la pratique a démontrés, mais qu'il serait trop long de détailler ici.

Les principes généraux du chauffage à la vapeur étant établis, nous devons en citer des applications particulières pour nous faire mieux entendre.

Nous supposerons qu'on veuille échauffer l'intérieur d'un atelier, d'une maison d'habitation, d'une étuve, d'un séchoir, etc., soit qu'il y ait un ou plusieurs étages, et, dans ce dernier cas, un tuyau vertical portera la vapeur dans divers endroits au moyen d'embranchemens horizontaux. Quant aux renouvellemens, à la distribution et circulation de l'air chaud, etc., *voy.* Calorifères, Étuves, Séchoirs, etc.

Si toute la masse de l'air à échauffer par heure, y compris les renouvellemens, est calculée devoir être égale à 100 mètres cubes dont la température doive être élevée de 30°, ce qui équivaudra à la chaleur de $1000 \times 1^k,230$ (poids d'un mètre cube d'air) $= 1230$ kilogrammes, dont la chaleur équivaut à celle

$$de \; \frac{1230}{4} = 307^k,5 \; d'eau \; à \; 30° \; ou \; 9210 \; unités \; ;$$ que les

pertes de la chaleur par les parois des fenêtres, etc., puissent être évaluées au cinquième de cette quantité, ou

1845 unités(1), il faudra en tout fournir 9210 + 1845 = 11055 unités de *chaleur :* divisant ce nombre par 7050 unités, pouvoir calorifique de 1 kilogramme de charbon de terre, nous aurons 1^k,568, quantité théorique, ou environ 2 kilogrammes pour 10 heures, égalant un quart d'hectolitre, dont la valeur est de 1 franc, terme moyen, à Paris.

La quantité de vapeur pour former cette chaleur sera de $\frac{11055}{650 - 30}$ (2) = 17^k,83 par heure. Or, puisqu'un mètre produit au moins 40 kilogrammes par heure, la surface chauffante de la chaudière sera de 0^m,44575, ou un peu moins que la moitié d'un mètre carré ; ou à très peu près un demi-mètre, si l'eau condensée emporte plus de 30° de température. On détermine aussi facilement, d'après les données établies plus haut, la surface rigoureusement nécessaire des tuyaux qui donnent la chaleur ; en effet, il suffit de poser cette relation :

$$780 \text{ unités} : 1 \text{ mètre} :: 11055 : x = 14,17.$$

Ce sera 14 mètres de surface et une fraction ; la circonférence des tuyaux étant de 25 centimètres, il faudrait une longueur totale de 56 mètres environ.

Le chauffage à la vapeur n'est pas seulement utile pour élever la température de l'air intérieur des maisons, des ateliers, etc. ; il peut être appliqué à une infinité d'usages dans lesquels il présente souvent économie de combustible et de main-d'œuvre, parce qu'il permet de centraliser vers un seul foyer toute la production de la chaleur nécessaire à diverses applications. Si l'on veut élever la température d'un liquide d'un nombre

---

(1) On évite une grande partie de la déperdition de chaleur occasionée par les vitres, souvent très minces, en les mettant doubles, bien mastiquées, et laissant entre elles un intervalle de 6 à 8 millimètres. Cette disposition peu coûteuse présente des avantages très marqués.

(2) On déduit 30 unités, dans la supposition que l'eau sort des tuyaux à 30° de température ; cette perte n'est au reste pas entière lorsque l'eau qui emporte cette chaleur est conduite de nouveau à la chaudière.

quelconque de degrés jusqu'au terme de l'ébullition, et qu'il soit nécessaire d'y ajouter de l'eau, ou que du moins on le puisse sans inconvénient, on doit faire plonger le tuyau dans le liquide, afin que toute la vapeur qu'il conduit soit mise en contact avec ce liquide ; c'est le meilleur moyen de profiter de la chaleur que la vapeur d'eau contient. En effet, en se condensant tout entière jusqu'à ce que le mélange soit à 100°, elle abandonne toute la chaleur qui la constituait à l'état élastique, et qui est égale à celle de six fois et demie son poids d'eau chauffée depuis 0° jusqu'au 100°. C'est le cas le plus simple de chauffage par la vapeur ; il est donc extrêmement facile d'en calculer toutes les circonstances.

Si, par exemple, on veut élever en 10 minutes à 70° centigrades 1000 kilogrammes d'eau dont la température initiale soit de 12°, la différence ou l'élévation de température à produire sera de 70 — 12 = 58°, équivalant à 58000 unités de chaleur qui sont contenues dans $\dfrac{58000}{650} = 89^k,23$ de vapeur.

Il faudra donc mettre dans une cuve, ou dans tout autre vase convenable, environ 910 kilogrammes d'eau, y faire *barboter* à peu près 90 kilogrammes de vapeur à l'aide d'un tuyau d'un pouce de diamètre au plus, qui plongera d'un pied ou deux dans le liquide. Le combustible qu'il faudra pour cette opération se déduit aisément de ce que nous avons dit plus haut. Si l'effet du barbotage de la vapeur peut causer un dérangement nuisible dans les matières légères placées suivant un certain ordre, telles, par exemple, que des écheveaux de coton, on fait arriver la vapeur sous un double fond percé de petits trous.

Ce mode de chauffage peut être utilement appliqué à la fabrication de la colle dans les *papeteries* (*voy*. Gélatine), à fondre divers Sels en poudre, au Blanchiment des toiles, à diverses opérations de Teinture, etc. On voit que, toutes choses égales d'ailleurs, il doit faire profiter de la plus grande quantité possible de la chaleur que la vapeur contient, puisqu'elle la communique à l'eau en se condensant tout entière et sans pertes sensibles.

On échauffe l'eau et divers liquides de même que l'air, par un *contact indirect* avec la vapeur, c'est-à-dire que celle-ci, ne devant pas toucher ni se mêler aux corps qu'elle échauffe, ne les traverse qu'enveloppée dans des conduits perméables seulement à la chaleur : dans ce cas, la matière de ces conduits est choisie d'après l'action spéciale que les corps à échauffer pourraient exercer sur elle ; aussi ne fait-on guère plonger dans les *acides* que le PLOMB, l'ARGENT ou le PLATINE ; le FER convient très bien pour les solutions *alcalines;* le CUIVRE doit être préféré en général pour toutes les solutions *neutres.*

Ce mode de chauffage sans pression n'est économique que relativement aux températures peu élevées, inférieures à 60° centigrades ; si l'on voulait dépasser ce terme, la condensation deviendrait plus difficile, et la quantité de vapeur qui s'échapperait sans être liquéfiée causerait une perte assez considérable, à moins cependant que la surface qui condense la vapeur ne fût très étendue.

La construction de l'appareil est très simple ; il suffit de faire passer dans le liquide que l'on veut échauffer des conduits adaptés à une chaudière à vapeur quelconque : ces conduits sont ordinairement des tuyaux cylindriques que l'on fait circuler soit latéralement du haut en bas d'une cuve, comme dans les serpentins ordinaires, soit au fond seulement de la cuve ; quelquefois aussi la vapeur chemine dans une double enveloppe adaptée au vase qu'on veut échauffer. Les parois extérieures de cette enveloppe doivent être garanties le plus possible du *refroidissement,* à l'aide de corps non conducteurs.

Les calculs relatifs à ce moyen d'échauffer ne présentent aucune difficulté. Nous avons déjà indiqué ceux qu'on peut faire pour déterminer la surface chauffante de la chaudière qui fournit la vapeur, la quantité de vapeur nécessaire à la production d'une quantité de chaleur donnée, le combustible qu'on emploie pour y parvenir, etc. Il nous suffit donc de connaître maintenant la surface métallique qui, en condensant la vapeur, sera mise en contact avec le liquide à échauffer : or l'expérience a démontré qu'un mètre carré de cuivre mince, en contact avec de l'eau dont la température initiale o° est portée graduellement à 100°, laisse condenser par heure 100 kilogrammes de vapeur (1). C'est comme si l'on voulait obtenir une température moyenne entre o et 100°, c'est-à-dire 5o°.

Dans ces deux cas, ayant une masse d'eau à échauffer, que nous supposerons égale à 800 kilogrammes, la chaleur équivalente sera $800 \times 5o = 4o,ooo$ unités, la quantité de vapeur nécessaire pour cette quantité de chaleur sera égale à

$$\frac{4oooo}{65o} = 61^h,53 \text{, et la surface de cuivre en contact avec le li-}$$

quide sera : $\dfrac{61,53}{100} = o,615$ mètres carrés.

En supposant un tuyau de 9 centimètres de circonférence, il suffirait qu'il eût $68^{cent.},4o$ de longueur ; mais on doit lui donner une longueur plus grande, afin que la vapeur soit entièrement condensée, ce qui devient d'autant plus difficile que la température du bain s'élève davantage.

Ce mode de chauffage peut s'appliquer utilement à échauffer les BAINS, pour entretenir la température des *cuves d'immersion* dans les papeteries, etc.

Le chauffage par la vapeur libre ou peu comprimée est employé pour sécher les toiles en les enroulant sur des cylindres creux que la vapeur traverse. *Voy*. SÉCHOIRS.

On s'en sert aussi dans quelques *appréts,* et particulièrement pour *calandrer.* La vapeur présente dans cette dernière opération des avantages très marqués sur les masses de fer rougies au feu qu'on employait partout autrefois ; sa température est beaucoup plus égale, et l'on évite le travail pénible d'enlever ces masses de fer, de les porter au feu, d'en rapporter d'autres, etc.

M. Taylor a construit, d'après le même principe, un appa-

---

(1) Cette quantité serait plus considérable encore si l'on employait des tuyaux en argent, et très sensiblement moindre dans de la fonte ou du plomb, métaux qui sont moins conducteurs du calorique, et nécessitent des épaisseurs fortes.

reil fort ingénieux et dont les applications sont déjà nombreuses: Nous le décrirons à l'article Évaporation.　　　　P.

CHAUX. Cet oxide, formé de 1 équivalent de calcium = 256,219, et de 1 équivalent d'oxigène = 100, se présente sous la forme d'une masse blanche, sans odeur, d'une grande causticité, d'un poids spécifique égal à 2,300, soluble dans environ 700 fois son poids d'eau froide, encore moins soluble à chaud. Le feu le plus violent ne l'altère pas; exposé à l'air il en attire l'eau et l'acide carbonique, se délite, devient pulvérulent et passe par degrés à l'état de carbonate.

Lorsqu'on verse de l'eau peu à peu sur la *chaux vive,* elle est d'abord absorbée à l'instant; celle qu'on ajoute ensuite disparaît graduellement moins vite jusqu'à ce que l'imbibition soit complète; la température s'élève bientôt après jusqu'au rouge-obscur. La chaux exhale des vapeurs abondantes, avec sifflement; elle se délite en craquant, foisonne, se boursoufle et augmente considérablement de volume. L'eau qu'on verse alors pour achever l'*extinction* se réduit plus facilement en vapeur, avec un bruit semblable à celui qu'elle produit sur des charbons ardens.

La chaux ainsi *éteinte,* mêlée avec plusieurs fois son poids d'eau, constitue le *lait de chaux,* dont les chimistes font un fréquent usage.

Quand on n'a besoin que d'une petite quantité de chaux on la prépare ordinairement en calcinant du marbre blanc dans un creuset de Hesse ou dans une cornue de grès, jusqu'à ce qu'il ne se dégage plus d'acide carbonique. On l'obtient alors dans un état de pureté parfaite. Dans les Arts on suit un autre procédé que nous allons indiquer.

Construction des fours à chaux. — La forme des fours à chaux et le mode de conduire la calcination varient en différens endroits; le plus communément les chaufourniers creusent à peu de frais, dans les flancs d'une butte, un trou circulaire irrégulier qu'ils tapissent à l'intérieur d'une maçonnerie en pierres posées à sec ou avec du mortier de terre, ou enfin, ce qui est préférable, en briques réfractaires. Cette chambre, rétrécie à sa partie supérieure, laisse une issue pour la vapeur et la fumée. La pierre calcaire tendre est amoncelée dans ces fours de manière à laisser le plus possible d'interstices entre les morceaux; la *cuisson* s'en fait avec des fagots ou des bourrées de divers bois. Nous ne nous arrêterons pas davantage sur ces constructions grossières, parce qu'elles ne présentent pas de bons résultats sous les différens rapports de l'économie du combustible, de la quantité des produits et de leur qualité.

On a fait beaucoup d'essais pour perfectionner la construction des fours à chaux; et cet objet d'une utilité générale ayant attiré l'attention de la Société d'Encouragement, elle a provoqué des recherches en proposant un prix assez considérable. MM. Deblinne et Donop, ingénieurs et fabricans distingués, ont mérité cette récompense; nous extrairons de leur Mémoire quelques données sur la forme des fours qui leur a paru préférable. Nous ferons observer que celle que ces habiles ingénieurs ont adoptée, parce qu'elle leur a présenté les meilleurs résultats comparativement avec plusieurs autres, et relativement surtout à l'emploi de la Tourbe, est, à de légères modifications près, la même que celle reconnue la meilleure en Prusse pour la calcination de la pierre à chaux par le charbon de terre; qu'enfin cette construction des parois intérieures est aussi semblable à celle des fourneaux qu'on emploie de préférence pour obtenir un bon coup de feu dans les essais minéralogiques. On peut en conclure qu'elle s'appliquerait très utilement dans beaucoup de cas analogues aux exemples cités.

Le four à chaux de MM. Deblinne et Donop est représenté dans la fig. 1 de la pl. 10 des *Arts chimiques*, par une coupe verticale, et une coupe horizontale à la hauteur de la grille; les mêmes lettres indiquent, dans ces deux coupes, les mêmes parties du four.

A, niche en avant pour le service du foyer et pour tirer la chaux du four.

B, embrasure de la porte par laquelle on introduit le combustible pour le distribuer sur la grille.

C, grille du fourneau, composée de barreaux mobiles appuyés sur une retraite latérale dans les entailles d'une barre de fer circulaire, et soutenus par une barre transversale D scellée dans la maçonnerie.

Cette grille est préférable aux foyers à claire-voie en brique, qui sont sujets à se détériorer promptement, et ne laissent pas un accès aussi égal à l'air, ni des issues aussi faciles aux cendres.

C', partie inférieure du cendrier où tombent les cendres du combustible.

EE, seconde retraite en briques de champ, destinée à soutenir la pierre calcaire soumise à la calcination.

EF, pieds droits qui font suite à la courbe, tangentiellement à celle-ci.

FG et GH, rayons de la courbe des parois au-dessus des pieds droits.

K, œil du four par lequel on introduit la pierre à chaux, et qui donne issue aux produits gazeux de la calcination.

L, chemise intérieure en brique, qu'il faut réparer ou reconstruire lorsque le feu l'a altérée.

M, maçonnerie très épaisse en moellons.

Lorsque la construction d'un four est achevée, il faut le laisser pendant quelques jours sécher spontanément ; on y allume ensuite un peu de feu, qu'on augmente graduellement, afin que le retrait du mortier puisse s'opérer sans causer de larges fissures, ce qui aurait lieu par un desséchement trop rapide. Lorsque la maçonnerie est suffisamment *sèche* on dispose dans l'intérieur du four les fragmens de pierre à chaux sous forme d'une voûte hémisphérique, avec les plus gros morceaux, et en ménageant le plus possible d'interstices, pour livrer à la flamme un accès facile ; ce qu'on exécute facilement en composant la voûte sphéroïde de chaînes de grosses pierres, espacées de 2 à 3 pouces ; on met des cales entre ces chaînes pour maintenir leur écartement. La voûte une fois achevée, on ajoute les pierres à chaux pêle-mêle, en laissant toutefois le plus possible d'intervalle entre ces pierres. On a le soin de rassembler les plus grosses au milieu de la masse où le degré de température est le plus élevé; celles de grosseur moyenne se trouvent plus près de la paroi latérale ; enfin on réserve les plus petites ou le *garni* pour remplir la partie supérieure et l'œil du four.

La pierre à chaux nouvellement extraite, et par conséquent encore humide, est plus facile à calciner que la pierre presque sèche. La plupart des chaufourniers connaissent bien ce fait : ils arrosent avec de l'eau la pierre anciennement tirée de la carrière, avant d'en charger leurs fours. Cet effet est analogue à ce qu'on observe dans la calcination de plusieurs autres substances, et en général toutes les fois qu'un corps réduit en vapeur va porter la chaleur par sa circulation, et présenter des *espaces* renouvelés qui favorisent la formation à l'état élastique, et le dégagement des autres gaz. Dans le cas que nous examinons, l'acide carbonique se sépare plus aisément de la chaux ; et bien que la quantité de la chaleur employée à vaporiser l'eau soit assez considérable, il y a une grande économie à charger le four avec des pierres humides. La chaux qu'on doit obtenir sera généralement d'autant meilleure que la pierre employée sera plus dense. La densité des bonnes pierres à chaux naturelles varie de 2500 à 2700.

En Belgique et dans quelques autres endroits aux environs des carrières de marbre, les chaufourniers emploient comme pierre à chaux les morceaux de marbre qui ne sont pas susceptibles d'être travaillés, et les déchets ou petits éclats qui se font dans l'exploitation des blocs. La chaux préparée avec cette matière est la plus pure qu'on puisse fabriquer en grand.

Lorsque le four est rempli de pierres à chaux, on allume sur la grille un feu peu actif, on recouvre même le combustible en ignition de poussier; on l'entretient ainsi pendant 10 ou 12 heures : pendant cet intervalle de temps la fumée noircit les pierres et sort en abondance par le haut du fourneau. Cette opération, qu'on nomme *fumage*, a pour but de laisser à toute la masse le temps de s'échauffer avant qu'elle ressente le contact de la flamme. Si l'on ne prenait pas ces précautions on courrait risque de voir les morceaux de pierre compacte s'éclater par l'expansion trop rapide des vapeurs qui se forment; et la chute des chaînes de la voûte causerait infailliblement, dans ce cas, l'affaissement de toute la masse des pierres calcaires que renferme le four.

Lorsque le *fumage* a été suffisamment prolongé on peut augmenter le feu, mais toujours graduellement, et jusqu'au moment où toute la partie inférieure, jusqu'au tiers environ de la hauteur totale, chauffée au rouge presque blanc, fait dilater si vivement l'air contenu dans les interstices supérieurs, qu'il y a réaction de la part de celui-ci, et que la flamme repoussée sortirait par la porte du four si l'on n'avait le soin de la tenir fermée. C'est ce phénomène que les chaufourniers appellent *rebuttage*. Dans ce moment il faut soutenir le feu d'une manière égale, et bien prendre garde qu'un refroidissement partiel n'ait lieu. Si, par exemple, un courant d'air froid venait à faire noircir la pierre déjà rougie, la fournée pourrait être manquée complètement.

La flamme gagne peu à peu les parties supérieures et finit par sortir au haut du four. Quelques heures avant la fin de l'opération on observe un tassement d'environ un sixième de la hauteur totale de la charge, et la flamme sort au-dessus de la plate-forme presque sans fumée : c'est un indice certain que la calcination est près d'être terminée. On doit alors diminuer graduellement l'intensité du feu jusqu'à la fin de l'opération ; on laisse ensuite refroidir la pierre lentement et l'on ne la retire du four que lorsqu'elle est devenue maniable ; ce qui arrive 6 ou 8 heures après qu'on a cessé le feu. On met alors la chaux dans des tonnes qu'on recouvre aussitôt, ou dans des voitures disposées de manière à ne laisser que très peu d'accès à l'air atmosphérique.

La durée de cette opération ne saurait être constamment la même; elle varie suivant la nature et la qualité du combustible et la *dureté* de la pierre; elle dépend encore de la température et de l'état hygrométrique de l'atmosphère; un léger vent et l'air humide sont favorables à cette calcination.

A Rudersdorf, en Prusse, on emploie pour la calcination de la pierre à chaux un mélange de bois et de tourbe, dans la proportion de 1 partie du premier pour 4 de l'autre. Le prix de la tourbe est un peu moindre que la moitié de celui du bois pour le même volume. Trois fours de forme différente sont construits dans ce vaste établissement; nous décrirons ici celui des trois qui donne les résultats les plus avantageux. On le charge de pierres par le haut et l'on en tire la chaux calcinée par le bas. Ce four est à feu continu; il produit 90 hectolitres de chaux environ par 24 heures; il a cinq chauffes (foyers et cendriers) indiquées dans l'élévation, la coupe verticale et la coupe horizontale de la fig. 2, par les lettres *cc* dans les deux coupes. *aa* indiquent la chemise en briques réfractaires qui forment les parois intérieures; *bb* un intervalle dans la maçonnerie rempli avec des cendres, et qui forme une enveloppe autour de la deuxième chemise en briques ordinaires; *ee* maçonnerie en moellons; *dd* issues pour la chaux.

On se sert dans plusieurs endroits, près des barrières de Paris, dans la Belgique, dans le pays de Liége, en Angleterre, de *fours coulans* ou à *feu continu,* qui sont chauffés avec de la Houille ou du Coke (*charbon de terre épuré*). Les parois intérieures de ces fours ont la forme d'un cône tronqué renversé, ainsi que le fait voir la fig. 3; la grille du foyer est à barreaux mobiles. Ces fours sont chargés par lits alternatifs de pierres à chaux et de charbon, dans la proportion de 4 parties de pierres en volume et de 1 de charbon de terre ou 1,5 de coke; ces quantités varient suivant la nature de la pierre à chaux et la qualité du charbon. Lorsque toute la masse est une fois bien échauffée, à l'aide d'un feu qu'on allume au bas du four et qui doit être augmenté graduellement, le combustible s'allume de proche en proche et calcine les morceaux de pierre qui l'avoisinent. Les conduits grillés *o*, *o*, munis de registres, fournissent de l'air à la combustion lorsque la grille du foyer est retirée. On reconnaît que la calcination est suffisamment avancée, à une grande diminution dans la fumée; on tire toute la chaux qui est faite (environ les deux tiers de la hauteur de la fournée), puis on ajoute sur la partie supérieure, et par lits, une quantité correspondante de pierres et de charbon; on continue sans interruption, de cette manière, en tirant la chaux au fur et à mesure qu'elle est calcinée, jusqu'à ce que le four ait besoin de quelques réparations. Un four de cette nature établi à Valenciennes est alimenté par le calcaire qui recouvre la houillère de laquelle il reçoit aussi le combustible; il est d'une grande dimension, et peut fournir par jour 100 hectolitres de chaux. Il est évident que, dans de telles circonstances, le charbon de terre doit être préféré à tout autre combustible, de même que toutes les fois que sa très grande proximité des fours à chaux, la facilité de l'exploitation et des transports, le rendent à un prix moins élevé que tout autre combustible, relativement à son pouvoir calorifique : c'est ce qui a lieu en beaucoup d'endroits en Angleterre et en France. Les *fours coulans* ou à *feu continu*, dans lesquels le combustible est introduit pêle-mêle avec la chaux, ne peuvent guère être chauffés qu'au charbon de terre; ils ne donnent pas ordinairement de la chaux également calcinée; il s'y rencontre beaucoup de *biscuits*, qu'il est nécessaire de séparer, autant que possible, par un triage, avant d'emballer la chaux vive. Aussi préfère-t-on, en Angleterre même, le chauffage à la tourbe, lorsqu'il se rencontre de bonnes tourbières près des pierres à chaux qu'on exploite.

Lorsque dans une usine ou un atelier quelconque on fait un emploi de chaux assez important, on met en réserve tous les *biscuits*, ou morceaux qui ne sont pas susceptibles d'extinction, pour que le marchand de chaux indemnise de cette perte en donnant en échange un volume égal de chaux.

Pierres à chaux, chaux grasses, chaux maigres, chaux hydrauliques, biscuits. — Les procédés que nous avons décrits pour calciner la pierre à chaux donnent des produits qui diffèrent entre eux et présentent des propriétés particulières, suivant la composition et la densité des pierres naturelles employées, et le degré de calcination qu'elles ont éprouvé. De nombreux et importans travaux sur cette matière ont procuré des résultats que nous présenterons succinctement ici ; des données expérimentales restent cependant à acquérir pour faire apprécier le mérite de quelques théories récentes.

Depuis les marbres, qui donnent la chaux la plus pure, jusqu'aux divers mélanges qui contiennent seulement des proportions peu considérables de carbonate de chaux, toutes les pierres calcaires, en perdant l'eau et la plus grande quantité de l'acide carbonique qu'elles contiennent, donnent de la *chaux*, c'est-à-dire que le produit de la calcination de ces matières a la propriété de s'échauffer avec l'eau, de fuser et de faire pâte avec ce liquide ; il y a cependant, entre ces limites, de nombreuses variétés qui sont comprises sous les dénominations désignées ci-dessus.

On appelle *chaux grasse* celle que l'on obtient en calcinant complètement les pierres à chaux les plus pures, le marbre par exemple ; cette chaux est ordinairement très blanche ; elle foisonne beaucoup à l'extinction et forme avec l'eau une pâte très liante, etc. Les *chaux maigres* au contraire proviennent de la calcination des pierres qui renferment des proportions assez fortes de silice, d'alumine et de fer ; elles sont ordinairement de couleur grise ou fauve, augmentent peu de volume par l'extinction, et donnent avec l'eau une pâte peu tenace. La *chaux hydraulique* diffère sous bien des rapports des deux autres variétés. Les recherches de M. Vicat et de M. Minard paraissent démontrer que cette troisième variété peut être obtenue des mêmes pierres d'où l'on tire les deux autres, à l'aide d'une calcination ménagée. En rapprochant d'autres observations pratiques, on en peut tirer la même conséquence ; il devient donc probable qu'en ménageant ainsi le feu, dans la crainte de fritter avec la chaux la silice et l'alumine, l'effet le plus utile est de laisser à la chaux une certaine proportion d'acide carbonique, ainsi que nous le verrons plus bas.

Chaux hydraulique artificielle. — C'est en mélangeant 1 partie d'argile avec 4 de craie de Meudon (en volume), que M. de Saint-Léger est parvenu, d'après les indications de M. Vicat, à préparer en grand une excellente chaux hydraulique. On délaie dans l'eau la glaise avec la craie, à l'aide d'un Moulin *à meules verticales* qui tournent dans une auge circulaire; on porte le mélange, qu'on obtient ainsi en bouillie peu épaisse, dans de grands bassins en maçonnerie où la glaise et la craie se déposent ensemble; on décante l'eau claire; puis, à l'aide d'un outil semblable aux moules à briquettes ou aux *louchets* pour tirer la tourbe, on forme avec le dépôt consistant, des briques que l'on étend sous des hangars pour les faire sécher; on les calcine ensuite comme les autres pierres à chaux, en les chauffant toutefois moins fortement.

Le ciment romain, si employé aujourd'hui, n'est autre chose qu'une *chaux hydraulique* qui a la propriété de se solidifier presque instantanément comme le plâtre, soit au contact de l'air, soit au milieu de l'eau, lorsqu'on l'a gâchée en pâte un peu consistante, et sans qu'il soit nécessaire de la mélanger avec aucune autre substance; elle acquiert une solidité plus grande lorsqu'elle est trempée dans l'eau ou exposée à une humidité constante, que lorsqu'elle reste à l'air sec; enfin sa dureté, qui s'accroît avec le temps, devient promptement égale à celle des pierres calcaires. Ces qualités rendent cette matière extrêmement précieuse pour toutes les constructions hydrauliques, et surtout lorsque les épuisemens ne sont pas facilement praticables. On en fait à Londres un usage très considérable pour maçonner les fondations, les caves, les citernes, les aqueducs, etc.; on s'en sert aussi pour crépir les maisons. Il faut beaucoup d'habitude et certaines précautions pour la bien employer. *Voy.* l'article Mortiers.

C'est avec des pierres calcaires très argileuses, compactes, à grain très serré, susceptibles de poli, dures et tenaces, que l'on prépare à Londres le *ciment romain* en les calcinant dans des fours coniques à feu continu, avec de la houille, de la même manière que les autres pierres à chaux; mais la conduite du feu exige beaucoup de soins : si la température n'est pas convenablement ménagée, le ciment éprouve un commencement de fusion et n'est plus propre à aucun usage.

M. Lesage, ingénieur militaire, a publié il y a vingt-cinq ans un Mémoire très détaillé sur la composition d'une pierre à chaux et les propriétés de la chaux qu'elle produit (dont on faisait alors usage à Boulogne-sur-Mer). La composition de cette pierre est à peu près la même que celle de la pierre anglaise, ainsi qu'on le verra par les analyses ci-dessous. La chaux que ces deux calcaires produisent ne diffère pas beaucoup non plus, dans sa composition, de celle de la *chaux hydraulique de Russie*, ou *ciment russe*.

	PIERRE anglaise.	PIERRE de Boulogne	CALCAIRE de Russie.
Carbonate de chaux.............	0,657	0,616	*Observⁱᵒⁿ.*
Carbonate de magnésie..........	0,005	.....	
Carbonate de fer...............	0,060	0,060	M. Cla-
Carbonate de manganèse........	0,019	.....	peyron n'a
Argile. { Silice...............	0,180	0,150	pas donné
Alumine............	0,066	0,048	son ana-
Oxide de fer..........	.....	0,030	lyse.
Eau........................	0,013	0,066	

	CHAUX produites par les calcaires ci-dessus.		
Chaux...................	0,554	0,540	0,620
Argile...................	0,360	0,310	0,380
Oxide de fer..............	0,086	0,150	.....

Il résulte d'un grand nombre d'expériences faites par M. Berthier, que la silice seule peut former avec la chaux une combinaison éminemment hydraulique (tel est le calcaire de Senonches); que la magnésie seule, ou mélangée avec les oxides de fer et de manganèse (calcaire de Villefranche), rend la chaux maigre, sans lui donner la propriété de se solidifier sous l'eau ; que l'alumine seule n'a pas plus d'efficacité que la magnésie pour rendre les chaux hydrauliques ; que la silice est un principe essentiel à ces sortes de chaux ; que les oxides de fer et de manganèse, auxquels plusieurs personnes ont attribué un rôle important, sont le plus souvent inertes dans ces mélanges ; qu'enfin *le moyen de reconnaître une pierre à chaux hydraulique* consiste à s'assurer qu'elle est compacte, d'une densité assez grande, et que sa composition admet de o,25 à o,3o d'argile ; ce qu'il est facile de déterminer en dissolvant le carbonate de chaux à l'aide de l'acide hydrochlorique ou nitrique.

D'après M. Vicat, la chaux hydraulique placée dans l'eau soit à nu, soit dans une construction immergée, y durcit en peu de jours, et acquiert avec le temps une dureté de plus en plus considérable : on ne peut plus l'enlever qu'à l'aide du pic ; exposée à l'air, elle prend une consistance crayeuse, et n'est pas susceptible de recevoir le poli.

La chaux maigre est celle qui, contenant une quantité notable de matières étrangères, n'est pas susceptible de durcir sous l'eau ; qui, durcie à l'air, ne prend pas le poli, forme avec l'eau une pâte *courte*, etc. La chaux grasse, éteinte à la manière ordinaire et placée ensuite sous l'eau, dans un bassin imperméable, recouvert de sable ou de terre, peut s'y maintenir à l'état pâteux pendant des siècles. Si au contraire, après l'avoir divisée en solides d'une petite dimension, on l'expose au contact de l'air et à l'abri, elle acquiert, par le concours de l'acide carbonique de l'air et de la dessiccation, une très grande dureté ; elle devient même susceptible d'un beau poli.

Une chaux hydraulique employée seule à l'état d'hydrate, exposée à toutes les intempéries de l'air atmosphérique, acquiert une résistance moyenne exprimée par 20, tandis qu'une

au sable, dans les circonstances les plus favorables, elle peut donner une résistance de 77. Une chaux très grasse mêlée au sable est moins résistante que seule, dans le rapport de 20 à 38.

Une chaux hydraulique employée seule à l'état d'hydrate donne une résistance moyenne représentée par 40 ; mêlée au sable dans les mêmes circonstances, elle donnera une résistance de 55. Une chaux grasse mêlée au sable immédiatement après son extinction donnera à peine une résistance de 15. La même chaux éteinte spontanément par une exposition d'un an à l'air, et mélangée au sable, pourra donner une résistance égale à 27.

Ces faits ont lieu également avec les sables quarzeux et les sables calcaires.

Les gros sables forment avec la chaux grasse de meilleurs mortiers que les sables fins ; le contraire a lieu avec les chaux hydrauliques, etc. *Voy.* MORTIER. P.

CHEMIN. (*Arts mécaniques.*) On distingue dans une route le milieu, nommé *chaussée,* des bords, appelés *accotemens :* la chaussée est ferrée, pavée, ou bloquée en pierres de champ pour l'usage des charrois.

Il y a trois classes de chemins. La première classe comprend tous ceux qui sont faits et entretenus aux frais de l'État ; on leur donne, à cause de cela, le nom de *chemins royaux :* leur largeur est plus ou moins considérable. Nous en avons quelques-uns en France qui n'ont pas moins de 20 à 24 mètres, dont la chaussée porte 7 ou 8 mètres. C'est à Colbert qu'on doit ce luxe de chemins, contre lequel l'Agriculture s'est justement récriée.

On range dans la deuxième classe les chemins de traverse, faits et entretenus aux frais des départemens.

Les chemins vicinaux, entièrement à la charge des communes ou des particuliers, forment la troisième classe.

En Angleterre, en Italie et dans quelques-uns de nos départemens méridionaux, la chaussée occupe toute la route ; mais alors celle-ci n'a que 9 à 12 mètres de largeur, sans être bordée d'arbres, qu'on regarde comme nuisibles à l'entretien des routes.

La *chaussée*, cette partie essentielle du chemin sur laquelle roulent continuellement d'énormes voitures, exige une grande solidité ; on creuse une forme qu'on dresse, nivelle et sable, sur laquelle on dispose des pierres de l'une des trois espèces suivantes : 1°. les pavés de grès dur, dont les rues de Paris et les grandes routes qui y aboutissent sont faites ; 2°. les cailloux choisis d'une dimension à peu près uniforme ; 3°. des pavés de pierres ordinaires qu'on façonne grossièrement. Ces pierres se posent sur une couche de sable de $0^m,2$ d'épaisseur, étendue sur un fond bien consolidé. Les pavés de grès, taillés d'une grosseur uniforme d'environ $0^m;2$ en tous sens, se posent, normalement à la courbure de la chaussée, par rangées alignées et à joints recouverts. Les pavés qui forment les deux rangées extrêmes s'appellent *bordures;* ils ont deux de leurs dimensions, l'épaisseur et la largeur, plus fortes que les pavés ordinaires, afin que, restant alignés du côté des accotemens, ils s'enracinent mieux dans la couche de sable, et qu'ils fassent intérieurement et alternativement liaison avec le pavé. La pose des pavés étant faite de manière que leur surface satisfasse au profil donné, on frappe chacun d'eux avec la *hie*, pour le bien affermir à sa place, et l'on étend ensuite sur toute la chaussée une couche de sable d'environ $0^m,02$, qui en garnit les joints.

Les chaussées en empierrement sont formées de deux à trois couches, mais sans aucune liaison, dont l'épaisseur totale est de $0^m,5$. On y emploie le moellon brut, qu'on brise par petits morceaux pour les couches supérieures, dont le plus gros ne doit pas excéder $0^m,03$ cubes, ayant le poids d'environ 6 onces.

L'excavation qui doit contenir le massif de la chaussée étant faite, on commence par en dresser et raffermir le fond.

La première couche, qui forme la base ou la fondation de la chaussée, porte $0^m,3$ d'épaisseur ; elle est faite de moellons posés de champ, sans ordre, en n'y laissant que le moins de vide possible ; c'est ce qu'on nomme un *blocage*. Les pointes qui excèdent servent à lier cette première couche avec la deuxième.

La deuxième couche se compose également de moellons concassés, de pierraille ou de cailloux ramassés dans les champs, d'une grosseur moyenne et uniforme; on les arrange sur la première couche au moyen de la pelle de fer, de manière à satisfaire au profil donné. L'épaisseur de cette couche est de $0^m,1$.

La troisième couche, dont l'épaisseur est également de $0^m,1$, se fait avec des pierres dures cassées en petits morceaux d'une grosseur uniforme d'environ $0^m,03$ cubes, ainsi que nous l'avons déjà dit : on les arrange sur la deuxième couche avec un râteau à dents de fer.

Ce massif de trois couches, qui constitue la chaussée en empierrement, est contenu sur ses côtés par deux rangées de bordures faites à sec par de gros moellons, dont les premiers, ceux qui correspondent à la première couche, sont posés à plat, et le surplus de champ; mais on ne les élève pas jusqu'à la surface supérieure. Ces bordures ne montrent que leurs arêtes extrêmes; le surplus est recouvert par l'empierrement de la dernière couche.

Quand ce travail est fait avec soin et avec de bons matériaux, surtout ceux qui composent les dernières couches, qui, par l'effet du roulage, finissent par se mêler ensemble, on a un chemin qui résiste long-temps. Les débris de la surface, que la pluie détrempe, forment une espèce de ciment qui va garnir les interstices et rend tout le massif de la chaussée homogène, dur et uni à sa surface.

Plusieurs ingénieurs distingués ont différé d'opinion sur le profil qu'il convient le mieux de donner à la surface d'un chemin; les uns la veulent concave, les autres la veulent convexe; chacun appuie son opinion de raisonnemens qui paraissent fondés. Il n'y a point de règle précise établie à cet égard pour les chemins pavés ou ferrés; mais les chaussées en empierrement sont généralement bombées d'environ un vingtième de leur largeur. Il faut que les eaux pluviales ne restent ni ne coulent dessus ; elles entraîneraient continuellement les débris qui se forment à la surface ; et laissant ainsi toujours à nu les élémens qui composent la couche supérieure, celle-ci se trouverait très promptement dégradée et même percée. Il n'en est pas de même d'un chemin pavé ; l'eau peut couler au milieu sans produire aucune dégradation. On voit, par quelques restes des voies romaines qui existent encore, que ce peuple avait généralement adopté la forme concave pour les chemins ferrés, en laissant d'espace en espace des cassis ou déversoirs par où l'eau s'échappait de côté et d'autre de la route pour se rendre dans les fossés : c'est ce qui se pratique encore aujourd'hui dans les pays montueux ; les chemins en pays de plaine, où l'eau ne peut couler que latéralement, ont leur profil de forme convexe ; c'est une espèce de voûte arc-boutée contre les bordures, qui paraît devoir résister avec plus de force à l'action du roulage des voitures, que les chemins creux. Cette forme présente aussi un autre avantage, c'est que deux voitures venant à se rencontrer, s'évitent mieux, par la raison que leurs essieux, et par conséquent leurs roues, sont penchés en sens contraire.

Après le tracé d'un chemin, son nivellement, la détermination de sa largeur et de son profil, ce qu'il importe le plus de ne pas négliger c'est le desséchement du terrain qu'il parcourt.

CHEMIN DE FER. C'est aux Anglais qu'on doit l'invention de cette espèce de chemin, qui le dispute, pour l'économie et la facilité des transports, aux canaux de petite navigation. Pendant long-temps on n'a fait servir ces chemins qu'à l'exploitation des forges, des houillères ou d'autres mines ; mais leur usage a été adopté pour d'autres entreprises de la première utilité. On en voit un établi à travers le comté de Surrey, en Angleterre, destiné à former la communication entre Portsmouth et Londres. Sur ce chemin un cheval traîne sans peine trois chariots à quatre roues, portant ensemble 16000 livres, en montant la pente du chemin, qui est d'environ 4 lignes ou $0^m,01$ pour mètre. Des expériences prouvent que le même cheval, quand le chemin est horizontal, peut mener 34 à 36 milliers pesant, non compris le poids des chariots.

On emploie actuellement en Angleterre des machines à vapeur du système de Trewitich ou d'Olivier Evans, pour mouvoir les chariots sur des chemins de fer, dans quelques exploitations de houillères. Nous avons vu à Leeds et à Newcastle de petites machines de cette espèce, de la force de 3 à 4 chevaux, conduire, avec la vitesse du pas accéléré, un convoi de trente chariots chargés chacun de 3 milliers de charbon. Le chariot qui porte la machine est ordinairement placé au milieu du convoi, de manière qu'il en pousse la moitié et tire l'autre. Le trajet que parcourt cette première machine est d'environ 2 milles; à cette distance se trouve une montée d'environ 600 mètres dont la pente est douce; là deux chemins sont placés à côté l'un de l'autre en ligne droite et parallèle, qui servent alternativement à descendre et à monter les chariots pleins et vides. Un grand câble de chanvre passant sur des poulies de renvoi et sur une grande roue horizontale munie d'un frein, sert à faire monter cinq chariots vides par autant de chariots pleins qui descendent en même temps. Leur vitesse équivaut à celle d'un cheval au grand trot. Au milieu de chaque chemin sont placés, de 10 mètres en 10 mètres, des rouleaux en fonte de fer à surface concave, et très mobiles sur leurs axes, pour empêcher le câble de traîner par terre. Après cette montée se trouve encore un trajet horizontal d'environ 1 mille, et puis une montée beaucoup plus longue et plus raide que la première, au haut de laquelle sont les puits d'extraction. Les chariots sont manœuvrés à cette seconde montée comme à la première, mais seulement deux à deux.

Les chemins de fer se composent de deux rangées parallèles de barres ou *rails* de fer ou de fonte placés de champ à $1^m,30$ de distance l'un de l'autre. Chaque barre A (pl. 7, fig. 5, 6 et 7) porte 1 mètre de long; elles se mettent bout à bout dans des supports ou *siéges* en fonte B, scellés sur une pierre C fortement maintenue en terre vis-à-vis chaque joint. Le dessus de ces rails a un rebord arrondi, pour qu'aucun gravier n'y reste;

le dessous est terminé par une courbe parabolique qui lui donne la force de supporter la charge qu'on fait rouler dessus, quoique n'étant appuyée que sur ses deux bouts. Le poids de chaque barre est de 15 à 16 kilogrammes.

On préfère maintenant faire les rails plats (fig. 8 et 9) et les roues à l'ordinaire; mais on donne aux rails un rebord saillant C du côté intérieur, qui empêche la roue de sortir.

Si le tirage des chariots doit se faire par des chevaux, il faut que le milieu du chemin soit ferré ou aplani de manière à faciliter leur marche; mais dans le cas d'une machine à vapeur cela n'est pas nécessaire. La marche progressive a lieu au moyen d'une des roues du chariot qui porte la machine à vapeur, à laquelle roue ce moteur imprime un mouvement de rotation dans le sens qu'on désire. Comme son frottement par simple superposition sur l'une des lignes du chemin ne donnerait pas un point assez résistant pour imprimer le mouvement à un convoi de trente chariots chargés; on a fait des dents à la circonférence de cette roue, qui parcourent successivement des dents semblables que portent les barres de fonte correspondantes, ainsi qu'on le voit fig. 6. On sent que chaque dent devenant tour à tour le point d'appui de toute la force de traction, qui est considérable quand le chemin monte, il faut que la ligne des barres en crémaillères soit parfaitement assujettie sur les supports. A cet effet une pièce de fonte D, scellée sur la pierre vis-à-vis chaque joint, reçoit et réunit exactement bout à bout ces barres, qu'on y place sans difficulté.

Dans le cas où l'on a plusieurs convois qui voyagent sur un même chemin de fer et qui par conséquent se rencontrent dans divers endroits, comme cela a lieu à la houillère de M. Brambs, à Leeds, il faut que le chemin soit double à ces points de rencontre, dans une longueur suffisante pour recevoir un des convois pendant que l'autre continue sa marche. On les détourne de leur direction pour passer d'une voie à l'autre, au moyen de chantiers de bois armés de fer, dont un des bouts s'articule sur une des lignes du chemin, tandis que l'autre va se placer sur la ligne correspondante de la voie latérale. Les hommes qui accompagnent le convoi ont soin de faire cette manœuvre avant l'arrivée du premier chariot.

On voit fig. 5 un chariot ou *waggon* posé sur un chemin : ses quatre roues E sont en fonte ; la jante porte un rebord en dehors des lignes du chemin, qui ne leur permet pas de se détourner de leur direction. Les côtés du camion sont en tôle forte, et le fond est une trappe qui, ne fermant que par un verrou à détente, s'ouvre pour faire tomber la charge, soit dans un tombereau, soit dans un bateau placé au-dessous, de manière qu'on n'a aucune manipulation à faire pour le déchargement : mais alors il faut que le chemin de fer soit placé sur une chaussée en arcade, élevée de $2^m,5$ à 3 mètres, sous laquelle les voitures ou un canal passent.

On estime que 1 mille ou 1600 mètres de chemin de fer coûtent en Angleterre 500 livres sterling, ou 500 louis.

Une des difficultés que rencontre ce système est dans les changemens de direction des routes, parce qu'on est obligé de courber les voies pour éviter les angles, et même d'employer des courbes de plus de 500 mètres de rayon. M. Laignel a proposé un moyen ingénieux d'éviter ces chemins à grandes courbures ; mais il faut à cet égard attendre la sanction de l'expérience. *Voy*. les Bulletins de la Société d'Encouragement pour 1833.   Fr.

CHEVAL (*Arts mécaniques*). De tous les moteurs animés, c'est le cheval dont l'action est la plus puissante ; aussi l'emploie-t-on dans une foule de circonstances où l'on veut produire de grands effets. Le cheval n'est pas susceptible d'un travail continu de plus de 6 heures par jour, lorsqu'on veut ménager cet animal et en obtenir un long service : toutefois, lorsque la force que l'animal doit mettre en action est modérée, on peut en obtenir aisément un travail de 8 heures par jour. Un homme est nécessaire pour conduire le cheval et le panser.

La transpiration laisse sur la peau du cheval une crasse qui se colle avec la poussière de l'écurie ou celle qui est éparse dans l'air. Chaque jour, une fois au moins , on enlève cette crasse avec l'*étrille* et avec une *brosse* rude ; l'*époussette* et l'*éponge* servent aussi à cette toilette de propreté qui rend le poil brillant et lustré. On peigne les crins, on les coupe ; le mors doit être lavé ; enfin on tient l'animal dans une écurie bien nettoyée et exempte de fumier, d'ordures et de mauvaise odeur. Les bains de rivière, excepté dans les temps froids, sont excellens pour la santé, après le travail, pourvu que le cheval ne soit pas en sueur, car dans ce cas le changement brusque de température pourrait occasioner des maladies inflamma-toires.

Le *foin*, la *luzerne*, le *sainfoin*, le *trèfle*, servent à la nourriture du cheval ; la paille, et surtout celle de fro-ment , peut lui être donnée à discrétion. Mais l'avoine, qui sous un moindre volume contient plus de matière nutritive que les fourrages, est la base principale de la nourriture des chevaux ; elle leur donne de la vigueur et les rend ar-dens au travail. On la crible et on la vanne pour en sé-parer la poussière, les balles et autres corps étrangers. L'orge, le pain, etc., sont aussi de bonnes nourritures ; le son dé-layé dans l'eau compose ce qu'on appelle l'*eau blanche*, que le cheval aime beaucoup, et qui le rafraîchit.

Les doses qu'il convient de donner chaque jour dépendent de la force de l'animal et de la fatigue qu'il supporte. Un cheval de carrosse, de 5 pieds, dont le travail est modéré et continu, se contente d'une botte de foin de 10 livres, de deux bottes de paille et de trois quarts de boisseau d'avoine; il en faudra donner davantage au fort cheval de charrette , et moins au bidet.

Les dépenses que nécessite l'emploi du cheval comme force motrice, consistent dans l'achat de l'animal et de son har-nais, sa nourriture, son ferrage, l'entretien en santé et en maladie, et celui des harnais : on doit comprendre dans ce calcul le paiement du charretier, le loyer de l'écurie et du grenier à fourrage. De plus, deux chevaux ne comptent guère que pour un seul qui travaillerait 12 heures. Au bout de quelques années l'animal devient hors de service ; on le revend à bas prix , et cette partie du capital , qui consiste dans la différence entre le prix d'achat et celui de la vente, est perdue ; il faut en dire autant du harnais , qui doit être assimilé , sous le rapport de la détérioration , aux autres appareils qui constituent la machine même.

La force d'un animal varie non-seulement selon sa nature et son âge, mais encore selon les circonstances où elle est appliquée. Nous ne devons pas avoir égard ici à la force extraordinaire de certains chevaux, non plus qu'à celle qu'on en peut obtenir accidentellement et durant une minute ou deux. Ces élémens sont trop variables et d'un trop rare usage pour qu'il soit utile de nous y arrêter. Nous ne considérerons pas non plus la puissance des chevaux que l'âge , les maladies ou l'abus de leur force a vaincus, et qui n'ont plus les qualités qu'on doit attendre de leur nature. Nous ne prendrons donc pour exemple que les chevaux de force moyenne ; et nous croyons utile de dire que les nombres que nous allons citer n'offrent que des données variables selon les circonstances, en sorte qu'il arrivera souvent qu'on obtiendra beaucoup plus, dans certains cas que nous ne le supposons ici, tandis que dans d'autres cas ces nombres se trouveront au contraire trop forts.

Le poids d'un cheval d'une force moyenne est de 225 à 250 kilogrammes.

Dans les entreprises de roulage on calcule ordinairement la charge des charrettes à raison de 800 à 1000 kilogrammes par cheval, sans y comprendre le poids de la voiture. Le TIRAGE d'un fort cheval de roulier est d'environ 140 kilogrammes ; l'attelage parcourt, sur un bon chemin horizontal, de 38 à 40 kilomètres (10 lieues) en 8 à 9 heures sur 24 ; la vitesse est de 1 mètre à $1^m,4$ environ par seconde.

Les chevaux attelés aux diligences, allant toujours le trot, et faisant 8 kilomètres (2 lieues de poste) par heure, parcourent de 34 à 38 kilomètres chaque jour; le tirage de chacun d'eux est d'environ 90 kilogrammes ; leur vitesse est de $2^m,2$ par seconde environ

L'action journalière du cheval de roulier est exprimée (*voy*. Force motrice) par le produit des deux nombres 140 kilogrammes et 40 kilomètres ; celle du cheval de poste, par le produit des deux nombres 90 kilogrammes et 38 kilomètres : ces deux actions sont dans le rapport de 5600 à 3420, ou de 163 à 100 ; la première est donc 1,63 de fois la seconde.

En général on peut compter sur 75 à 100 kilogrammes pour le tirage moyen des chevaux.

Lorsqu'un cheval est attelé à un manége destiné à animer une machine quelconque, sa force développée est réduite par les frottemens et par la disposition plus ou moins vicieuse de l'appareil ; aussi l'*effet utile* est-il fort variable. En général, dans une machine bien construite, l'effet utile d'un cheval est estimé équivalant à l'élévation d'environ 600 à 800 mètres cubes d'eau à 1 mètre de hauteur, en 6 ou 8 heures de la journée. Pour produire cet effet, l'animal est obligé de tirer le levier du manége en circulant autour de l'arbre central qu'il fait tourner. Dans ce mouvement il décrit une circonférence dont le rayon est ce levier. Les expériences citées par M. Hachette, dont le Traité de mécanique nous a fourni les données que nous venons de rapporter, portent la vitesse de la marche de 37 à 80 centimètres et même jusqu'à $1^m,2$ par seconde ; cette vitesse doit varier avec les circonstances, et surtout elle doit diminuer avec le rayon de la circonférence, parce que plus le cercle est petit, plus la marche de l'animal est pénible. *Voy*. Manége.

Un cheval qui tire un bateau sur un canal privé de courant est capable de parcourir 8 kilomètres par jour, en transportant un poids de 300 milliers, ou 150000 kilogrammes.

Généralement on estime que la force du cheval est six à sept fois celle de l'homme, c'est-à-dire que le cheval produit un effet six à sept fois plus grand que celui que produirait un homme dans les mêmes circonstances.

Quant à la vitesse du cheval de course, la plus grande est estimée de 12 à 15 mètres par seconde, lorsqu'elle ne doit durer que 7 à 8 minutes. Aux courses du Champ-de-Mars M. Bouvard a observé qu'un contour sinueux en 8, de $2575^m,5$, était parcouru en 211 secondes. Un cheval attelé à un char a décrit 1478 mètres en 133 secondes.

La cavalerie fait par minute :

Au pas ordinaire, 120 pas, et parcourt 100 mètres.
Au trot,......... 180 pas 200
Au galop,....... 100 pas 320

Il en résulte que la longueur du pas ordinaire d'un cheval est de 83 centimètres, que sa vitesse est alors de 1 mètre deux tiers par seconde ; que la vitesse du trot est $3^m,3$, et celle du galop $5^m,3$ par seconde ; mais dans quelques circonstances, la vitesse dépasse beaucoup cette limite, comme on l'a observé dans les courses de chevaux anglais, où elle atteint jusqu'à 15 mètres par seconde.

Un bon cheval, chargé d'environ 80 kilogrammes y compris le poids du cavalier, peut parcourir 40 kilomètres en 7 à 8 heures ; ce qui donne pour sa vitesse $1^m,4$ à $1^m,5$ par seconde.

En comparant le poids qu'un cheval de force moyenne est capable de tirer à celui qu'il peut porter, on en déduit que le premier de ces poids est huit à dix fois le second, sur un chemin ordinaire. Sur les CHEMINS DE FER usités en Angleterre, il tire jusqu'à cent cinquante fois plus qu'il ne porte, enfin quinze cents fois lorsque le tirage a lieu pour transporter un bateau sur un CANAL privé de courant. *Voy*. ces mots.

On est dans l'usage d'énoncer l'effet des machines en force de chevaux. Il importe de bien expliquer ce qu'on doit entendre par cette locution, qui est toute de convention. On suppose qu'un cheval est capable de monter une masse de 140 livres à 200 pieds de hauteur par minute. Cet effet équivaut à 28 milliers élevés à 1 pied, ou à 4387 kilogrammes élevés à 1 mètre en 1 minute. D'après cette définition, un cheval supposé attelé durant les 24 heures, développerait une force de 6318 *unités dynamiques*, c'est-à-dire éleverait le poids de 6318 mètres cubes d'eau à 1 mètre de hauteur. Ainsi la force d'un cheval, en style de fabricant de machines, est l'équivalent de 6000 unités dynamiques par jour, en travaillant jour et nuit. La machine qui a la force d'un cheval est censée capable, en fonctionnant 24 heures, d'élever 6000 mètres cubes d'eau à 1 mètre de hauteur, ou 3000 à 2 mètres, ou 1000 à 6 mètres, etc.; ce qui fait 250 mètres cubes (250000 litres ou kilogrammes) élevés à 1 mètre par heure. *Voy*. FORCE MOTRICE.   FR.

CHEVALET. (*Arts mécaniques.*) Le ton que rend une corde vibrante dépend de la tension de cette corde, de sa grosseur, de sa nature et de sa longueur. Pour que le son soit pur et franc, ces conditions ne doivent pas varier durant la vibration; si par exemple la tension changeait, le son passerait par des degrés différens fort désagréables à l'oreille. Pour que la longueur de chaque corde reste constante dans les instrumens de musique, on y dispose deux arrêts, et c'est dans leur intervalle que sont effectuées les vibrations sonores. L'un de ces arrêts est placé en haut du manche des violons, violoncelles et guitares, et proche des chevilles de tension; il porte le nom de *sillet*.

L'autre arrêt est une lame de bois à peu près carrée qu'on dispose perpendiculairement à la table sonore de l'instrument, près de l'autre extrémité de la corde, c'est-à-dire vers la *queue*, où se trouve son point d'attache : cette lame de bois, qu'on nomme *chevalet*, est simplement posée sur la table par sa tranche, et elle conserve sa situation perpendiculaire sous la pression des cordes, qui la maintiennent debout; cette pression défoncerait la table si l'on n'avait soin de placer dans le voisinage du chevalet, et sous sa base de pression, un petit bâton qui se tient debout et écarte les deux tables. Ce bâton, nommé *âme*, contribue à donner de la force au son, parce qu'il reçoit des ébranlemens vibratoires, et les communique à la table opposée. L'âme se place presque sous la base du chevalet, non pas au milieu de la table, mais à peu près sous la chanterelle, qui est la corde la plus tendue, et par conséquent celle qui exerce la plus forte pression. Une petite *barre* de bois placée en long sous la table supérieure, à l'endroit où vibre la plus grosse corde, renforce suffisamment cette table pour qu'elle résiste à la pression du chevalet. *Voy*. VIOLON. FR.

CHEVILLES. (*Arts mécaniques.*) Les cordes des instrumens de musique sont élevées au ton qu'elles doivent rendre, en leur donnant une tension convenable ; c'est ce qu'on fait à l'aide de chevilles, comme nous allons l'expliquer.

Dans les forte-piano, où les cordes sont métalliques, les chevilles sont des cylindres d'acier à surface rugueuse, et dont un bout est travaillé en carré ; elles ont de 5 à 6 centimètres de longueur sur 5 à 6 millimètres d'épaisseur, plus ou moins. La partie cylindrique est entrée dans un trou de calibre presque égal, et avec une *clé* forée en carré, comme sont celles de nos pendules, on saisit la tête carrée de la cheville pour la contraindre à tourner, en même temps qu'on appuie sur la table fixe de l'instrument pour faire entrer la cheville dans le trou qui lui est destiné. Le frottement suffit pour arrêter la cheville dans la situation qu'on lui donne. La corde est simplement enroulée sur la cheville ; mais pour qu'elle y demeure attachée, on fait passer les tours en les serrant fortement sur le bout de la corde ; en sorte que plus celle-ci est tendue et plus ce bout se trouve serré.

Les chevilles des violons, altos, violoncelles, guitares, etc., sont composées d'un arbre légèrement conique qui fait corps avec une tête plate et ovale, qu'on saisit avec les doigts pour la tourner : la cheville est faite en ébène, en palixandre, ou en toute autre espèce de bois très dur, et percée d'un petit trou transversal. Cette cheville entre de force dans des trous pratiqués au manche de l'instrument ; trous qui sont de calibre convenable, et dans lesquels elles frottent rudement. L'un des bouts de la corde est noué sur l'instrument à une pièce fixe nommée *queue,* qui porte à cet effet un trou près de son bord ; l'autre bout est entré dans le bout de la cheville, puis se repliant, va passer sous le premier tour de la corde qui l'enroule. En tournant la cheville pour tendre la corde, ce premier tour la serre fortement, et elle ne peut se dégager. Le frottement de la cheville dans le trou suffit pour résister à la tension et maintenir le ton de la corde.

Comme la tension des cordes de contre-basse est très considérable, et que pour aider la force du poignet à la produire il faudrait donner aux têtes de chevilles un trop grand diamètre, on supprime cette tête, et l'on garnit l'arbre d'une roue dentée en cuivre qui est fixée par des vis. Une vis sans fin qui engrène avec cette roue et la fait tourner, sert à tendre la corde, et suffit même, par son seul frottement, pour résister à la tension. Cet appareil est même employé, quoique plus rarement, pour les violoncelles; il a l'avantage de ne monter le son que peu à peu, et par conséquent de produire l'accord avec beaucoup de facilité. Fr.

CHÈVRE. (*Arts mécaniques.*) Machine qu'on destine à élever des fardeaux considérables, et qui sert principalement, dans les grandes constructions, pour porter aux étages supérieurs les pierres, les pièces de bois et les matériaux qui y sont nécessaires. Cet instrument est l'ouvrage du charpentier.

La *chèvre* est formée de deux longues pièces de bois RB, RC (fig. 10, pl. 7); on les nomme les *bras de la chèvre;* elles sont assemblées avec une troisième BC qui est plus courte, en forme de triangle RBC: l'angle R du sommet est maintenu en haut par des cordages qu'on arrête fortement aux corps voisins, pour que la chèvre reste inébranlable et résiste à l'effort de la manœuvre. On se sert encore, lorsque les localités le permettent, d'une autre jambe de force AR, nommée *bicoq,* qui arc-boute le sommet sur le sol et fait porter la chèvre sur trois pieds RA, RB, RC. Le bicoq est simplement articulé à charnière au sommet R par une forte cheville en fer; en sorte qu'on peut ou l'écarter à volonté des deux bras pour augmenter la stabilité, ou même l'ôter tout-à-fait lorsqu'on ne juge pas convenable de s'en servir. En outre, dans les grandes chèvres, on réunit et fortifie l'assemblage par des *entretoises* ou traverses qui joignent les deux bras.

Au sommet R , on dispose une POULIE D, et même une MOUFLE ;
la corde qui passe sur cette poulie va s'attacher au fardeau M
qu'on veut enlever ; l'autre bout entoure le cylindre d'un
treuil horizontal T qu'on nomme *moulinet*, qui peut tourner
à l'aide de leviers L, ou par une roue à cheville. (*Voy*. TREUIL.)
Le câble enroule le moulinet, et par l'action des forces qui
font tourner le cylindre, ce câble diminue de longueur de T
en D et M , et détermine le poids M à s'élever.

Quant au calcul de la puissance capable de produire l'effet
qu'on en attend, il sera démontré (*voy*. TREUIL), qu'en faisant abstraction du frottement, *la puissance et la résistance
sont l'une à l'autre comme le rayon du cylindre T est au rayon
de cercle décrit par la force qui fait tourner les leviers*. Si le levier L , compté depuis l'axe du moulinet jusqu'à celui où la
force le saisit, est huit fois le rayon du cylindre , la puissance
sera capable d'enlever un poids huit fois plus grand que si elle
n'était pas aidée de cette machine : un homme qui ne serait capable que d'enlever 5o kilogrammes, en pourra amener 4oo.

Mais si l'on adapte à la corde DM de la chèvre une poulie
mouflée au lieu d'une poulie simple, ce théorème ne s'applique qu'après avoir réduit le poids M dans le rapport fixé
par la théorie des moufles. Pour continuer l'exemple numé-
rique précédent, imaginons que l'emploi de la moufle réduise
le poids M au quart, le système combiné de cette machine et
du treuil donnera un effet quatre fois 8 , ou trente-deux fois
plus grand que si la force agissait sans l'appareil ; notre ouvrier
deviendrait capable d'enlever 16oo kilogrammes.

On attribue à M. Régemortes l'invention d'une autre espèce
de chèvre fort ingénieuse. Le treuil est formé de deux cylindres de diamètres inégaux qui font corps ensemble, et qu'un
levier H fait tourner (fig. 11) à la fois. Deux poulies B, C, sont
disposées au sommet de la chèvre, et le poids P est attaché à
une troisième poulie D, mobile. Le câble, après s'être enroulé
sur l'un des cylindres, va passer successivement sur les poulies B , D, C, et de là va s'enrouler sur l'autre cylindre ; cet
enroulement des deux bouts de la corde se fait en des sens con-

traires, ainsi que le montre notre figure. Si, à l'aide d'une force suffisante appliquée au levier II, on fait tourner le treuil de manière à faire envelopper la corde autour du plus gros cylindre, elle se déroulera de dessus le plus petit, en sorte qu'à chaque tour du moulinet le poids montera *d'un espace égal à la moitié de la différence des deux circonférences*, c'est-à-dire aussi peu qu'on désire. La force qui suffit à cet effet est aussi très petite, puisqu'on sait par le principe des VITESSES VIRTUELLES que *la puissance et la résistance sont entre elles dans le rapport inverse des espaces qu'elles décrivent.*

Les carrossiers se servent d'une chèvre (fig. 12) formée de quatre pièces : deux *bras* IC sont assemblés en triangle isocèle avec une branche CD qui est dentée sur sa longueur. Cet assemblage se fait au bout de la *bascule* BC, par deux boulons ou axes de rotation laissant entre eux un court intervalle nommé *talon*. On se sert de cette chèvre pour soulever les voitures, enlever une des roues, etc. On passe la branche CD sous l'essieu après avoir élevé le bout B de la bascule et fait mordre l'une des dents de BC dessous l'essieu. En abaissant le manche B de la bascule pour lui faire prendre la position représentée dans la figure, le talon C s'élève, ainsi que la branche CD et l'essieu de la voiture.   Fr.

CHLORATE DE POTASSE. De tous les chlorates il est le seul employé dans les Arts. C'est un sel blanc, en lames hexaèdres ou rhomboïdales, exigeant pour se dissoudre 16 parties d'eau froide et 2 et demie d'eau bouillante. Ces dissolutions ne sont pas précipitées par le nitrate d'argent.

Soumis à l'action de la chaleur, il entre en fusion, bouillonne, laisse dégager de l'oxigène et fournit un résidu de chlorure de potassium mêlé d'heptachlorate de potasse. En élevant davantage la température, il se dégage de nouvelles quantités d'oxigène, et il ne reste plus dans le vase distillatoire que du chlorure de potassium pur.

Le chlorate de potasse est assez fréquemment employé pour la préparation de l'oxigène, celle des allumettes dites *oxigénées*, et dans un grand nombre de réactions chimiques, lors-

.qu'il s'agit de suroxider certains corps. Il est toujours anhydre et formé de 1 équivalent de potasse = 589,916, et de 1 équivalent d'acide chlorique = 942,651.

- Sa préparation est fort simple ; voici comment on y procède. On dispose dans un grand fourneau de galère (*voy*. pl. 9, fig. 5) un certain nombre de tourilles en grès qui contiennent du peroxide de manganèse en poudre grossière, puis on adapte au goulot de chacune d'elles un tube en S et un autre tube à double courbure parallèle, pour mettre la tourille en communication avec un flacon de Woulf. Dans le premier flacon on ajoute de l'eau de manière seulement à affleurer l'extrémité du tube, afin qu'on puisse apercevoir le trajet du gaz ; on adapte ensuite à la deuxième tubulure du flacon un tube droit de sûreté, qui plonge également dans l'eau de quelques lignes ; enfin de la troisième tubulure part un gros tube de communication dont les deux branches parallèles sont très inégales en longueur ; la plus courte s'adapte à la tubulure du flacon, et ne doit pas arriver jusqu'au liquide, tandis que l'autre plonge dans une solution de sous-carbonate de potasse, ordinairement contenue dans une dame-jeanne en verre noir. A l'extrémité de ce tube, qui termine l'appareil, on ajuste un long tube de petit diamètre, courbé en crochet, bouché à la lampe à ses extrémités. (*Voy*. fig. 6.) La petite branche, qui doit avoir environ $0^m,3$ de longueur, est introduite dans le gros tube, et la plus grande doit passer au travers du bouchon de la tourille, et y jouer facilement, mais cependant à frottement. Ce dernier tube est destiné à détacher les cristaux qui se forment à l'extrémité du tube de communication, et qui souvent l'obstruent. C'est là ce qui nécessite de le prendre d'un très gros diamètre.

La solution alcaline se fait ordinairement avec de la potasse d'Amérique qu'on sépare autant que possible des sels étrangers qu'elle contient, en laissant cette solution séjourner pendant quelque temps dans des terrines avant de l'employer; elle doit être concentrée de 30 à 35°, suivant la température de la saison dans laquelle on opère.

20..

Tout étant convenablement disposé, on couvre la ga⇒ lère avec des tuiles soutenues par des barres de fer, et l'on réunit le tout à l'aide d'un mortier. On verse ensuite alternativement dans chaque tourille une certaine quantité d'acide hydrochlorique , et l'on recommence lorsque le dégagement de chlore a cessé ; on continue ainsi successivement jusqu'à ce qu'on ait employé toute la quantité d'acide voulue. (*Voy.* l'article BLANCHÎMENT.) Lorsque tout l'acide est ajouté, et que le dégagement de gaz est presque nul, on commence à chauffer, mais très graduellement et sans interruption, jusqu'à ce qu'on s'aperçoive que ce n'est plus du chlore qui passe, mais bien de la vapeur d'eau ; ce qui se reconnaît facilement à la température très élevée que prennent les tubes de communication , à l'augmentation et à la décoloration du liquide dans le flacon de Woulf. On dose ordinairement la potasse et le mélange pour le chlore , de manière à ce que tout finisse en même temps, c'est-à-dire que le dégagement du chlore cesse alors que la potasse est saturée.

Pendant tout le cours de la saturation , l'opérateur doit être attentif à la hauteur du liquide dans les tubes de sûreté, et aller dégager, à l'aide du petit tube dont nous avons fait mention , les appareils où il y a obstruction ; il est d'autant plus intéressé à cette surveillance , que s'il la néglige , il court risque d'être fortement incommodé par le chlore, qui se répand dans le laboratoire.

En employant , comme nous l'avons indiqué , une solution de carbonate de potasse marquant de 3o à 55°, le chlorate de potasse, qui est fort peu soluble, se dépose en presque totalité à mesure qu'il se forme , tandis que le chlorure de potassium qui se produit en même temps reste au contraire pour la plus grande partie en dissolution. Si le carbonate de potasse employé était pur, il ne resterait donc qu'à jeter le chlorate sur un filtre et à le laver plusieurs fois avec de petites quantités d'eau froide ; mais ce sel contient toujours de la silice qui se précipite dès les premiers instans de la saturation et qu'il est nécessaire de séparer. On y parvient soit en filtrant les liqueurs un peu avant qu'il ne s'y manifeste une effervescence, soit en laissant marcher l'opération jusqu'à la fin, recueillant le mélange de chlorate et de silice, le laissant bien égoutter, et le traitant ensuite par l'eau bouillante, qui ne dissout que le sel. On laisse déposer quelques minutes; on décante dans une terrine et l'on filtre le résidu; le chlorate se cristallise, par le refroidissement, en larges paillettes d'un blanc mat. Quelques praticiens préfèrent pousser l'opération lorsqu'elle est sur sa fin et qu'il ne se dégage plus que de la vapeur d'eau, qui en passant dans la solution l'échauffe promptement au point de dissoudre tout le chlorate. Ils laissent déposer, et décantent comme dans le cas précédent.

M. Liebig a indiqué récemment un nouveau mode de préparation du chlorate de potasse, qui consiste à décomposer le chlorure de chaux par le chlorure de potassium; mais jusque ici ce procédé n'a pas fourni de résultats avantageux à ceux qui l'ont essayé assez en grand à Paris. Sa réussite eût été bien désirable, car lorsqu'on opère directement avec le chlore et le carbonate de potasse, les cinq sixièmes de ce sel passent à l'état de chlorure de potassium, dont la valeur est fort peu de chose.

R.

CHLORE. C'est un corps simple qui se présente sous la forme d'un gaz de couleur jaune verdâtre, d'une odeur vive et suffoquante, d'une densité égale à 1.47; il se dissout dans son volume d'eau à + 12° et la colore en jaune; au-dessous de ce degré il s'en dissout davantage, et une solution saturée à + 2° laisse déposer une masse considérable de cristaux lamelleux qui ne sont autre chose que de l'*hydrate de chlore*.

Le chlore n'est pas un gaz permanent. M. Faraday est parvenu à le liquéfier en le soumettant à l'action combinée du froid et d'une haute pression.

A l'article BLANCHÎMENT nous avons indiqué comment on prépare le chlore en grand. Dans les laboratoires de Chimie, où il est d'un usage très fréquent pour une foule de réactions diverses, on l'obtient en traitant un mélange de 2 parties de sel marin et de 1 partie de peroxide de maganèse, par 3 parties d'acide sulfurique étendu de 6 parties d'eau, ou bien en décomposant l'acide hydrochlorique par ce même oxide. L'opération se fait dans un matras de verre auquel on adapte un tube recourbé à angle droit, dont l'extrémité va plonger dans un premier flacon contenant de l'eau dans laquelle le chlore se lave avant de passer, au moyen d'un tube semblable, dans un second vase où on le recueille.

CHLOROMÉTRIE. La quantité de chlore en combinaison avec l'eau ou avec une base peut être évaluée par plusieurs procédés ; mais le procédé le plus généralement employé est fondé sur la propriété qu'il possède de détruire les couleurs ; et parmi les matières colorantes, c'est à celle de l'indigo qu'on a donné la préférence. Malheureusement, lorsque les circonstances dans lesquelles se font ces sortes d'essais ne sont pas absolument les mêmes, on arrive presque toujours à des résultats différens : c'est ainsi qu'en versant la solution chlorique dans la solution d'indigo, il y aurait beaucoup moins de matière colorante de détruite, que si l'on suivait la marche inverse. Il y a plus, c'est que la décoloration varie avec le temps employé à l'effectuer: plus on met de temps, par exemple, à verser l'indigo dans la dissolution de chlore ou de chlorure, et moins il y a de décoloration, et réciproquement. L'expérience a démontré que le meilleur moyen d'obtenir des résultats comparables est de verser subitement dans le chlorure toute la quantité de dissolution d'indigo qu'on présume pouvoir être décolorée ; mais on doit auparavant avoir cherché, par un essai approximatif, quelle est la quantité de dissolution d'indigo que le chlorure peut décolorer; et il faut que cet essai se fasse aussi rapidement que possible, sans outrepasser le point de saturation. Cette première donnée étant acquise, on verse brusquement l'une dans l'autre les mêmes proportions de dissolutions, et l'on ajoute goutte à goutte la quantité d'indigo nécessaire pour achever la saturation.

On conçoit que si l'indigo était constamment le même, la

quantité qu'on en emploierait dans chaque essai ferait toujours connaître le titre du chlorure ; mais comme sa pureté est très variable, il s'ensuit que les résultats ne seraient pas comparables. C'est pour obvier à cet inconvénient que M. Gay-Lussac a admis, avec M. Welter, de prendre pour unité de force du chlore un litre de ce gaz mesuré à la pression ordinaire de 76 centimètres de mercure, et à la température de la glace fondante. Ce volume de gaz étant ensuite dissous dans une quantité déterminée d'eau, on s'en sert pour titrer la dissolution d'indigo elle-même : ainsi l'on prend un indigo quelconque, et l'on étend sa dissolution de manière que 10 volumes soient détruits par 1 seul volume de solution de chlore. Chaque volume d'indigo détruit s'appelle *degré*; on le divise ensuite en 5 parties, de sorte que le titre réel du chlore est donné en cinquantièmes, ce qui est suffisant. On a pris pour base des essais un chlorure de chaux aussi saturé que possible et parfaitement pur, on l'a dissous dans une quantité d'eau telle, que la dissolution contienne son volume de chlore ; et le calcul démontre qu'on remplit exactement cette condition en dissolvant $4^g,938$ de chlorure dans un demi-litre d'eau. Cette dissolution, qui sert de type, donne 10° à l'essai ; c'est-à-dire que chaque volume en détruit 10 d'indigo. Il est clair, d'après cela, que plus un chlorure sera saturé, et plus il se rapprochera de ce maximum ; on aura donc le titre réel du chlorure, par le nombre de degrés trouvés à l'essai. On peut, pour plus de facilité dans les calculs, diviser chaque degré en 10 parties, et réduire les cinquièmes de degré en dixièmes ; on aura par ce moyen immédiatement le titre du chlorure en centièmes.

Il est à remarquer qu'en général on atteint une plus grande précision avec une dissolution faible de chlore ou de chlorure, marquant, par exemple, de 4 à 5°, qu'avec une dissolution très concentrée ; par conséquent, si, après un essai préliminaire, le titre dépassait beaucoup 10°, on ajouterait à la dissolution un volume connu d'eau, et l'on ferait ensuite l'essai tel qu'il a été indiqué. Si ce volume d'eau ajoutée était double, on triplerait ensuite le nombre de degrés trouvés, pour avoir le véritable titre du chlorure.

Lorsque le chlorure est titré, il est facile d'obtenir une dissolution d'une force déterminée; et pour en donner un exemple supposons que ce titre soit 6,7, et qu'on veuille une dissolution dans 95 litres d'eau, qui marque 2°,5. Puisque la dissolution titrée contient $4^{gr},930$ par demi-litre, on peut, sans commettre d'erreur sensible, admettre pour 100 litres 1 kilogramme. Ainsi pour connaître la quantité de chlorure à dissoudre on établira la proportion suivante :

$$100 \times 6°,7 : 95 \times 2°,5 :: 1000 : x = 0^k,354.$$

On devra donc prendre $354^{gr},92$ de chlore pour satisfaire à la question proposée.

Ces généralités étant établies, il nous reste à traiter de la partie purement pratique, et nous commencerons par la description des instrumens que M. Gay-Lussac emploie à ce genre d'essai.

Pl. 9, fig. A, cloche à pied contenant un demi-litre jusqu'au trait circulaire, terminé par deux flèches en regard. On doit prendre le bord inférieur, et non le supérieur qu'on a indiqué par une ligne ponctuée. Pour bien apprécier la position du bord inférieur, on place son œil dans le plan horizontal formé par la surface de l'eau; et pour avoir le demi-litre il faut qu'il coïncide avec l'extrémité des deux petites flèches. On doit avoir soin de placer la cloche sur une table bien horizontale.

B, petit agitateur terminé par un bouton, pour remuer la dissolution du chlorure et la rendre bien homogène. On prend l'agitateur par l'extrémité opposée au bouton, on l'élève, et on l'enfonce alternativement, toujours en tournant et sans le faire sortir du liquide.

C, petite mesure pour prendre la dissolution du chlorure : pour la remplir on l'enfonce dans la dissolution jusqu'au-dessus du trait circulaire; quand elle est remplie on pose l'index sur son extrémité supérieure, on la sort du liquide, et l'on appuie son extrémité inférieure sur le bord de la cloche, comme on le voit en D, ou contre le doigt. En ménageant convenablement la pression le liquide descend très lentement ; et quand le bas de la courbe concave qui le termine est dans le plan du petit trait circulaire, on arrête aussitôt l'écoulement en appuyant l'index, et l'on enlève la mesure pour la verser dans le vase où doit se faire l'essai. On imprime facilement un écoulement très lent au liquide entre les doigts, en donnant à la tige un léger mouvement circulaire.

E, burette contenant la dissolution d'indigo. Chaque grande division numérotée est égale à la capacité de la petite pipette avec laquelle on a mesuré le chlorure, et forme un degré ; le degré est divisé en 5 parties ; en sorte qu'on peut évaluer immédiatement le titre du chlorure en cinquantièmes, ou en centièmes en doublant les cinquièmes. On remplit la burette jusqu'au degré o ; et si l'on outre-passait, on ferait couler l'excédant par le bec, qui, pour plus de facilité, doit être enduit d'une légère couche de cire ou de suif.

F, tube gradué de la même manière que la burette, mais en sens inverse. Il est destiné à contenir la dissolution d'indigo, qu'on doit verser brusquement dans le chlorure. Pour obtenir le volume de dissolution d'indigo qu'on désire, on le complète au moyen du tube ou pipette effilé G, en l'enfonçant plus ou moins dans le liquide, et pressant avec l'index sur l'extrémité supérieure ; on ôte l'excédant de la dissolution, ou l'on y porte ce qui manque, en le prenant de la même manière dans le vase qui contient la dissolution d'indigo.

Ainsi, en résumé, pour faire l'essai d'un chlorure on en prend 4^{gr},938, quantité qui contient précisément un demilitre de chlore lorsque le chlorure est pur, puis on le broie dans un petit mortier de verre ou de porcelaine ; on y ajoute d'abord assez d'eau pour en faire une bouillie claire, et on le délaie ensuite avec une plus grande quantité. On décante avec précaution dans la cloche de demi-litre, et pour ne rien perdre on appuie le bord du mortier contre le pilon. (*Voy.* fig. A.) On broie de nouveau le résidu, et on le délaie avec une autre portion d'eau ; on ajoute cette deuxième dissolution à la première, et l'on réitère ainsi jusqu'à ce qu'il ne reste plus rien dans le mortier ; alors on complète avec de l'eau le volume de demi-litre que doit avoir la solution de chlorure, et l'on agite avec le tube B pour la rendre parfaitement homogène. On laisse déposer quelques instans, puis on en prend dans la partie supérieure une petite mesure avec la pipette C ; on verse cette mesure dans un verre ordinaire placé sur une feuille de papier, afin de pouvoir mieux apprécier les changemens de couleur. Pour bien égoutter la pipette on souffle légèrement dedans. La burette E étant remplie de dissolution d'indigo, on la tient d'une main et le verre de l'autre, puis on verse la dissolution dans le chlorure, et l'on a soin d'imprimer au verre un mouvement giratoire, pour opérer le mélange. On s'arrête aussitôt qu'on voit que la couleur bleue de l'indigo se change en une teinte fauve, et qu'elle commence à tourner légèrement au vert : alors on observe le volume de dissolution employé, on jette le liquide décoloré, on rince le verre, et l'on procède à un second essai, en prenant dans le tube F un volume de dissolution d'indigo plus grand d'un cinquième environ que celui qui a été détruit. D'autre part, on verse dans le verre une quantité de chlorure égale à la première, et l'on y ajoute brusquement tout l'indigo mesuré. Il est nécessaire d'agiter pour rendre le mélange plus exact ; et comme le chlorure peut encore détruire de l'indigo, on en verse goutte à goutte avec la burette, jusqu'à ce que la nuance paraisse tourner au vert : à ce point on additionne les deux quantités d'indigo qui ont été détruites. Enfin on fait un troisième essai, en ajoutant d'une seule fois un volume d'indigo égal à la totalité de dissolution qui a été détruite dans l'opération précédente ; et si la couleur du mélange était encore jaune, on verserait avec la burette, pour amener la nuance jusqu'au verdâtre, et l'essai sera terminé.

Quand on connaît à peu près d'avance le titre du chlorure, une opération ou deux au plus suffisent ; et s'il arrivait qu'on eût outre-passé la quantité d'indigo qui pourrait être détruite par le chlorure, on ferait seulement une nouvelle opération, en diminuant la quantité qui doit être versée d'une seule fois. On acquiert promptement l'habitude des opérations de ce genre, et l'on parvient à déterminer facilement le titre d'un chlorure, à un cinquantième près (1).

Il existe encore plusieurs autres moyens d'essayer les chlorures d'oxides ; mais comme on ne s'en sert pas dans les fabriques, nous les passerons sous silence.   R.

CHLORURES. Le chlore se combine avec tous les métaux et avec quelques oxides difficilement réductibles, pour constituer les composés désignés sous le nom de *chlorures métalliques* et de *chlorures d'oxides*. A l'article BLANCHIMENT nous avons indiqué la préparation du chlorure de chaux, qui est le plus important des chlorures d'oxides, et qui d'ailleurs peut servir de type pour tous les autres. Cette classe de composés est caractérisée principalement par la propriété de détruire un grand nombre de matières colorantes végétales, et de dégager du *chlore pur* sous l'influence des acides, ce que ne font pas les chlorures métalliques.

Parmi ces derniers il n'en est que deux qui soient insolubles. La plupart sont fusibles et volatils. Leur dissolution forme avec le nitrate d'argent un précipité blanc, caillebotté, insoluble dans l'eau et dans les acides, très soluble dans l'ammoniaque.

Les chlorures qui sont plus particulièrement connus dans le commerce sous les noms de *muriates* et d'*hydrochlorates*, seront traités à ces articles.

CHLORURE D'ANTIMOINE, aussi appelé *beurre d'antimoine*. Il est employé en Chirurgie comme caustique puissant, et particulièrement dans le cas des morsures par les animaux enragés

---

(1) Les fabricans trouveront à mon magasin, rue des Francs-Bourgeois-Saint-Michel, n° 8, tous les instrumens nécessaires pour faire ces essais.

ou venimeux. Dans les Arts on s'en sert pour bronzer les métaux, surtout le fer.

Il est blanc, cristallisable en tétraèdres, fusible et volatil. L'eau le décompose et en précipite un oxichlorure d'antimoine.

On le préparait anciennement en décomposant, à l'aide de la chaleur, 16 parties de sublimé corrosif par 6 parties d'antimoine. Aujourd'hui on a substitué à ce procédé long et dispendieux, le mode de fabrication suivant, que j'ai fait connaître il y a une vingtaine d'années.

On introduit dans une terrine de grès un mélange de 3 parties d'acide hydrochlorique et de 1 partie d'acide nitrique ; on place la terrine sous la hotte d'une cheminée, afin de ne pas être incommodé par les vapeurs.

On projette peu à peu l'antimoine, non pas réduit en poudre fine, mais seulement en grenailles, pour que l'action ne soit pas trop vive et que l'acide nitrique n'agisse pas sur l'antimoine ; car alors il serait suroxidé et deviendrait insoluble. Il est essentiel cependant de ne pas laisser l'action se trop ralentir ; autrement il arriverait un point où l'acide n'aurait plus assez d'énergie pour que la solution pût se continuer ; tandis que si on la soutient par des additions souvent réitérées de métal, alors la chaleur qui se manifeste accroît la force dissolvante, et l'acide se sature complètement, si l'on a le soin de maintenir un excès de métal et d'agiter souvent vers la fin de l'opération. Quand l'effervescence est terminée, on laisse déposer, pour séparer le métal non dissous, puis on décante dans une cornue tubulée placée dans un bain de sable et munie d'un matras également tubulé. On pousse ainsi la concentration en vaisseau clos, jusqu'à ce qu'il se produise des soubresauts ; alors on arrête, on laisse refroidir, et l'on met le liquide déposer dans un flacon. Beaucoup de petites paillettes se précipitent au fond du vase ; c'est du chlorure de plomb : on le sépare par simple décantation, et l'on achève la concentration dans de petites cornues. On obtient presque toujours un résidu grisâtre qui est du sous-chlorure d'antimoine mêlé d'un peu d'arsenic, quand l'antimoine en contient.

On obtient encore le beurre d'antimoine en décomposant le sulfure d'antimoine natif par l'acide hydrochlorique.   R.

Chlorures d'étain. Il y en a deux : le protochlorure, souvent appelé *sel d'étain*, et le perchlorure, qui porte, lorsqu'il est anhydre, le nom de *liqueur fumante de Libavius*.

Le protochlorure est blanc, d'une odeur qui ressemble à celle du poisson, susceptible de cristalliser en octaèdres, ayant la plus grande affinité pour l'oxigène, qu'il enlève à une foule de corps ; sa dissolution s'altère rapidement au contact de l'air : une portion de l'étain se précipite à l'état d'oxide, l'autre reste dissoute à l'état de bi-chlorure.

Pour obtenir le protochlorure d'étain, on dispose sur un grand bain de sable plusieurs terrines ou cucurbites en grès ; on place dans chacun de ces vases l'étain en grenailles destiné à l'opération, et l'on y verse un peu d'acide muriatique, dans lequel on brasse un peu la grenaille, afin qu'elle puisse avoir le contact simultané de l'air et de l'acide ; après plusieurs heures on ajoute l'acide nécessaire pour compléter 4 parties. Il se produit une vive effervescence d'hydrogène chargé d'un peu d'étain qui lui donne une odeur très désagréable. On agite de temps en temps avec une baguette de verre ; on continue ainsi tant que l'acide conserve beaucoup d'énergie ; mais on commence à chauffer le bain de sable aussitôt qu'on voit que l'effervescence ne se produit que faiblement, malgré l'excès de grenaille contenu dans la liqueur. On augmente progressivement la chaleur, et on la soutient jusqu'à ce que le liquide soit suffisamment saturé et évaporé (à 45° environ) ; on laisse reposer pendant quelques heures, puis on tire à clair dans des terrines propres, pour laisser cristalliser. 24 à 30 heures après, on décante les eaux-mères et on les fait évaporer pour obtenir une nouvelle cristallisation. Cette manipulation est réitérée tant qu'on obtient des cristaux ; mais souvent les eaux-mères prennent un tel degré de densité, que les cristaux ne peuvent plus se former. Il convient alors de les aérer ou d'y faire passer un courant de chlore ; on les étend ensuite d'un peu d'eau , et l'on obtient de nouvelles levées de cristaux. Les dernières eaux-mères peuvent servir à faire le deuto-chlorure.

On achève d'égoutter et de sécher le sel d'étain , en mettant les terrines pendant quelques heures dans une étuve modérément chauffée. Comme ce sel s'altère très promptement au contact de l'air, il est essentiel de le renfermer dans des cruches bien bouchées, aussitôt qu'il est suffisamment sec.

Le *bi-chlorure d'étain* s'obtient, pour le besoin des Arts, en faisant passer un courant de chlore dans une solution de *sel d'étain*. Quand cette solution est arrivée au point de colorer à peine le chlorure d'or , on la fait concentrer convenablement pour son emploi. On peut aussi l'obtenir en traitant directement l'étain par l'eau régale, d'une manière tout-à-fait analogue à celle indiquée ci-dessus pour le chlorure d'antimoine.

Le *sel d'étain* est un des principaux mordans employés en teinture ; on s'en sert surtout pour les couleurs rouges, dont il rehausse beaucoup l'éclat ; il entre aussi dans la préparation du pourpre de Cassius.   R.

Chlorure de mercure. On connaît aussi deux chlorures de mercure , le protochlorure qu'on a désigné autrefois sous les noms de *panacée mercurielle, aquila alba, mercure doux,* et le bi-chlorure ou *sublimé corrosif.* Ces deux substances sont employées fréquemment en médecine pour le traitement des maladies syphilitiques , etc.

Bi-chlorure. — Pour le préparer on prend une chaudière de fonte d'une capacité convenable, on y introduit 5 parties de sel marin , 1 partie de peroxide de manganèse, et le persulfate de mercure provenant de la réaction de 5 parties de mercure sur 6 parties d'acide sulfurique ; on mélange le tout avec une forte spatule de fer et on laisse en contact pendant 2 à 3 jours, afin de faciliter la réaction de tous ces corps et on dessèche ensuite la matière à l'aide d'une chaleur très douce. Cette manipulation terminée, on introduit le mélange, par parties égales, dans un matras de verre vert à fond plat ; on les dispose ensuite tous sur un bain de sable, de manière à ne laisser sortir du sable qu'une portion du col. Ces sortes de fourneaux forment ordinairement un carré long, ils contiennent jusqu'à 100 matras ; le bain de sable est chauffé par un grand nombre de foyers, disposés symétriquement sur un des grands côtés ; ils ont peu d'ouverture, et contiennent une grille dont les barres n'ont pas plus d'un pied de long ; on y brûle du bois de longueur fendu en petits éclats, en sorte qu'il ne porte que par son extrémité sur la grille. Cette disposition nécessite de ne jamais fermer l'ouverture des fourneaux, afin de laisser un libre accès à l'air nécessaire pour alimenter la combustion.

Si les localités ne permettent pas de construire ces fourneaux sous un hangar très aéré, on doit au moins les établir sous des hottes de cheminées d'un bon tirage, et recouvrir entièrement le bain de sable avec une petite charpente disposée en tabernacle. La partie supérieure, sous forme de toiture, doit être terminée par un tuyau qui va s'engager un peu avant dans la cheminée. Deux portes situées sur le devant de cette espèce de cabane permettent de visiter le bain de sable toutes les fois qu'on le veut. Avec ces précautions l'opérateur est beaucoup moins incommodé par les vapeurs, surtout si l'on a la possibilité d'avoir deux pièces contiguës et d'établir les foyers dans l'une et le reste de l'appareil dans l'autre.

Le point le plus difficile de cette opération est sans contredit la manière de régler le feu ; il faut une très grande habitude pour y bien réussir. Le plus essentiel est de le graduer très progressivement. Le temps peut guider l'opérateur : lorsque le feu a été bien conduit, on sait le nombre d'heures que doit durer la sublimation, et à quelle époque il convient de forcer la chaleur ; mais dans le cas contraire on n'a presque aucun moyen de se retrouver. Toutefois on chauffe d'abord doucement pour laisser dissiper un restant d'humidité, puis on renverse sur le goulot de chaque matras un petit pot de faïence

de forme conique ; cette espèce d'obturateur arrête une portion
des vapeurs qui tendent à se répandre au dehors. Lorsqu'on
s'aperçoit que les vapeurs, malgré cet obstacle, se dissipent,
c'est un signe certain que la chaleur est trop forte et qu'il
faut la ralentir ; on dégarnit en même temps le dessus des matras pour les refroidir. Lorsque tout le deutochlorure est sublimé, il faut un dernier coup de feu pour lui faire subir un
commencement de fusion, afin de donner plus de consistance
et de densité au pain ; autrement il resterait neigeux et ne
pourrait se détacher que par parcelles. C'est ce dernier degré
qu'il est très difficile de bien saisir ; car si on l'outre-passe on
perd une grande partie du produit, et il faut être très attentif
à dégarnir les matras si la chaleur devient trop forte. Quelque temps après que l'opération est terminée, on recouvre les
matras de sable et on laisse refroidir lentement, pour éviter
que les pains, trop promptement saisis par le froid, ne s'écla-
tent de toutes parts. Enfin, lorsque le tout est refroidi, on
brise le matras vers la partie moyenne et avec le moindre choc
possible, puis on détache peu à peu les morceaux de verre
jusqu'à ce qu'on en puisse dégager le pain entier. Tous les
menus sont mis à part pour rentrer dans une nouvelle opération.

Comme il y a quelquefois une portion de sulfate qui reste à
l'état de protosulfate, il s'ensuit qu'il se forme quelquefois
aussi un peu de protochlorure de mercure ; mais comme il est
moins volatil que l'autre, il ne se confond point avec lui ; il
vient se condenser à la partie inférieure du pain de sublimé,
et forme une zone distincte et facile à séparer. On sublime de
nouveau tous ces fragmens pour en faire des pains entiers.
Il est clair que moins on aura forcé l'action de l'acide sulfurique sur le sulfate de mercure, et plus on aura de protochlorure de mercure. On ajoute du manganèse, dans l'intention
d'obvier à cet inconvénient ; et en effet, quand on s'y est pris
convenablement, il ne s'en forme aucune portion.

Protochlorure de mercure. — On l'obtenait autrefois en distillant dans un matras un mélange de parties égales de mer-

cure et de sublimé corrosif, préalablement *éteint* par une longue trituration avec un peu d'eau. Maintenant on suit le procédé indiqué ci-dessus pour le bichlorure, avec cette seule différence qu'au lieu de persulfate on se sert de protosulfate de mercure, sans mélange d'oxide de manganèse, et qu'on chauffe un peu plus fort, parce que le protochlorure est un peu moins volatil que le sublimé corrosif.

Les Anglais préparaient depuis long-temps du mercure doux beaucoup plus blanc et beaucoup plus divisé que le nôtre. Leur procédé, que M. Henry fils a fait connaître, consiste à volatiliser le mercure doux, et à empêcher les molécules de vapeur de se réunir et de prendre de la cohésion, en les forçant de se condenser au milieu de la vapeur d'eau. Ainsi on met d'une part du protochlorure de mercure dans une cornue de verre, on adapte cette cornue à un ballon à trois tubulures, deux en regard, une inférieure. On fait communiquer la tubulure de face avec une petite chaudière à vapeur, puis on fait plonger la tubulure inférieure dans un vase contenant de l'eau froide. L'appareil étant disposé et les jointures lutées, on commence par chauffer l'eau ; et lorsque le ballon est entièrement rempli de vapeur, on fait volatiliser le mercure doux, en ayant soin qu'il ne puisse se condenser ni dans le col de la cornue, ni dans celui du matras ; ce qui exige que l'un et l'autre soient entourés de feu : par ce moyen, le mercure doux arrive sans cohésion jusqu'au milieu de la vapeur d'eau, et celle-ci s'interposant de toute part, les molécules de chlorure ne peuvent se réunir ; elles sont, pour ainsi dire, forcées de se condenser individuellement, et de là cette grande ténuité.

On prépare encore le protochlorure de mercure en versant une dissolution de sel marin dans le protonitrate de mercure très étendu d'eau, lavant le précipité jusqu'à ce que les eaux de lavage ne précipitent plus par le nitrate d'argent.   R.

Chlorure d'or. On l'emploie pour la préparation de l'or en poudre, celle du pourpre de Cassius, pour dorer les poteries, etc. On l'obtient en dissolvant de l'or dans 2 à 3 parties d'*eau régale*, évaporant jusqu'à siccité à une très douce chaleur et reprenant le résidu par l'eau, qui dissout le chlorure, ou bien, si l'on veut en faire l'application immédiate pour la poterie, délayant ce résidu par portions avec de l'essence de térébenthine. R.

CHOCOLAT. La préparation du chocolat n'offre aucune espèce de difficultés, et sa réussite repose principalement dans le choix des matières premières et leur mélange intime.

On prend soit du *cacao caraque* ou *terré*, soit du *cacao des îles*, soit enfin un mélange de ces deux principales espèces du commerce ; on le débarrasse bien des matières étrangères qui pourraient lui donner un mauvais goût, et l'on procède au *grillage*, opération qui s'exécute dans une *broche* ou cylindre semblable à celui dont on se sert pour griller le café, avec cette seule différence que les disques qui terminent la broche sont percés de quelques petits trous. On chauffe d'abord très doucement, on retire de temps en temps la broche du feu pour l'agiter, et l'on ne cesse d'augmenter la chaleur que lorsque la pellicule de l'amande est assez gonflée pour se détacher facilement, et que l'amande séparée de son enveloppe, et encore très chaude, peut se briser sous les doigts sans se laisser déprimer. Aussitôt qu'on est arrivé à ce point on vide la broche sur une table, et lorsque le cacao est à demi refroidi on le passe légèrement sous un rouleau de bois qui fait éclater l'enveloppe, ou bien on se sert d'un moulin également en bois, composé d'une trémie, au fond de laquelle sont placés deux cylindres armés de clous sans pointes ; l'un des deux est fixe, tandis que l'autre, par le mouvement de rotation qu'on lui imprime, force les amandes à s'engager entre les clous, qui se croisent de manière à briser l'enveloppe sans trop écraser l'amande. Ce moulin (*voy*. pl. 16, fig. 4) porte une vis de rappel, au moyen de laquelle on peut rapprocher plus ou moins les deux cylindres, suivant le volume des grains.

Cette opération étant achevée, on vanne le tout pour séparer la majeure partie des pellicules ; et l'on trie à la main afin d'extraire les germes, ainsi que les portions de pellicules qui auraient pu échapper au van. Ceux qui préparent plusieurs sortes de chocolat se contentent ordinairement de cribler le cacao après l'avoir vanné, et ils font entrer tous les menus dans les qualités inférieures.

Lorsque le cacao est torréfié et mondé on le fait sécher de nouveau en l'exposant dans une bassine ordinaire à un feu très doux, afin de lui faire perdre l'humidité qu'il a pu absorber pendant le triage. Sans cette précaution on prolongerait inutilement l'opération subséquente, qui consiste à le pister fortement dans un mortier chaud. Il y a encore ici, par rapport à la température, un point à saisir, et qui ne peut être donné que par l'habitude. Le plus ordinairement on chauffe le mortier de fonte et son pilon, en plaçant dans son intérieur même des charbons disposés sous forme conique, et espacés convenablement pour que l'air puisse circuler et maintenir la combustion. On pousse la chaleur jusqu'à ce qu'on ait de la peine à tenir la main sur le mortier ; alors on enlève le feu, on essuie parfaitement le mortier, et on l'entoure avec une grosse toile d'emballage, pour qu'il ne se refroidisse pas trop promptement ; on verse le cacao dans le mortier ; on pile vivement et jusqu'à ce qu'il en résulte une pâte assez liquide ; alors on ajoute par portions un premier tiers du sucre destiné à la quantité de chocolat qu'on veut fabriquer : on met habituellement parties égales de sucre et de cacao. Après cette addition de sucre on continue de piler jusqu'à parfait ramollissement, on ajoute encore un autre tiers du sucre, et l'on recommence à piler. Lorsque la pâte est redevenue molle et bien homogène, il ne s'agit plus que de la broyer par petites portions sur la pierre à l'aide d'un rouleau de fer.

La pierre à broyer est ordinairement montée sur un châssis en bois qui forme armoire ; l'intérieur est garni avec des plaques de tôle, et les côtés sont percés çà et là pour que l'air ait un libre accès. Le feu qu'on a enlevé du mortier lorsqu'il a été assez échauffé sert ordinairement à chauffer ensuite la pierre.

Pour cela on le dispose convenablement avec des cendres, dans une poêle en fer, qu'on place sous la pierre dans l'intérieur de l'armoire; et lorsque la pâte est suffisamment pilée, on la met dans une bassine étamée, à quelque distance de la poêle, afin qu'elle se maintienne un peu chaude. Pour que la pierre s'échauffe plus facilement, on la revêt, pendant le temps du pilage, avec une double couverture de laine, sous laquelle on place le rouleau et le couteau qui doivent servir dans l'opération. La température de la pierre ne doit pas être assez élevée pour qu'on éprouve de la douleur en y appliquant la main.

L'ouvrier prend ensuite, à l'aide du couteau, une petite quantité de cette pâte, qu'il place sur la pierre, puis il la broie en imprimant au rouleau un mouvement de va-et-vient, et de plus un léger mouvement de rotation au commencement et à la fin de chaque trajet, afin de faire passer alternativement et à plusieurs reprises toutes les parties de la pâte sous le rouleau. Il continue de la même manière tant que la pâte conserve quelques rugosités; et quand elle est bien lisse, très homogène, et qu'elle se fond très facilement dans la bouche sans laisser de grumeaux, alors il passe le couteau sur la pierre, enlève la pâte et la remplace par une nouvelle quantité. Lorsque toute la pâte a été ainsi broyée, on la remet sur la pierre, et l'on y incorpore le dernier tiers de sucre, mélangé des aromates qu'on veut ajouter au chocolat.

La vanille, qui ne peut être pulvérisée par le moyen ordinaire, exige une préparation particulière; on l'incise d'abord à l'aide d'un canif, et puis on la broie à froid sur la pierre, en y ajoutant un peu de sucre entier, qui aide à la déchirer et à la réduire en molécules très ténues. Quand elle est parfaitement divisée, on ajoute peu à peu toute la masse de sucre; et lorsque le mélange est bien intime, on incorpore successivement dans la pâte.

Les aromates étant ajoutés, on reprend une dernière fois la masse par petites portions, on lui donne un tour de rouleau pour que le tout devienne bien homogène, et on la pèse par

portions de 2, 4 ou 8 onces pour la couler dans des moules
de fer-blanc très propres, et qui sont tantôt d'une forme, tantôt d'une autre, suivant le caprice; on les réunit sur une ta-
blette mobile, et on les secoue pendant quelques instans assez
vivement pour que la pâte puisse se tasser et s'appliquer
exactement sur toutes les parties du moule. A mesure que le
chocolat se refroidit il se contracte, et se détache facilement
du moule.

Cette dernière opération nécessite aussi quelque attention,
et c'est encore du degré de température que dépend en grande
partie le succès. Si la pâte est trop chaude au moment où on
la met dans le moule il s'en exhale des vapeurs qui se condensent et empêchent le chocolat d'adhérer sur cette portion de
la surface du moule et d'en prendre le poli ; le chocolat alors
reste taché. Si la pâte est trop froide la surface du chocolat,
au lieu d'être bien glacée, devient galeuse. Une autre difficulté
du moulage est celle qui résulte de la portion d'air incorporée
par le broiement, et qui cherche à s'échapper sous forme de
bulles au moment où la pâte, mise en moule, commence à se
contracter. On facilite la sortie de l'air en crevant chaque bulle
avec une épingle, et l'on prévient même en grande partie cet
inconvénient en malaxant et serrant fortement à la main
chaque portion de pâte avant de la mettre dans le moule.

R.

CHOU-CROUTE. On prépare la chou-croûte, le *chou-cabu*
blanc, de la manière suivante : après avoir enlevé les grandes
feuilles pendantes et la tige, on coupe le houppe-pomme,
en le rabotant sur une *colombe* de TONNELIER, en tranches
minces qui se divisent d'elles-mêmes en rubans sinueux.
On étend au fond d'un tonneau propre, qui a contenu du
vin, du vinaigre ou de l'eau-de-vie, un lit de sel marin
gris, dit *sel de cuisine;* on met par-dessus une couche de choux
divisée, de 3 à 4 pouces d'épaisseur, qu'on saupoudre
d'une poignée de graine de GENIÈVRE (*juniperus communis*)
ou de CARVI (*carum carvi*), pour les aromatiser. On ajoute un
second lit de sel, puis une couche de choux de même épais-

seur, que l'on aromatise de même, et ainsi de suite, jusqu'à ce que le tonneau soit plein. Dès la troisième couche il est nécessaire de bien fouler les choux le plus possible, soit avec une bûche arrondie, soit, comme le pratiquent les Allemands, en y faisant descendre un homme qui piétine avec ses bottes : on répète ensuite la même opération à chaque couche que l'on ajoute, et l'on termine par une couche de sel. La proportion qu'il en faut est d'une livre pour 5o de choux environ.

On couvre le dernier lit de sel avec de grandes feuilles vertes, sur lesquelles on étend une toile humide, et l'on recouvre le tout avec le fond du tonneau, que l'on charge d'un poids de 100 à 15o livres, pour empêcher que la masse ne soit sou-levée pendant la fermentation.

Les choux ainsi comprimés, et environnés d'un sel déliques-cent, laissent écouler l'eau de végétation que dissout le sel marin, et qui devient acide, fétide et boueuse ; on la tire à l'aide d'un robinet, puis on la remplace par une saumure nou-velle, que l'on change encore au bout de quelques jours. On continue à prendre ces soins jusqu'à ce que la saumure ne con-tracte plus de mauvaise odeur ; ce qui arrive dans l'espace de 12 à 18 jours, suivant la température du lieu ; il est néces-saire qu'elle ne soit pas trop élevée.

La chou-croûte préparée de cette manière et tenue dans un lieu frais, s'y conserve pendant toute l'année ; elle a un goût acide très prononcé et une saveur particulière assez forte, qui ne paraissent agréables qu'après avoir mangé plusieurs fois de cet aliment. On peut diminuer le goût de cette prépa-ration en la lavant à l'eau tiède avant de la faire cuire.

Pour conserver la chou-croûte dans les transports et les ap-provisionnemens de mer, il faut la changer de tonneau, la bien fouler, y mettre une saumure nouvelle, et fermer avec soin le baril qui la contient. Les fûts qui ont servi à l'eau-de-vie sont très propres à conserver la chou-croûte ; lorsqu'on craint qu'elle ne s'échauffe et fermente de nouveau, on doit renouveler la saumure, ou, si l'on ne pouvait se procurer de la saumure fraîche, on soutirerait celle qui se gâte, on la ferait bouillir, et on la remettrait dans le baril, après l'avoir laissée refroidir : lorsqu'on peut y ajouter un ou 2 millièmes d'Acide sulfureux, ou mieux encore de *sulfite de soude*, on est bien plus assuré d'une plus longue conservation.   P.

CHROMATES. Combinaisons de l'acide chromique avec les oxides. Les plus employés sont d'abord le *chromate de fer natif*, qui sert à obtenir tous les autres. Le *chromate de mercure* qui fournit, lorsqu'on le calcine, de l'oxide de chrome vert avec lequel on colore les émaux et le stras ; enfin les chromates de potasse et de plomb, dont la teinture en jaune consomme de grandes quantités.

Le *chromate de fer*, ou plutôt le composé d'oxide de chrome et d'oxide de fer, ne se prépare jamais dans les laboratoires ; on le trouve en assez grande abondance en Sibérie, en Styrie, à Baltimore et en France, près de Gascin et de Nantes.

Chromate de mercure. — Pour le préparer, on dissout du protonitrate de mercure dans de l'eau légèrement acidulée avec de l'acide nitrique, et l'on y verse peu à peu, et en agitant continuellement, une solution de chromate de potasse marquant de 6 à 8° à l'aréomètre. On a soin de laisser dans les liqueurs un petit excès de nitrate de mercure; on laisse déposer le précipité, on le lave par décantation et on le porte ensuite à l'étuve pour le sécher.

Chromate de plomb. — Ce sel existe à l'état natif. C'est le *plomb rouge de Sibérie*. On le prépare artificiellement par la double décomposition d'un sel de plomb et du chromate de potasse. C'est ordinairement l'acétate ou le nitrate dont on se sert à cet effet : on étend beaucoup les dissolutions avant de les mélanger, afin que le précipité, plus divisé, soit plus facile à laver et n'entraîne pas une portion des sels qui concourent à sa formation. On peut faire varier à l'infini les nuances du jaune de plomb, depuis l'aurore foncé jusqu'au jonquille. Il suffit pour cela de faire varier les circonstances de la précipitation et de mettre, ou un excès d'alcali, ou un excès d'acide, de mélanger les dissolutions à froid ou à chaud. Dans tous les cas il faut laver avec soin le chromate obtenu.

Chromate de potasse. — Il en existe deux, le *chromate neutre*, qui est jaune, très soluble, cristallisant en petits prismes hexaèdres comprimés; le *bichromate*, qui est d'un rouge orangé, beaucoup moins soluble, cristallise en prismes plus prononcés. On l'obtient en enlevant au moyen d'un acide la moitié de la base du chromate neutre.

Le *chromate de potasse* s'obtient en traitant le chromate de fer par le nitre; et à cet effet, on commence par le débarrasser de sa gangue autant que possible; ce qui n'est pas toujours aisé à cause de la similitude de nuance et de la manière dont ils sont enchâssés l'un dans l'autre : cependant on reconnaît la serpentine à son tissu feuilleté et à cette espèce d'onctuosité qu'elle présente au toucher. On réduit ensuite le chromate en poudre fine, et on le mélange avec demi-partie de nitrate de potasse; on peut aller jusqu'aux deux tiers si le chromate est bien choisi; mais il y a un inconvénient à forcer la proportion si la gangue est abondante, parce que les élémens sont attaqués par l'alcali, et, une fois mélangé au chromate alcalin, il devient assez difficile et dispendieux de les séparer. Toutefois, le mélange étant fait, on l'introduit dans un creuset de terre, qu'on garnit ensuite de son couvercle ; avec la quantité de nitre que nous indiquons, on peut remplir entièrement le creuset, parce que le mélange ne se liquéfie pas; souvent même on en fixe deux l'un sur l'autre au moyen de fils de fer; on les place orifice contre orifice, et l'on perce le fond du creuset supérieur pour pouvoir introduire le mélange. On soumet ensuite ce mélange à une chaleur rouge pendant un temps plus ou moins long, suivant la quantité sur laquelle on opère. La calcination étant achevée, on retire les creusets du feu et on les brise pour enlever la matière qu'ils contiennent, et la jeter encore chaude dans de l'eau qu'on a disposée d'avance dans une bassine de fonte. Cette matière est d'un jaune verdâtre très poreux; elle s'imbibe facilement, et l'on obtient une première lessive excessivement chargée. On fait bouillir, on passe cette première dissolution, et on lui substitue une nouvelle quantité d'eau pour laver le résidu. On réitère ainsi les lavages jusqu'à épuisement; mais les derniers sont mis de côté pour lessiver de nouveau le chromate. Si l'opération a été bien conduite et les matériaux bien choisis, l'alcali se trouve complètement saturé par l'acide chromique, et l'on s'en aperçoit facilement à la saveur. Si la chaleur n'a pas été suffisante, il reste encore beaucoup de nitre qui cristallise après le chromate neutre. Lorsque la proportion de nitre a été trop considérable, alors la lessive contient beaucoup d'alumine et de silice, surtout si le chromate employé n'est pas pur; on est obligé, dans ce cas, de saturer l'excès d'alcali avec la moindre quantité possible d'acide nitrique. On voit se former un magma jaune assez considérable, qu'on sépare de la liqueur en la filtrant. Cette lessive ainsi disposée est propre à obtenir, par double décomposition, tous les chromates insolubles ; tels sont ceux de mercure, de plomb, d'argent, etc. Si l'on destine cette lessive à faire du chromate de potasse cristallisé, il suffit de l'évaporer. R.

CHRONOMÈTRE. (*Arts mécaniques.*) Pièce d'horlogerie d'une exécution parfaite, qui est portative, et marque avec exactitude les heures, minutes et secondes. Elle est pourvue d'un balancier compensateur et de l'échappement le plus régulier ; on lui donne aussi le nom de *montre marine* parce qu'en mer les *pendules* ne pouvant être en usage, les observations ne peuvent être faites qu'à l'aide d'une montre portative. Fr.

CHUTE. (*Arts mécaniques.*) Lorsqu'on abandonne un corps à la gravité, il tombe, et sa chute suit des lois constantes qu'il importe de connaître, et dont les effets sont d'une grande importance dans les Arts.

La chute d'un corps s'accélère de plus en plus, et s'il a décrit, par exemple, un mètre dans le premier instant (presque en une demi-seconde), il parcourra 3 mètres dans un temps égal compté à l'expiration du précédent; 5 mètres, 7 mètres...., dans les instans suivans. Comptons les espaces et les temps depuis l'origine de la chute, et nous verrons que dans les durées représentées par 1 , 2 , 3 , 4...., les hauteurs descendues sont 1 , 4 , 9 , 16...., qui sont les carrés des premiers nombres. Ainsi, *les hauteurs des chutes croissent comme les carrés des temps*, en comptant les unes et les autres depuis l'origine du mouvement.

Prenons la seconde pour unité de temps , et comme dans la première seconde de sa chute l'espace décrit par un corps est de $4^m,904$ ou $15^p,1$, on a :

$$\text{Hauteur de chute} = 4^m,904 \times (\text{temps})^2 \ldots \text{en mètres.}$$
$$= 15^p,1 \times (\text{temps})^2 \ldots \text{en pieds.}$$

$$\text{Temps} = \sqrt{(0'',2039 \times \text{hauteur en mètres})}$$
$$= \sqrt{(0'',0662 \times \text{hauteur en pieds})}.$$

Donc, pour assigner l'espace parcouru par un corps qui tombe depuis un temps donné , *il faut multiplier le nombre de secondes de la chute* par $4^m,904$, ou $15^p,1$.

Quant à la *vitesse* que le corps se trouve avoir acquise par sa chute, *elle croît proportionnellement au temps :* après la première seconde elle est deux fois $4^m,904 = 9^m,81$, ou deux fois $15^p,1 = 30^p,2$; au bout de 2 secondes elle est double de la précédente, triple après 3 secondes, etc. : donc :

$$\text{Vitesse acquise} = 9^m,81 \times \text{temps} \ldots \text{en mètres.}$$
$$= 30^p,2 \times \text{temps} \ldots \text{en pieds.}$$

On en tire les relations

$$\text{Vitesse acquise} = 4^m,429 \sqrt{\text{hauteur}} \ldots \text{en mètres.}$$
$$= 7^p,71 \sqrt{\text{hauteur}} \ldots \text{en pieds.}$$

$$\text{Hauteur} = 0^m,051 \ (\text{vitesse})^2 \ldots \text{en mètres.}$$
$$= 0^p,0166 \ (\text{vitesse})^2 \ldots \text{en pieds.}$$

Ces équations servent à faire connaître deux des quantités, hauteur de chute, vitesse et temps, lorsque la troisième est donnée. Le fréquent usage qu'on fait de cette théorie rend utile la table suivante, d'où l'on peut tirer les résultats tout calculés.

Table de la chute des corps dans le vide.

Temps en secondes.	Chute en mètres.	Vitesse acquise.
	Mètres.	Mètres.
½	1,226	4,904
1	4,904	9,809
1 ½	11,035	14,713
2	19,618	19,618
2 ½	30,662	24,522
3	44,140	29,426
3 ½	60,079	34,331
4	78,470	39,235
4 ½	99,314	44,140
5	122,610	49,044
5 ½	148,358	53,948
6	176,558	58,855
6 ½	207,211	63,757
7	240,316	68,662
7 ½	275,873	73,566
8	313,882	78,470

Vitesse.	Hauteur en décimèt.	Vitesse.	Hauteur en décimèt.	Vitesse.	Hauteur en décimèt.
Déc.	Décimèt.	Déc.	Décimèt.	Déc.	Décimèt.
1	0,005	35	6,244	69	24,269
2	0,020	36	6,606	70	24,978
3	0,046	37	6,978	71	25,696
4	0,082	38	7,361	72	26,425
5	0,127	39	7,753	73	27,164
6	0,184	40	8,156	74	27,914
7	0,250	41	8,569	75	28,673
8	0,326	42	8,992	76	29,443
9	0,413	43	9,425	77	30,223
10	0,510	44	9,869	78	31,013
11	0,617	45	10,322	79	31,813
12	0,734	46	10,786	80	32,624
13	0,861	47	11,260	81	33,445
14	0,999	48	11,744	82	34,275
15	1,147	49	12,239	83	35,116
16	1,305	50	12,744	84	35,968
17	1,473	51	13,258	85	36,829
18	1,651	52	13,784	86	37,701
19	1,840	53	14,319	87	38,583
20	2,039	54	14,864	88	39,475
21	2,248	55	15,420	89	40,377
22	2,467	56	15,986	90	41,290
23	2,696	57	16,562	91	42,212
24	2,936	58	17,148	92	43,145
25	3,186	59	17,744	93	44,088
26	3,446	60	18,351	94	45,041
27	3,716	61	18,968	95	46,005
28	3,996	62	19,595	96	46,978
29	4,287	63	20,232	97	47,962
30	4,588	64	20,879	98	48,956
31	4,899	65	21,537	99	49,960
32	5,220	66	22,205	100	50,975
33	5,551	67	22,883		
34	5,893	68	23,571		

On voit par cette table que lorsqu'un corps pesant est tombé dans le vide, pendant 5 secondes il a parcouru 122^{m}610, et qu'il a acquis la vitesse de 49^m,044 : que s'il fût tombé pendant le temps nécessaire pour avoir 60 décimètres ou 6 mètres de vitesse, il aurait dû tomber de 18,351 décimètres ou 1,835 mètres.

L'interpolation qu'on fait à la manière de celle des tables de logarithmes donnera les nombres qui répondent à des valeurs intermédiaires à celles de la table.

Il faut observer que toute cette théorie subsiste, quels que soient les poids des corps, leur substance, le temps de l'expérience, etc., parce que la gravité est indifférente à toutes ces circonstances, et que son action en est absolument indépendante. Mais ces propositions supposent que la chute a lieu dans le vide; le mouvement dans l'air est soumis à d'autres principes. La résistance du fluide, nulle dans les premiers instans de la chute, devient bientôt très grande, parce qu'elle croît comme le carré de la vitesse, laquelle devient fort considérable; et puisque la gravité est une force constante qui imprime à chaque instant au corps des degrés égaux de vitesse, pour les ajouter aux vitesses antérieurement acquises, tandis qu'au contraire la résistance de l'air s'accroît de plus en plus et dans un grand rapport, on voit que cette résistance ne tarde pas à se trouver égale à la gravité. Alors la vitesse n'augmente plus; elle reste constante, *et le mouvement devient uniforme.* F_R.

CIDRE. On nomme ainsi la boisson qu'on prépare avec les pommes; on appelle *poiré* et *cormé* les cidres qu'on fait avec les poires et les cormes.

Préparation du cidre. — Après avoir abattu les pommes par un temps sec, dans les mois de septembre et d'octobre, on les porte sous des abris où on les divise en tas de 40 à 50 hectolitres, afin d'éviter qu'il ne s'établisse une fermentation au milieu d'elles; on les abandonne à elles-mêmes pendant 15 jours au plus pour les pommes tendres, et 6 semaines au moins pour les dures, suivant le temps, la qualité et l'état du fruit. On les *pile* ensuite dans un *moulin* en pierre, à *meules verticales* qui sont mues par 1 cheval ou 2 chevaux, et tournent dans une auge circulaire également en pierre : lorsque le fruit est à demi écrasé, on y ajoute environ un cinquième de son poids d'eau de rivière ou de mares; ces dernières, par une longue pratique, ont été reconnues préférables aux eaux de puits, et même de rivière : elles contiennent moins de sels calcaires, et sont plus propres à la macération des marcs et à la fermentation du jus.

Le *lemna* croît ordinairement dans les eaux des bonnes mares ; elles ne doivent pas être chargées de feuilles tombées ni salies par la fange ou la fiente des animaux. Lorsque les mares sont ainsi en mauvais état, et qu'elles ont acquis vers la fin de l'été un goût putride, les paysans s'imaginent qu'elles sont encore préférables aux autres pour la préparation du cidre, et qu'il en faut moins pour *faire sortir le jus*. La vérité est qu'employant moins d'eau, le cidre est plus fort, et que le goût de ces eaux est quelquefois dissipé par la fermentation ; mais il arrive le plus ordinairement que le cidre est moins agréable ; et si les habitans du pays ne reconnaissent pas ce mauvais goût, il faut l'attribuer à l'habitude qu'ils en ont.

Dans quelques endroits on se sert, pour piler les fruits, d'un moulin composé de deux cylindres cannelés en fonte, placés parallèlement entre eux au fond d'une trémie, et dont l'un reçoit d'une manivelle un mouvement de rotation qu'il communique en sens inverse à l'autre, au moyen de leurs cannelures, dont les unes entrent dans les autres.

Il faut faire passer trois fois de suite les mêmes fruits dans ces moulins grossiers pour qu'ils soient *broyés* suffisamment : on y ajoute la même quantité d'eau que dans les moulins à meules.

Lorsque les pommes sont écrasées on les met ordinairement dans un cuve, où elles restent pendant 12, 18 ou 24 heures. Ce *cuvage* facilite le dégagement du jus, parce que le mouvement de fermentation qui a lieu dans la masse fait déchirer quelques-unes des cellules qui retiennent le jus ; mais il en résulte toujours une perte d'alcool, que l'acide carbonique enlève en dégageant, et les pelures et les pépins développent un goût désagréable dans le liquide. Le cuvage devrait donc être supprimé si les pommes étaient divisées au point de rendre leur jus directement. Après le cuvage on porte le marc au PRESSOIR, on en met sur une claie d'osier ou sur une sorte de paillasson carré une couche de 4 à 5 pouces (11 à 13,5 centimètres environ) ; on étend dessus un lit très mince de brins de paille ; on ajoute une seconde couche de fruits écrasés, puis des brins de paille ; on continue de cette manière jusqu'à ce qu'on ait élevé une motte cubique d'environ 1,5 mètre de hauteur. En Angleterre et en Amérique on se sert de tissus de crin pour séparer les couches de fruits ; ce qui est bien préférable, car la paille communique souvent un léger goût désagréable au jus. Lorsque le marc s'est suffisamment égoutté sous son propre poids on recouvre la motte avec le plateau supérieur de la presse, et l'on commence à exercer une très légère pression.

Tout le jus écoulé jusque là est mis dans des tonneaux séparés ; il produit le meilleur cidre. L'action de la presse augmente graduellement, et fait sortir une nouvelle quantité de jus qui participe davantage du goût des pépins, des pelures et de la paille.

Le moût est mis dans des tonneaux à larges bondes ; une fermentation tumultueuse ne tarde pas à s'y développer ; on remplit complètement, afin que tous les corps légers en suspension dans le liquide, soient entraînés par le gaz acide carbonique, et expulsés en écume : c'est un moyen d'éclaircir le cidre, qu'il est nécessaire d'employer, pour les cidres faibles particulièrement, parce qu'on ne peut guère attendre que, le mouvement ayant cessé, les matières en suspension puissent se déposer au fond des tonneaux. Dans presque toutes les circonstances, d'ailleurs, lorsqu'on n'a pas ajouté de matière sucrée dans le moût, cette espèce de levûre qui monte à sa surface doit être séparée, de peur qu'elle ne détermine, en se précipitant dans le cidre, une fermentation acide.

On élève les tonneaux sur des chantiers afin de pouvoir placer dessous des baquets plats, qui reçoivent le liquide expulsé avec les écumes. Au bout de 2 ou 3 jours pour les cidres faibles qu'on veut boire sucrés, et de 6, 10 jours ou davantage pour les cidres plus forts, et, au reste, suivant la température plus ou moins élevée de l'atmosphère, la fermentation est assez avancée ; on soutire le cidre dans d'autres fûts. Les pièces à eau-de-vie conservent mieux le cidre que toutes les autres ; mais on n'en a pas le plus souvent à sa disposition, et l'on se sert de pièces à cidre. Il faut avoir la précaution de bien rincer ces dernières, et de s'assurer qu'elles n'ont pas de mauvais goût ; car, pour peu qu'elles en aient contracté, elles gâteraient tout le cidre qu'on y entonnerait. Les propriétaires de *pommeraies* veillent avec soin à la conservation de leurs fûts à cidre ; ils évitent de les mettre à l'humidité et d'y laisser séjourner la plus petite quantité de liquide lorsqu'ils cessent de servir, en attendant la récolte. Les fûts neufs en chêne modifient un peu le goût du cidre ; aussi préfère-t-on les fûts *qui sont faits*, c'est-à-dire qui ont déjà servi. On fait brûler quelquefois une *mèche soufrée* dans les pièces avant d'y mettre le cidre : c'est une pratique assez généralement utile à suivre, pour suspendre l'activité de la fermentation et empêcher qu'elle ne passe à l'aigre.

Le cidre obtenu de la première expression est réputé *cidre sans eau*. On enlève le marc resté sous la presse, on divise en morceaux les plaques dures qui se sont formées, on les pile de nouveau, en y ajoutant environ moitié de leur poids d'eau ; on reporte le tout à la presse, et l'on traite le liquide qui s'en écoule comme nous l'avons dit précédemment. Le cidre qu'on en obtient est moins fort et se garderait moins long-temps que l'autre : on le destine à être vendu le premier.

On reprend le marc, on le pile encore, en y ajoutant moitié de son poids d'eau ou davantage ; le liquide léger qu'on obtient en l'exprimant, n'est plus propre qu'à *mouiller* les fruits une première fois en place d'eau pure : les gens des campagnes s'en servent aussi pour faire de la boisson avec divers fruits *concassés*, qu'ils laissent macérer dans ce liquide.   P.

CIMENT. *Voy*. CHAUX et MORTIER.

CINABRE. C'est un deutosulfure de mercure formé de 13,7 parties de soufre et de 86,3 parties de mercure. Lorsqu'il est en masse il présente une couleur d'un violet foncé qui devient d'un rouge très vif par la pulvérisation. Il porte dans cet état de ténuité le nom de *vermillon*.

Le cinabre est insoluble dans l'eau, infusible et volatil, sans décomposition à une température voisine du rouge, pourvu toutefois qu'on le distille à l'abri du contact de l'air ; car dans le cas contraire il se décomposerait et fournirait de l'acide sulfureux et du mercure. Les vapeurs de cinabre forment en se condensant une masse cristalline dans laquelle on distingue de belles aiguilles hexaèdres.

M. Tuckert a publié de très bons renseignemens sur la fabrication du cinabre hollandais, lequel est considéré dans le commerce comme le plus beau. M. Payssé, qui a eu occasion de visiter plusieurs de ces fabriques, s'est assuré de l'exactitude de ces renseignemens ; voici textuellement ce qu'en dit M. Tuckert :

« La fabrique dans laquelle j'ai assisté plusieurs fois à la fabrication du sulfure de mercure sublimé, est celle de M. Brand, située à Amsterdam, hors de la porte d'Utrecht ; elle est une des plus considérables de la Hollande ; on y fabrique annuellement, dans trois fourneaux et par le moyen de 4 ouvriers, 48,000 livres de cinabre, outre les autres préparations mercurielles. On y suit le procédé que je vais décrire.

» On prépare d'abord l'éthiops, en mêlant ensemble 150 livres de soufre et 1080 livres de mercure pur, et exposant ensuite ce mélange à un feu modéré dans une chaudière de fer plate et polie, de 1 pied de profondeur sur 2 pieds et demi de diamètre. Jamais ce mélange ne s'enflamme, à moins que l'ouvrier n'ait point encore acquis l'habitude nécessaire.

» On broie ce sulfure noir, ainsi préparé, afin d'en remplir facilement des petits flacons de terre, de la contenance de 24 onces d'eau ou environ, et l'on remplit d'avance 30 ou 40 de ces flacons, pour s'en servir au besoin.

» Après cette préparation, on a trois grands pots ou vaisseaux sublimatoires faits d'argile et de sable très pur ; ces vases sont enduits d'avance d'une couche de lut, afin qu'elle ait acquis la plus grande sécheresse lorsqu'on veut les employer. On pose ces pots sur trois fourneaux garnis de cercles de fer et adossés contre une voûte élevée et capable de résister au feu. Les vaisseaux sublimatoires peuvent être de diverses grandeurs (1); les fourneaux sont construits de manière que la flamme circule librement autour, et qu'elle environne les vaisseaux aux deux tiers de leur hauteur.

» Lorsque les vaisseaux sublimatoires sont posés sur leurs fourneaux, on y allume le soir un feu modéré, que l'on augmente jusqu'à faire rougir les vaisseaux. On se sert, à Amsterdam, de tourbe pour ce travail. Lorsque les vaisseaux sont rouges, on verse dans le premier un flacon de sulfure noir de mercure, ensuite dans le second, puis dans le troisième : on peut dans la suite en verser deux, trois, et peut-être davantage à la fois ; cela dépend de la plus ou moins forte inflammation du sulfure de mercure. Après son introduction dans les pots, la flamme s'en élève quelquefois à 4 et même 6 pieds de hauteur ; lorsqu'elle est un peu diminuée, on recouvre les vaisseaux avec une plaque de fer de 1 pied carré et de 1 pouce et demi d'épaisseur, qui s'y applique parfaitement. On introduit ainsi, en 34 heures, dans les trois pots, toute la matière préparée ; ce qui fait pour chaque pot 360 livres de mercure et 50 de soufre, en tout 410 livres. Toute la matière une fois introduite, on continue le feu dans un juste degré, et on le laisse éteindre lorsque tout est sublimé ; ce qui exige 36 heures de travail. On reconnaît si le feu est trop fort ou trop faible, par la flamme qui s'élève lorsqu'on ôte le couvercle de fer : dans le premier cas la flamme surpasse le vaisseau de quelques pieds ; dans l'autre elle ne paraît pas, ou ne fait que toucher faiblement l'ouverture des pots. Le degré de feu est juste si, en enlevant le couvercle, on voit paraître vivement la flamme sans qu'elle s'élève à plus de 3 ou 4 pouces au-dessus de l'ouverture.

» Dans les dernières 36 heures, on remue tous les quarts d'heure ou demi-heures la masse avec une tringle de fer, pour en accélérer la sublimation. Les ouvriers s'y prennent avec

---

(1) Selon M. Payssé, ces pots ou creusets sont couverts par une espèce de dôme en fer.

tant de hardiesse , que j'en fus étonné, et que je craignis chaque fois qu'ils n'enfonçassent les vaisseaux.

» Après que tout est refroidi , on retire les vaisseaux avec les cercles de fer, qui empêchent qu'ils ne crèvent , et on les casse. On trouve constamment dans chaque pot 400 livres de sulfure de mercure sublimé; ce qui fait 1200 livres pour les trois, et par conséquent 10 livres de perte pour chaque.

» Il ne s'attache point de sulfure de mercure sublimé aux plaques de fer, puisqu'on les ôte continuellement, excepté vers la fin de l'opération , où l'on ne touche plus aux vaisseaux. Ces plaques ne souffrent pas le moindre dommage. »

M. Jaquelin , préparateur des cours de chimie de l'École centrale des arts et manufactures , vient de trouver un procédé pour obtenir en un temps très court un vermillon qui rivalise en richesse de teinte et en stabilité avec le vermillon chinois. Voici ce procédé. Dans une marmite en fonte de la forme d'une capsule très évasée, on met 30 parties de soufre en poudre impalpable et 60 parties de mercure , on verse peu à peu sur ces deux matières une dissolution de 20 parties de potasse caustique dans 30 parties d'eau, et l'on a soin de plonger la marmite dans l'eau froide, afin que la chaleur pendant l'addition de la potasse ne soit pas assez élevée pour ramollir ou fondre le soufre. Au moyen d'un pilon à large tête on continue la trituration du mélange qui, au bout d'un quart d'heure , prend déjà une teinte orangée très prononcée ; en maintient la masse à 80° pendant encore 1 heure , en remplaçant l'eau qui s'évapore , et l'on obtient au bout de ce temps toute la quantité de vermillon que le dosage précité peut produire. On délaie alors la matière dans 4 à 5 fois son poids d'eau chaude , on décante avant le refroidissement des liqueurs pour obvier à la précipitation d'une petite quantité de soufre qui pâlirait le vermillon , et l'on continue le lessivage à l'eau froide par décantation jusqu'à complète élimination des sulfures alcalins. On recueille sur un filtre-toile et l'on sèche à l'ombre.   R.

CIRAGE. La recette suivante donne un cirage de fort bonne qualité :

Noir d'ivoire	3500 gramm.
Mélasse	3500
Acide sulfurique	450
Acide hydrochlorique	450
Acide acétique faible	1700
Gomme de pays	200
Huile de lin ou d'olive	200
	10000.

On étend l'acide sulfurique de six fois son poids d'eau ; il faut ajouter avec précaution l'acide sulfurique dans l'eau , en mettre peu à la fois et bien agiter, afin que la température ne s'élève pas trop rapidement , ce qui ferait courir le risque de casser le vase. On fait un mélange de cet acide étendu avec l'acide hydrochlorique et la mélasse dans une grande terrine de grès ; d'un autre côté, on délaie le noir dans une quantité d'eau suffisante pour en faire une bouillie épaisse ; puis on y ajoute peu à peu la liqueur acide, en agitant bien , afin d'accélérer le dégagement de gaz qui a lieu, et pour éviter que le mélange se prenne en masse ou se forme en grumeaux. Lorsqu'on a ainsi obtenu un magma bien battu , on le délaie dans l'acide acétique faible (ou vinaigre ordinaire) , puis on y ajoute la gomme dissoute d'avance dans 4 ou 5 fois son poids d'eau , et l'huile. On bat bien le tout ensemble ; enfin on met la quantité d'eau nécessaire pour compléter un volume de $17^l,5$, qui produit 70 bouteilles de cirage , d'un quart de litre chaque. On aromatise quelquefois le cirage avec une essence commune, celle de romarin , par exemple.

Il faut bien agiter le mélange lorsqu'on le met en bouteilles , afin que les parties d'une densité différente ne se séparent pas. P.

CIRE. C'est une véritable sécrétion produite par un organe particulier , qui fait partie de petites poches situées sur les parties latérales de la ligne médiane de l'abdomen de l'abeille.

Après avoir chassé les abeilles de la ruche, on s'empare des rayons, on les coupe par tranches et on les met égoutter sur des claies, en ayant soin de les retourner de temps en temps pour faciliter davantage l'écoulement du *miel vierge.* On les met ensuite à la presse entre des sacs de toile un peu claire, et l'on obtient un miel de seconde qualité. Le résidu est liquéfié dans des vases de cuivre avec un peu d'eau, et tenu dans cet état pendant quelques instans, afin de permettre au couvain et aux autres impuretés de se déposer. On laisse ensuite figer, on enlève le pain de cire, et à l'aide d'un instrument tranchant on en soustrait la base où se trouvent réunies toutes les substances étrangères; c'est ce qu'on nomme le *pied de cire.* Après cette simple purification la cire est livrée au commerce, soit pour être consommée dans cet état, soit pour être soumise au *blanchîment.*

La cire du Levant et de la Barbarie est très recherchée pour cette opération, parce qu'elle se décolore avec promptitude. Les cires du midi de la France, celles de Bretagne, du Gatinais et de la Beauce se blanchissent également avec assez de facilité.

A cet effet on fait subir à la cire deux traitemens différens, la *purification* et le *blanchîment.* La première opération s'effectue en faisant liquéfier la cire dans une chaudière de cuivre étamé et munie d'un conduit situé à quelque distance au-dessus du fond, qui doit être de forme elliptique. On verse de l'eau dans la chaudière, mais de manière à ne pas atteindre le conduit qui se trouve placé à un tiers environ de la hauteur totale; on fait chauffer l'eau et l'on ajoute la cire coupée par fragmens : on continue de chauffer graduellement, en ayant soin d'agiter sans cesse avec une grande spatule en bois, afin que la chaleur soit uniformément distribuée et toujours tempérée par la présence de l'eau. Lorsque la liquéfaction est complète, on ajoute une petite quantité de crème de tartre en poudre, environ 4 onces par quintal, et l'on brasse fortement pendant quelques minutes, puis on laisse reposer. Lorsqu'on juge que la cire est suffisamment éclaircie, on ouvre le robinet pour la transvaser dans une cuve en bois, placée à proximité du fourneau et garnie à son extérieur de manière à s'opposer au prompt refroïdissement. Là on laisse de nouveau la cire séjourner quelque temps, pour qu'elle se sépare d'un reste d'impuretés. Enfin, au moyen d'un robinet situé à la partie inférieure de cette cuve, on fait couler la cire dans une espèce de poissonnière ou lingotière percée à son fond de petits trous disposés sur une même ligne. La cire tombe en filets déliés sur un cylindre de bois en partie plongé dans l'eau, et auquel on imprime un mouvement régulier de rotation. La cire, en tombant ainsi, s'aplatit par son propre poids, et le mouvement du cylindre la faisant toujours tomber sur une nouvelle place, elle ne peut s'accumuler en tas, mais elle se convertit en lanières ou rubans, qui présentent beaucoup de surface et peu d'épaisseur, c'est-à-dire qu'elle se trouve dans un état de division convenable pour le blanchîment; c'est ce qui s'appelle *gréler la cire*. La cuve longue et aplatie, espèce de baignoire, dans laquelle plonge le cylindre, est doublée en plomb; l'eau qu'elle contient est sans cesse rafraîchie à l'aide d'un courant. On enlève la cire ainsi rubanée, et on la dispose sur de grands châssis de bois garnis de toile, qui sont placés dans un lieu très aéré. Chaque jour on la remue plusieurs fois, afin d'en renouveler les surfaces; et lorsque le blanchîment ne fait plus de progrès, on refond et rubane la cire pour l'exposer de nouveau à l'action successive de la rosée et de la lumière. On ne cesse de réitérer ces manipulations que quand on juge que le blanchîment est parfait.

Cette opération étant terminée, on refond la cire une dernière fois, et quand elle est liquéfiée on la passe au travers d'un tamis de soie ou de crin serré, pour la couler ensuite, à l'aide d'un vase nommé *éculon*, dans des trous circulaires creusés de quelques lignes de profondeur, sur des tables en bois bien mouillées : on obtient ainsi de petits pains ou plaquettes de 2 onces environ, et c'est sous cette forme qu'on la livre au commerce; elle prend alors le nom de *cire vierge*.

On a remarqué que si l'on enlevait la cire blanchie de dessus les châssis par un temps pluvieux ou humide, non-seulement elle prenait une légère teinte grisâtre, et l'on dit en fabrique qu'elle *bisaille*, mais qu'en outre on éprouvait un déchet assez considérable. Aussi a-t-on soin, autant que possible, de ne pratiquer cette dernière opération que par un temps très sec.

Les depôts sont réunis pour être fondus de nouveau avec de l'eau et soumis ensuite à la presse. Le produit qu'on en obtient reste souvent grisâtre, même après le blanchîment, et l'on est obligé de le réserver pour la fabrication de ces bougies communes auxquelles on donne le nom de *rats de cave*; mais on a soin de donner les dernières couches avec de belle cire.

Les derniers résidus ou tourteaux d'où la presse ne peut plus rien extraire, et qui cependant contiennent encore nne certaine quantité de cire, sont ensuite vendus pour être employés dans nos ports. On s'en sert pour ajouter au goudron et lui donner plus d'élasticité; chose fort avantageuse surtout pour goudronner les cordages destinés au gréement des vaisseaux.

Ce procédé est le seul qui jusqu'ici ait donné de bons résultats. Tous les essais tentés avec le chlore et les chlorures ont échoué.   R.

CIRE D'ESPAGNE ou CIRE A CACHETER. C'est un mélange de substances résineuses très inflammables, et de matières colorantes de nature ordinairement métallique.

Celle dont l'usage est le plus fréquent se prépare en faisant fondre à une douce chaleur 4 parties de *gomme laque* avec 1 partie de térébenthine, et agitant le mélange avec 3 parties de vermillon

Les cires de qualité inférieure contiennent moins de gomme laque; aussi elles adhèrent à peine sur le papier.   P...ze.

CISAILLE. (*Arts mécaniques.*) Gros et forts ciseaux à

longues branches, avec lesquels on coupe à froid toute sorte de métaux.

Les cisailles, ainsi que les ciseaux ordinaires, se composent de deux branches maintenues exactement appliquées l'une contre l'autre, par un axe commun qui les traverse perpendiculairement à leur plan, et autour duquel elles sont libres de se mouvoir dans des limites déterminées. Ces deux branches, lorsque la cisaille est ouverte, présentent la forme d'un X dont les jambages se prolongeraient plus d'un côté que de l'autre. Le tranchant se trouve au dedans de l'angle du côté des branches les plus courtes ; les plus longues servent de leviers, au moyen desquels on fait agir la cisaille.

La branche ou levier inférieur, qui correspond au tranchant supérieur, puisque les branches se croisent, est ordinairement fixé dans un étau, sur un banc, un bâti en charpente, ou un massif en pierre ; tandis que l'autre, mobile seulement autour de son axe dans un plan vertical, se manœuvre soit à bras d'hommes, soit par une force motrice quelconque animée d'un volant, suivant la résistance que doit opposer le travail du découpage. *Voy*. celle que nous avons décrite à l'article CABLE DE FER, et gravée pl. 6, fig. 6.

Les cisailles à bras sont en fer forgé avec des tranchans en acier, ordinairement rapportés avec des clous à vis. L'extrémité de la branche qui sert de levier est recourbée d'équerre en contre-bas, de manière à venir s'appuyer sur la branche inférieure au moment où les tranchans sont fermés ; ce qui ménage un intervalle entre les deux branches, où les mains de l'ouvrier sont à l'abri de tout danger.

Les branches des fortes cisailles dont on fait usage dans les forges pour affranchir ou couper par bouts de très grosses barres de fer, sont en fonte ; elles n'ont pas moins de 8 à 10 pieds de long, sur une largeur de 8 à 10 pouces près de l'œil.

E. M.

CISEAU. (*Arts mécaniques.*) Lame de fer terminée d'un bout par une *soie* ou tige qui sert à l'emmancher, et de l'autre par un biseau d'acier tranchant et plat. Il sert à couper le bois en frappant sur le bout de son manche. Le *ciseau à froid* a deux biseaux, et sert à couper les métaux. Au pluriel, ce mot s'entend d'un outil à deux lames d'acier, coupantes et croisées en X, dont se servent les ouvrières pour couper les étoffes, etc. Les ciseaux sont trop connus pour exiger une plus ample description. *Voy*. CISAILLE. Fr.

CLAPET. (*Arts mécaniques.*) Espèce de soupape en usage dans les pompes communes. *Voy*. SOUPAPE, PISTON, POMPE.
Fr.

CLARINETTE. (*Arts mécaniques.*) Cet instrument de musique est formé d'un tube creusé dans sa longueur en un tuyau cylindrique appelé *perce*, de 15 millimètres de diamètre. A l'un des bouts est une pièce en cône; c'est la *patte* ou le *pavillon;* le canal s'évase de 22 jusqu'à 55 millimètres de largeur. A l'autre extrémité est le bec qui porte l'ANCHE. Divers trous percés le long du tube communiquent avec le canal, et l'on ouvre ou ferme ces trous avec le bout des doigts, ou avec des clés, selon le degré diatonique des sons qu'on veut produire, en soufflant dans l'anche.

La clarinette est coupée en 5 ou 6 parties qui se réunissent bout à bout, de manière que leurs tuyaux réunis n'en forment qu'un seul qu'on peut allonger ou accourcir jusqu'à de certaines limites très resserrées. Chaque tube partiel porte une espèce de tenon cylindrique qu'on fait entrer dans le bout élargi du tuyau suivant; et la jonction, assurée par un peu de fil dont on entoure le tenon, ne permet pas à l'air de passer entre les deux pièces. Des *frettes* consolident cet assemblage.

La première pièce est le *bec*, qui reçoit l'anche; la deuxième est le *baril;* la troisième et la quatrième, qu'on réunit quelquefois en une seule, sont les *corps;* enfin la dernière est la *patte* dont on peut ordinairement séparer le *pavillon.*

Le bec a environ 7 centimètres de longueur (*Voy*. fig. 13, Pl. 7); il est creux et ordinairement en ivoire. Un plan coupant la surface longitudinale du cône, y laisse voir une fenêtre allongée en trapèze, sur laquelle on pose l'anche, lame de roseau qui a environ 12 millimètres sur 55. Comme le plan a une très légère courbure, cette lame de roseau bâille un peu au bout; c'est par cette ouverture qu'on pousse le souffle qui fait frémir l'anche et vibrer l'air. On serre ce bec entre les lèvres qu'on presse avec les dents, et l'on a soin de ne pas laisser échapper le souffle en dehors de l'ouverture de l'anche.

Le *baril* a 7 centimètres et demi de long; il ne porte aucun trou qui puisse communiquer au canal intérieur, et ne sert qu'à tenir l'anche éloignée des premiers trous de l'instrument.

Le *corps* supérieur porte cinq trous en dessus et deux en dessous, il est tenu par la main gauche; le *corps* inférieur l'est par la main droite; on le perce de trois trous. La longueur totale de ces deux corps est 3 décimètres.

Enfin, la *patte* et son *pavillon* ont 26 centimètres et demi de long; en sorte que, sans compter le bec, la clarinette se trouve avoir 63 centimètres et demi : cette pièce porte trois trous. Il y a donc en tout treize trous, dont sept sont bouchés par les doigts; comme les six autres sont à des distances que ne pourrraient atteindre les plus fortes extensions de la main, on est obligé de recourir à un mécanisme, qui constitue ce qu'on appelle des *clés ;* ce sont des plaques de métal garnies de buffle, placées au bout de petits leviers qu'on fait basculer avec les doigts. Ce sont des ouvriers particuliers qui les fabriquent, soit en cuivre, soit en argent; le luthier les met ensuite à leur place.

Le trou le plus haut vers le bec est en-dessous; pour empêcher la salive de s'y amasser, on fait rendre ce trou dans un tuyau transversal qui barre la moitié du canal. Il est préférable de pratiquer ce trou de côté, mais à même hauteur, pour rendre inutile ce tuyau. Du reste, ce trou et le suivant sont bouchés par des clés.

La clarinette a donc treize trous, qui, selon qu'ils sont ouverts ou fermés, fractionnent diversement la colonne d'air en vibration, et donnent des sons de degrés différens dans l'échelle diatonique. Ces trous sont faits avec des vrilles, et ont 6 millimètres de largeur : l'ouvrier les élargit intérieurement avec une FRAISE, car ils doivent s'évaser beaucoup du côté du canal de la perce. Cet évasement est destiné à donner un passage plus facile à l'air, et l'on a soin d'en proportionner les dimensions avec la direction, jusqu'à ce que les sons aient acquis une grande justesse. L'ouvrier retouche à ces trous, et se laisse conduire par des épreuves réitérées. Cette partie du travail fait tout le mérite de l'instrument, et son prix en dépend spécialement.

Quant à la place que chaque trou doit occuper sur le tube, elle est donnée par des *patrons* ou *modèles*, que l'ouvrier conserve avec soin, et qui lui servent de termes de comparaison.

La colonne d'air contenue dans le tube peut être assimilée à une corde sonore, qu'on allonge ou accourcit à l'aide des trous latéraux qui la terminent (*V*. Son). Le son le plus grave de la clarinette est le *mi* au-dessous du plus grave des sons du violon. Les sons qui s'étendent de ce *mi* jusqu'au *si bémol*, à la 12ᵉ, prennent le nom de *chalumeau* à cause de leur douceur; du *si* naturel jusqu'à l'*ut* dièse au-dessus, formant une octave et un ton, on dit que *les sons rendus sont ceux de clairon* ou *de clarinette*. Du *ré* de la 2ᵉ octave jusqu'au *contre-ut*, le son est dit aigu. Plusieurs des sons contenus dans cette échelle manquent de justesse ou d'éclat; mais, en lâchant ou pinçant l'embouchure, on réussit à corriger ces défauts. Les sons du chalumeau exigent surtout beaucoup de travail pour devenir justes et éclatans.

Il faudrait autant d'espèces de clarinettes qu'il y a de tons différens; mais l'on se borne à changer l'un des corps, ce qui monte ou descend tous les tons naturels d'un demi-ton, sans de trop grands écarts de justesse. Par exemple, la clarinette en *si* ♭, celle qui a été le sujet des mesures données dans cet article, est construite de manière que le musicien qui croit jouer *ut, ré, mi, fa*..., fait réellement *si*♭*, ut, ré, mi*♭, etc.; l'*ut* est à l'unisson du *si bémol* rendu par les autres instrumens, et la musique d'exécution ne peut s'accorder avec les autres parties que sous la condition d'être écrite par l'auteur en conséquence, et de porter en tête du morceau l'indication de cette circonstance. En remplaçant le corps supérieur par un corps de rechange un peu plus long, la clarinette en *si*♭ devient en *la*. Mais il ne faut pas oublier qu'il y a un écart de justesse, un *tempérament*, dont l'oreille n'est pas complètement satisfaite. *V*. ACCORDEUR.

La clarinette a reçu dernièrement des modifications si nombreuses et si importantes, qu'elle ressemble à peine à ce qu'elle était autrefois. Des pièces de musique, de simples traits, qu'on regardait comme fort difficiles et même inexécutables avec cet instrument, sont devenus aisés à rendre. La clarinette, qui était il y a quelques années si dédaigneuse, qu'elle exigeait une musique faite exprès pour elle, peut maintenant se prêter à l'exécution de toute espèce de morceaux, et jusqu'à des concertos faits pour le violon. Au lieu de six clés, Muller en a établi jusqu'à quatorze. Aujourd'hui on ne se sert, pour ainsi dire, plus que de la clarinette à quatorze clés, et l'on joue avec cet instrument toute espèce de composition musicale, très peu de circonstances exceptées. (*V*. fig. 13, Pl. 7.) FR.

CLAVIER. (*Arts mécaniques*.) Le forté-piano se joue en faisant mouvoir de petits leviers dont un bout va attaquer les cordes qu'on veut faire résonner. L'orgue est à peu près dans le même cas; les leviers servent à ouvrir à volonté les tuyaux que le vent d'un soufflet fait résonner. Ces leviers sont faits en bois; leur appui est situé en un point de leur longueur entre les deux bouts; l'une des extrémités est façonnée en lame horizontale, et l'on attaque avec les doigts celle de ces lames ou *touches* dont on veut faire entendre les sons correspondans.

Les notes de l'échelle diatonique naturelle sont rendues par des touches en ivoire; les autres le sont par des touches d'ébène, plus courtes que les premières, un peu élevées au-dessus de leur plan, et rangées à leur ordre dans la gamme. Chaque octave est formée de 12 touches, 7 d'ivoire et 5 d'ébène : les pianos à 6 octaves ont donc 43 touches d'ivoire et 30 d'ébène. FR.

CLÉ. (*Arts mécaniques.*) Les montres et pendules, qui tirent leur mouvement de la force d'une lame d'acier roulée dans un BARILLET, ne peuvent être *remontées* qu'en forçant ce barillet à tourner en sens contraire du mouvement qu'il doit prendre pour animer la machine. Cette rotation, qui a pour but de tendre le *grand ressort* en l'enroulant sur son arbre central, est produite en se servant d'une *clé*, pièce de fer, ou de cuivre, ou d'acier, forée d'un trou carré qu'il s'agit de faire tourner. Cette clé saisit donc l'axe central ; et comme la tige de la clé est terminée par un anneau qui fait corps avec elle et qu'on serre assez fortement à la main, cet anneau fait fonction de levier, et donne la puissance nécessaire pour vaincre la force du ressort.

Lorsque la clé d'une montre est suspendue à une chaîne, les brins de la chaîne se tortillent et se mêlent quand on remonte la montre. On évite cet inconvénient en donnant à la clé la forme dessinée fig. 14, pl. 7 : cette clé et son anneau sont d'une seule pièce, comme celle des pendules ; mais on a ménagé sur la tige un étranglement enveloppé d'un anneau M, dans lequel elle joue librement.

Comme après chaque demi-tour la main qui tient la clé est obligée de la quitter, pour la saisir de nouveau par les faces opposées, on a réussi à construire des *clés à l'ivrogne,* qu'on peut tourner dans des sens opposés sans les lâcher.

Sur la pièce B (fig. 15 ou 18) est une ROUE A ROCHET A portée par un axe central b ; le CLIQUET I, pressé par le ressort i, est engagé avec les dents de cette roue : on tourne le rochet dans le sens de i vers A, sans que la pièce b change de situation. Mais si l'on veut tourner l'axe en sens contraire, le cliquet, qui tient à la pièce B, s'opposant à ce que le rochet tourne sans cette pièce B, celle-ci est entraînée dans cette rotation. On assure mieux l'effet en adaptant deux cliquets comme on le voit fig. 15.

C'est le carré vissé dans le cylindre D (fig. 16) ; c'est dans la boîte E qu'est logé le mécanisme que nous venons de décrire : cette boîte est formée de deux pièces, la supérieure fixée à l'anneau F, l'inférieure à D où est porté le rochet qui y est retenu par un axe carré *b*; le cliquet tient à la première F.

Le célèbre horloger Bréguet a donné à la clé d'ivrogne une forme plus élégante. L'anneau A (fig. 17) fait corps avec la pièce E, qui est percée d'un canal dans sa longueur pour y laisser entrer la tige BRC soudée à la pièce K; les deux parties creusées E et K ont leurs bords de contact taillés en rochet; ce sont des dents obliques engagées mutuellement les unes dans les autres. La tige BC passe dans un trou pratiqué en C à l'anneau, et un *ressort à boudin* R s'appuie d'une part en *m* sur l'anneau, et de l'autre sur une *goutte* ou un renflement *i* de l'axe B*i*; en B est le carré.

Les grosses horloges sont le plus souvent remontées avec des Manivelles, à la manière des Tourne-broches. Le carré A (fig. 19) de la clé est fixé à une tige à angle droit B, au bout de laquelle est une autre tige coudée D; celle-ci est enveloppée d'une poignée de bois, indépendante de l'axe D, et peut tourner sans lui; ou bien on place à ce même bout un bouton mobile dans un œil percé en D. Cette Manivelle (*voy*. ce mot) donne beaucoup de force à la main; ce qui est surtout nécessaire lorsque les poids de la sonnerie sont destinés à mouvoir de lourds marteaux pour frapper les heures; car ces poids sont alors considérables, et la force du poignet serait insuffisante pour remonter ces poids.

Dans presque toutes les clés usitées dans les arts, un arbre carré est saisi par une clé quadrangulaire qu'on met en mouvement à l'aide d'un levier; mais on voit qu'il faut changer de clé chaque fois que l'arbre carré change de calibre. L'appareil nommé *clé anglaise* se modèle sur tous les calibres : on le voit dessiné fig. 20.

AB est un marteau solidement joint à son manche quadrangulaire CO; DEF est un second marteau parfaitement égal au premier et muni du manche F, creusé dans toute sa longueur selon un canal carré dans lequel entre juste le premier manche CO; on voit qu'en faisant glisser DE pour l'approcher de A B, on a deux mâchoires qui peuvent serrer un corps placé entre elles, comme le ferait un Étau. our donner à ces mâchoires une grande puissance de pression, le manche CO est cylindrique à son bout O, où il est façonné en vis; MN est un manche creusé d'un canal en écrou, de même pas que la vis. En forçant le manche MN à tourner (à cet effet sa surface extérieure est taillée à pans), on fait approcher à volonté les deux mâchoires; et comme ce manche MN est serti au bout I du manche F, dans une gorge taillée à ce bout, lorsqu'on tourne MN en sens contraire pour dévisser cette pièce, elle entraîne DE et l'éloigne de AB. Cet appareil peut à volonté servir de marteau, ou de clé propre à saisir les arbres carrés, quels qu'en soient les calibres.

Quelquefois la clé est destinée à dévisser et visser une pièce en forme de disque plat A (fig. 21), qui tient lieu d'écrou. On y ménage de petits trous a et b, où l'on engage les *goujons* m et n de la clé B : en faisant tourner celle-ci, l'écrou doit alors nécessairement tourner aussi. Les têtes de compas sont munies d'un écrou de cette espèce.

Mais on sent qu'il est indispensable d'avoir autant de clés différentes B que d'espèces d'écrous, attendu que les deux goujons m et n de la clé doivent être écartés précisément autant que le sont les trous a et b de l'écrou. L'instrument dessiné fig. 22 sert dans tous ces cas; il a la forme d'une pince; la mâchoire B est mobile autour de l'axe C, et les goujons A et B fixés aux extrémités, sont susceptibles d'être approchés ou éloignés comme on veut. Le manche M tient lieu de levier pour donner de la force à l'action motrice, et produire la rotation de l'écrou, lorsque les goujons A et B sont engagés dans les trous de celui-ci.   Fr.

CLICHAGE. Opération qui consiste à frapper une pièce de métal gravée en creux, sur un bain de métal en fusion, pour obtenir des figures en relief, dont on se sert ensuite pour avoir autant d'empreintes qu'on veut. (*Voy.* STÉRÉOTYPAGE.) On cliche aussi des médailles, des lettres, des figures, etc.

         Fr.

CLIQUET. *Voy.* ENCLIQUETAGE.   Fr

CLOCHE. (*Technologie.*) On se sert du mot *cloche* pour désigner plusieurs instrumens employés dans les Arts à divers usages.

On appelle *cloche* un vase cylindrique terminé par une calotte sphérique, surmontée quelquefois d'un bouton pour la soulever et la transporter; ces sortes de cloches sont ordinairement en cristal.

Le Jardinier donne ce nom à des vases de verre mince d'un assez grand diamètre, avec un bouton au sommet : elles ont à peu près la forme d'une cloche en métal, mais elles sont plus aplaties. On s'en sert pour concentrer la chaleur et accélérer la végétation des plantes qu'on élève sur couches, etqu'on recouvre d'une cloche.

Les cloches et sonnettes sont des vases qu'on fait résonner par percussion. On les compose en alliage métallique; on en a traité à l'article Bronze. Un battant suspendu au centre du *cerveau* de la cloche frappe ses bords, quand on la balance sur un arbre à tourillons qui est attaché à deux anses extérieures. Fr.

CLOCHE de plongeur. (*Arts mécaniques.*) C'est un vase ouvert par en bas et fermé de toutes les autres parts, dans lequel on peut descendre des hommes au fond de l'eau, sans avoir à craindre pour leur vie ou leur santé. Cette cloche est en usage soit pour retirer du fond de la mer des corps qui y sont plongés, soit pour faire des constructions submergées.

La cloche du docteur Halley était en bois (*voy.* fig. 9, pl. 10); elle avait 8 pieds de hauteur, en forme de cône tronqué, de 3 pieds de diamètre en haut et de 5 en bas; son toit était en plomb, et des poids P suspendus à sa base la faisaient descendre à vide au fond de l'eau; un verre D placé en haut servait de fenêtre pour donner du jour; un robinet R, fixé au toit, laissait échapper l'air chaud ou vicié. Les ouvriers étaient placés sur un siége circulaire AA; au dehors était un banc suspendu à des cordes et fixé par des poids; on pouvait amarrer la cloche à ce banc pour la retenir en place. Toute la machine était suspendue au mât de beaupré d'un navire

qui dirigeait la cloche sur le lieu où on la jugeait nécessaire.

Pour renouveler l'air sous cette cloche, lorsqu'elle était
immergée, on avait des barils dont la capacité était de
160 litres, et qu'on enfonçait avec des poids ; chacun de ces
barils était percé en haut d'un trou qui communiquait avec
un tuyau de cuir bien corroyé par un mélange de cire et
d'huile, ce tuyau était assez long pour se rendre au-dessous
de l'ouverture inférieure de la cloche ; un trou était destiné à
laisser entrer l'eau et sortir l'air, pour renouveler celui de la
cloche. Ces barils étaient ensuite remontés à un signal donné,
et remplis d'air pour servir au même usage ; c'étaient des réservoirs d'air qu'on montait et descendait alternativement
comme des seaux. Des cordeaux fixés au bord inférieur de la
cloche dirigeaient ces divers mouvemens. Le docteur Halley
s'était fait descendre dans sa cloche avec 4 hommes, à 9
ou 10 brasses de profondeur, et était resté immergé durant
plus de 1 heure et demie, sans en éprouver aucun accident.

La pression de l'eau faisait monter le niveau sous la cloche,
et l'air condensé de la cloche faisait d'abord éprouver un peu
de douleur dans les oreilles, comme si l'on y eût enfoncé un
corps dur ; peu après on ressentait un petit souffle, on enten-
dait un léger bruit, et l'on se trouvait soulagé.

L'appareil du docteur Halley était fort utile ; mais il présentait de graves inconvéniens : 1°. l'enfoncement et l'ascension dépendaient absolument des personnes chargées de la
manœuvre à la surface de l'eau ; 2°. la cloche étant très lourde,
il fallait une grande puissance pour la faire monter au-dessus
du liquide ; 3°. s'il fût arrivé que la corde eût cassé, les plongeurs entraînés au fond eussent infailliblement péri ; 4°. quelque rocher situé à une grande profondeur n'aurait pu être
aperçu d'en haut, et la cloche rencontrant cet obstacle
eût chaviré en descendant, sans que les plongeurs eussent eu
le temps d'en avertir. MM. Triewald et Spalding apportèrent
à la cloche quelques modifications dont l'objet était de parer
à plusieurs des inconvéniens dont nous venons de parler.

La fig. 10 représente la cloche aujourd'hui en usage à Ply-
mouth et à Londres. La caisse a la forme d'un tronc de pyramide quadrangulaire d'environ 2 mètres de haut, 2 de long
et 1 et demi de large ; elle contient un banc pour s'asseoir, et
est construite en fer, ce qui dispense des poids additifs propres
à la faire descendre, et la rend moins sujette aux avaries et
aux accidens fortuits : la cloche conserve, par son poids, la stabilité qui seule peut procurer aux plongeurs l'aisance dont ils
ont besoin pour vaquer à leurs travaux. Douze verres lenticu-
laires, larges de 1 décim., incrustés en haut, distribuent la lumière. Comme son volume total est d'environ 6 mètres cubes,
elle déplace, en s'immergeant, 6000 litres d'eau ; ce qui l'al-
légit de 6000 kilogrammes. Il suffit donc que son poids total,
plus celui des 3 hommes qu'on y descend (à peu près 225 kilogrammes) et des outils à leur usage, soit un peu supérieur
à 6000 kilogrammes ; et comme le Poids spécifique du fer
est 7,7 de celui de l'eau, on en conclut qu'il faut employer à
la construction des parois environ 750 décimètres cubes de fer.
Il est donc bien aisé d'en calculer l'épaisseur d'après l'étendue
superficielle des parois.

Cette cloche est suspendue à un treuil placé sur un chariot
roulant qui est établi sur la poupe d'un navire : on peut descendre l'appareil où l'on veut. Le robinet R sert à évacuer
l'air vicié.

La manœuvre du tonneau d'air qui monte et descend sans
cesse et exige que l'un des plongeurs soit perpétuellement
occupé à vider ce baril, est aussi fort utilement remplacée par
l'emploi de la machine qui, en refoulant l'air du dehors,
fournit dans la cloche de l'air nouveau pour remplacer celui qui
est vicié par la respiration. L'expérience prouve qu'un homme
use 800 litres d'oxigène en 24 heures par la respiration, ce
qui fait 3800 litres d'air atmosphérique (le tout est évalué
ici à la pression et à la température ordinaires). Ces 3, 8 mètres
cubes d'air sont un *minimum* indispensable ; mais il faut renouveler l'air long-temps avant que tout l'oxigène qu'il contient soit épuisé. L'air qui ne contient qu'un tiers de l'oxigène

propre à sa nature ordinaire n'est plus respirable ; l'insalubrité de l'air tient surtout à la présence des matières animales qui s'y trouvent. Chaque inspiration convertit 2 pour 100 d'oxigène en gaz acide carbonique ; et si l'on pense que le même air ne doit pas être inspiré plus de deux fois, il faut renouveler l'air chaque fois qu'il est vicié de 4 pour 100 ou d'un vingt-cinquième, ce qui fait vingt-cinq fois plus qu'on n'a calculé ci-dessus ou 95 mètres cubes d'air en 24 heures : la machine devra donc renouveler 4 mètres cubes d'air par heure et par homme.   Fr.

CLOUS. (*Arts mécaniques.*) Petits morceaux de fer ou de cuivre, dont un des bouts porte une tête, tandis que l'autre est façonné en pointe. Ils servent à réunir et fixer ensemble deux ou plusieurs pièces.

On fabrique des clous de quatre manières différentes, savoir :

1°. Des clous forgés ; 2°. des clous d'épingles ou pointes ; 3°. des clous découpés et façonnés à froid ; 4°. des clous fondus et jetés en moule. Nous allons donner une idée de chacune de ces fabrications.

1°. *Clous forgés.* — Les ateliers de cloutiers sont disposés d'une manière particulière ; le foyer de la forge est établi au milieu et isolément, afin que plusieurs ouvriers puissent y faire chauffer leur fer. La forge est sans cesse alimentée par un soufflet que fait mouvoir un apprenti, ou même un chien dressé à ce travail, par le moyen d'une roue à tympan, dans laquelle il marche. Chacun des ouvriers est pourvu des outils nécessaires, et qui consistent, 1°. en deux petits tas, dont un est carré pour servir d'enclume, et l'autre de forme allongée, sur lesquels il forge et étire chaque clou ; 2°. en un marteau à tête seulement ; 3°. en un ciseau ou tranchet fixé sur le billot de l'enclume ; 4°. en plusieurs Cloutières assorties aux clous qu'il fabrique. La cloutière ou clouière est un morceau de fer aciéré, à travers lequel est percé un trou où, introduisant la tige du clou, le cloutier rabat et façonne la tête. La cloutière est fixée horizontalement entre les deux tas qui lui servent d'appui.

C'est avec du fer en verge ou fenton d'une bonne qualité, qu'on forge les clous. Chaque ouvrier en a toujours plusieurs baguettes au feu pendant qu'il en travaille une. Laissant chauffer à blanc, il forge et soude d'abord la pointe sur le tas carré, et étire la tige sur le tas transversal, coupe au tranchet une longueur suffisante pour faire un clou, sans le séparer entièrement de la baguette dont il se sert pour le placer dans le trou de la cloutière, en rabat la tête, ayant soin dans l'intervalle des coups de marteau de le repousser de la cloutière avec la baguette même, afin qu'étant terminé il n'y tienne pas du tout. Alors d'un coup de baguette un peu plus fort que les précédens, il en débarrasse la cloutière pour recommencer immédiatement un autre clou. Nous ferons remarquer que la cloutière doit avoir une épaisseur moindre que la longueur du clou, pour que la pointe de celui-ci dépasse toujours un peu en-dessous.

Un clou est fait en moins de temps que nous n'en avons mis à décrire les opérations successives qu'exige ce travail. Un bon cloutier en fait habituellement 1 et même 2 par chaude, c'est-à-dire 12, 15 et même 20 par minute, suivant le numéro.

2°. *Clous d'épingles.* — Ils sont faits en fil de fer ou de cuivre. Le travail est divisé en trois, savoir : 1°. couper les fils métalliques par bouts égaux d'une longueur d'environ 2 pieds et les redresser ; 2°. *appointir* et couper les clous de longueur ; 3°. former la tête.

La première opération est si simple qu'elle n'a pas besoin d'explication. Les bouts de fils métalliques sans être recuits, étant découpés par bouts égaux et dressés, sont placés dans des petites caisses et portés auprès de l'*empointeur*. Celui-ci a une meule d'acier d'environ 6 pouces de diamètre sur 3 à 4 pouces de largeur. C'est une virole montée sur du bois, dont le contour extérieur, ou la surface convexe est tournée et taillée en lime, et qui tourne avec une grande vélocité sur son axe entre deux pointes, par le moyen d'un moteur quelconque.

L'ouvrier empointeur prenant dans ses deux mains un certain nombre de bouts de fil de fer, en présente sous un angle aigu les extrémités à la meule placée devant lui ; et appuyant légèrement dessus tout en les faisant tourner sur eux-mêmes, la pointe se forme à tous à la fois dans un instant. La limaille que la meule en détache est projetée au loin en forme de gerbe lumineuse qui, pendant la nuit, donne une très vive clarté. La main de l'ouvrier avec laquelle il maintient les fils de fer auprès de la meule, est garnie d'un gant de peau pour se préserver de la brûlure.

Les pointes étant ainsi faites, le même ouvrier réunissant tous les fils en un faisceau, les coupe à la cisaille, ayant soin que chacun, au moment où il est coupé, touche au régulateur dont le plan vertical se trouve en face.

Les clous ainsi préparés passent dans les mains des ouvriers qui forment la tête. A cet effet, ces ouvriers ont une espèce d'étau fermant à vis, ou avec un levier, qu'ils font agir avec un de leurs pieds ; dans lequel étau saisissant successivement chaque clou du côté de la tête, et laissant dépasser au-dessus du mors une quantité de fil de fer suffisante, ils forment la tête d'un seul coup de marteau, qu'ils font tomber dessus à l'aide de l'autre pied.

3°. *Clous découpés dans la tôle de fer.* — M. Brunel, à Londres, ayant entrepris une fourniture considérable de souliers pour l'armée anglaise, imagina des machines extrêmement ingénieuses pour exécuter toutes les parties de ce travail, et particulièrement pour le découpage des pointes avec lesquelles on les clouait. Les fabricans de clous ont adopté ces dernières, et s'en servent encore aujourd'hui.

Pour fabriquer ces clous, on emploie, comme nous l'avons déjà dit, de la tôle douce ayant l'épaisseur convenable ; on la découpe d'abord aux Cisailles circulaires, par bandes parallèles d'une largeur égale à la longueur que doivent avoir les clous. On a soin que ce découpage ait lieu dans une direction telle que la nervure du fer se trouve dans le sens transversal de ces bandes. Celles-ci étant découpées à leur tour en petites pyramides, ou pour mieux dire en petits coins qui ont

alternativement leur tête de côté et d'autre, forment les élémens des clous.

Ce second découpage s'exécute de plusieurs manières, soit
par des emporte-pièces à balancier, soit par des machines à
mouvement de rotation continu. On se sert de préférence de
ces dernières. L'obligation où l'on est de conserver la nervure
du fer dans la direction des tiges des clous, a forcé de trouver
le moyen de couper successivement la bande droite, suivant
des directions alternativement obliques. Deux moyens, qui paraissent également efficaces, ont été imaginés pour cela ; le
premier est un découpoir en cylindre armé de lames tranchantes, destiné à découper les clous sur des bandes
de tôle qui auraient une forme circulaire ; avec l'addition
d'un mécanisme qui, à chaque découpure, porte la bande
de tôle tantôt à droite et tantôt à gauche, sous un angle qui
convient à la pointe des clous qu'on fabrique. Ce mouvement
latéral est produit par deux roues dentelées sur le côté, comme
le manchon d'un tour à guillocher. Elles sont montées sur
l'axe du cylindre qui porte les tranchans, avec lesquels leurs
dents ont une correspondance propre à produire les changemens nécessaires à l'instant voulu. La bande de tôle pendant
ce temps-là est poussée contre le cylindre-découpoir, dans le
sens de sa longueur, par un contre-poids qui la fait fortement appuyer.

La seconde espèce de machine se compose de deux fortes
molettes d'une épaisseur égale à la longueur des clous, et dont
le contour, ou la surface convexe est taillé de manière à servir
réciproquement d'emporte-pièce. Cette dernière machine n'est
employée que pour la fabrication de très petits clous.

Les têtes des clous découpés s'exécutent comme celles des
clous d'épingle, en saisissant successivement chaque clou dans
un étau, et laissant tomber dessus un marteau dont le poids
est tel, qu'il puisse la former d'un seul coup.

Le travail de ces clous étant terminé, on les met pendant
quelques heures dans les tonneaux à polir, avec du gravier et
du grès pilé, afin d'émousser un peu les aspérités les plus saik-

lantes, qu'a occasionées le découpage ; mais on se garde bien
de les faire entièrement disparaître : elles sont une des causes
qui les font tenir très fortement dans le bois. On peut regarder
dans beaucoup de circonstances les clous découpés comme
préférables aux clous forgés. Il n'y a que dans le cas où la
pointe doit être repliée, qu'on ne peut pas en faire usage,
parce qu'elle n'est pas assez effilée pour cela.

4°. *Clous fondus.* — Les Anglais ont fabriqué et fabriquent
encore des clous, même d'un numéro très fin, en fonte de fer.

Les chaudronniers font une très grande consommation de
clous rivets, fondus en cuivre rouge, pour clouer les chaudières de ce même métal. Étant d'un certain volume, leur
fabrication n'offre pas plus de difficulté que tout autre objet
qui regarde les fondeurs en cuivre.   E. M.

COIN. (*Arts mécaniques.*) C'est le nom qu'on donne à une
machine simple composée d'un prisme triangulaire de fer, de
bois ou de toute autre matière dure. On l'insère par le tranchant de l'une de ses arêtes dans une fente pratiquée à un
corps qu'on veut diviser en deux parties, et l'on frappe sur la
face opposée à cette arête, face qu'on nomme la *tête du coin.*
Ce choc, en faisant pénétrer le coin dans la fente, en écarte
les parois, et force la résistance du corps à céder. Les coins de
fer servent à couper les bûches selon leur longueur, en con-
traignant les fibres du bois à s'écarter. Les couteaux, ca-
nifs, ciseaux, etc., ne sont aussi que des coins dont le tranchant est aiguisé, et dont les faces latérales font un angle très
aigu ; la lame agit aussi à la manière des leviers. Les épingles,
clous, etc., ne sont encore que des espèces de coins. En un
mot, il n'y a presque aucun outil qui ne puisse être assimilé
au coin.

Le coin sert encore à serrer certaines pièces les unes sur
les autres dans un assemblage ; telles sont les pierres qui
composent une voûte, dont chacune est plus étroite du côté
interne qu'à l'opposé.

La nature des résistances que le coin doit surmonter est
trop variable et trop peu connue pour que la théorie de

cette machine puisse avoir quelque application utile : aussi ne nous arrêterons-nous pas à donner les moyens de calculer la relation de la puissance à la résistance qu'on veut vaincre.   Fr.

COIN des monnaies. Ce sont des pièces d'acier sur lesquelles on grave en creux les traits qui doivent saillir en relief à la surface des pièces de monnaie ou des médailles.

Le coin doit être fait en acier d'excellente qualité, pour qu'il ne se brise pas sous l'effort du balancier auquel il est destiné à résister. On le grave et on le trempe ensuite de tout son dur. Il est utile de graver des poinçons en relief, avec lesquels on frappe une Matrice en creux ; celle-ci sert ensuite à frapper des coins identiques qui se suppléent au besoin.   Fr.

COLLE. *Voy*. Gélatine.

COLSA. Variété du chou ordinaire, qu'on cultive pour en retirer la graine. Cette graine donne, par expression, une huile utile dans les arts, et principalement employée à l'éclairage. *Voy*. Huile.   Fr.

COMBUSTIBLE. *Voy*. Bois, Charbon, Houille, etc.

COMPAS. (*Arts mécaniques.*) Instrument qui sert à décrire des cercles et à mesurer des longueurs. Il en est de plusieurs sortes ; nous décrirons successivement les plus usités.

Le *compas ordinaire* est formé de deux branches de laiton jointes à un bout nommé *tête* par une charnière qui permet de les écarter, et portant à l'autre extrémité une pointe d'acier qui y est brasée. La charnière ne doit avoir que des mouvemens à *frottemens gras* et sans soubresauts, pour qu'on puisse aisément amener et arrêter les branches dans tous les degrés d'écartement. A cet effet, à la tête ou charnière, on pratique sur l'épaisseur de l'une des branches une fenêtre, et l'on amincit l'autre en languette de même épaisseur, pour qu'elle entre juste dans la fenêtre. Les deux pièces sont assemblées par un axe retenu avec une rondelle à vis, qu'on peut serrer à volonté pour modérer le frottement à son gré. Nous avons décrit ce système au mot Clé ; et même pour que le frottement soit plus doux, et éviter les torsions que le métal peut éprouver vers la tête du compas, affaiblie par la fenêtre et la rainure, on brase dans cette fenêtre une lame d'acier qui forme cloison et la coupe en deux chambres égales. Cette lame entre dans une rainure qu'on fait à l'épaisseur de la languette de l'autre branche, et sert à la diriger et à la maintenir dans tous les écarts qu'on lui fait faire. On graisse la charnière avec un mélange de cire et de suif, qui soit un peu ferme.

Les branches du compas sont triangulaires; l'une des faces du triangle est tournée, pour chacune, du côté interne; ces faces doivent se toucher selon toute leur longueur lorsqu'il est fermé : les branches vont en s'amincissant de plus en plus au bout qui est en acier et très acéré. Ces branches doivent être parfaitement égales en longueur et grosseur : on ménage vers le milieu un petit creux sur les deux faces opposées, pour qu'il soit facile de saisir et de mouvoir les branches.

Le compas que nous venons de décrire est dit *à pointes sèches;* on lui donne ordinairement une longueur de 11 centimètres. Les étuis de mathématiques contiennent en outre deux autres compas, l'un de 8 à 9 centimètres, l'autre d'une longueur double. L'une des branches est à *pointes de rechange :* la pointe d'acier, au lieu d'être brasée au laiton, est prolongée par une petite tige carrée ou triangulaire, destinée à entrer dans un canal creusé au bout de la branche de laiton, et qui a même calibre; une vis de pression fixe la pointe d'acier dans cette position, ou permet de l'enlever pour y substituer, soit une tige garnie d'un crayon, soit une *allonge* pour tracer de grandes circonférences, soit enfin un TIRE-LIGNE.

Les *compas à pompe* sont destinés à tracer de très petits cercles. AB (fig. 11, pl. 10) est une tige de laiton dont la pointe B est en acier et fort aiguë : cette tige est entourée d'un fourreau CD qui peut glisser de haut en bas, et est retenue par un ressort à boudin *r*, lequel est destiné à remonter le fourreau lorsqu'on ne le pousse plus. Sur le côté de ce fourreau est fixée une lame d'acier trempé IH portant au bout un tire-ligne P qu'on peut écarter ou rapprocher de l'axe à l'aide de la vis de pression O.

Le *compas à cheveu* (fig. 12) a pour tête une lame d'acier qui fait ressort; la tige est pressée par une vis qui, entrant dans le bout de la branche de laiton, permet de donner à la pointe un aussi petit mouvement qu'on veut. Ce compas est très commode pour prendre une distance avec précision, de manière à n'en pas différer de l'épaisseur d'un cheveu, d'où dérive le nom qu'on lui donne.

Le *compas à trois branches* est un compas ordinaire à trois pointes sèches; il sert à prendre trois points à la fois, et à transporter des triangles d'un dessin sur un autre.

Le *compas d'artisan* est construit comme le compas ordinaire; seulement on le fait en fer et on lui donne une grande solidité pour pouvoir résister au travail.

Le *compas à verge* consiste en une longue règle portant deux boîtes de laiton, dont l'une est fixée à un bout, et dont l'autre est en forme de curseur et peut glisser le long de la règle pour être placée où besoin est. On l'assujettit par une vis de pression : la boîte fixe porte une pointe sèche ; le curseur peut à volonté présenter une autre pointe, ou un crayon, ou un tire-ligne. Cet instrument sert à décrire de très grands arcs de cercle, ou à mesurer de grands intervalles. On peut même diviser la règle en parties égales (lignes ou millimètres), et garnir le curseur d'un VERNIER et d'une vis de rappel propres à donner les petites fractions. Le compas à verge est d'un fréquent usage dans les Arts.

Compas à coulisse ou *de réduction,* pour réduire un plan dans un rapport donné. Cet instrument a, lorsqu'il est ouvert, la forme d'un X (fig. 13) ; la rotation se fait autour d'un axe placé quelque part sur la longueur des branches, en un point E qui coupe chacune d'elles en deux parties de même rapport. Si, par exemple, EA, EC sont le quart de ED, EB, il est clair que la distance CA sera le quart de BD. Si donc on veut réduire au quart toutes les lignes d'un dessin, on prendra ces distances BD avec les longues branches EB, ED, et l'on reportera sur la copie l'intervalle AC. Et comme l'axe E, autour duquel se fait la rotation est porté par une boîte M qui peut glisser dans des fentes pratiquées le long de CD et AB (*voy.* fig. 13 bis), on peut arrêter par une vis de pression cet axe sur tel point qu'on veut des branches, et les diviser ainsi dans un rapport donné. On trace même à la surface de la boîte M une ligne de repère, et sur le compas, des lignes qui marquent le lieu où l'axe doit se trouver, pour que ce rapport soit une demie, un tiers, un quart, etc.

Le *compas de proportion* est formé de deux règles en laiton parfaitement dressées et assemblées à charnière à l'un de leurs bouts, de manière à pouvoir écarter l'une de l'autre sous tous les angles. Quand on écarte le plus possible les règles, l'une se place dans le prolongement de l'autre, de manière à former une règle unique de longueur double : la charnière doit être travaillée de manière que cette condition soit exactement remplie, à l'aide d'un talon qui arrête le mouvement de rotation.

Les divisions tracées à la surface de ces règles servent à résoudre divers problèmes de géométrie, dans le détail desquels il ne convient pas d'entrer ici ; on a fait des livres pour expliquer ces nombreux usages, et le peu d'espace qu'il nous est permis de donner à cette matière, ne suffit pas pour de pareils développemens. Bornons-nous donc à exposer les principales propriétés du compas de proportion.

1°. Comme le mouvement de rotation sur l'axe est assez dur par l'effet du frottement, on peut, en laissant le compas ouvert sous un certain angle, s'en servir comme d'une ÉQUERRE pour tracer des parallèles ; et comme cet angle peut changer à volonté, on a ainsi une multitude d'équerres différentes qu'on choisit à son gré.

2°. On s'en sert comme de *fausse équerre* pour prendre tous les angles formés par deux plans, nommés *angles dièdres*.

3°. L'une des faces de chaque règle contient une ligne marquée de distances égales, et de numéros correspondans ; les distances partent du centre de rotation, où est le zéro de chacune des deux lignes qui viennent y converger. C'est ce qu'on appelle la *ligne des parties égales ;* elle sert à diviser toute longueur donnée par autant de points équidistans qu'on veut. On prend cette longueur avec un compas ordinaire et l'on ouvre le compas de proportion jusqu'à ce qu'en posant les deux pointes sur les divisions, elles tombent sur des numéros égaux, par exemple sur 80 et 80. Alors, si l'on veut couper la ligne en 5 parties, on prend le cinquième de 80 qui est 16, et laissant le compas de proportion arrêté sous la même ouverture qui vient d'être déterminée, on ferme le compas ordinaire jusqu'à ce qu'il mesure l'intervalle qui sépare les deux n°s 16 sur chacune des règles : cet intervalle est le cinquième demandé. On voit qu'il importe que le n° 80 qu'on a choisi pour fixer l'ouverture du compas de proportion, soit divisible exactement par le nombre 5 des parties qu'on veut trouver dans la longueur à partager. Dans cet exemple, il eût été plus commode d'ouvrir le compas de proportion, jusqu'à ce que les deux n°s 50 ou 100 eussent été écartés de la distance à diviser en 5, parce que le cinquième de 50 ou de 100 est plus facile à calculer que celui de 80.

4°. La ligne des parties égales peut servir d'*échelle* à tout plan qu'on voudrait faire, comme aussi à donner des longueurs qui soient toutes entre elles dans un rapport donné. Si, par exemple, on veut réduire au cinquième toutes les lignes d'un plan, après avoir ouvert le compas, ainsi qu'il vient d'être dit, jusqu'à ce que la distance entre les deux n°s 100 soit précisément égale à la longueur comptée, sur la ligne même, de 0 à 20, on conservera ce degré d'ouverture, et l'on sera assuré que deux divisions de même numéro sont écartées du cinquième de la distance, comptée de ce numéro jusqu'au centre de rotation.

5°. La *ligne des cordes* offre une disposition semblable à la précédente ; elle est tracée sur la face opposée. Ce sont encore deux lignes droites qui sont divisées en parties marquées des mêmes numéros ; mais ces parties ne sont plus égales comme ci-devant ; ce sont les longueurs des cordes des différens arcs de 1 , 2, 3 , 4... degrés pris dans un cercle de rayon déterminé.

Le n° 50, par exemple, appartient à l'arc de 50 degrés, en sorte que la distance de 50 à zéro, au centre de rotation, est la corde de cet arc de 50° ; le n° 60 appartient à la corde de 60°, et ainsi des autres.

Et puisque la corde de 60 degrés est le côté de l'hexagone régulier inscrit au cercle, ou le rayon de ce cercle, on voit qu'il est facile de retrouver ce rayon sur le compas même.

6°. Pour mesurer un arc de cercle, et par conséquent aussi un angle proposé, et savoir combien il a de degrés, ouvrez le compas de proportion jusqu'à ce que les deux n°s 60 de la ligne des cordes soient écartés l'un de l'autre précisément du rayon de l'arc proposé ; puis , laissant le compas ainsi ouvert, portez avec un compas ordinaire la corde de votre arc sur le compas de proportion, en faisant en sorte que vos pointes aillent aboutir à des n°s de même nombre ; ce nombre sera la graduation de votre arc.

7°. Le même procédé sert visiblement aussi à construire un angle ou un arc d'un nombre de degrés voulu, à couper un angle ou un arc en parties égales, à inscrire ou circonscrire un polygone régulier au cercle, etc.

Outre les lignes des parties égales et des cordes, on grave encore sur le compas de proportion diverses autres lignes, telles que celles des sinus, tangentes, etc. ; mais ce serait nous écarter de notre objet, que d'entrer dans tous ces dé-tails. Consultez à ce sujet l'Encyclopédie, au mot *compas de proportion.*

Le *compas d'épaisseur* est composé de deux branches en S, dont l'une est renversée de droite à gauche, et croisée sur l'autre, de manière à former le chiffre 8 ; on assemble ces branches à leur milieu par un simple clou qui les traverse, et qu'on rive des deux côtés. C'est autour de cet axe qu'on peut faire mouvoir les deux S, et ouvrir les extrémités plus ou moins, selon le besoin ; mais il faut que la distance de l'arc aux deux bouts des S, points où les branches se rencontrent et s'arcboutent quand le compas est fermé, soit précisément la même de part et d'autre, afin que l'écartement qu'on prend d'un côté soit absolument égal à celui qu'on trouve à l'autre bout.

Quelquefois aussi on donne à ce compas la figure d'un cercle formé de deux branches, à courbures égales et contraires, prolongées au-delà de l'œil autour duquel elles tournent, par deux branches droites, terminées en crochets; les pointes de ces crochets se touchent quand le compas est fermé, et s'écartent autant que les bouts des branches courbes quand il est ouvert.

En pinçant les parois opposées d'un corps entre les pointes de l'un des bouts de ce compas, on juge, par l'écartement des pointes opposées, de l'épaisseur du corps en cet endroit. On s'en sert fréquemment dans les arts; par exemple pour calibrer un axe, faire une vis de grosseur, amener une boule à un diamètre voulu, etc.

On se sert encore de beaucoup d'autres compas, tels que ceux de cordonnier, de chapelier, de charpentier; les compas russe, à ellipse, à balustre, à quart de cercle, etc. Ce sont des détails que nous ne pouvons admettre ici.   Fr.

COMPENSATEURS. (*Arts mécaniques.*) Les variations de température font changer le volume des corps; dans les Arts, il arrive quelquefois que cet effet est funeste, et il est alors d'une grande importance de s'y opposer, ou du moins de le prévoir. C'est ce qui arrive aux fourneaux de verrerie, aux appareils de distillation de la houille ou de l'huile, pour en retirer le gaz propre à l'éclairage, aux Tuyaux de métal qui sont destinés à porter la vapeur dans les ateliers que l'on veut échauffer, aux chaudières des machines à vapeur, etc.; il n'est pas rare de voir la maçonnerie, les tuyaux de métal, se briser sous l'influence alternative de la chaleur et du refroidissement. Enfin, il est peu d'arts qui n'aient à prévoir les effets des changemens de température.

C'est à l'horloger qu'il importe le plus de s'opposer aux dilatations et condensations, parce que les machines destinées à la mesure du temps n'ont de précision que sous cette con-dition. Que le pendule d'une horloge s'accourcisse par le froid, et ses oscillations deviendront plus promptes ; et quoique pour 20° à 30° de variation de température, l'allongement d'une tige de fer d'un mètre de longueur ne soit que de 0,244 à 0,366 de millimètre, la durée de chaque oscillation sera altérée d'une très petite quantité ; et ne le fût-elle que du dix-mil-lième de sa durée, au bout de 24 heures, au lieu de 86400, il y aura près de 9 oscillations de différence, et la marche de l'horloge aura varié de 9″ par jour. En général, il faut compter sur une seconde de variation diurne pour 0^{mm},023 de change-ment de longueur d'un pendule à secondes. (*Voy.* Pendule.)

Il importe donc à l'horloger de se mettre à l'abri d'une er-reur qui est si grave, et qui d'abord semble être inévitable. Mais on remédie à cet effet par un procédé très ingénieux, qui consiste à tirer de la cause même qui allonge le pendule, la force qui doit le ramener à son premier état ; en sorte qu'à chaque addition de chaleur nouvelle, le pendule se raccour-cissant précisément d'une quantité égale à son allongement, ce corps semble être insensible à la chaleur. C'est à ce système qu'on a donné le nom de *compensation*. Voici en quoi il consiste.

On remarque que les métaux ne sont pas également dila-tables pour des degrés égaux de température : par exemple, de 0 à 100°, une barre de 1 mètre de long se dilate de 1,22 mil-limètres quand elle est de fer doux forgé ; cette dilatation est de 1,88 millimètres pour le mètre de laiton, de $0,^{mm}086$ pour celui de platine, etc. (*Voy.* Dilatation.) Soit A (fig. 14, pl. 10) le point de suspension d'un pendule P formé de l'assemblage PD BE ; la lentille P est soutenue par la branche de fer P*l*, qui passe librement dans un trou pratiqué à la barre DC, et va se souder à la barre horizontale *mi* ; le châssis *nmin* est soudé à la barre inférieure DC ; ce cadre *nmin* est en cuivre jaune ; le cadre BDCE est en fer. Sous l'influence de la chaleur, la base DC descendra par l'allongement des branches verticales BD, EC ; il en sera de même de la branche P*l* ; telles sont les causes qui conspirent pour allonger le pendule. Mais le cadre de cuivre *nmin*, s'allongeant aussi, la base DC sert d'appui aux branches verticales *nmin*, et la barre horizontale *mi* s'élevant, tendra à remonter la lentille.

Pour qu'il y ait compensation entre ces deux effets, il faut donc que la tige de laiton *mn* s'allonge à elle seule autant que les deux tiges de fer BD, *l*P; on ne compte ici que les longueurs verticales d'un seul côté, parce que celles de l'autre côté ne sont là que pour la symétrie et pour assurer l'assemblage. Or, les dilatations de ces deux métaux n'étant à peu près entre elles que comme 5 à 3, le cuivre jaune n'est pas assez dilatable pour suffire à compenser l'allongement des deux barres de fer ; aussi ne peut-on se contenter d'un simple châssis de cuivre et d'un de fer, pour obtenir la compensation, et il faut redoubler ce genre d'appareil ainsi qu'on va le dire. Comme le zinc et l'acier ont de plus fortes différences de dilatation, M. Bréguet a employé ces métaux pour former la grille de compensation, sur le modèle de la fig. 14. Il aurait également pu se servir de platine et de cuivre.

Les pendules compensateurs sont communément fabriqués de châssis alternativement en acier et en laiton, disposés en forme de *grille*, comme on le voit fig. 15, où la lettre *f* désigne les tiges d'acier, et la lettre *c* celle de cuivre. La chaleur allonge toutes les branches verticales, et pourtant le centre d'oscillation de la lentille P reste constamment à la même distance de la suspension A. L'explication qui vient d'être donnée s'applique ici. La tige BD en s'échauffant tend à faire descendre le poids P, lequel entre librement dans des trous pratiqués aux barres horizontales inférieures DC, *ee*, et l'allongement de la branche de cuivre *ba* remonte la barre *bd*, plus même que la chaleur ne l'a fait descendre par l'allongement de BD, parce que le cuivre se dilate davantage que l'acier. D'un autre côté l'allongement de *de* abaisse le point *e*; l'allongement de *hi*, qui est fixé en *h*, remonte le point *i*, et aussi la lentille P.

En général, pour qu'il y ait compensation, il faut que si l'on compare la somme des longueurs des branches verticales de l'un des métaux, à la somme des longueurs de l'autre métal, ces nombres soient réciproquement entre eux comme les dilatations linéaires; bien entendu qu'on compte pour une seule les deux tiges verticales symétriques. Ainsi les longueurs des branches d'acier mises bout à bout devront être à celles des branches de cuivre comme 5 est à 3. Le calcul montre que la somme de celle-ci est une fois et demie la distance du centre d'oscillation de la lentille P, au point de suspension A. Si l'on emploie le zinc tiré avec l'acier non trempé, le rapport des dilatations sera 6 à 17, en sorte que les tiges de zinc ajoutées formeront à peu près la moitié de la distance du point de suspension au centre d'oscillation. Cette somme serait égaleà cette distance, si l'on employait le zinc coulé et l'acier, parce que le premier métal ne se dilate que deux fois plus que le second.

Ainsi, pour le pendule qui bat les secondes à Paris, les branches de compensation ajoutées feront une longueur de $1^m,3421$, ou de $545^{mm},42$, ou de $938^{mm},93$, selon que l'acier non trempé sera combiné avec le laiton, le zinc tiré ou le zinc coulé.

En multipliant la longueur d'un pendule par 1,3504, ou 0,5488, ou 0,9448, on trouve la longueur de laiton, de zinc filé ou coulé qui produit la compensation sur la tige d'acier.

On a beaucoup varié la forme des pendules à compensation; nous ne citerons que la suivante qui est seule quelquefois en usage. Graham, célèbre horloger de Londres, fixait son pendule à une branche de fer; il logeait dans la lentille même un vase de verre dans lequel était du mercure. Ce métal en se dilatant s'élevait dans le vase, et faisait monter le centre d'oscillation; et il proportionnait la forme du vase et la dose du mercure, de sorte que ce centre montât, par l'ascension du mercure, autant qu'il descendait par l'effet de la chaleur sur le pendule même.

Le bois n'est pas susceptible d'une dilatation sensible par la chaleur; les pendules, dont la tige est en bois, sont naturellement compensateurs. On enduit cette tige d'huile bouillante et on la vernit pour qu'elle ne puisse plus s'imbiber de l'eau de l'atmosphère : cependant nous devons ajouter que l'expérience n'a pas montré que ce système fût complètement bon. Il paraît que la torsion éprouvée par les fibres ligneuses, surtout quand le pendule a la forme d'une règle étroite et mince, suffit pour donner à la lentille des dispositions relatives à la règle, qui détruisent une partie de la vertu compensatrice du bois. On ne, peut donc employer les pendules à tige de bois dans les *régulateurs*, et on les réserve aux ouvrages d'horlogerie moins soignés. Nous recommandons beaucoup ces sortes de pendules dans les pièces de commerce, parce qu'ils sont peu coûteux et sont bien préférables à ceux de fer ou de cuivre.

On s'est habitué à regarder comme un ornement aux pendules la grille formée de tiges alternatives de cuivre et de fer : les pièces qu'on trouve dans le commerce ont de ces sortes de grilles, mais elles ne sont pas pour cela compensatrices : ce sont de simples ornemens qui imitent la compensation, et ne sont pas réglés pour la produire.

Les montres ordinaires sont sujettes à beaucoup varier par la chaleur ; car, outre l'effet que cette cause produit sur les huiles, on sent qu'elle accroît les dimensions du balancier et affaiblit la tension élastique du ressort spiral. Les CHRONOMÈTRES et montres marines sont donc pourvus d'un système de compensation, sans lequel elles ne pourraient donner la mesure exacte des durées.

Au limbe même du balancier AB (fig. 16), on soude des lames bi-métalliques mn, $m'n'$ formées de petites branches de fer et de laiton accolées ; leurs extrémités sont travaillées en vis, et l'on fait entrer de petites boules $n\,n'$ creusées en écrous. La chaleur, en s'accroissant, courbe les lames compensatrices mn, $m'n'$, et rapproche de l'axe de rotation C les boules n et n', parce que le cuivre est extérieur et s'allonge plus que le fer. Les masses agissent ainsi sur cet axe central C par un levier plus court, et il faut aussi moins de puissance pour les mouvoir ; mais en même temps la chaleur affaiblit le ressort ; le refroidissement éloigne au contraire les masses, les rend plus difficiles à animer en accroissant leurs bras de levier, et aussi augmente la force élastique du spiral. Il reste à trouver la compensation exacte entre ces causes contraires ; ce qu'on obtient en faisant entrer les masses $n\,n'$ plus ou moins dans les pas de vis. Des essais faits à diverses températures conduisent à ce résultat ; mais on sent combien la chose est délicate, parce que le balancier doit demeurer équilibré, et la montre réglée dans toutes ses positions, afin de conserver une marche constante malgré les mouvemens qu'on peut donner à la montre lorsqu'on la porte.

Bréguet emploie un système ingénieux de compensation approchée aux balanciers de ses montres de seconde qualité. Dans la fig. 1, pl. 5, nous avons gravé la lame bi-métallique qui est sous forme de deux arcs parallèles aux tours du spiral : l'un des bouts de cette lame est fixé à une *raquette ia*, l'autre bout *o* est libre et porte une *goupille o ;* une autre goupille *i* est attachée sur la raquette ; c'est entre ces deux obstacles *i* et *o* que bat, en jeu libre, le spiral dans ses excursions, dont la durée résulte de cette distance. Les variations de température, en déformant l'arc compensateur, déplacent quelque peu la goupille *o*, et changent la durée des oscillations. Il reste à établir la compensation entre ces effets ; ce qu'on réussit à peu près à faire par quelques essais tentés à diverses températures ; mais on sent que cette compensation est toujours incomplète. Comme la raquette C est mobile sur l'axe *a*, on peut changer à volonté la place des deux goupilles *i* et *o* emportées d'une rotation commune par la raquette C, et produire l'avance ou le retard, comme dans les montres ordinaires. Fr.

COMPOSITION des forces. Lorsque plusieurs puissances agissent ensemble sur un corps, elles équivalent à une ou deux autres produisant le même effet. La recherche de ces *résultantes* est ce qu'on appelle *la composition des forces. Voy*. Forces. Fr.

COMPOSTEUR. Instrument dont se sert l'ouvrier pour assembler les caractères d'imprimerie, et en former les mots et

les lignes de l'ouvrage qu'on veut typographier. *Voy.* Imprimerie.   Fr.

COMPTEUR. (*Arts mécaniques.*) Instrument qui est destiné
à dispenser un ouvrier d'être attentif aux mouvemens d'une
machine dont il veut compter les révolutions, ou les excursions alternatives de va-et-vient, et qui indique combien
de ces mouvemens ont été accomplis. C'est ainsi que dans les
filatures, où l'on forme le coton, le lin ou le chanvre, en
échevaux, sur un dévidoir, comme le fil de chaque écheveau
doit avoir mille mètres de longueur, on mesure le contour du
dévidoir, et l'on calcule combien de tours sont nécessaires
pour faire mille mètres; chaque fois que ce nombre de tours
sera effectué, l'écheveau sera terminé : le compteur doit donc
donner avis de cet instant. Il serait très long de décrire la
multitude d'appareils de ce genre. Nous nous bornerons donc
à donner les principes généraux de leur construction, et à
exposer les plus remarquables de ces machines.

Supposons qu'un *volant* soit emporté par sa circulation, et
qu'on veuille y adapter un mécanisme propre à faire connaître à tout moment le nombre de tours qu'il a effectués
depuis un instant déterminé. Qu'on construise un rouage dont
les pignons et les roues soient convenablement nombrés, et
qu'on établisse une communication entre le volant et cet
appareil, soit par une vis sans fin, soit par un pignon d'engrenage qui mettra tout en mouvement. Il est évident que
la rotation du volant se transmettra aux divers axes du
rouage, librement et presque sans résistance. D'après les
Nombres des dents on pourra juger aisément de la relation
qui existe entre les vitesses des axes respectifs et du volant.
Il sera même convenable, pour plus de facilité, de composer
les dentures de manière à réduire cette supputation à une opération très simple.

Et si l'on veut que l'ouvrier reçoive de la machine un
avertissement à une de ces révolutions, une goupille adaptée vers la circonférence de l'une des roues, en un point convenablement déterminé, attaquera un bras de levier qui

mettra un timbre en vibration, ou lâchera une détente, etc.

Dans la fig. 17, pl. 10, l'arbre A est supposé avoir la même vitesse que le volant d'une machine, c'est-à-dire faire un tour en même temps que ce volant : il porte un pignon *a* de 8 ailes, lequel engrène dans la roue B qui a 80 dents, et porte un pignon *b* de 9 ailes, lequel mène la roue C de 90 dents, et ainsi de suite ; chaque roue ayant toujours dix fois autant de dents que le pignon d'engrenage, afin que les vitesses des axes soient dans la proportion décuple. Ces axes portent chacun une aiguille $l, m, n, o, \ldots$ qui tourne au centre d'un cadran marqué de graduations $0, 1, 2 \ldots$ jusqu'à 9. On met d'abord chaque aiguille sur zéro ; ce qui est très facile, puisqu'elle n'est adhérente à son axe que par un frottement rude. Lorsque le mouvement de l'axe A se sera communiqué aux rouages, et qu'on voudra connaître combien de tours ont été exécutés par cet axe A, on lira le chiffre marqué par chaque aiguille sur son cadran : puisque chaque roue va dix fois plus vite que le pignon qui la mène, la cinquième aiguille q donnera le chiffre des cent mille ; la quatrième p celui des dix mille, etc. ; et enfin l'aiguille l le chiffre des unités.

J'ai vu un appareil de ce genre imaginé par M. Bréguet ; il a la forme d'une montre ; les axes n'y sont pas disposés dans un même plan comme nous l'avons dessiné dans la figure, pour mieux en montrer les effets ; mais ils sont disposés autour de l'axe A qui est au centre.

Il arrive quelquefois que le compteur est destiné à marquer la quantité de travail d'ouvriers qu'on n'a pas pu surveiller ; alors il ne faut pas que l'instrument soit mis à la disposition de ceux-ci, qui, intéressés à cacher leur négligence, pourraient pousser l'aiguille jusqu'au numéro qui indiquerait des résultats tels qu'on les attend de leur activité. Mais quelque soin qu'on mette à enfermer l'instrument, les ouvriers réussissent bientôt à détruire cet accusateur, ou à corrompre sa fidélité. M. Viard, ancien élève de l'École Polytechnique, a inventé, sous le nom de *logarithme mécanique*, un appareil très simple et très ingénieux qui mérite de trouver place ici.

Il est composé de plusieurs roues d'engrenage (fig. 18), comme dans l'exemple précédent; mais ces roues ont des nombres qui ne sont pas *rentrans*, et d'après les numéros indiqués par des aiguilles que portent les axes, on juge du nombre de tours exécutés ; on reconnaît encore s'il y a eu quelque supercherie dans la déclaration de ces nombres , attendu que les ouvriers ne pouvant rien comprendre à ces indications, ne les altéreraient qu'au hasard, sans pouvoir cacher leur fraude. Ce mécanisme ingénieux sert encore à donner des nombres prodigieusement grands avec peu de roues, et par conséquent peut avec avantage être appliqué aux machines dont la rotation est très rapide. Son seul défaut, et c'est précisément de là qu'il tire l'avantage d'être fidèle dans ses déclarations , consiste à exiger un calcul pour conduire au résultat demandé. Pour en expliquer la théorie, nous prendrons un exemple très simple.

Supposons qu'il s'agisse de connaître combien l'axe M (fig. 18) de la vis sans fin N fait de tours dans un temps donné ; on la fait engrener avec la roue A qui a 7 dents , laquelle mène la roue B de 9 dents, et celle-ci engrène avec C de 11 dents. Puisque chaque tour de la vis sans fin fait passer une dent de la roue A , autant il y aura de ces dents passées , autant l'axe M aura fait de tours. On fait porter à chaque axe une aiguille p, q, r indiquant des nombres sur un cadran divisé en autant de parties qu'il y a de dents à la roue ; car chaque aiguille indique le nombre de ces dents qui sont passées. Après un certain temps, on jettera les yeux sur ces cadrans et ces index , et l'on trouvera, par exemple, que, les aiguilles étant parties toutes ensemble de leurs zéros, marquent 5, 8 et 2 ; je dis qu'on peut conclure de ces résultats combien l'axe M a fait de tours. Désignons pour plus de généralité ces derniers nombres par a, b et c respectivement.

En effet, puisqu'à chaque filet de la vis sans fin N , il passe une dent de la roue A qui a 7 dents, il faut 7 tours de N pour un de A ; le nombre z de tours de N ou de dents passées dans A, est a, ou $a+7$, ou $a+14\dots$, ou enfin $z = a + 7x$, x étant le nombre inconnu de tours entiers accomplis par A. Si l'on n'avait que cette seule indication a, on resterait incertain entre tous ces résultats. Mais à chaque fois que la roue A fait passer une de ses dents, la roue B en fait aussi passer une, et comme B a 9 dents, le chiffre qu'elle indique atteste que le nombre z de tours de l'axe M et de la vis sans fin N, est aussi $z = b + 9y$, y étant le nombre inconnu de tours faits par B. On aurait de même pour la troisième roue C, $z = c + 11t$.

Or ces valeurs de z étant égales, les deux premières donnent cette équation indéterminée entre les nombres entiers inconnus x et y, $a + 7x = b + 9y$. Traitant cette équation par les méthodes usitées en algèbre pour ces sortes de problèmes (1), le calcul donne $x = 4(b - a) + 9\varphi$, φ étant un nombre entier, arbitraire, positif ou négatif : et par conséquent on trouve pour le nombre cherché, dans le cas où l'on n'a que les deux roues A et B,
$$z = 28b - 27a + 63\varphi.$$

De même, si l'on égale cette valeur de z à la troisième, qui est $z = c + 11t$, il viendra $28b - 27a + 63\varphi = c + 11t$; autre équation indéterminée entre les entiers t et φ, qui, traitée de la même manière, donne $t = 644b - 621a - 23c + 63u$, et par suite, en effectuant la substitution dans $z = c + 11t$,
$$z = 7084b - 6831a - 252c + 693u ;$$

u désigne ici un nombre entier quelconque. Par exemple, si la première roue A marque $a = 6$; la deuxième B, $b = 6$; la troisième C, $c = 0$, il vient $z = 1518 + 693u$: faisant $u = -2, -1, 0, 1, 2\dots$ on trouve que cette indication des trois roues suppose que l'axe M a fait l'un quelconque de ces

---

(1) *Voy.* mon Cours de Mathématiques pures, n°ˢ 118 et 565, où j'ai exposé la théorie qui sert à résoudre ces équations en nombres entiers.

nombres de tours : $z = 132, 825, 1518, 2211, 2904$, etc., résultats qui forment une progression arithmétique dont la différence est 693.

Le nombre des solutions est encore infini, il est vrai ; mais les résultats sont assez écartés pour que l'incertitude soit considérablement diminuée. Une quatrième roue d'engrenage l'affaiblirait encore ; et si au lieu des nombres simples 7, 9 et 11, que nous avons pris de préférence pour expliquer la théorie, nous eussions choisi des roues dont le nombre des dents fût plus compliqué, les valeurs de z données par la formule se seraient trouvées si écartées les unes des autres, qu'il n'y aurait, pour ainsi dire, plus eu aucune incertitude possible, parce que la progression aurait eu pour différence un nombre excessivement élevé, et qu'il ne serait pas possible de se tromper d'une quantité aussi grande. En effet, il suit de la théorie des équations indéterminées, que quand les coefficiens des inconnues x, y, z sont premiers entre eux, la différence de la progression arithmétique qui renferme toutes les solutions est le produit de ces coefficiens : cette différence serait donc le *produit des nombres de dents de toutes les roues*, produit qui pourrait être aussi grand qu'on voudrait, soit en prenant des roues très nombrées, soit en multipliant les rouages.

C'est ainsi que M. Viard, dans le compteur qu'il a mis à l'exposition de 1823, a pris pour exemple 4 roues A, B, C, D, dont les nombres respectifs sont 37, 35, 33 et 31. En négligeant les deux dernières, voici la formule qui donne le nombre z de tours de l'axe M, quand on n'emploie que deux roues A et B de 37 et 35 dents, que a et b sont les nombres indiqués par les aiguilles après la rotation, et que les mouvemens ont commencé à partir de zéro :

$$z = 630\, a - 629\, b + 1295\, \varphi.$$

Si l'on prend seulement les 3 roues A, B, C de 37, 35 et 33 dents en nommant a, b, c les numéros d'arrêt, lorsque la rotation a commencé à zéro, on a

$$= 3264030\, a - 3258849\, b - 5180\, c + 42735\, u.$$

Supposons, par exemple, qu'on ait trouvé $a = 5$, $b = 5$, $c = 4$, on aura $z = 5185 + 42735u$, savoir, $z = 5185, 47920, 90655\ldots$ ainsi l'on obtient $z = 5185$; l'axe M a donc fait 5185 tours; mais il en a pu faire aussi 47920, ou, etc. La différence entre ces résultats est trop grande pour qu'il puisse rester de l'embarras dans le choix.

M. Rieussec, habile horloger, s'est proposé d'obtenir les fractions de secondes par un mécanisme particulier : il a imaginé un compteur portatif qui permet d'estimer ces fractions avec précision. Les rouages, au lieu de faire tourner une aiguille qui marque les secondes sur un cadran fixe, ainsi que cela se fait communément dans les montres, font exécuter au cadran même un tour entier par minute. Vers le bord de ce cadran mobile, et en l'un des points du contour de la boîte, est placé un petit godet qu'on emplit d'encre d'imprimerie. Le fond de ce godet est percé d'un très petit trou, par lequel l'encre ne peut cependant pas s'écouler à cause de sa consistance. Au-dessus de ce trou est placé un *dard,* sorte de pointe très déliée qui, fixée au bout d'un levier, doit, lorsqu'on presse un bouton latéral, s'abaisser, plonger dans le godet, enfiler le trou qui est à son fond, et porter l'empreinte d'encre en un point du cadran mobile. La place de ce point permet de juger de la seconde, et même de la fraction de seconde, à laquelle le levier a été excité : on s'aide d'une loupe pour cette appréciation.

Le mécanisme de ce compteur est très ingénieux; comme il ne présente rien de compliqué, il n'est pas coûteux, et remplit très bien sa destination. Mais on sent que des rouages destinés à porter le poids d'un cadran mobile ne sont pas susceptibles de beaucoup de précision; que par conséquent si la fraction de seconde donnée par ce compteur est aisément obtenue, il n'en est pas de même du temps absolu : il faut fréquemment comparer sa marche avec un régulateur pour en connaître l'avance ou le retard actuel. D'autres causes altèrent encore la précision de cette machine, telles que l'action du poussoir, celle du levier, etc., dont l'effet n'a pas assez de promptitude. Bréguet imagina de faire un compteur qui eût la précision d'un chronomètre, et voici de quelle manière il réalisa son projet.

Le cadran est fixe, et porte, à l'ordinaire, des aiguilles d'heures, minutes, secondes, qui se présentent aux divers points d'un cadran divisé en 60 parties égales. L'aiguille des secondes AB (fig. 1, pl. 12) porte à son extrémité le petit godet B percé au fond, et plein d'encre d'imprimeur; ce godet est en tout semblable à celui que M. Rieussec emploie, mais il est ici mobile avec l'aiguille. Au-dessus de cette aiguille, et selon sa longueur, est un très petit ressort *mn* dont l'un des bouts porte le dard *n* au-dessus du godet, et dont l'autre extrémité *m* est fixée à l'aiguille : un *canon* P porte un empâtement, sur lequel pèse le levier moteur qui décide du moment où l'empreinte doit se faire. On voit en effet qu'à la volonté de l'observateur, en mettant ce levier en action, à l'instant même le dard *n* s'enfoncera dans le godet, et marquera un point sur le cadran qui restera fixe.

Mais comme il faut que cet effet soit rapide, et que cependant les mouvemens généraux du chronomètre ne soient pas altérés, Bréguet a apporté sur ce point tout son génie inventif. Une roue de Rochet M (fig. 2) porte un Barillet concentrique, lequel contient un ressort moteur qui y est tendu lorsqu'on l'a monté, ainsi que cela se fait pour toutes les montres : ce rochet est retenu par un Cliquet fourchu CE, en forme d'*ancre*, dont le centre de rotation est en D, et dont une branche C est seule en prise dans l'état ordinaire. Mais, dès qu'on pousse un bouton H, ce bras C est soulevé, le barillet tourne avec toute la vitesse que lui imprime son ressort : la petite lame d'acier Q a un bras *n* qui est poussé par la dent *p* que rien n'arrête plus; et comme le bras est un plan incliné, la lame Q est écartée en avant, puis retombe sur la dent suivante; c'est ce mouvement qui se communique à la pièce P pour lancer le dard *n*. D'ailleurs le bras E, qui entre en prise à l'instant où la branche C cesse d'y être, retient le barillet, pour que le ressort ne se débande que d'une petite quantité.

On fait des montres dont on arrête l'aiguille des secondes avec un repoussoir qui agit instantanément lorsqu'on le veut, quoique la montre continue à marcher. Mais ces pièces ne peuvent fractionner les secondes; l'aiguille, quand on lui rend la liberté, ne s'accorde plus avec celle des minutes, et l'on ne peut s'en servir que pour une observation isolée. M. Perrelet a imaginé un mécanisme ingénieux qui ramène, à volonté, l'aiguille des secondes au point où elle serait arrivée, si l'on n'en avait pas arrêté la marche. Mais cet appareil est coûteux et compliqué : M. Jacob a conçu un autre mécanisme beaucoup plus simple, dont l'effet est plus assuré. Il serait à désirer que cette invention fût plus connue. *Voy*. les Bulletins de la Société d'Encouragement pour l'année 1830, p. 270.

On a imaginé des *compte-pas* ou *odomètres* qui servent à mesurer la route qu'on fait en marchant ou en courant la poste. Ces machines sont construites sur les principes précédens, chaque pas ou chaque tour de roue faisant marcher les rouages et les aiguilles.   Fr.

CONDUITE. (*Arts mécaniques*.) Lorsqu'on veut amener de l'eau d'un lieu dans un autre moins élevé, comme il serait très dispendieux de se servir d'aqueducs, et que les rigoles à ciel ouvert supposent une pente uniforme qu'on rencontre rarement, on préfère employer des tuyaux qui suivent une ligne non interrompue, depuis la prise d'eau jusqu'au réservoir d'arrivée. Ces Tuyaux sont en bois, en grès, ou en fonte de fer, rarement en plomb, parce que ce métal est trop cher, et n'offre pas assez de résistance contre la pression de l'eau. On réserve le plomb pour faire les fortes courbures, ou bien aux endroits où l'on veut placer des robinets.

La conduite suit les pentes naturelles du sol, descend dans les lieux profonds, les fondrières, remonte sur les flancs des coteaux ; mais comme la pression de l'eau est très forte au fond des gorges, on ne peut s'y servir que de tuyaux en fonte.

En général, on doit éviter, d'une part, les coudes trop prononcés, les accidens du sol, etc. ; et de l'autre, cependant, il faut suivre autant qu'on peut le plus court chemin, pour diminuer la dépense. C'est contre ces deux difficultés que le constructeur est obligé de se tenir en mesure. Comme aux jarrets la vitesse de l'eau est très ralentie, on y emploie des tuyaux de plus gros calibre pour diminuer les frottemens, et l'on prend ces courbures d'un peu loin pour éviter les retours brusques, qui produisent des refoulemens nuisibles.

Quand les tuyaux sont en bois, l'un des bouts est aminci en cône, l'autre est élargi intérieurement, afin que le premier de ces bouts puisse être chassé dans le second du tuyau voisin, lequel y porte une FRETTE, pour empêcher qu'il ne s'éclate. On enduit les joints de *mastic à froid*. On fait entrer dans les trous et fentes du bois de la filasse, ointe de ce mastic : on peut aussi doubler en dehors les plaies, avec des lames minces de plomb qu'on *matte* ou rabat au maillet. Mais il faut en général rebuter les tuyaux qui ont des nœuds ou des gerçures.

Les tuyaux de grès sont évasés par un bout, et resserrés à l'autre, qui porte un collet extérieur de renforcement. On les unit bout à bout comme ci-devant, mais on emmaillotte de filasse le bout mâle pour l'introduire dans le suivant, en bourrant le joint avec cette filasse enduite de *mastic à chaud* (*Voy.* MASTIC), qui doit recouvrir en totalité le nœud, et s'incorporer au grès. Les nœuds sont ensuite recouverts d'un enduit de mortier à chaux et brique. Il arrive même souvent que pour mieux conserver la conduite, on l'enveloppe dans toute sa longueur d'une *chemise* de ce mortier ; mais cette dépense n'est pas toujours compensée par les avantages qu'on en retire.

Quant aux tuyaux de fer, les bouts ont des *oreilles* ou rebords préparés pour recevoir des brides. Entre deux bases, appliquées l'une à l'autre, on place une rondelle de cuir ou de plomb percée, pour le passage de l'eau d'un tuyau dans l'autre ; le tout est parfaitement serré par des écrous. On *matte* le plomb en dehors.

Enfin, les tuyaux de plomb se joignent bout à bout avec de

la Soudure, ou bien on rabat les bouts et l'on joint les bords par des brides, et quand on les adapte à des tuyaux en grès, ou en fer, ou en bois, la jointure se fait avec de la filasse et du mastic chaud.

Des *regards* ou petits puits doivent être laissés de distance en distance, pour reconnaître les joints qui perdent, et s'assurer des parties qui exigent réparation.

Comme l'eau entraîne toujours de l'air avec elle dans sa chute, celle qui entre dans les tuyaux emporte des bulles nombreuses, qui courent le long de la conduite; il en résulte des inconvéniens graves qu'il faut prévoir. Cet air, chassé par l'eau en mouvement, est bientôt abandonné en partie, surtout dans les coudes, où la vitesse se ralentit. S'il est nécessaire, pour obéir à la pente du terrain, de suivre les sinuosités en montant et descendant, l'eau qui frotte sur les parois des tuyaux, perd sa vitesse, et l'air se dégage. Cet air se loge dans les parties courbes les plus hautes, et lorsqu'il s'est accumulé en quantité suffisante, refoulé par la pression du liquide qui forme la charge, il s'amasse peu à peu dans les coudes des sinuosités élevées, y acquiert une force expansive capable de briser les tuyaux. Il peut en outre empêcher l'eau de couler; car ce coussin d'air, logé dans le coude qu'il remplit en entier, résiste à l'introduction de l'eau d'un côté de la conduite, et la ferme en entier; c'est une sorte de matelas d'air qui s'amasse, acquiert de la densité, et finit par boucher le passage, après avoir diminué peu à peu la quantité de l'écoulement. On a plusieurs moyens d'éviter ce mal.

Le premier se réduit à y placer un robinet, qu'on tourne pour laisser échapper l'air, toutes les fois qu'on s'aperçoit que l'eau cesse d'arriver; dès que les eaux des deux branches de la conduite se sont rejointes, on ferme ce robinet, et l'écoulement se rétablit. Ce procédé, qui permet d'évacuer les eaux de toute la conduite, lorsqu'elle exige des réparations, ou pour préserver les tuyaux des ravages causés par les fortes gelées, est très commode; mais il faut des soins perpétuels pour en gouverner les effets.

Le second, qui est le plus employé, se réduit à placer à ce coude une *ventouse*; on nomme ainsi un tuyau vertical enté sur la conduite, et soutenu par un arbre, un poteau, etc., un peu plus élevé que ne l'est le niveau de l'orifice d'entrée, et ouvert en haut. L'eau monte dans ce tuyau, y atteint à ce niveau même, et y demeure suspendue; on en recourbe l'extrémité pour empêcher les saletés de s'y introduire. Rien n'empêche même d'y construire un réservoir qui servirait de *château d'eau*, pour en dériver d'autres conduites, et porter le liquide en divers lieux. Le plus souvent on préfère ne mettre pour ventouse qu'un tuyau vertical très court, fermé d'une soupape pesante. Lorsque l'expansion de l'air est devenue assez forte pour forcer la soupape, il se crée de lui-même une issue, et jamais l'écoulement ne s'arrête. Cette soupape, semblable à celle de sûreté des machines à vapeur, ne doit guère peser plus que la quantité qui convient pour faire équilibre au poids de la colonne d'eau qui est au-dessus d'elle. *V*. Soupape et Écoulement.   Fr.

CONE. (*Arts de calcul.*) C'est un corps que les géomètres conçoivent engendré par la révolution d'une ligne droite en glissant sur le contour d'une circonférence de cercle qui est la *base*, et passant constamment par un point fixe pris hors de cette base, et qu'on nomme *sommet*. Le cône est *droit* quand l'axe, ou la ligne qui joint le sommet au centre du cercle, est perpendiculaire au plan de cette base; il est *oblique* dans le cas contraire. Les pains de sucre affectent la forme d'un cône droit. Lorsqu'un triangle rectangle tourne, en faisant sa révolution autour d'un des côtés de l'angle droit, c'est un corps de cette dernière espèce qui est engendré.

La surface d'un cône droit se trouve en multipliant 3,142 par le côté générateur et par le diamètre de la base, l'un et l'autre rapportés à la même unité. La surface est exprimée en carrés dont le côté est l'unité linéaire qui a servi à mesurer les facteurs.

La surface du tronc de cône droit à bases parallèles est le produit de 3,142 multiplié par le côté du tronc et par la somme des rayons des bases.

Si le cône est oblique, la surface s'évalue par Développement.

Le volume du cône est le produit de 1,047 multiplié par la hauteur et par le carré du rayon de la base, ou le produit de 0,2618 multiplié par la hauteur et par le carré du diamètre de la base : ces facteurs sont exprimés par la même unité, qui est le côté du cube pris pour unité de volume.

Celui d'un tronc de cône droit à bases parallèles s'obtient en multipliant 0,2618 par la hauteur du tronc et par le carré de la somme des diamètres des bases, moins le produit de ces diamètres.

Lorsqu'on coupe la surface d'un cône par un plan, il peut en résulter trois courbes différentes, selon la position qu'on donne au plan coupant. Si ce plan atteint les génératrices du cône d'un même côté du sommet, la courbe est fermée et ovale ; elle prend le nom d'Ellipse : ce serait un cercle si le plan était perpendiculaire à l'axe du cône. La courbe est indéfiniment ouverte dans tout autre cas ; on la nomme *parabole* quand le plan est parallèle à une génératrice, et *hyperbole* quand ce plan n'est pas parallèle. Fr.

CONTROLE *des matières d'or et d'argent*. Pour garantir au public les quantités de métal pur et d'alliage contenues dans tous les objets de commerce, bijoux, lingots, pièces d'orfèvrerie, etc., l'administration publique marque d'un poinçon ces divers ouvrages : elle constate ainsi que le titre est conforme aux règlemens qu'elle a prescrits.

Le droit du fisc est réglé par la loi du 19 brumaire an VI. Le Titre, c'est-à-dire le degré de pureté des métaux, s'évalue en indiquant combien de millièmes du poids total est en métal pur (art. II) ; ainsi *l'argent est dit à 950 millièmes de fin*, pour désigner que sur un poids quelconque, il y a 950 millièmes de ce poids qui sont en argent pur, et que le reste (ou 50 millièmes) est en alliage ; c'est-à-dire que le 20ᵉ de ce poids est en cuivre, et le reste en argent pur.

Il y a trois titres légaux (art. IV) pour les ouvrages d'or : savoir à 920, à 840 et à 750 millièmes de fin ; ceux d'argent doivent être à 950 ou à 800 millièmes. C'est au fabricant à allier ses matières dans la proportion nécessaire pour atteindre ces degrés de pureté ; mais comme il est difficile d'y arriver en toute rigueur, la loi permet de s'écarter jusqu'à 3 millièmes pour l'or, et 5 millièmes pour l'argent, du titre qu'elle a prescrit ; c'est ce qu'on nomme la *tolérance*, ou le *remède d'aloi* (art. V). Le fabricant donne d'ailleurs à ses ouvrages celui des titres légaux qu'il préfère, et les marques d'un *poinçon* à son usage, qui constate qu'il en est auteur. Un second poinçon, dont l'administration marque les pièces, en atteste le titre par les n°s 1, 2 et 3, indicatifs du degré de pureté, le n° 1 désignant le plus pur. On se sert en outre d'autres poinçons, savoir, celui du *bureau de garantie,* avec la contre-marque, ceux des ouvrages venant de l'étranger, les poinçons spéciaux pour l'horlogerie, etc. Dix années de fers sont la peine infligée aux fabricans de faux poinçons ; les graveurs des monnaies ont seuls l'autorisation d'exercer ce genre d'industrie, sous la surveillance de l'administration des monnaies.

Le fabricant d'une pièce quelconque d'or et d'argent la porte au bureau de garantie ; elle est essayée, et le droit (article XXI) qu'on est astreint à payer, est de 20 fr. par hectogramme d'or (ou 6^f,1188 par once), et de 1 fr. par hectogramme d'argent (2^f,4275 par marc). On paie en outre le droit d'ESSAI ; le premier à raison de 3 fr. par hectogramme d'or, et 40 centimes par kilogramme d'argent. Quand l'essai de l'or est remplacé par le *touchaud,* on ne paie que 90 centimes par hectogramme. Il faut ajouter à ces droits le décime (ou le 10e de la somme). Le bouton de métal sur lequel on fait l'essai, et qu'on a enlevé de la pièce ouvragée, est restitué ensuite au propriétaire.

Enfin le titre des lingots, avant de les livrer au commerce, est constaté par une marque spéciale et des chiffres qui désignent ce titre. Le droit est de 8^f,18 par kilogramme d'or (2 fr. par marc), et 2^f,45 par kilogramme d'argent (60 centimes par marc).

Les objets de hasard ne paient aucun droit pour recevoir un nouveau contrôle, appelé *recense,* quand l'administration change ses poinçons, pourvu que ces objets soient présentés dans un délai fixé. Les ouvrages venus de l'étranger paient les droits de contrôle ; on restitue au contraire ces droits aux objets neufs qui sortent du royaume.

L'essayeur est garant du titre qu'il a attesté par son poinçon, et doit indemniser à ses frais les parties plaignantes, lorsque les objets sont à un titre inférieur à celui qui est indiqué ; il est en outre passible d'une amende. Quand un ouvrage n'est pas à l'un des titres légaux, on le marque du titre immédiatement au-dessous, sauf la *tolérance :* on le brise quand son titre est plus bas que le moindre titre légal.   Fr.

COR. (*Arts mécaniques.*) Un tube sonore doit être d'autant plus long qu'on veut en tirer des sons plus graves, en y mettant la colonne d'air en vibration ; mais alors ce tube cesse d'être portatif (comme cela arrive aux grands tuyaux d'orgue), à moins qu'on ne le roule ou le replie sur lui-même. La plupart des instrumens à vent sont dans ce cas. (*V.* Basson.) Le cor est un de ces tubes qu'on a contourné en spirale pour en diminuer la longueur ; le canal va d'ailleurs en croissant de diamètre jusqu'à s'évaser en un large *pavillon*, où l'on insère la main pour modifier les sons, ainsi que nous allons le dire.

Le cor est en laiton , composé de tubes qu'on soude bout à bout, après qu'ils ont été courbés selon des formes et des dimensions réglées sur des modèles. Chacun de ces tubes est contourné en le graissant intérieurement, y coulant du plomb fondu ; puis, lorsque le métal est redevenu solide par le refroidissement, on travaille le tube au marteau jusqu'à ce qu'il ait reçu la forme qui lui convient. Le plomb soutient le laiton et l'empêche de se déchirer quand on le frappe. On expose ensuite ce tuyau au feu, pour faire fondre le plomb et vider le tube. Comme l'outil ne peut pénétrer au fond des courbures pour enlever les grains de plomb qui adhèrent au cuivre, le conduit est recouvert d'aspérités provenues d'une sorte d'étamage. Le vent y court moins librement , et la poitrine de l'exécutant fait des efforts plus pénibles. On introduit dans les courbures du tube de petits troncs coniques d'acier qu'on y fait sauter pour frotter les parois ; ces cônes sortent ensuite aisément par la partie où le tube s'épanouit. On a d'ailleurs de ces cônes de tous les calibres. Les cors de M. Raoul passent, parmi les artistes, pour avoir aussi une très belle qualité de son.

L'extrémité antérieure du cor n'a qu'une ouverture d'environ 3 lignes et demie de diamètre, qui sert d'entrée au tube sonore ; on y enfonce un bocal nommé *embouchure* ; c'est une sorte d'entonnoir en argent ou en laiton, dont la partie évasée a sa paroi d'une ligne d'épaisseur et une ouverture de 8 lignes de diamètre ; le bout opposé entre à frottement dans le tube du cor, sans laisser passer l'air entre les deux parois : les exécutans sont très difficiles sur la forme et les dimensions de cette embouchure, d'où dépend en grande partie le son qu'ils produisent. On chasse le vent avec les poumons dans cette embouchure pour y exciter les vibrations de la colonne d'air : c'est en serrant les lèvres et poussant le vent de manière à produire un craquement que cette vibration se produit : il faut *péter* avec la bouche dans l'ouverture du tube. Plus on lâche les lèvres, et plus le son est grave. Certains artistes sont plus exercés à produire des sons aigus, et font la partie de *dessus* ; d'autres font les *seconds cors* : il est rare qu'un même individu soit aussi habile à l'une de ces parties qu'à l'autre, parce que chacune exige un travail particulier, et que les qualités nécessaires à l'un excluent celles que l'autre doit avoir.

Le ton que rend naturellement le cor étant appelé *ut*, lorsque la colonne d'air vibre en entier, on obtient ses harmoniques *mi* et *sol*, en modifiant la vitesse du vent dans l'embouchure : l'accord parfait *ut*, *mi*, *sol* est donc rendu très aisément. Mais on réussit par un travail particulier des lèvres à produire aussi d'autres sons ; au-dessous de cet accord on fera *si*, *la* et *sol* ; au-dessus on peut rendre tous les sons en poussant le bout des doigts dans l'ouverture extérieure du pavillon, ce qui ralentit assez la vitesse de l'air pour produire les demi-tons, c'est-à-dire les notes diésées ou bémolisées : le *fa* et le *la* qui sortent faux peuvent devenir justes par le travail et l'exercice ; le *re*, qui ne sort que très difficilement à la première octave, se fait assez bien entendre. Quant aux notes de la gamme supérieure, on peut les rendre toutes, parce que la colonne d'air se fracture d'elle-même en ses aliquotes, quand on l'attaque convenablement. *V.* Son, et Cordes vibrantes.

Le cor, dont les sons ont tant d'éclat, de douceur et de mélodie, et font sur l'âme un effet si touchant, est un des instrumens les plus bornés dans ses ressources. Rien n'est plus noble et plus mélodieux que les passages chantés par le cor dans un mouvement un peu lent ; mais pour les rendre avec expression, l'exécutant doit vaincre une foule de difficultés, tant pour obtenir la justesse des tons, que pour passer, sans saccades, des sons bouchés aux sons pleins et ouverts, et pour rendre les effets musicaux que l'auteur a imaginés : la force physique et l'organisation naturelle viennent encore multiplier les obstacles.

Pour rendre possible l'exécution de certains traits dont l'intonation présente trop de difficultés, on construit des cors sur divers *diapasons*, c'est-à-dire qu'on a des cors dont la longueur du tube est telle, que le son qui en sort naturellement est *ut* pour l'un, *re* pour l'autre, *mi* pour un troisième.... Ici comme pour la clarinette, le musicien qui joue un cor en *re*, fait réellement *re*, *fa*, *la*, quand il croit donner *ut*, *mi*, *sol*, sur un cor en *ut*. Si l'auteur indique que le cor est en *re*, l'exécutant devra prendre celui de ses instrumens qui est établi sur le diapason de *re*.

Le tube du cor n'est pas continu dans toute sa longueur ; on le fracture en trois pièces, qui se rajustent bout à bout en un seul tube, en faisant entrer, à frottement doux, le bout d'un des tubes dans celui de l'autre, de manière que le vent ne puisse s'échapper entre les deux parois. Voici la raison de ce procédé.

L'un de ces tubes additifs est susceptible d'entrer ou de se retirer, et par suite on peut donner à la colonne vibrante une longueur un peu variable. Le musicien choisit celle de ces longueurs qui met son instrument d'*accord* avec les autres, c'est-à-dire qu'il met son *ut* juste à l'unisson de l'*ut* produit par un autre instrument.

L'autre tube additif prend le nom de *corps de rechange :* comme on en a de plusieurs sortes, la colonne sonore est susceptible d'acquérir diverses longueurs qui modifient le diapason général. Le cor en *ut* deviendra en *mi♭* par un simple changement de corps de rechange, qui diminue la longueur totale du tube, assez pour que le diapason soit haussé d'un ton et demi. Il y a des corps de rechange pour les tons de *re*, *mi♭*, *fa*, *sol*, *la*, *si♭*. On entre le corps de rechange jusqu'à un bourrelet qui s'y trouve et sert d'arrêt; et l'accord de cet instrument avec les autres n'est point changé.

On a récemment imaginé de percer le tube du cor par des trous, comme la clarinette, et de boucher ces trous par des pistons qu'on meut avec la main. Les *cors à piston* n'ont pas encore acquis la naturalisation; les artistes y désirent la qualité de son qui est le principal mérite du cor. Ces espèces de clés dispensent des corps de rechange, et permettent de jouer toute composition musicale.

Le ton naturel le plus grave d'un cor en *ut* est le *sol*, que rend à vide la deuxième corde filée du violoncelle : on produit ensuite quatre octaves en montant vers l'aigu. Plusieurs de ces sons sortent plus facilement ou avec plus de justesse que d'autres; c'est à l'artiste à s'en rendre maître par le travail et l'habitude. La longueur du tube entier n'est pas conforme à celle que doit avoir un tuyau d'orgue ouvert qui rend le même son, parce que ce tube va en s'évasant depuis 3 lignes environ, qui est le diamètre d'entrée de l'embouchure, jusqu'au pavillon, où le tube s'est épanoui et acquiert 10 pouces de largeur. L'entrée du pavillon se rétrécit presque subitement à environ 4 pouces ou 3 pouces et demi. La partie du tube qui porte le pavillon a 7 pieds de développement ; le tube qui sert à accorder a 2 pieds et demi ; les corps de rechange ont ensuite diverses longueurs ; celui de *fa*, par exemple, a 4 pieds ; ce qui fait en tout 14 pieds pour le cor en *fa* : les autres cors ont des longueurs dépendantes de leur diapason. *V.* Son et Cordes vibrantes.

Le *cor de chasse* ne diffère du bel instrument que nous venons de décrire, que parce qu'il est tout d'une pièce, et n'a pas de corps de rechange. On le joue sans mettre la main dans le pavillon, et par conséquent on ne peut dans les octaves inférieures que produire quelques sons, et dans les supérieures aucune note diésée ou bémolisée ; le *fa* et le *la* y manquent de justesse. La musique doit être composée exprès pour ces circonstances : aussi cet intrument n'est-il en usage que pour produire des sons éclatans qu'on puisse entendre au loin, pour avertir les chasseurs des événemens qui les intéressent, en chantant des airs convenus : c'est une langue de convention, faite pour être entendue à de grandes distances.

CORAIL. Cette élégante production marine ressemble à un arbre dépouillé de ses feuilles ; elle est fixée aux rochers par un empâtement, et s'élève au plus à 3 décimètres de hauteur perpendiculairement au rocher ; ses rameaux s'ouvrent presque à angle droit.

La substance du corail est dure, calcaire, formée de couches concentriques, striée, d'une couleur rouge éclatante. Elle est recouverte d'une chair vivante, qui est celle de l'animal créateur de cette production ; cette chair, en se desséchant à l'air, forme une couche friable. Le corail naît depuis 3 jusqu'à 300 mètres et plus de profondeur. On le pêche en faisant descendre une drague formée de branches de fer, en croix horizontale, auxquelles il s'accroche.

Le tissu du corail a un grain fin et compacte comme du marbre ; il est susceptible de recevoir un beau poli. On en fait des croix, des colliers et autres bijoux très élégans.

On trouve principalement le corail sur les côtes de la Méditerranée. Les anciens lui attribuaient mille vertus chimériques, et en composaient comme nous des ornemens de luxe. Les Orientaux en font un cas particulier. Il est commun dans les archipels de l'Asie, de l'Océanie, etc.

FR.

CORDAGES. (*Arts mécaniques.*) Les principes établis par Duhamel Dumonceau vers le milieu du dernier siècle, dans son Traité de la Corderie, ont servi de règle jusqu'à présent pour la fabrication des cordages.

La pensée que l'on pouvait, par l'assemblage et le tortillement de quelques brins de l'écorce filamenteuse du *chanvre,* former des cordes longues, flexibles, et capables de supporter les plus lourds fardeaux, est une de ces idées-mères qui ont donné naissance à une infinité d'arts industriels ; mais ici nous ne l'envisageons que sous le rapport de l'art du cordier.

Parmi toutes les substances filamenteuses qu'on pourrait employer à la fabrication des cordages, le chanvre est celle qu'on préfère ; il est plus fort, plus long, plus souple et d'un prix moins élevé que les autres filamens, et il se prête parfaitement à toutes les opérations successives qu'exige la fabrication de câbles. Nous supposons ici que le cordier le reçoit par *peignons* prêts à être filés, et qu'il n'a d'autre soin que de choisir la qualité qui convient au cordage qu'il fabrique.

Les cordes de coton étant moins sujettes à l'effet hygrométrique et ayant plus d'élasticité que les cordes de chanvre, sont employées de préférence et concurremment avec les cordes de boyaux, pour l'usage des mécaniques. L'écorce de tilleul dépouillée de son épiderme extérieur sert à faire des cordes à puits. On a fait en dernier lieu des cordes de fils métalliques, fer ou cuivre, qui présentent une grande force, mais peu de flexibilité ; elles ne pourraient pas servir à des manœuvres courantes où les inflexions seraient fréquentes et brusques : leur usage paraît devoir se borner à suspendre des ponts, des cloches de gazomètre, des lustres et tous autres objets excessivement lourds. On sait que la force d'un fil de fer de 1 millimètre de section est de 35 à 36 kilogrammes.

Le travail de la *fabrication des cordages* se divise en deux parties distinctes, *filer* et *commettre*. On dit qu'un cordage est *blanc* quand il n'est pas goudronné, et qu'il est *noir* quand il est imprégné de goudron : celui-ci a une façon de plus.

En général, on distingue deux espèces différentes de cordages : les uns qu'on peut nommer *simples*, parce que le cordier, au moyen d'une seule opération, convertit les fils en cordes. On leur donne le nom d'*aussières*.

L'autre espèce de cordage, qu'on peut regarder comme composé, est formée d'un certain nombre d'aussières *commises* ensemble ; on les appelle des *grelins*.

Ces deux sortes de cordages se subdivisent encore en un certain nombre d'autres, qui ne diffèrent entre eux que par leur grosseur et leur usage. On nomme *bitord* la plus petite et la plus simple des aussières, qui n'est composée, comme le nom l'indique, que de deux fils tortillés ensemble. On donne le nom de *merlin* à l'aussière composée de trois fils : c'est de la ficelle en deux et en trois fils.

Ainsi, pour procéder graduellement et donner une idée de l'art de la corderie, nous commencerons par expliquer comment on obtient le *fil de carret* : c'est le nom qu'on donne aux fils destinés à la fabrication des cordages, pour les distinguer de ceux qui servent à coudre, à faire des toiles. Nous expliquerons, en second lieu, la fabrication des petites ficelles, *bitords* et *merlins*; et des *aussières* composées de trois ou d'un plus grand nombre de *torons*. Viendra ensuite la fabrication des *grelins* blancs ou noirs.

Fil de carret. — L'art de filer consiste, en général, à répartir très également et sans interruption les brins des matières filamenteuses à côté et à la suite les uns des autres, et à les réunir par un certain degré de torsion qu'on leur donne en même temps, de manière qu'étant tortillés les uns sur les autres, on

les romprait plutôt que de les désunir. La finesse du fil est
en raison du nombre de brins dont on le compose. On ne peut
faire du fil très fin et bien égal qu'avec des matières extrêmement divisées.

Les ateliers des fileurs de fils de carret sont ordinairement à
découvert, le long des murs d'une ville, d'un jardin, dans
une allée, dans un fossé ; mais, le plus qu'il est possible, à l'abri
du vent et du soleil. Le sol doit en être horizontal et uni. On
a dans les ports de mer des corderies à couvert, afin de pouvoir
travailler en toute saison.

Les instrumens d'un fileur consistent dans un rouet à plusieurs broches et un touret ou dévidoir.

Le *rouet* se compose d'un madrier sur un des bouts duquel
s'élèvent deux montans qui vont soutenir une grande roue à
manivelle. Sur l'autre bout de ce madrier s'élève un troisième
montant qui supporte, conjointement avec les deux premiers,
un banc horizontal parallèle au madrier. Une poupée est fixée
sur ce banc à l'aide d'un coin, et avec la faculté de pouvoir
s'éloigner ou se rapprocher de la roue, pour qu'on puisse, au
besoin, tendre ou lâcher la corde ou la courroie qui transmet
le mouvement de la roue aux broches à crochets que porte la
poupée ; ces broches sont garnies de poulies ou de mollettes
d'un très petit diamètre par rapport à la roue, afin que celle-
ci, quoique tournant très lentement, donne une grande vitesse
aux broches, lesquelles étant distribuées sur une portion de
cercle qui présente sa concavité du côté de la roue, participent
également au frottement de la corde ou de la courroie qui
les embrasse. Ces rouets, dans les grandes corderies, sont ordinairement de onze broches, parce qu'un homme appliqué à
la roue peut en faire tourner ce nombre ; mais dans les petits
ateliers, ils n'en ont que cinq ou sept ; alors il suffit d'un enfant pour faire tourner la roue. *Voy*. la fig. 2, pl. 11.

Le *touret* est une espèce de dévidoir sur lequel on enveloppe
le fil, et où il demeure jusqu'au moment de l'ourdissage et du
commettage des câbles. Ce touret est formé de deux croisillons
en bois, tenus parallèlement entre eux, à une certaine dis-

tance, par quatre bâtons qui en composent le noyau. Un ou deux hommes le font tourner sur une broche en fer qui traverse les deux croisillons par leur centre, et qui est fixée horizontalement contre un mur ou contre un poteau.

Ces deux instrumens étant placés à une des extrémités de l'atelier, chaque fileur prend un *peignon* de chanvre, qu'il attache autour de sa ceinture, et qui puisse fournir un fil de la longueur de la corderie. C'est le maître fileur qui commence seul ; il fait une petite boucle de chanvre, qu'il engage dans le crochet J de la première broche G du rouet, que le tourneur de roue fait mouvoir aussitôt : fournissant alors du chanvre à mesure qu'il s'en éloigne à reculons, il forme un bout de fil de carret ; et puis enveloppant ce fil avec un bout de lisière de drap, qu'on appelle *paumelle*, il le serre fortement en tirant à lui d'une main, tandis que de l'autre il empêche le tortillement de passer plus loin, jusqu'à ce qu'il ait bien, avec l'autre main, disposé le chanvre qui doit servir à prolonger le fil ; alors il continue, en reculant à petits pas, et serrant toujours le fil avec la paumelle, à mesure qu'il se forme. Pour ne pas le laisser traîner par terre, il a soin de le faire passer, en élevant les bras, sur les *chevalets* ou *râteliers* placés de distance en distance dans sa direction.

Le premier fileur étant éloigné du rouet de 4 à 5 brasses, deux autres fileurs commencent en même temps, ainsi de suite, jusqu'à ce que toutes les broches G soient occupées. De cette manière le travail se fait sans confusion ; les fileurs arrivant au bout de la filerie les uns après les autres, dans le même ordre qu'ils ont commencé, se trouvent avoir le temps nécessaire pour dévider leurs fils, sans être obligés d'attendre les uns après les autres.

Le premier fileur étant parvenu au bout de la filerie, en donne avis, par un cri, aux ouvriers qui gouvernent le rouet ; un de ceux-ci détache son fil du crochet de la mollette, et le passe sous une petite poulie fixée au plancher de la corderie, vis-à-vis un touret ; et après l'avoir tortillé avec une corde molle faite d'étoupe, qu'on nomme *livarde*, et l'avoir chargé à cet endroit d'une pierre, il attache le bout du fil au tambour du touret, qu'un ou deux hommes font tourner. Un petit garçon qui tient ce fil enveloppé dans une seconde livarde, le distribue également sur toute la longueur du touret. Le passage du fil dans les livardes a pour objet de l'unir par un frottement continuel, de le serrer fortement sur le tambour du touret, et de lui ôter l'excès de tortillement qu'il peut avoir. A cet effet, le fileur, qui n'a point abandonné son fil, l'attache au crochet d'un petit *émerillon* (1) qu'il tient à la main, et qui lui permet de se détordre autant que cela est nécessaire.

Le fileur, arrivé auprès du rouet, décroche le fil de celui des fileurs qu'il sait être le plus près du bout de la filerie ; il le joint en le tortillant au bout de son fil qui vient d'être enveloppé sur le touret, ce qu'on appelle *épisser*. Le fileur, qui sent que son fil ne se tortille plus, cesse de filer, et marche en avant, obéissant à la force du touret qui entraîne son fil ; il arrive à son tour auprès du rouet, où il se comporte comme le premier fileur, qui ne l'a point attendu pour recommencer un nouveau fil. Les autres fileurs, revenant successivement auprès du rouet, épissent de même leur fil au fil précédent, de façon que le rouet et le touret soient toujours en mouvement.

Le touret étant suffisamment chargé de fil, est transporté au magasin des fils de carret, et il est remplacé immédiatement, sur le même axe, par un autre touret vide.

Un fil de carret est jugé de bonne qualité quand il est uni, bien égal, bien serré, quand les brins de chanvre ne sont point repliés et ne présentent point de mèches à la surface, lorsque tous sont roulés également en longues spirales.

Des expériences ont prouvé que plus les fils de carret sont fins, et plus les cordages ont de force. La règle adoptée dans

---

(1) L'émerillon se compose d'un crochet dont l'axe prolongé tourne librement dans une douille que porte un anneau par lequel on l'attache au chariot.

les grandes corderies, est que le fil de carret pour les gros cordages doit porter de 3 à 4 lignes et demie de circonférence, et pour les petits et moyens cordages, de 2 à 3.

Le chanvre de *premier brin*, ou de première qualité, quand d'ailleurs il est bien affiné, bien espadonné, bien peigné, ne doit donner à la filature qu'environ 3 à 4 pour 100 de déchet. Le chanvre de second brin en donne de 8 à 10 livres pour 100.

On compte que chaque fileur doit fournir par jour de 60 à 70 livres de bon fil de carret de premier brin.

Bitord. — On désigne par le mot de *commettage* la réunion de plusieurs fils par le tortillement, pour faire des ficelles, des *torons*, des *aussières*, des *grelins*.

Le rouet ordinaire du fileur, dont nous avons fait la description, peut servir au commettage des ficelles et des petites cordes, mais il manquerait de force pour câbler les gros cordages. Nous allons décrire avec figures celui dont on fait usage pour cet objet. *Voy.* pl. 11, fig. 1 et 2.

A, deux plaques en fonte maintenues parallèlement entre elles par des entre-toises en fer, qui servent de cage aux rouages du mécanisme.

B, pignon qui reçoit son mouvement d'une manivelle, et dont l'axe a la faculté de glisser dans ses collets, afin de pouvoir engrener et désengrener. C, roue mise en mouvement par le pignon B. D, pignon concentrique avec cette dernière roue. E, grande roue menée par le pignon D. F, quatre pignons égaux recevant le mouvement de la grande roue E, qu'ils communiquent à autant de crochets G, fixés avec des clavettes sur leurs axes prolongés au dehors de la cage. On sent qu'on pourrait mettre un plus grand nombre de ces pignons, si le commettage l'exigeait.

J, quatre crochets à douille, auxquels sont accrochés directement les torons.

Lorsque le cordier n'a à faire qu'une corde à deux fils, il n'emploie que deux des crochets de son rouet. Après avoir attaché son fil à un d'eux, il l'étend en le passant sur les chevalets, et va l'accrocher à un poteau placé à une distance égale à la longueur qu'il veut donner à sa ficelle. Il en place de même un second parallèlement au premier; ou bien, ce qui se fait ordinairement, c'est le même fil qu'il passe sur un crochet, ou une petite poulie, que porte le poteau, et puis il revient l'attacher au second crochet du rouet, de sorte que le second fil n'est que le prolongement du premier. Ce dernier moyen est préférable au premier, parce que la tension égale des deux fils, qui est de rigueur, s'obtient plus facilement, surtout si le poteau porte une poulie au lieu d'un crochet. Cet arrangement de fils se nomme *ourdissage,* aussi bien pour les grosses que pour les petites cordes.

Le cordage étant ainsi ourdi, le cordier prend les fils à leur point de réunion au poteau, et les attache au crochet d'un *émerillon,* qu'une corde passant dans son anneau attache à son tour à un chariot chargé de plus ou moins de pierres, suivant qu'on veut avoir un commettage dur ou mou. Alors le cordier prend le *toupin* qu'on appelle aussi *cabre,* *masson, cochoir, sabot, gabieu :* c'est un morceau de bois en forme de cône tronqué, de grosseur proportionnée à la corde qu'on veut faire; il est sillonné dans sa longueur d'autant de rainures que la corde doit recevoir de cordons; ces rainures, arrondies dans le fond, ont une profondeur au moins égale au rayon du toron. Il dispose ce toupin entre les deux fils qu'il a étendus, de manière que deux rainures diamétralement opposées reçoivent chacune un fil, et que la pointe du toupin touche au crochet de l'émerillon. Cette disposition terminée, il ordonne de tourner le rouet pour que chacun des fils prenne un plus grand degré de torsion, ce qui les raccourcit, le chariot n'y mettant qu'un léger obstacle. Lorsque le cordier juge que le tortillement des fils est suffisant, il éloigne le toupin de l'émerillon, et le fait glisser sans interruption jusqu'au rouet, qui n'a pas cessé de tourner. Par cette opération, les deux fils se rassemblent, se roulent l'un sur l'autre et forment une corde qui ne tend plus à se détordre, ainsi que le fait un fil simple, quand on vient à l'aban-donner à lui-même.

Merlin. — Ce que nous venons de dire relativement à la fabrication du bitord, s'applique à celle du merlin. Au lieu d'ourdir sa corde à deux fils, le cordier l'ourdit à trois, en observant de leur donner la même tension. Alors, prenant un toupin à trois rainures, il le place entre les fils auprès de l'émerillon, fait tourner la roue du rouet, et *commet* sa corde à trois fils de la même manière que le bitord. Il y a de l'avantage à employer trois fils fins, au lieu de deux gros contenant la même quantité de matière, pour fabriquer de la ficelle. Une corde qui est faite de trois fils, est plus unie que celle à deux fils plus gros ; dans le commettage les deux fils du bitord font trois révolutions ou hélices, ceux du merlin n'en font que deux dans la même longueur. Il faut donc tordre les fils du bitord comme trois, et ceux du merlin seulement comme deux ; car les fils doivent être tortillés, dans l'opération du commettage, proportionnellement au nombre des hélices qu'ils doivent faire dans le même espace, et un excès de tortillement dans les fils en diminue la force.

Aussières à trois et à un plus grand nombre de torons. — Nous avons déjà dit qu'on donne le nom de *aussières* à tout cordage fait en deux opérations, mais qui, dans le fond, n'en constituent qu'une ; puisque cela se borne à augmenter le tortillement des fils, de toute la quantité de torsion qu'exige le commettage. Ainsi le bitord, le merlin, sont dans la classe des aussières ; mais pour faire des cordages plus gros, on réunit ensemble plusieurs fils en faisceaux, qu'on tord à part de la même manière que chaque fil du bitord ou du merlin. Ces faisceaux ainsi tortillés forment les *torons*. Il y a des aussières à deux, à trois, et même à quatre torons. Les plus petites, qu'on appelle des *carenteniers*, sont composées de 6, 9, 12 et 18 fils : les plus grosses se désignent par les services auxquels on les emploie. Les moyens de les fabri-quer sont les mêmes pour les plus petites comme pour les plus grosses.

On tire du magasin autant de tourets chargés de fils de carret qu'on croit avoir besoin, pour fabriquer le cordage dont on s'occupe. On dispose ces tourets sur des supports où ils puissent tourner sans se nuire ; et, prenant autant de fils qu'il en faut pour former un toron, on les passe sur une poulie portative qu'un ou plusieurs hommes tirent ; arrivés au bout de la corderie, ils accrochent tous ces fils à une des manivelles du *carré* (1), que porte le chariot, ayant soin que tous soient également tendus. Quand le nombre suffisant de fils est ainsi étendu, le maître cordier les divise en trois parties égales, qu'il accroche à autant de manivelles qu'il passe dans les traverses du carré, après avoir fait des nœuds pour les y retenir. Il charge ensuite le chariot de pierres, et il l'amarre à un poteau placé en arrière, laissant à ce bout plusieurs ouvriers pour tourner les manivelles ; il revient vers les tourets avec plusieurs autres ouvriers qui ont soin, chemin faisant, de bien continuer la réunion de tous les fils qui doivent composer chaque faisceau, et de les séparer en les plaçant dans les intervalles des dents que portent les chevalets. Arrivé près des tourets, le maître cordier coupe les fils et réunit par un nœud tous ceux qui composent un faisceau, qu'il passe dans la *palombe* ou *hélingue* (2), attachée au crochet du rouet.

Le cordage ainsi ourdi et tous les fils étant également tendus, le cordier ordonne de démarrer le chariot, et fait tourner à la fois les manivelles du carré et du rouet, placées

---

(1) Sur le devant du chariot, qui en terme de corderie s'appelle *carré*, sont quatre montans fortement maintenus avec des liens sur le patin, qui forme traîneau. Le haut de ces montans porte deux traverses percées de plusieurs trous, dans lesquels sont engagés les axes des manivelles, qu'on fait tourner toutes ensemble avec un levier.

(2) La *palombe* ou *hélingue* est un cordage ayant à chacun de ses bouts une porte, dans laquelle on introduit le crochet du rouet, après l'avoir passé à travers les fils du toron, qu'un nœud réunit. La palombe a pour objet d'économiser du cordage, qu'il est impossible de commettre jusqu'au bout.

aux deux extrémités de l'atelier. Lorsqu'il juge que les torons sont suffisamment tordus pour le commettage, il les
fait réunir tous sur une seule manivelle du carré, et puis,
plaçant le toupin, il commet comme nous l'avons expliqué
pour le bitord ; seulement, quand un bout du cordage est
fait, on place dessus un instrument qu'on appelle *manuelle* (1), qui concourt avec la manivelle du carré à produire la torsion nécessaire au commettage.

Le tortillement qu'exige le commettage raccourcit d'un
tiers ou d'un quart le cordage ourdi : c'est ce qui fait dire
qu'une corde est commise au tiers ou au quart. C'est sur ce
point qu'a particulièrement porté le perfectionnement de
M. Duboul, qui, au lieu de retenir le chariot par son seul
frottement contre la terre, le retient avec un palan, qui le
lâche progressivement au fur et à mesure que l'exige le commettage, c'est-à-dire la vitesse du toupin.

Duhamel a prouvé, par des expériences, qu'un tortillement
excessif (il regarde comme tel celui qui va au tiers et même
au quart) ôte de la force aux cordages. Il indique pour règle,
dont on ne doit point s'écarter, un raccourcissement d'un cinquième et jamais plus d'un quart, dont les deux tiers pour le
tortillement des torons, et un tiers pour celui du commettage.

Les cordiers ont une mesure pour prendre la grosseur des
cordages ; ils la nomment *jauge* : c'est une bande de parchemin divisée par pouces et lignes, qui est roulée dans un barillet. Enveloppant le cordage avec la jauge, ils voient de
suite la dimension de son contour, et par conséquent de sa
grosseur. Pour obtenir une corde d'une grosseur donnée, il
faut connaître celle des fils dont on doit la composer, et qui
ont servi à fabriquer un cordage dont on connaît la grosseur.
Alors, par une simple règle de proportion, on trouve le nom-

---

(1) La *manuelle* est un levier sur le milieu duquel est attaché un bout de
corde qui, étant tortillé sur le cordage dans le sens du mouvement, permet
de virer dessus pour aider à la torsion. On le transporte successivement après
le toupin.

bre de fils qu'il faut employer pour obtenir le cordage demandé ; car les cylindres sont entre eux comme les carrés de
leurs diamètres ou de leurs circonférences. Par exemple, sa-
chant que dans un cordage de 3 pouces, il entre 39 fils, on
trouvera qu'il en faut 156 pour former une corde de 6 pouces,
en posant la proportion suivante : 9 (carré de 3) : 36 (carré
de 6)::39 : $x = 156$. Divisant ce nombre par 3, le quotient exprime la quantité de fils dont chaque toron doit être composé
pour le cordage de 6 pouces à trois torons.

La force d'un cordage augmente suivant une proportion
supérieure à celle du nombre des fils qui le composent ; car
un cordage de 12 fils qui ne porte que 1512 livres en porte
3325 quand il a 24 fils, et 4077 livres quand il en a 30. La
même proportion à peu près existe relativement à leurs poids.
Cette force est sensiblement proportionnelle au carré de leurs
diamètres ou de leurs circonférences.

Les cordes mouillées perdent environ le tiers de leur force ;
le goudron les affaiblit aussi, mais pas dans cette proportion :
il a d'ailleurs pour objet d'empêcher l'eau de les pénétrer, et
a pour objet de les conserver.

Aussières à quatre, cinq et six torons. — L'ourdissage de
ces cordes est le même que celui des cordes à trois torons. Les
fils étant étendus, on les divise en quatre, cinq et six faisceaux
égaux, pour en faire autant de torons ; il faut seulement que
le nombre des fils soit divisible par le nombre de torons qu'on
veut avoir. On met autant de manivelles au carré du chariot,
et de crochets au rouet. Le commettage se fait comme celui
des aussières à trois torons.

Dans les cordages dé cette espèce à plus de trois torons, il
reste à l'axe un vide d'autant plus grand qu'il y a plus de torons, qui doivent être considérés comme les côtés d'un polygone régulier. Pour le remplir, on y met une *mèche* composée
d'autant de fils qu'il en faut pour former une espèce de boudin
égale en grosseur au cercle inscrit dans le polygone. Cette
mèche n'est point tordue et ne doit avoir que la longueur
qu'aura le cordage après le commettage, puisque, ne partici-

pant pas au tortillement, elle ne se raccourcit point. Son placement au centre du cordage est facile ; on la passe d'abord dans un trou percé suivant l'axe du toupin, et puis on l'accroche à la manivelle qui occupe le centre du carré du chariot. Un petit garçon, pendant le commettage, a soin de la maintenir dans sa position, et veille à ce qu'elle ne se mêle pas avec les torons.

Les expériences prouvent que les cordages acquièrent une graduation de force qui suit celle du nombre des torons. Une aussière de 12 fils et 2 torons se rompt sous un poids de... 808^{liv}.

Une aussière du même nombre de fils et de 3 torons. 828
Une *idem*, sans mèche, de 4 torons.............. 848
Une *idem*, sans mèche, de 6 torons............. 898.

Les mèches n'ajoutent point de force aux cordages ; elles se rompent au premier effort un peu considérable.

Indépendamment de la force qu'on gagne en multipliant les torons, on a encore l'avantage d'une surface plus unie.

Grelin. —Prenant des aussières qu'on considère comme des torons auxquels on donne un plus grand degré de tortillement, jusqu'à ce qu'ils aient acquis assez d'élasticité pour se commettre de nouveau ensemble, on aura une corde composée d'autres cordes, qu'on nomme *grelins* quand leur grosseur ne va pas au de là de 18 pouces, mais qu'on nomme *câbles* quand elles dépassent cette dimension.

Il est clair que pour fabriquer les grelins, il suffit de mettre des aussières sur les manivelles du rouet et du carré du chariot, de la même manière qu'on y avait mis des torons pour faire des aussières, et de suivre ensuite les mêmes procédés : il n'y a de différence que dans la puissance des agens, qu'il faut beaucoup augmenter.

Duhamel a prouvé, par des expériences, que les grelins, à nombre égal de fils, sont plus forts que les aussières ; qu'ils ont d'ailleurs la propriété de ne se désunir qu'avec une extrême difficulté. Les fils y sont tellement serrés et tortillés les uns dans les autres, que quand quelques-uns viennent à se rompre, le grelin n'est affaibli qu'à cet endroit ; le reste conserve la même force.

Le moyen d'augmenter la force du cordage est de multiplier les torons. On fait dans cette vue des grelins composés de grelins qu'on commet ensemble : on les nomme *archi-grelins*.

On désigne par *cordages blancs* ceux qui ne sont pas goudronnés, et par *cordages noirs* ceux qui le sont.

Il y a deux manières de goudronner les cordages, par *immersion* quand ils sont faits, ou *en fils* immédiatement après la filature. Avant de plonger un cordage blanc dans une chaudière remplie de goudron légèrement chaud, on le fait chauffer lui-même dans une étuve, pour le bien sécher et le disposer à se charger et à se pénétrer de goudron ; alors on le retire, et puis on le laisse égoutter sur un plan incliné, qui ramène, dans la chaudière, le goudron qui en découle.

Le goudronnage en fils se fait en faisant passer ces fils dans un bain de goudron chaud, et l'envidant sur un touret pendant qu'il se dévide d'un autre. Il passe, avant son entrée dans le bain et après sa sortie, dans des livardes qui l'unissent et font tomber le surplus du goudron dont il s'est imbibé.

Les expériences faites par Duhamel démontrent que le goudron affaiblit les cordages qui en sont pénétrés ; cependant il paraît bien établi que le goudron les conserve, et que cette opération est indispensable pour tous les cordages de fond, et qui sont sujets à être tantôt dans l'eau et tantôt au sec.

Les pêcheurs sont dans l'habitude de tanner leurs cordages et leurs filets. Les expériences de Duhamel ont démontré que les cordages tannés sont plus forts que les cordages goudronnés.

L'étendue de cet article nous force de renvoyer au grand dictionnaire de Technologie pour la description des procédés de Fulton et de Huddart pour le tortillement des torons et le commettage des cordes. E. M.

CORDE VIBRANTE. (*Arts mécaniques.*) Lorsqu'une corde est tendue par ses deux bouts, elle est dans la direction rectiligne

AB (fig. 20, pl. 11); si on l'en écarte et qu'elle prenne la forme A*c*B, son élasticité l'y ramènera, pour la dépasser et arriver en A*d*B; puis, de nouveau, la corde partant de cette situation repasse en A*c*B, etc., faisant des excursions très petites, mais sensibles, des deux côtés de la droite AB. Ces excursions sont nommées *vibrations*. Une vibration est le passage d'un côté de la droite AB à l'autre côté; ce mouvement, quoique fort petit, est perceptible à la vue et au toucher, mais surtout à l'ouïe, sens plus délicat, et qui est organisé pour mieux juger de ce genre d'effets.

Les vibrations d'une corde élastique tendue se communiquent à l'air, qui les transmet à notre oreille, et voici ce que l'expérience démontre. Le *ton* rendu par une corde, ou le degré de son du grave à l'aigu, dépend uniquement du nombre de vibrations accomplies dans un temps donné; en sorte que deux cordes, quelles qu'en soient les grosseurs, la substance et la tension, rendront le même ton, si elles accomplissent un égal nombre de vibrations dans la même durée. Aussi, lorsqu'une corde entre en mouvement, ses excursions sont au commencement plus grandes qu'à la fin; mais le ton reste le même, parce que les vibrations sont *isochrones*, c'est-à-dire de même durée; la vitesse de son mouvement ne change pas : mais l'intensité du son décroît de plus en plus, parce que les excursions perdent de leur amplitude; elles se resserrent jusqu'à devenir bientôt trop peu étendues pour pouvoir être sensibles à l'ouïe : la corde vibre encore qu'on a déjà cessé de l'entendre. La force du son dépend de celle des vibrations de la corde; plus ces vibrations sont grandes et fortes, plus le son est fort et vigoureux, et s'entend de loin; mais en diminuant d'étendue, le ton ne change pas, quoique le son se perde peu à peu. En général, la théorie démontre que (1), toutes choses éga-

---

(1) Le nombre de vibrations accomplies en une seconde est

$$n = \frac{3,53397}{fl} \sqrt{\left(\frac{\mathrm{P}}{p}\right)};$$

f est l'épaisseur de la corde, *l* sa longueur, *p* le poids spécifique de sa subs-

les d'ailleurs, 1°. *plus une corde est tendue, plus ses vibrations sont promptes;* 2°. *les nombres d'oscillations dans un temps donné, pour deux cordes égales en tout, mais inégalement tendues, sont comme les racines carrées des poids qui les tendent;* 3°. *deux cordes également tendues, mais de longueurs différentes, font dans un temps donné des nombres de vibrations qui sont en raison inverse des longueurs.*

Ainsi, prenons deux cordes d'égales grosseurs, tendues par des poids égaux, et de même substance, mais dont l'une soit deux fois plus longue que l'autre; les nombres de vibrations accomplies dans le même temps seront doubles pour celle qui est la plus courte : le *ton* qui résulte de cette circonstance, ou la sensation produite sur l'oreille, n'est donc pas la même ; et l'examen attentif de ces deux sons a prouvé que l'une rend ce que les musiciens appellent l'*octave* de l'autre.

Après avoir tendu une corde de manière qu'elle donne le *ton ut,* si nous la divisons en deux moitiés par un chevalet, nous avons dit que chaque partie fera résonner l'*octave ut;* de même si nous la divisons au tiers, les deux tiers rendront la *quinte sol,* et le reste de la corde, qui est la moitié de l'autre partie, rendra la *douzième,* c'est-à-dire l'octave de la quinte du premier *sol.* On trouve ainsi que les longueurs des cordes qui donnent les tons, formant ce qu'on nomme l'*accord parfait,* sont

	ut	*mi*	*sol*	*ut octave.*
Longueurs	1	$\frac{4}{5}$	$\frac{2}{3}$	$\frac{1}{2}$.

Maintenant prenons *sol* pour tonique, l'accord parfait sera *sol si re,* et les longueurs de corde propres à rendre ces trois sons devront de même être comme 1, $\frac{4}{5}$ et $\frac{2}{3}$; multiplions par $\frac{2}{3}$, et il viendra $\frac{2}{3}$, $\frac{8}{15}$ et $\frac{4}{9}$; doublons $\frac{4}{9}$ pour ramener le *re* à l'octave en bas, et nous aurons $\frac{2}{3}$, $\frac{8}{15}$ et $\frac{8}{9}$, ou en ordonnant,

---

tance, P le poids qui la tend. Cette équation renferme les théorèmes ci-dessus énoncés, et tous ceux qui se rapportent aux cordes vibrantes. (*Voy.* le Traité de Physique de M. Biot, t. II, page 32.)

26..

	ut	*re*	*mi*	*fa sol la*	*si*	*ut octave.*
Longueurs 1	$\frac{8}{9}$	$\frac{4}{5}$	$\frac{2}{3}$	$\frac{8}{15}$		$\frac{1}{2}$.

Mais si l'on divise la corde proposée au quart, ce quart don-nera la double octave *ut,* comme étant la moitié de la moitié ; ce quart est le tiers de $\frac{2}{4}$, et comme l'une de ces parties de la corde est le tiers de l'autre, ce tiers donnerait donc la quinte ou plutôt la 12ᵉ, ainsi qu'on vient de le dire ; donc les trois quarts doivent faire entendre *fa,* pour que l'autre quart en rende la quinte *ut.* Insérons donc *fa* $\frac{3}{4}$ dans la suite ci-dessus ; et même comme l'accord parfait de *fa* est *fa la ut,* et que les cordes sonores doivent avoir leurs longueurs comme 1 $\frac{4}{5}$ et $\frac{2}{3}$, en multipliant par $\frac{3}{4}$, on a pour ces longueurs $\frac{3}{4}$, $\frac{3}{5}$ et $\frac{1}{2}$ pour donner *fa la ut.*

En réunissant ces résultats, on voit qu'il faut pour produire les différens tons de la *gamme naturelle majeure,* donner à la corde vibrante les longueurs L contenues dans ce tableau :

		ut	*re*	*mi*	*fa*	*sol*	*la*	*si*	*ut*
		C	D	E	F	G	A	B	C
L......	1	$\frac{8}{9}$	$\frac{4}{5}$	$\frac{3}{4}$	$\frac{2}{3}$	$\frac{3}{5}$	$\frac{8}{15}$	$\frac{1}{2}$	
V....	1	$\frac{9}{8}$	$\frac{5}{4}$	$\frac{4}{3}$	$\frac{3}{2}$	$\frac{5}{3}$	$\frac{15}{8}$	2.	

La ligne des quantités V est formée des inverses des fractions L, et représente, conformément à notre troisième théorème, le nombre de vibrations correspondantes aux divers sons de la gamme.

Les octaves de chacun des sons de la gamme correspondent à des longueurs L de notre corde et à des nombres V de vibra-tions : ces nombres sont doubles, quadruples...., ou moitié, quart...., selon qu'on procède à l'aigu ou au grave.

Le rapport des nombres de vibrations relatives à deux sons, ou des longueurs des cordes qui les produisent, est ce qu'on nomme l'*intervalle* de ces deux sons. Si des cordes font enten-dre des sons produits par 4 vibrations pour l'une et 5 pour l'au-tre, le rapport $\frac{4}{5}$ est l'intervalle des deux sons. En prenant ces intervalles pour les tons successifs de la gamme ci-dessus, nous trouvons ces résultats :

	ut	ré	mi	fa	sol	la	si	ut
Intervalles...	$\frac{8}{9}$	$\frac{9}{10}$	$\frac{15}{16}$	$\frac{8}{9}$	$\frac{9}{10}$	$\frac{8}{9}$	$\frac{15}{16}$.

Nous voyons que ces fractions ne sont pas égales : on a donné le nom de *demi-ton* à l'intervalle $\frac{15}{16}$ *mi fa* et *si ut;* de *ton majeur* à $\frac{9}{10}$ *re mi* et *sol la;* de *ton mineur* à $\frac{8}{9}$ *ut re, fa sol, la si.* L'intervalle du ton mineur au ton majeur est $\frac{80}{81}$; la différence à l'unité n'est que de $\frac{1}{80}$; aussi est-elle très peu sensible à l'oreille : l'intervalle $\frac{80}{81}$ est ce qu'on nomme un *comma.*

On dit que la *quarte, ut fa,* et *sol ut,* est formée de 2 tons $\frac{1}{2}$, ou de l'intervalle $\frac{3}{4}$; que la *quinte, ut sol,* et *mi si,* a 3 tons $\frac{1}{2}$ ou l'intervalle $\frac{2}{3}$, et ainsi des autres.

Comme nous n'acquérons la notion d'un *chant* que par les intervalles et les durées des sons successifs, et que le même chant peut être entonné par des voix différentes, ou des instrumens qui partent d'un son plus ou moins grave ; si l'on veut considérer la gamme comme un chant et la commencer par un autre *ton* que *ut,* par exemple, par *sol,* il faudra admettre entre les sons successifs les mêmes intervalles ; et puisque *sol* est rendu par la corde qui fait $\frac{3}{2}$ vibrations, multiplions tous les nombres V par $\frac{3}{2}$ pour que la tonique soit *sol*; nous aurons

	sol	la	si	ut	ré	mi	fa✳	sol
V...	$\frac{3}{2}$	$\frac{27}{16}$	$\frac{15}{8}$	2	$\frac{9}{4}$	$\frac{5}{2}$	$\frac{45}{16}$	3
Nous avons trouvé...	$\frac{3}{2}$	$\frac{5}{3}$	$\frac{15}{8}$	2	$\frac{9}{4}$	$\frac{5}{2}$	$\frac{8}{3}$	3.

On voit donc que tous les sons de cette gamme sont les mêmes que précédemment, à l'exception de *la* et de *fa;* le *la* diffère peu, mais le *fa* est devenu bien plus aigu qu'il n'était. On en dirait autant de toute autre note prise pour tonique, et l'on verrait que, selon les cas, certaines notes changent fort peu, mais que d'autres varient très sensiblement. Les musiciens conservent aux premières notes le même nom, quoique le son ait quelque différence, attendu que l'oreille y est peu sensible. Quant aux autres notes, ils conçoivent entre les notes naturelles dont l'intervalle est d'*un ton*, un son intermédiaire qu'ils marquent d'un *dièse* ※ ou d'un *bémol* ♭, selon que ce signe affecte la note inférieure ou la supérieure. C'est ainsi que nous avons marqué ci-dessus *fa* ※, au lieu de *fa*, pour porter le son *fa* vers l'aigu, mais au-dessous de *sol*. Ils disent que le dièse hausse la note et que le bémol la baisse d'un *demi-ton*, sans que par ce mot ils entendent qu'une grandeur soit coupée par moitié. Ce n'est pas même un demi-intervalle musical, dans le sens que nous avons attaché au mot *intervalle*.

Il résulte de ces considérations que les notes d'un ton, quoiqu'ayant le même nom que celles d'un autre ton, ne sont pas pour cela des sons identiques. Il y a des *ut, ut* ※, *re, mi* ♭, etc. ; mais ces dénominations sont imposées à des sons qui ne sont pas les mêmes lorsqu'on change de gamme (de *tonique*). L'artiste qui exécute un chant ou le joue sur un violon, fait réellement avec sa voix ou son instrument des sons un peu différens ; l'oreille le guide à son insu, et il obéit sans qu'il s'en doute, pour ainsi dire, à ces distinctions que le calcul rend sensibles. Mais dans les instrumens à *sons fixes*, tels que l'Orgue, le Forté-Piano, etc., on n'a pas égard à ces petites différences ; on considère tous les *ut* ※ et les *re* ♭ comme identiques dans tous les tons, les *re* ※ et *mi* ♭, les *sol* ※ et *la* ♭, etc., sont dans le même cas : on conçoit ainsi la gamme comme formée de 12 demi-tons égaux en intervalles ; et c'est en cela que consiste ce qu'on nomme le *tempérament* dont il a été parlé à l'article Accordeur. Fr.

CORDES. (*Arts mécaniques.*) Nous allons considérer les cordes sous les rapports de poids, courbure, résistance, tension, frottement et raideur.

I. *Poids des cordes.* — Sous la même longueur, la Géométrie montre que le poids d'une corde croît comme le carré de son rayon, de son diamètre ou de sa circonférence ; mais ce résultat théorique n'est pas complètement exact à cause des vides et interstices qui résultent de l'ourdissage.

On sait, par exemple, que le pied de longueur pour une corde

De 12$^{lis.}$ $^1/_2$ de circonférence, ou 4$^{lis.}$ de diamètre, pèse 4 $^1/_2$ gros.
   20 .... 6,37 .... 12 $^1/_2$
   28 .... 8,91 .... 24 $^1/_2$.

Ces résultats pourront suffire pour calculer les différens poids des cordes, par approximation.

II. *Courbure.* — Quand les cordes ne sont pas verticales, elles ne peuvent conserver, tendues, la direction rectiligne ; le poids de la matière, qui les constitue, les courbe sous la forme d'une *chaînette*. L'effort du moteur se transmet selon cette ligne, dont la figure est toujours déterminée par l'état de la machine.

III. *Résistance.* — L'effort sous lequel une corde est rompue peut toujours être déterminé directement, par des expériences, en suspendant des poids qu'on fait croître jusqu'à rupture. En général, pour mesurer la résistance des cordes, on suppose que chaque fil a 2 millimètres de diamètre, et, comme on connaît la grosseur de la corde, on en conclut combien il y entre de ces fils hypothétiques ; on multiplie ensuite cette quotité par la résistance d'un de ces fils, déterminée par la règle suivante.

Les expériences de Rondelet apprennent que la résistance d'un fil de 2 millimètres d'épaisseur varie dans les cordes selon leur diamètre, et qu'elle décroît à mesure que la corde devient plus grosse. Elle est de 7,8 kilogrammes pour les cordes de 27 à 54 millimètres d'épaisseur ; seulement 7,2 kilogrammes pour celles qui ont 54 millimètres, et enfin de 7 kilogrammes quand le diamètre est plus considérable encore. Les expériences n'ont pas été faites au-delà de 8 centimètres d'épaisseur. Au reste, *v.* page 400.

IV. *Tension.* — Lorsqu'une corde est tirée par un bout, que l'autre extrémité soit tirée par une force contraire, ou soit fixée à un corps inébranlable, dans ces deux cas, la tension qui agit sur la corde est la même, et la corde éprouve des risques égaux de se rompre. Ainsi, *quand deux forces égales tirent une corde en sens contraires , la tension est mesurée par l'une de ces deux forces ,* comme si l'autre n'existait pas et était remplacée par un corps inébranlable.

V. *Frottement.* — Ce genre d'effet sera examiné dans l'article qui est relatif à ce mot.

VI. *Raideur des cordes.* — Lorsqu'une corde entoure un cylindre C (fig. 3 , pl. 11), elle résiste à la flexion qu'on veut lui faire subir, et l'on sent que, pour la courber sur la circonférence, il faut dépenser une certaine force, qui est due à la raideur de la corde , et dont il s'agit de calculer l'influence. Réduisons, par la pensée , cette corde à son axe : sans la raideur, elle cesserait de toucher le cylindre C qu'elle enveloppe aux points A et B, extrémités du diamètre horizontal, et pendrait verticalement des deux côtés, tirée par son propre poids et par des forces qu'on peut assimiler aussi à des poids : l'effort de la puissance P, d'un côté , devrait être égal à celui de la résistance R , de l'autre (*V.* POULIE), dans le cas d'équilibre. Nous regarderons ici le poids de la corde comme compris d'une part dans P, de l'autre dans R.

Mais la résistance qu'oppose la corde à la flexion, la maintient dans des directions AR, BP obliques à l'horizon , et les verticales menées par les centres de gravité de ces poids rencontrent le diamètre AB en des points a et b. Il suit des théories connues que la machine est un véritable levier à bras inégaux Ca, Cb. Pour l'équilibre , il faut qu'on ait $R \times Ca = P \times Cb$.

Nommons A le rayon CA de la poulie, compté du centre C à l'axe de la corde, r et p les quantités Aa, Bb dont les bras de levier ont varié par la raideur de la corde, et nous aurons cette équation :

$$R\,(A + r) = P\,(A - p);$$

d'où l'on tire
$$P = R + \frac{Rr + Pp}{A}.$$

Cette fraction représente la différence P — R entre deux poids qui seraient égaux, sans la raideur de la corde, mais que cette circonstance empêche d'être tels. Ainsi, pour produire l'équilibre, il ne suffit plus d'employer une force P qui soit égale à R ; mais les choses sont dans le même état que si l'on négligeait la raideur de la corde, et qu'on augmentât la résistance R d'une force précisément égale à cette fraction, qui tirerait la corde selon RA.

Dans l'état ordinaire on peut supposer que la corde se déroule d'elle-même à mesure que la poulie tourne, sans qu'il soit besoin d'employer de force à cet effet : l'expérience montre qu'il n'en résulte pas d'erreur sensible. Nous ferons donc $p = o$, et par conséquent nous pouvons admettre que l'équilibre de la résistance R est produit par une force P' tangente à la poulie en un lieu quelconque B'.

Ainsi, pour avoir égard à la raideur d'une corde qui entoure une poulie, il faut augmenter le résistance R d'une force agissant dans le même sens qu'elle, et dont la grandeur est $M = \dfrac{Rr}{A}$. Cette augmentation du moteur est en pure perte pour l'effet utile de la machine.

Concluons de cette théorie que, *une corde est d'autant plus difficile à courber qu'elle porte un poids R plus considérable, et que la poulie a un rayon plus petit.*

Passons à la détermination de la quantité r ; cherchons une autre expression du même effet, en employant des grandeurs que nous puissions trouver par expérience. Il est clair que la corde oppose à la flexion une résistance qui provient de deux causes ; l'une qui est constante, due au commettage et indépendante de la tension ; l'autre qui varie avec cette tension R, et qui, toutes choses égales d'ailleurs, lui est proportionnelle. Représentons l'une par b, l'autre par aR : ainsi ces deux effets réunis valent $aR + b$. Mais, 1°. si l'on change le diamètre D de la corde, la direction RA s'éloignera de la verticale, et l'on doit supposer la raideur proportionnelle à une certaine puissance n inconnue de ce diamètre, ou à D^n; 2°. d'un autre côté nous avons vu qu'en changeant de poulie, la résistance varie en raison inverse du rayon A ; donc il faut multiplier $aR + b$ par le facteur $\dfrac{D^n}{A}$. Ainsi la force à développer pour vaincre la raideur est

$$M = \frac{D^n}{A} (aR + b),$$

puissance M qui doit être ajoutée au poids R et agir dans le même sens ; en sorte qu'on pourra, après cette addition, considérer la corde comme parfaitement flexible, et traiter la question du mouvement de la machine selon les règles ordinaires. En égalant ces deux valeurs de M, on trouve pour l'accroissement du rayon de la résistance R,

$$r = \frac{D^n}{R} (aR + b) = D^n \left(a + \frac{b}{R} \right).$$

On peut donc, si l'on veut, laisser le poids R tel que les données du problème l'exigent, mais augmenter son bras de levier A de la quantité r.

Quant à la détermination des constantes a, b et n, c'est à l'expérience qu'il faut recourir. Coulomb a fait diverses épreuves avec un grand soin, à l'aide d'appareils appropriés à cet objet ; et non-seulement il a pu, dans des cas variés, déterminer la grandeur de M, et par suite se procurer autant d'équations où entraient les inconnues a, b et n, puis les déterminer par le calcul, mais encore il a reconnu, par la coïncidence des résultats, que la formule était exacte. *Voy*. Prix de l'Académie en 1781.

Coulomb a trouvé que l'exposant n est $= 1{,}5$ quand la corde est usée, mais qu'il s'élève à $1{,}8$ quand elle est neuve : le terme moyen $n = 1{,}7$ peut être adopté. Comme ces résultats sont peu différens de 2, on voit que *la résistance qu'oppose une corde à la flexion est à peu près proportionnelle au carré du diamètre de cette corde.* En outre, il a obtenu pour la constante qui provient de la tension $a = 0{,}053$, et pour celle qui provient de l'ourdissage, $b = 2,45$, quand D et A sont exprimés en lignes ; R et M sont rapportés à la même unité, soit livres, soit kilogrammes, etc. : mais quand D et A sont des centimètres, on a $a = 0,15$ et $b = 6,95$; savoir,

$$M = \frac{D^{1,7}}{A}(0,15R + 6,95), \quad r = D^{1,7}\left(0,15 + \frac{6,95}{R}\right).$$

La raideur des *cordes goudronnées* est, toutes choses égales d'ailleurs, sensiblement proportionnelle au nombre de fils de carret dont elles sont composées : il doit être convenable de prendre alors l'exposant $n = 2$. Fr.

CORDON DES MONNAIES. (*Arts mécaniques.*) Pour faire reconnaître si les pièces d'or et d'argent sont rognées, on marque sur la tranche un *cordon*, qui autrefois était en relief, et maintenant est gravé en creux. Ce cordon est marqué avant de frapper le *flan*. Une machine sculpte cette légende, et le service en est si prompt et si facile, qu'un seul homme marque par jour 20,000 pièces de 5 fr., ou 100,000 fr.

Les deux coussinets E et D (pl. 11, fig. 4) portent chacun la moitié de la légende sculptée en relief sur la face courbe ; ces coussinets sont des pièces en acier trempées très dur, fixées avec deux vis, l'une d'une manière immobile en E sur l'établi qui porte l'appareil, l'autre en D à l'extrémité du levier PD, tournant autour de l'axe C : les lettres de ces demi-légendes sont rigoureusement parallèles et inscrites en ordre inverse sur ces coussinets. On imprime avec la main un mouvement circulaire alternatif à la tige P. Les courbures des deux coussinets sont des arcs de cercle décrits du centre C, et l'intervalle qui les sépare, ou la différence des rayons, est juste le diamètre de la pièce qu'on veut cordonner.

Comme le centre C supporte tout l'effort du cordonnage, et par conséquent produit un frottement dur, on donne à cet axe une dimension assez grande.

En *a* est un tuyau vertical contenant une pile de flans à cordonner ; on l'entretient constamment plein. Ce tuyau est ouvert aux deux bouts, un peu élevé au-dessus de l'espace circulaire EaK*b* qui sépare les coussinets, et fixé, par une queue *m*, avec une vis, à la pièce immobile AB. La branche EC, mobile avec la pièce PD, passe sous le tuyau ; et pousse devant elle le flan du bas de la colonne, lequel est reçu dans une petite excavation en forme de marche circulaire, et porté en avant. Les choses se trouvent disposées de manière à régler la sortie des flans un à un sur la petite marche, qu'on nomme le *posoir*. Ce flan passant de *a* en K, puis en *b*, rencontre une ouverture circulaire *b*, par laquelle il tombe dans un tiroir placé sous l'établi.

CORNE, Cornetier. On appelle *cornetier* l'ouvrier qui prépare la corne et la met dans un état propre à être travaillée ensuite par les *tabletiers*, les *tourneurs*, les *faiseurs de peignes*, etc.

Les cornes dont on se sert presque exclusivement sont celles des vaches, des bœufs, des chèvres et des moutons. La première opération qu'on leur fait subir consiste en une macération dans l'eau, qu'on prolonge pendant quinze à vingt jours. Au bout de ce temps, on retire la corne de l'eau, on la saisit par la pointe, et on l'agite fortement pour en faire tomber le noyau. On la fait ensuite bouillir pendant quelques minutes dans de l'eau, puis on la scie dans le sens de sa longueur, sur le côté aplati. On ramollit les morceaux sciés dans de nouvelle eau bouillante, et on les soumet à une légère pression qui leur fait prendre une surface plane dans laquelle ils se maintiennent après leur dessiccation.

La corne amenée à cet état, il s'agit de la réduire un feuilles. On y parvient soit au moyen d'un ciseau d'acier tranchant, soit au moyen d'une forte pression que l'on fait subir à la corne préalablement ramollie par l'eau bouillante et placée entre deux plaques de fer chaudes.

Les feuilles s'étendent alors et s'amincissent en proportion du poids dont elles sont chargées. Après plusieurs pressions successives qui ont amené ces feuilles à l'épaisseur que l'on recherche, il ne reste plus qu'à polir leurs surfaces toujours plus ou moins rugueuses ; ce qui peut se faire facilement en les comprimant de nouveau, mais entre des plaques de laiton bien polies.

La corne est susceptible de se fondre à une douce chaleur et de se mouler. On en fait des bonbonnières, des boîtes à poudre, des boutons, etc. C'est ordinairement la râpure qui sert à cette fabrication.

On la teint de différentes couleurs pour lui donner l'apparence de l'écaille.

Le chlorure d'or dont on en imprègne la surface, lui communique une couleur rouge, le nitrate d'argent une couleur noire.

CORNICHONS. *Cucumis minor*. Cette variété de concombres, cueillie avant la maturité et confite dans le vinaigre, forme un assaisonnement agréable pour une infinité de mets. Voici comment on prépare les cornichons : on les choisit récemment séparés de la plante, on les nettoie avec une brosse de *crin ;* on coupe la queue et la pointe, et on les met à tremper dans une solution saturée de sel de cuisine pendant 24 heures ; on décante le liquide, et on les jette sur une toile pour les faire égoutter ; au bout de 4 à 5 heures on les arrange dans un pot de *grès,* par lits, avec de l'estragon, de la passe-pierre et très-peu d'ail ; on peut y ajouter des clous de girofle et quelques morceaux de cannelle ; on recouvre le tout d'une couche de thym. D'un autre côté, on fait chauffer, presque jusqu'à l'ébullition, du vinaigre ordinaire dans lequel on fait dissoudre du sel de cuisine et une petite quantité de *sel ammoniac ;* on enlève une écume légère qui vient à la surface du liquide, puis on verse celui-ci dans le pot de grès sur les cornichons. On bouche le pot ; au bout de deux ou trois jours on soutire le liquide, on le fait bouillir pendant quelques minutes pour séparer l'écume et le concentrer un peu ; on décante, comme la première fois, sur les cornichons : on les laisse ainsi macérer pendant deux jours ; au bout de ce temps on retire le liquide, pour le remplacer par de nouveau vinaigre chauffé jusqu'à l'ébullition, comme la pre-

mière fois ; on bouche le pot bien hermétiquement, et l'opération est terminée.

Le liquide soutiré après la seconde macération peut servir,
après avoir encore bouilli, à tremper d'autres cornichons ;
après quoi il faut le jeter comme inutile.   P.

CORNUE. Ce vase distillatoire, dont la forme varie suivant quelques usages auxquels il doit être approprié , se fait
en *verre blanc*, en *terre cuite*, en *grès*, en *porcelaine*, en
platine, en *fonte*, en *tôle de fer* et en *cuivre*. Il sert à
obtenir les produits liquides ou gazeux de certaines matières
que l'on décompose ou que l'on distille, et les résidus fixes
de ces opérations.

Les cornues en verre sont employées très fréquemment
dans les laboratoires des chimistes, des pharmaciens, des
distillateurs, etc. ; elles doivent être minces, d'une épaisseur égale, et exemptes de *pontis* dans toutes les parties de
la *panse* qui doivent être exposées au feu ou plongées dans le
bain de sable. Lorsqu'elles sont bien choisies, on peut les
chauffer assez fortement au bain de sable et même à feu nu
sans les casser, et s'en servir un grand nombre de fois, pourvu
qu'on ait le soin de les échauffer et de les laisser refroidir graduellement.

On se servait beaucoup autrefois de cornues en verre dans
les Arts ; pour la fabrication de l'ACIDE NITRIQUE et de l'ACIDE
HYDROCHLORIQUE, la concentration de l'ACIDE SULFURIQUE. On a
substitué, dans ces derniers temps, à ces vases trop fragiles,
des RETORTES ou CYLINDRES en fonte, des chaudières en PLA-
TINE, etc.

Les cornues en grès ont été aussi beaucoup plus employées
qu'elles ne le sont aujourd'hui ; leur emploi est restreint à la
fabrication de l'acide sulfurique fumant de NORDHAUSEN, du
PHOSPHORE, et à quelques préparations chimiques peu importantes sous le rapport commercial. La forme de ces cornues
varie suivant leur emploi, ainsi que nous le ferons voir aux
articles spéciaux indiqués ; mais il est dans tous les cas nécessaire qu'elles soient d'une épaisseur peu forte et bien égale,

que leur *cuisson* n'ait pas été poussée assez loin pour que leur surface soit vitrifiée.

Les cornues en verre et en grès résistent davantage au feu lorsqu'elles sont *lutées*, c'est-à-dire enduites d'une couche plus ou moins épaisse d'argile dans toutes les parties qui doivent être exposées à une haute température. Il faut avoir le soin, lorsqu'on veut luter des cornues, de bien imprégner d'abord toute leur surface avec une bouillie claire de *terre franche* délayée dans l'eau, que l'on frotte fortement au moyen d'un chiffon ; on ajoute ensuite une couche de mortier que l'on fait dessécher lentement à l'air.

Les cornues en porcelaine, pour lesquelles on est obligé de prendre les mêmes précautions que pour celles de verre et de grès, sont moins habituellement employées.

Les cornues ou plutôt les alambics en platine ont remplacé dans la fabrication de l'acide sulfurique les cornues en verre ; elles présentent sur celles-ci de grands avantages dans cette application, et c'est là l'emploi le plus important du platine ; aussi doit-on probablement lui attribuer l'élévation du prix de ce métal, dont les fabricans d'acide sulfurique ont peine à se procurer des quantités suffisantes. *Voy*. PLATINE.

Les cornues en fonte grise, auxquelles on donne aussi dans les Arts industriels les noms de *retortes, cylindres, canules,* etc., sont employées aujourd'hui en quantités considérables, et dans de très grands établissemens on s'en sert pour préparer les produits suivans :

L'ACIDE HYDROCHLORIQUE et le sulfate de soude, en décomposant le *sel marin* par l'acide sulfurique.

L'ACIDE NITRIQUE, en décomposant le nitrate de potasse par l'acide sulfurique.

L'ACIDE ACÉTIQUE ou *pyroligneux*, en décomposant à une température élevée (le rouge naissant) le bois dont on obtient du charbon en résidu.

Le CHARBON ANIMAL, en décomposant par la chaleur à la température du rouge-cerise clair, les os de divers animaux.

Le Gaz propre à l'Éclairage, ou *gaz light*, en décomposant par le feu la houille, les huiles ou les graines oléagineuses.

Les *cornues* ou *vases distillatoires* en tôle de fer se composent de feuilles clouées solidement et à clouures serrées. Lorsque leur forme est cylindrique, on les boulonne quelquefois avec un disque en fonte qui leur sert de fond. On les emploie pour carboniser le bois en vase clos et pour quelques-uns des autres usages auxquels on applique la fonte; mais en général celle-ci est préférée à la tôle; elle coûte moins et souffre moins au feu des effets de la dilatation.

Les cornues en cuivre ne s'emploient guère que dans la rectification de l'acide pyroligneux et de la distillation des liquides alcooliques. P.

COTON. (*Arts mécaniques.*) Il y a plusieurs espèces de cotonniers (*gossypium*), l'un herbacé, les autres ligneux, originaires des pays chauds; le Levant, l'Inde orientale sont leurs patries. On les a transportées en Afrique, en Amérique, et même l'espèce herbacée est cultivée dans le midi de l'Europe. Les cotonniers aiment les lieux arrosés, non loin de la mer. Les graines sont enfermées dans des capsules et portent une aigrette d'un blanc éclatant, qui est le *coton*. Cette matière bourre la capsule et est mêlée aux graines. Les Antilles, la Guiane, le Brésil fournissent la plus grande partie de ce qu'on en consomme en Europe. Il y a des espèces qui donnent deux récoltes par an; d'autres qui fructifient dès la première année.

Un peu avant la maturité, on cueille les capsules et on les étale pour les faire sécher; on détache le coton des graines, soit à la main, soit avec une machine. L'écorce de la graine est très dure et se détache; on emballe ensuite le coton dans des sacs pour le livrer au commerce.

La machine dont nous venons de parler est formée de deux cylindres en bois dur ou en fer, d'un petit diamètre, disposés horizontalement l'un au-dessus de l'autre, qu'on fait tourner en sens contraires, et qui sont rapprochés l'un de l'autre. Le coton est pincé entre ces cylindres et les graines sont repoussées au dehors. Ces rouleaux sont mus par une manivelle à pédale, comme le rouet; un contre-poids charge le rouleau supérieur. On les fait tourner à bras avec une manivelle et un volant, ou par un cours d'eau, etc.

Nous décrivons ici une machine beaucoup meilleure. Elle se compose d'un cylindre A (fig. 5, pl. 11) formé de disques minces d'une demi-ligne, en tôle d'acier, sur 9 à 12 pouces de diamètre, ayant des dents couchées et très effilées. Tous ces disques, au nombre de dix-huit ou vingt, sont traversés à leur centre par un axe rond à nervure, sur lequel ils sont maintenus parallèlement entre eux à des distances de 9 lignes, par des plateaux en bois interposés entre chacun de ces disques; et tout près de leur circonférence sont des barreaux en fer méplat, qui ont la courbure *abc*, laissant les dents en dehors parfaitement libres de tourner. Ces barreaux sont fixés, en haut et en bas, sur des pièces de bois C faisant partie du système. Une planche D, posée en pente devant le cylindre A, forme avec lui une espèce de trémie, dans laquelle on jette le coton à égrener. Derrière le cylindre ou hérisson A, sont des brosses E en soie de sanglier, portées par des barres de bois tournant sur un axe, dans les barbes desquelles passent les dents des scies. L'intervalle F de ces brosses au centre est garni de planches qui forment ventilateur.

Maintenant, si l'on fait tourner à bras d'homme le hérisson A dans le sens de la flèche, avec une vitesse d'environ cent tours par minute, et les brosses E avec un peu plus de vitesse, cent cinquante tours, par exemple, pendant le même temps, dans le sens de la flèche *m*, les dents du hérisson pénétrant dans la soie du coton contenu dans la trémie, l'entraînent à travers les barreaux; mais les brosses, dont la vitesse est supérieure, le leur enlèvent et le projettent en flocons derrière elles, tandis que les graines, ne pouvant passer à travers la grille, restent dans la trémie, exposées à l'action du hérisson, jusqu'à ce qu'elles soient entièrement dépouillées; alors elles tombent à travers une ouverture, qu'on fait varier au moyen d'une vis *n*.

Le mouvement est donné en même temps au hérisson et aux brosses par une courroie sans fin qui passe au-dessus d'une poulie que porte l'axe de ces dernières, et qui embrasse ensuite une poulie plus grande dans le rapport de deux à trois que porte dans le même plan vertical l'axe du hérisson. Fr.

COULEURS. *Voy*. Peinture.

COUPELLATION. La coupellation est une opération dont le but est de séparer les métaux étrangers qui peuvent être contenus dans l'or ou dans l'argent. Cette purification se fait en ajoutant à ces derniers une certaine proportion de plomb, et en soumettant l'alliage qui en résulte à une température telle, que, l'or et l'argent exceptés, tous les autres métaux soient convertis en oxides, et par cela même éliminés.

Nous ne faisons mention ici que de l'or et l'argent, parce que ce sont les seuls qu'on soumette ordinairement à la coupellation ; mais on réussirait également à affiner par ce même moyen le platine, le palladium et autres métaux aussi peu oxidables.

La coupellation se pratique ou sur des masses considérables, et c'est dans ce cas un simple travail de métallurgie, ou sur de très petites quantités, et elle devient alors une opération délicate qui exige beaucoup de soins et d'exactitude. Dans ces deux circonstances les moyens sont les mêmes, mais les résultats diffèrent entre eux. Dans l'une on se propose d'extraire ces métaux précieux des alliages qu'on obtient par suite de l'exploitation de certains minerais; dans l'autre il s'agit d'en apprécier le degré de pureté.

Nous traiterons d'abord de la coupellation appliquée à l'exploitation des mines, puis nous décrirons cette même opération telle qu'elle est pratiquée par les essayeurs.

Au mot Argent nous avons dit qu'on avait souvent recours à la coupellation pour séparer ce métal de ceux qui lui étaient naturellement alliés, et nous avons décrit les opérations qui précèdent ce travail : ainsi nous n'aurons à parler ici que de la coupellation proprement dite, et qui consiste à calciner le *plomb d'œuvre* dans un fourneau à réverbère d'une forme appropriée. Ce fourneau est composé de deux parties principales, la base ou laboratoire et le dôme ou réverbère ; celle-ci, dans les fourneaux de grandes dimensions, s'enlève ou se remet à volonté, à l'aide d'une grue ; l'autre est fixe. Lorsque ces deux pièces sont ajustées, la partie vide qu'elles laissent entre elles est de forme lenticulaire, en telle sorte que la base présente une espèce de coupe, et le dôme ou *chapeau* une voûte très surbaissée (*voy*. pl. 9, *Arts chimiques*, fig. 7). Sur un des points de la circonférence de la coupe est située une ouverture A destinée à donner issue à l'oxide de plomb. A la partie diamétralement opposée se trouve une autre ouverture B où viennent s'adapter les tuyères de deux énormes soufflets ; la flamme qui arrive du foyer C, également situé sur le côté du laboratoire, est ensuite réverbérée par le dôme sur la coupelle, et elle trouve son issue par la cheminée D qui est située au-dessus du canal d'écoulement.

Pour procéder à cette opération on commence, le chapiteau étant enlevé, par revêtir toute la concavité du laboratoire d'une couche assez épaisse de cendres lessivées, et c'est ce qu'on nomme *former la coupelle*. On prévoit facilement que le motif qui détermine à n'employer pour cet objet que des cendres lessivées est la nécessité de les rendre moins attaquables par l'oxide de plomb fondu. Toute espèce de cendres n'est pas propre à cet objet ; on donne la préférence à celles qui sont les moins perméables à cet oxide ; telles sont celles de sarment de vigne, de fougères, etc. On doit avoir en outre la précaution de les soumettre à une forte calcination dans un four à réverbère, afin de les priver le plus exactement possible de tout reste de matière combustible, et éviter par là les crevasses ou boursouflures qui résulteraient de l'émanation des gaz pendant l'action de la chaleur. Il faut enfin que toute la quantité de cendre nécessaire à la formation de la coupelle soit mise à la fois ; autrement, si l'on était obligé d'appliquer plusieurs couches successives pour l'amener à l'épaisseur convenable, elle serait sujette à s'exfolier. Ainsi l'on projette sur la surface intérieure du fourneau toute la quantité de cendre voulue ; on la distribue uniformément et de manière à conserver la forme de coupe, puis on la bat fortement; et pour ne rien endommager, on recouvre ensuite la coupelle avec un lit de foin, sur lequel on dépose symétriquement et avec précaution les saumons de plomb d'œuvre.

Les choses étant ainsi disposées, on abaisse le chapiteau et l'on allume le feu; le plomb entre immédiatement en fusion, et quand sa température est assez élevée, on met les soufflets en jeu, afin de faciliter l'oxidation du métal; et, pour plus d'uniformité dans la répartition de l'air à la surface du bain, on place une rondelle E au-devant de la base. Ce n'est guère qu'après 15 à 16 heures de feu, que l'oxide de plomb ou *litharge* paraît, et qu'il est repoussé par le vent des soufflets vers l'ouverture A : on le fait sortir ensuite à l'aide de ringards. Au bout de 40 heures environ l'opération touche à sa fin, et l'on est averti de sa terminaison définitive par une espèce de fulguration qui se manifeste instantanément dans le bain. Cet effet est dû à la disparition subite d'une dernière pellicule d'oxide qui recouvrait l'argent. A cette époque le culot métallique, d'aplati qu'il était, devient sphérique. C'est alors qu'on introduit de l'eau au moyen d'un canal F, afin de refroidir la masse d'argent et pouvoir l'enlever immédiatement. Ce métal acquiert rarement, par cette première opération, un degré suffisant de pureté; il retient encore une certaine quantité de plomb dont on ne peut le priver que par une deuxième calcination dans une coupelle neuve, et qui est susceptible d'absorber les dernières portions d'oxide de plomb.

Pour procéder au deuxième mode de coupellation, on commence par peser très exactement, dans une balance excessivement sensible, 1 gramme de l'alliage qu'on veut soumettre à l'examen. On enveloppe cette portion dans un morceau de papier dont on forme une espèce de papillote. Cette précaution est surtout indispensable lorsque la pesée est composée de plusieurs fragmens, autrement on s'exposerait à en perdre quelques particules. On dépose ensuite cet échantillon, ainsi enveloppé, dans une petite capsule en cuivre, et l'on ajoute dans ce même vase la proportion de plomb convenable à l'espèce d'alliage qu'on veut essayer, et cette proportion devra être d'autant plus forte, que la quantité d'argent réel sera présumée plus petite; et ceux qui ont quelque habitude de la chose en jugent assez facilement au simple coup d'œil : ils savent que plus l'argent et l'or sont alliés de cuivre, plus leur couleur tire sur le rouge; moins leur pesanteur est grande, plus ils ont d'élasticité, plus ils brunissent au feu, et qu'enfin plus leur dureté et leur résistance à la lime augmentent; ce dernier caractère est un de ceux auxquels les essayeurs ont le plus souvent recours. Lorsque le métal contient environ un vingtième de cuivre on met quatre fois et demie autant de plomb pauvre ($2^{gr \cdot}$). S'il en contient un cinquième il faut en ajouter au moins 11 parties ($5^{gr}, 5$).

Lorsqu'on a disposé semblablement tous les essais qu'on veut passer à la coupelle, on allume le fourneau en y projetant pêle-mêle du charbon allumé et autre, mais en ayant l'attention de briser les plus gros morceaux, dans la crainte qu'ils obstruent le fourneau, et que, faute d'une quantité suffisante de combustible, la température ne puisse être portée au degré convenable. Il y aurait aussi un grand inconvénient à l'employer en très petits fragmens, parce qu'alors le tassement serait trop considérable, et que l'air ne pouvant circuler librement, la combustion ne serait pas assez active.

Pendant que le fourneau s'allume, on place les coupelles dans la moufle, et aussitôt qu'elles ont atteint le rouge presque blanc, on y met le plomb, qui entre immédiatement en fusion, se débarrasse bientôt de la légère pellicule qui le salissait; et lorsqu'il est bien nettoyé on y ajoute, à l'aide de petites pincettes, la portion d'alliage qui a été pesée et enveloppée d'avance. Lorsqu'on passe plusieurs essais à la fois, on doit les disposer dans le même ordre de numéros où ils se trouvaient dans les capsules, afin d'éviter de rapporter à l'essai d'une pièce ce qui appartient à une autre. Ordinairement on n'en met tout au plus que sur deux rangées, et encore attend-on que la première soit à moitié passée, pour commencer les essais de la seconde. Il serait difficile d'en bien gouverner un plus grand nombre. Cela posé, lorsque l'argent a été mis à propos, c'est-à-dire si le plomb se trouvait suffisamment chaud au moment de l'addition, la fusion a promptement lieu, la matière se découvre et s'éclaircit; on voit se promener à sa surface des points lumineux qui tombent bientôt vers la partie inférieure; on remarque en même temps une fumée qui s'élève et serpente dans l'intérieur de la moufle. A mesure que la coupellation avance, le culot métallique s'arrondit davantage, les points brillans deviennent plus grands et sont agités d'un mouvement plus rapide.

Ce point de l'opération est celui qui exige le plus d'habitude; car il faut éviter, relativement à la chaleur du fourneau, deux inconvéniens également nuisibles; si elle est trop forte, une portion d'argent se volatilise, et le bouton de retour court risque du *rocher;* si au contraire elle n'est pas assez élevée, il y reste du plomb, et, dans l'un et l'autre cas, l'essai est à recommencer. Le meilleur moyen d'éviter ces deux excès est d'avancer ou de reculer les coupelles dans la moufle suivant l'occurence. On reconnaît que la chaleur est trop forte lorsque la coupelle est au rouge blanc, et qu'on ne voit pas serpenter la fumée dans l'intérieur de la moufle, ou bien qu'elle s'élève trop rapidement jusqu'à la voûte; mais si la fumée paraît pesante, obscure, animée d'un mouvement lent, et qu'elle forme une couche presque parallèle au fond de la moufle, on juge alors que le fourneau n'est pas assez chaud. On peut en élever la température en plaçant quelques charbons ardens sur le devant de la moufle, et en rapprochant de son ouverture la porte du fourneau. Il est à remarquer qu'il est nécessaire que l'essai soit plus chaud au commencement de l'opération qu'à la fin, et c'est là ce qui nécessite, lorsqu'il a atteint environ les deux tiers de la durée, de rapprocher la coupelle de la porte. Cette précaution est d'autant plus avantageuse qu'elle facilite le moyen de mieux apercevoir le phénomène de l'*éclair,* qui est le signe certain de la terminaison. Vers cette époque le bouton est agité d'un tournoiement très rapide, et les dernières portions de plomb, en s'évaporant, présentent des zones ou bandes colorées de toutes les nuances de l'iris ; ces bandes font ensuite place à une espèce de nuage uniforme qui voile et ternit la surface. Tout à coup ce nuage disparaît, et le métal jette un éclat très vif ; c'est ce qu'on nomme *éclair*, *fulguration* ou *coruscation*.

On peut regarder l'opération comme bien réussie lorsque le bouton de retour n'offre aucune inégalité à sa surface, qu'il est bien arrondi et d'un blanc clair en-dessus, enfin qu'il se détache bien du fond de la coupelle lorsqu'elle est froide, et que le dessous est cristallisé ; car, lorsqu'il est brillant et comme miroité, c'est une preuve certaine qu'il contient encore du plomb.

Au reste, il est toujours prudent, lorsqu'on n'a pas une grande habitude de cette opération, de faire à la fois deux essais comparatifs du même objet, et de les placer aux deux côtés opposés de la moufle, afin que les causes qui pourraient influer sur l'un n'influent pas sur l'autre. Lorsque les deux boutons sont parfaitement semblables, ou qu'ils ne diffèrent entre eux que d'un millième au plus, on peut regarder l'opération comme ayant été bien faite ; il ne reste plus qu'à les piler après les avoir bien nettoyés au moyen d'un pinceau en fil de laiton, nommé *gratte-bosse*.

Tout ce que nous avons dit jusqu'à présent s'applique également à la coupellation de l'argent et à celle de l'or ; mais nous avons à ajouter, relativement à ce dernier, quelques autres considérations importantes, et nous commencerons par observer qu'il s'agit ici de déterminer les proportions exactes d'un alliage triple d'or, de cuivre et d'argent, car ces trois métaux se trouvent toujours réunis dans l'or ouvré. Mais en supposant qu'on puisse par la simple coupellation le débarrasser complètement du cuivre, ce qui ne pourrait avoir lieu en raison de sa grande affinité pour l'or, il resterait à pouvoir éliminer l'argent, qui ne s'y retrouve ordinairement qu'en très petite proportion, et qui est tellement défendu par l'or, qu'on ne peut l'enlever sans avoir recours à un moyen indirect, qui consiste à en augmenter la proportion ; c'est ce qu'on nomme *inquartation,* parce que l'on compose cet alliage de manière qu'il y ait 3 parties d'argent contre 1 d'or pur. Par cette unique addition, l'or se trouvant plus disséminé et l'argent plus à nu, ce dernier peut être attaqué et dissous sans difficulté. Remarquons encore que, d'après ce principe, la quantité d'argent qu'on met en surcharge est toujours en raison directe de la pureté de l'or, et que le contraire a lieu pour le plomb.

Ces sortes d'essais se font toujours sur un demi-gramme au plus, surtout pour de l'or à haut titre ; autrement, en opérant sur une masse plus forte, on court risque de retenir du plomb, et alors le bouton de retour serait aigre et ne pourrait se laminer que très difficilement.

La coupellation de l'or exige une température plus élevée que celle de l'argent ; mais comme l'or ne jouit point de la faculté de se volatiliser aussi facilement que l'argent, on n'a pas les mêmes précautions à prendre ; et l'on peut sans risque outrepasser le degré nécessaire : il est même inutile, et souvent nuisible, de rapprocher vers la fin la coupelle du devant de la moufle, attendu que l'essai d'or n'est point aussi sujet à *rocher.* Néanmoins il est toujours prudent de laisser le bouton se refroidir progressivement, parce qu'il peut aussi *végéter ;* les exemples en sont rares, mais cela peut arriver.

L'argent qu'on ajoute aux alliages d'or pour en faire l'essai rend cette opération un peu plus longue et plus compliquée, puisqu'il faut ensuite isoler l'argent lui-même afin de pouvoir juger de la quantité d'or pur contenu dans l'alliage. A la rigueur, nous ne devrions pas comprendre cette dernière partie dans la description de la coupellation ; mais comme elle en est le complément, il est impossible de les séparer l'une de l'autre. Ainsi nous dirons succinctement ce qui reste à faire pour obtenir l'or dans son état de pureté.

On nomme *départ* cette dernière opération ; et voici de quelle manière on y procède : on commence par aplatir le bouton de retour en le martelant modérément sur un tas d'acier, puis on le fait rougir légèrement en le plaçant sur des charbons ardens ou à l'entrée de la moufle, ou enfin en le soumettant à un feu de lampe. L'or, comme la plupart des autres métaux, devient aigre par la percussion, et c'est pour lui rendre sa malléabilité qu'on le fait ensuite *recuire;* puis on le passe au laminoir, et de manière à le transformer en une lame de un sixième de ligne d'épaisseur au plus; on le fait recuire une deuxième fois, et l'on roule cette lame en spirale ou cornet, qu'on introduit immédiatement dans un petit matras en forme de poire (dit *matras à essai*). On verse par-dessus 35 à 40 grammes d'acide nitrique pur à 22°; on place le vase sur des charbons allumés et recouverts de cendres. La dissolution s'opère, et après 22 minutes d'ébullition soutenue on décante le liquide, et on le remplace par une pareille quantité d'acide nitrique également pur, mais à 32°. On fait bouillir de nouveau pendant 10 minutes; on décante comme la première fois, et l'on remplit entièrement le matras d'eau distillée. Pour terminer on place un petit creuset à re-cuire sur l'ouverture du matras, et l'on renverse avec beau-coup de précaution ce matras de bas en haut; par ce moyen le cornet descend dans le creuset à travers l'eau, qui supporte une partie de son poids et l'empêche de se briser. On enlève ensuite un peu le matras, on le retourne promptement et avec dextérité, de manière que l'eau n'ait pas le temps de tomber en assez grande quantité pour remplir le creuset et renverser par-dessus les bords. On décante tout doucement l'eau du creuset; puis, après l'avoir couvert, on le place au milieu des charbons ardens, et on le retire aussitôt qu'il a rougi; on laisse refroidir, et l'on pèse le cornet très exactement. Le poids qu'on obtient est celui de l'or pur contenu dans l'alliage.   R.

COUPELLES. Ce sont des vases en forme de coupe, dans lesquels on fait l'opération que nous venons de décrire sous le nom de *coupellation;* nom qui dérive de celui du vase lui-même. Nous avons distingué deux espèces de coupellation, l'une qui se pratique en grand pour séparer l'argent du plomb, l'autre, qui ne se fait que sur de très petites quantités, pour connaître le titre des matières d'or ou d'argent. Dans l'un et l'autre cas on se sert de *coupelles*; mais elles ne sont pas construites avec les mêmes matériaux. Dans la métallurgie on se sert, ainsi que nous l'avons dit, de cendres bien calcinées et qu'on a soumises à la lixiviation pour en séparer tout l'alcali, afin qu'elles perdent leur altérabilité par l'oxide de plomb. Pour les essais, c'est avec de la poudre d'os calcinés qu'on les fabrique; il faut que cette poudre ne soit ni trop grosse ni trop fine, car il est nécessaire que la coupelle conserve tout-à-la-fois une certaine consistance et beaucoup de porosité; il faut qu'elle absorbe tout l'oxide de plomb de l'essai, et il n'en est pas ainsi pour les précédentes, qui doivent au contraire être imperméables à cet oxide.

On commence par délayer la poudre d'os avec une assez grande quantité d'eau; on laisse tremper pendant 7 à 8 heures, en ayant soin d'agiter de temps en temps; puis on laisse déposer; et lorsque l'eau est bien claire on la décante, et on laisse égoutter jusqu'à ce que la pâte soit d'une consistance assez solide; c'est alors qu'on la met dans les moules destinés à former les coupelles. Ces moules sont faits de cuivre jaune, et sont composés de 3 pièces qui se séparent facilement, savoir : d'un segment de cône (pl. 9, *Arts chimiques*, fig. 8), qu'on appelle *none*, d'un fond mobile (fig. 9) dont les bords circulaires sont coupés sous le même angle d'inclinaison que les parois internes de la none sur lesquelles ils s'appuient; enfin d'un moule intérieur ou *moine* (fig. 10), qui est un segment de sphéroïde, portant à l'endroit de sa section un rebord qui s'appuie sur ceux de la *none*, et qui a un manche en bois ou en cuivre, de 4 à 5 centimètres de long. Ainsi, lorsqu'on a mis dans le moule la quantité de matière nécessaire, on la presse avec les doigts, on enlève l'excès de la pâte au moyen d'une lame de cuivre; on saupoudre cette surface avec de la poussière d'os très fine; on y enfonce le moule intérieur ou *moine* en le frappant à plusieurs reprises avec un maillet de bois jusqu'à ce que son rebord ait rencontré ceux de la *none*, et que le bassin de la coupelle soit bien formé. Par ce moyen ce bassin est constamment le même, et il se trouve toujours au centre et parfaitement d'aplomb avec le corps de la coupelle, lorsqu'elle est placée sur un plan horizontal. Pour enlever la coupelle de l'intérieur du moule, on pose son fond, qui est mobile, sur une petite colonne de bois, dont le diamètre est égal au sien; en appuyant légèrement sur le moule la *none* descend, et la coupelle se trouve alors à nu. A mesure qu'on les enlève ainsi du moule, on les range sur des planches disposées dans des endroits échauffés en hiver par des poêles. Une fois desséchées on les met dans des fours, où elles éprouvent une chaleur suffisante pour les cuire. Pour qu'une coupelle soit bonne elle ne doit être ni trop poreuse, ni trop dense.

M. Le Baillif vient de proposer, pour les essais au chalumeau, l'emploi de petites coupelles de 8 millimètres environ de diamètre, et de 1 millimètre au plus d'épaisseur. Ces coupelles sont composées en parties égales de terre à porcelaine et de belle terre à pipe. Elles sont très utiles pour reconnaître les plus faibles quantités de substances métalliques.   R.

COUPEROSE. *Voy.* SULFATE.

COUVERTURES. (*Arts mécaniques.*) Les couvertures de lit en laine sont ourdies et tissées comme les draps; on les passe ensuite au foulon, le pareur les travaille; il les carde des deux côtés pour en faire sortir les poils d'une manière régulière; enfin on les blanchit. La trame en est peu tordue. Les couvertures de coton sont fabriquées de la même manière que celles de laine; on tire le poil avec la carde, mais on ne les foule pas. Le tissu en est croisé.

Les *couvre-pieds* sont ordinairement composés de ouatte, enfermée entre deux étoffes de coton ou de soie qu'on pique en quinconce : ou bien on les fait en édredon en forme de grand oreiller.   FR.

COUVREUR. (*Arts mécaniques.*) Nous ne traiterons ici que des couvertures en tuiles et en ardoises.

Couverture en tuiles. — On commence par fixer le *pureau*; on nomme ainsi la partie de la tuile qui n'est pas recouverte par celle qui est au-dessus : c'est ordinairement le tiers de la longueur. On cloue sur les chevrons des lattes parallèles et horizontales, dont les bords supérieurs sont distans de la longueur du pureau. On accroche à ces lattes les tuiles jointives, à l'aide du crochet qu'elles portent en-dessous vers le bord supérieur ; et comme on commence par la partie inférieure du toit, les tuiles viennent en recouvrement les unes des autres, par *imbrication*. On a soin de ranger ces tuiles de manière que leurs jonctions latérales se trouvent au milieu des tuiles sur lesquelles elles posent.

L'égout du toit est formé de deux ou trois tuiles saillantes au dehors et tenues par un scellement de plâtre. Il en faut dire autant des arètes formées par les jonctions des plans de toiture, les *noues* (angles rentrans), et bordures inclinées. Pour l'ajustement de ces tuiles qui règlent la place des autres, le couvreur les taille au marteau, de grandeur convenable. Ces arètes et jointures sont recouvertes par des *solins,* ou bourrelets en plâtre, qui empêchent l'infiltration des eaux pluviales.

Couverture en ardoises. — Ce qu'on vient de dire s'applique aux toitures en ardoise, excepté que les lattes sont des planches légères en sapin (*voliges*) dont on recouvre tout le toit en les plaçant presque jointives. Les ardoises sont clouées sur ce lattis. Il faut écorner les deux angles supérieurs, et faire entrer les clous dans l'espace qui reste entre ces écornures.

Devis d'une toise carrée de couverture

144 tuiles grand moule, à 80 fr. le mille..............	12f	
27 lattes, à 1 fr. 24 c. la botte................	0,60c	14f 10c
120 clous........................	0,25	
Main-d'œuvre......................	1,25	
220 tuiles petit moule, à 50 fr. le mille..............	11,00	
33 lattes........................	0,71	13,31
168 clous........................	0,35	
Main-d'œuvre......................	1,25	
155 ardoises carrées fortes, à 45 fr. le mille...........	7,87	
24 voliges........................	4,95	15,80
168 clous, à 16 sous la livre...............	0,48	
Façon........................	2,50	

Il faut, à ces prix, ajouter le dixième pour l'entrepreneur.

FR.

CRAPAUDINE. (*Arts mécaniques.*) On donne ce nom à un morceau de métal dans lequel est pratiqué un trou rond conique ou cylindrique sur une partie de son épaisseur, dans lequel trou pose et tourne le pivot d'un arbre vertical. On la fait souvent en cuivre, mais lorsqu'elle doit éprouver une grande fatigue, on la fait d'acier trempé. Ordinairement, pour ces dernières, on a une boîte en fonte au fond de laquelle est placée la crapaudine, et dont les rebords élevés servent de magasin à l'huile, qu'on ne doit jamais laisser manquer, et qu'on recouvre d'une peau pour empêcher la poussière ou autres ordures d'y tomber. Pour tremper dur le fond d'une crapaudine, il faut faire tomber au dedans un jet d'eau froide.

Il est quelquefois nécessaire de faire varier la position d'une crapaudine ; on s'en ménage les moyens en plaçant sur les côtés de la boîte des vis à caller, au moyen desquelles on fixe la crapaudine dans le sens horizontal, à la place qui convient à l'arbre vertical.

Si la poussée horizontale de l'arbre est forte et saccadée, comme dans les manéges, le trou de la crapaudine, de même que le pivot de l'arbre, doivent être pour ainsi dire cylindriques, parce que si la poussée avait lieu contre un plan incliné, ce qui résulterait d'une forme conique, le pivot pourrait sortir de sa crapaudine, et occasioner des accidens.   E. M.

CRAYONS. Les plus employés sont faits avec une sorte d'argile schisteuse graphique nommée *plombagine, mine de plomb.*

Jusque vers l'année 1795, la préparation des crayons consistait simplement à scier la plombagine en petits parallélépipèdes qu'on renfermait ensuite dans des enveloppes de bois de cèdre ; mais il était rare qu'on obtînt par ce procédé de bons crayons. Conté s'occupa à cette époque des moyens d'en préparer artificiellement, et il ne tarda pas à réussir d'une manière complète. Son procédé consiste à réduire en poudre ténue de l'argile calcinée et de la plombagine, à en faire, avec un peu d'eau, une pâte bien homogène que l'on coule dans de petites rigoles pratiquées dans une plaque de bois qu'on a fait préalablement bouillir avec du suif pour empêcher la pâte de s'y attacher. On porte ensuite le moule dans un four médiocrement chauffé, et l'on achève de leur donner la solidité requise en les plaçant perpendiculairement dans un creuset, jétant dessus de la poudre de charbon et calcinant au rouge le creuset bien luté. On les retire après leur refroidissement et il ne reste plus qu'à les monter.

En ajoutant à la composition précédente du noir de fumée en plus ou moins grande quantité, on obtient des crayons dont on peut faire varier la couleur depuis le noir le plus pâle jusqu'au noir le plus intense.

Les crayons colorés qui servent à dessiner la miniature se préparent d'une manière tout-à-fait analogue : seulement il faut avoir grand soin de ne soumettre à l'action d'une haute température que ceux qui contiennent des matières colorantes inaltérables au feu. Pour celles que la chaleur altérerait, on se contente de les porter à l'étuve, après quoi on les fait bouillir dans un bain de suif ou de cire, ou dans un mélange de ces deux corps gras. Dans tous les cas, il faut employer à la confection de ces sortes de crayons une argile assez blanche pour ne pas altérer leur couleur.

Les matières colorantes dont on fait le plus souvent usage sont la terre d'ombre, le minium, le carmin, les ocres, l'indigo et la sanguine. P...ZE.

CRÉMAILLÈRE. (*Arts mécaniques.*) On donne ce nom à toute barre dentée, ondée ou crénelée sur sa longueur ; le plus souvent la *crémaillère* est destinée à se mouvoir par l'engrenage d'un pignon ou d'une roue dentée : on en trouve un exemple dans le CRIC, fig. 10, pl. 11. La forme de ces dents est assujettie à une figure géométrique dont nous parlerons au mot DENT. Ce mécanisme très simple est l'un des plus usités pour transformer un mouvement de rotation donné en rectiligne ou de translation (fig. 7). On fait quelquefois les dents de la crémaillère en triangle, et ces dents vont se loger dans des entailles de même forme pratiquées à la circonférence d'une roue. Quelquefois on remplace la crémaillère par une chaîne, dans les mailles de laquelle les dents de la roue vont s'engager : c'est ce qui se pratique dans les NORIAS.

Lorsque la crémaillère est montée de toute sa longueur, et que la roue motrice a atteint la dernière dent, il est nécessaire de tourner cette roue en sens contraire, ou du moins de la désengrener, pour rabattre la crémaillère et là ramener à la position qu'elle avait avant le mouvement. C'est ainsi qu'on remplace les CAMES qui servent à élever des pilons par le mécanisme de la fig. 7. La roue dentée n'ayant des dents que sur la moitié de sa circonférence, lorsque, par la rotation, l'arc sans dents se présente à la barre, celle-ci n'est plus retenue et retombe par son poids, pour être élevée de nouveau, quand les dents reviendront en prise.

Quelquefois, au lieu de faire à la barre des dents latérales, on y attache de petits cylindres semblables aux fuseaux des LANTERNES ; et même aussi l'on remplace les dents de la crémaillère par des *ondes,* qu'une lanterne pousse successivement en tournant. On peut ne faire porter des fuseaux à la lanterne que sur une demi-circonférence, et la faire engrener avec deux crémaillères verticales placées aux côtés opposés : quand la lanterne engrène avec l'une, elle la fait monter, et dès qu'elle présente aux dents le côté sans fuseaux, la crémaillère retombe par son poids ; d'où l'on voit que chaque crémaillère monte quand l'autre descend. (*V.* le *Theatrum machinarum* de Leupold, chap. 12.)

Il arrive quelquefois que les dents de la crémaillère sont obliques, de manière à permettre le mouvement dans un sens, et à s'y opposer dans le sens rétrograde ; la chape AB (fig. 8) contient une barre CD de cette espèce, logée dans un canal longitudinal : un arrêt N, poussé par le ressort R, permet à la barre de s'élever, parce que cet arrêt glisse sur les plans inclinés, et rentre sous la dent après chaque degré d'ascension ; mais il retient la barre dans cette nouvelle situation. Lorsqu'on veut faire descendre la barre dans le canal, on tire un anneau ou bouton M qui ramène l'arrêt en arrière et dégage la barre.

Ce mécanisme est employé dans les Écrans, dans les Tables
à la Tronchin, etc.

Les crémaillères de nos cuisines sont de la même forme :
elles sont en fer et suspendues par un anneau à un clou à crochet N (fig. 9), en haut du *contre-cœur*. Une bande AC de
fer plat et taillée sur le bord à dents obliques, est terminée en
bas par un crochet A et en haut par un anneau E. Une barre EN
passe dans l'anneau B, et porte en bas une pièce EI articulée
en E par un clou rivé qui la laisse tourner, et fendue sur sa
longueur ; dans cette fente passe la bande AC, qui s'y appuie
sur les dents de la crémaillère. On peut donc monter ou descendre le crochet A, et tenir exposé au-dessus de la flamme
du foyer le vase de métal qu'on suspend par son anse à
ce crochet A.   Fr.

CREUSETS. Ces ustensiles, qu'on emploie dans les laboratoires de chimie et dans plusieurs opérations des Arts, pour
porter diverses substances à une température élevée, sont préparés sous diverses formes, en argent, en fonte, en grès, en
fer forgé, en platine, en *porcelaine,* en plombagine, et le plus
généralement en terres réfractaires.

Les *creusets en argent* sont faits avec de l'argent pur, ordinairement réduit de chlorure d'argent. On s'en sert surtout
pour attaquer par la potasse ou la soude des pierres alumi-
neuses et siliceuses.

Les *creusets de fonte* sont employés dans tous les ateliers
monétaires d'Angleterre, ils présentent une grande économie
comparativement aux creusets en fer forgé qui servent encore
aux mêmes usages en France.

Les *creusets en platine* sont très précieux lorsqu'il s'agit de
porter certains corps à des températures élevées, et d'en attaquer d'autres par des acides.

Les *creusets de plombagine* nous viennent d'Ypse et de Pas-
saw ; ils sont mous, friables, poreux, et ne servent qu'à la
fusion des métaux ; ils supportent très bien les changemens de
température, mais ils laissent transpirer les sels au travers de
leurs pores; ils se font avec un mélange de plombagine en

poudre et de terres réfractaires *cuites* et *crues ;* ils supportent les changemens brusques de température sans se casser. Ces creusets sont assez mous pour que l'on puisse tailler leurs bords au couteau, ce qui permet d'ajuster des couvercles.

Les *creusets en terre,* dont on ne peut pas se servir pour la fusion de la *potasse,* de la *soude,* des oxides de plomb, de bismuth, ni des autres corps susceptibles de vitrifier les substances terreuses, sont employés en quantités très considérables dans les laboratoires des chimistes et des orfèvres pour la réduction des sulfates en sulfure, les essais des mines et la fusion des matières d'or, d'argent, du fer, de l'acier, etc.; dans les ateliers des fondeurs, pour liquéfier le cuivre et le bronze; ils servent dans la fabrication des fleurs de zinc et d'antimoine, des sulfures métalliques, dans la distillation du soufre, la réduction des oxides réfractaires à l'aide du charbon, etc. On leur donne généralement l'une des trois formes ci-après décrites : ils sont triangulaires à la partie supérieure qui est ouverte, rétrécis graduellement jusqu'à la partie inférieure, qui présente une forme arrondie latéralement et dans le fond; ou cylindriques dans toute leur hauteur, et terminés au fond par une concavité elliptique; ou enfin hémisphériques intérieurement, et représentant un cône tronqué ou un cylindre à l'extérieur. Les meilleurs nous viennent d'Allemagne; ce sont les creusets de *Hesse.* Ils résistent à des températures d'autant plus élevées qu'ils contiennent moins de chaux et d'oxide de fer.   P.

CRIBLE. (*Arts mécaniques.*) On donne ce nom à un instrument propre à purger les grains des pierres et autres corps étrangers qui y sont mêlés. Il en est de plusieurs sortes. Le plus commun est composé d'un cercle en bois plus ou moins grand, nommé CERCHE, sur le bord duquel on tend une peau mince de porc, d'âne, de cheval ou de mouton; on perce cette peau à l'emporte-pièce d'une multitude de trous dont la grandeur est proportionnée à la nature des grains qu'on veut nettoyer. Le cerche forme un rebord de 4 pouces qui retient les grains qu'on met sur la peau. On fait sautiller ces grains, soit à force de bras, soit en suspendant le crible par trois cordes au plafond et frappant sur le cercle. Les impuretés se tamisent et tombent à terre.

Il y a un autre *crible* formé de deux cylindres l'un dans l'autre, montés sur le même axe qui est un peu incliné. On fait tourner le système sur cet axe pendant que le grain entre peu à peu dans le cylindre intérieur. Le blé passe au travers des mailles de la surface, qui est en toile métallique assez claire pour cela ; les grosses pierres, les fortes graines vont tomber au dehors par le bout inférieur du crible. Au contraire, le blé descendu dans le cylindre rotatif extérieur, dont les mailles sont serrées, tombe au bout où il est reçu dans un coffre, purgé des graines fines et du petit blé, qui passent à travers ses mailles.

Au sortir du TARARE d'un moulin, le blé est reçu sur une autre espèce de *crible*. C'est un châssis léger, bordé de planchettes et revêtu d'une toile en fils de fer plus ou moins serrés. Un appareil frappe continuellement ce crible pour faire sautiller le blé : les petits grains passent à travers le tissu, et le bon blé descend au bout du crible qui est un peu incliné. C'est aussi un moyen de partager le blé en plusieurs qualités, selon la largeur des mailles de la toile.   F_R.

CRIC. (*Arts mécaniques.*) Concevons la barre dentée ou CRÉMAILLÈRE AB (fig. 10, pl. 11), retenue dans une chape, ou forte boîte KL. En-dessus, on pratique une ouverture par laquelle cette barre peut sortir, lorsqu'on fait tourner le pignon E, qui engrène avec les dents de la barre et lui communique un mouvement de translation. Cette machine s'appelle *Cric*. Son usage est d'élever les poids qu'on pose à l'extrémité A de la barre sur un crochet Q, ou une empaumure qui le maintient. Le point d'appui se prend sur le sol ou tout autre corps résistant, en y appuyant l'autre bout L de la chape. Pour mettre le pignon en mouvement, on se sert d'une manivelle F, disposée comme on le voit dans la figure. La chape doit être en bois de chêne très solide et renforcée par des frettes en fer. Les dents sont exécutées selon les règles ordinaires.

Comme le poids, ou la résistance appliquée au bout de la barre est censée immédiatement posée sur la dent du pignon qui monte cette barre, le moment de cette résistance relativement au centre de rotation du pignon doit être égal à celui de la puissance P : ainsi, dans l'équilibre du cric, *la puissance est à la résistance comme le rayon du pignon est à celui de la manivelle :* proportion qui donnera toujours la mesure de la force à développer. (*Voy.* Treuil.)

Lorsqu'on a produit l'effet demandé, si la puissance P qui agit sur la manivelle cessait de la pousser, le poids ferait redescendre la barre, en forçant le pignon à tourner en sens contraire. Pour permettre à la puissance P de se reposer, on dispose un Cliquet qui empêche le pignon de tourner en sens contraire. Il y a donc en dehors de la chape, sur l'axe carré de la manivelle, une roue à Rochet dans les dents de laquelle est engagé un fort cliquet, qui y tombe par son seul poids, et qu'on peut lever, lorsqu'on veut faire rentrer la barre dans la chape.

Fr.

CRIN. (*Arts mécaniques.*) Le crin, tel qu'il sort de la queue du cheval, sert aux luthiers, pour garnir les archets; aux boutonniers, pour en faire des boutons; aux cordiers, qui en font des longes pour les chevaux et des cordes pour étendre le linge.

Le *crin crépi* sert aux tapissiers, pour garnir des matelas ou sommiers, des fauteuils, des bergères, des chaises, etc; aux selliers, pour rembourrer les selles, les coussinets, et garnir les voitures; aux bourreliers, pour rembourrer les bâts des chevaux et des mulets, et les sellettes des chevaux de chaise et de charrette, ce qui est toujours préférable à la bourre.

Indépendamment de l'emploi du crin pour les usages que nous avons indiqués, cette substance depuis long-temps sert à tisser des étoffes claires comme de la gaze, qu'on emploie à faire des tamis. Plusieurs manufactures de ce genre existent en France. On en tisse encore des étoffes destinées à faire des meubles qui se conservent long-temps et sont économiques. Ces étoffes se tissent à peu près comme la toile ordinaire. On teint d'abord les crins en noir à la manière accoutumée; la chaîne est en fil noir, parée, apprêtée et fortement tendue. La trame est en crin, qu'on mouille et qu'on passe avec une longue navette à crochet. Un enfant, placé sur un des côtés du métier, présente un crin à l'ouvrier près de la lisière; l'ouvrier le saisit avec le crochet de sa navette, et, en le tirant dans le sens de sa largeur, il passe le crin dans l'étoffe, et frappe deux coups de battans. Fr.

CRISTAL. On donnait autrefois ce nom à toutes les espèces de verres incolores; mais on ne l'applique aujourd'hui qu'au silicate double de potasse et de plomb.

Les propriétés physiques qu'on recherche dans le cristal sont une grande densité, un son en quelque sorte métallique, une grande blancheur et une diaphanéité complète. Ces deux dernières offrent seules des difficultés, et sont des qualités essentielles. C'est du choix et de la préparation des matières premières que dépend surtout le succès de cette fabrication; aussi doit-on apporter les soins les plus minutieux à les obtenir pures.

La *silice* doit être blanche et exempte d'oxides de manganèse et de fer. On a généralement renoncé à l'emploi du *quarz* pour lui substituer le *sable siliceux* que la nature offre souvent dans un état de pureté, tel qu'il suffit de le laver à l'eau seule.

Le *minium* doit être bien débarrassé de métaux étrangers et principalement de cuivre.

La *potasse* qu'on rencontre dans le commerce est très souvent mêlée de *soude*. Ce dernier alcali donne au cristal une teinte verte désagréable à l'œil. Il faut donc avoir grand soin de rejeter les potasses, ou *salins* qui en contiennent.

Lorsque tous les matériaux sont prêts, et le titre alcalimétrique de l'alcali bien déterminé, il faut en opérer le mélange. Les proportions ne s'éloignent pas en général des nombres suivans :

	Travail au bois.	Au charbon de terre.
Sable siliceux..	3	3
Minium (deutoxide de plomb)	2	$2\frac{1}{4}$
Potasse..	1	$1\frac{1}{8}$

On écrase la potasse en poudre fine, à l'aide de *mailloches* en bois cerclées en fer; on la tamise, puis on mêle la poudre tamisée avec le minium dans les proportions indiquées. On tamise encore ce mélange, puis l'on y ajoute le sable : on mêle le plus exactement possible, et l'on tamise encore le mélange. Tous ces tamisages se font dans des tamis ouverts, et laissent voler un nuage de poussière malsaine pour les ouvriers, auxquels elle peut donner la *colique de plomb*, et qui cause toujours de la perte au fabricant. Il serait utile de remplacer ces tamis par des Bluteaux renfermés, ou au moins par des tamis couverts.

A Vonèche, on a supprimé entièrement les tamisages ; on se contente d'écraser la potasse en poudre fine, d'opérer le mélange dans une grande caisse en bois épais, construite à demeure dans une étuve. On se sert d'une pelle, avec laquelle on retourne et l'on étend par parties tout le mélange, cinq ou six fois de suite, d'un bout à l'autre de la caisse.

On ajoute encore à ce mélange une quantité plus ou moins grande de *groisil :* ce sont les débris d'objets en cristal cassés, les rognures de diverses pièces, et le cristal resté adhérent au bout des cannes. Celui-ci, avant de rentrer dans la composition, doit être préalablement concassé avec adresse, pour *déliter* les morceaux tachés par le fer. Des femmes font aisément cette opération manuelle ; on met à part les fragmens ferrugineux ; ils sont ensuite *lotionnés* avec de l'acide hydro-chlorique et lavés à l'eau, afin de leur enlever le fer qu'ils contiennent. Il est difficile de purifier complètement ce cristal ; on en fait de la gobeletterie ordinaire, ou bien on le vend pour être mêlé à la composition des couvertes des poteries communes.

On doit apporter, dans toutes ces opérations, les plus grands soins de propreté, puisque de très petites quantités d'oxides métalliques suffisent pour donner une teinte au cristal, et que des matières animales ou végétales, en se carbonisant, pourraient revivifier de l'oxide de plomb.

Le mélange des matières premières, sable, minium et potasse, étant opéré avec le groisil, il s'agit d'enfourner. On divise le mélange total dans quatre, six ou huit grands pots, suivant que le four est à quatre, six ou huit places.

Les pots ou Creusets se composent ordinairement d'argile plastique réfractaire, la *terre de forge,* par exemple, 2 parties; même terre calcinée très fortement et réduite en poudre, une partie; et morceaux de pots cassés, débarrassés soigneusement de toute vitrification adhérente, pulvérisés, une partie. Lorsque ces creusets sont bien battus et façonnés, il faut les faire dessécher très lentement; on les porte ensuite dans une étuve, où on les place sur des planches à claire-voie et par étages : on les conserve dans un endroit très sec, pour s'en servir au besoin; ils sont d'autant meilleurs qu'ils sont plus anciennement faits. Ces pots ont des couvercles qu'on laisse dessus lorsqu'on travaille au charbon de terre.

Le four, en tout semblable à celui des Verreries, sera décrit à cet article. Nous signalerons cependant ici un perfectionnement utile; il consiste à mettre devant les ouvreaux des plaques en terre demi-circulaires, au milieu desquelles un trou rond sert à passer la canne à souffler et le cristal cueilli. Le diamètre de ce trou varie suivant que l'on doit travailler des objets plus ou moins volumineux. On perd moins de chaleur que si l'ouvreau était inutilement ouvert en entier. Ces plaques ont été appelées des *lunes* par les ouvriers.

Le combustible qu'on emploie pour opérer la fonte du cristal, varie suivant les localités. Parmi les bois, le bouleau et le hêtre sont préférables pour le travail à pots découverts; ils donnent moins de flammèches que le chêne et les autres bois, etc., et laissent moins de chances d'altérer le cristal fondu, en revivifiant un peu d'oxide à sa surface. Le bois dont on se sert est fendu et toujours très sec. Pour qu'il donne plus de chaleur, il faut le faire dessécher le plus possible dans une chambre close en maçonnerie, dite *carquèse*, chauffée par un alandier, avec des *bourrées* de menu bois. On pousse la dessiccation jusqu'à donner une teinte roussâtre au bois ; on reconnaît ce terme à l'odeur piquante d'*acide pyroligneux* qu'il commence à développer. Il arrive quelquefois que le feu prend au bois amoncelé dans la carquèse ; on bouche alors tous les ouvreaux inférieurs, et l'on jette quelques seaux d'eau par une ouverture supérieure, qu'on rebouche aussitôt.

La fonte du cristal dure depuis 12 jusqu'à 16 heures, suivant la construction du four, l'activité du combustible et les soins des ouvriers. Une grande régularité dans l'alimentation du foyer est très utile dans le chauffage de ces fours. M. Dartigues, à Vonèche, obtient cette régularité très facilement : un enfant met dans l'alandier un morceau de bois à chacun des mouvemens d'un pendule placé devant lui.

Quand la fusion du cristal est opérée, il vient à la surface une espèce d'écume formée de quelques grains de sable, d'impuretés échappées quelquefois à la purification des matières, ou produites dans la vitrification, ou détachées de la voûte du four : on les enlève avec soin, à l'aide d'un racloir ; c'est ce qu'on nomme *scramaison*.

Après cette opération, on peut commencer immédiatement le travail des divers objets en cristal, ou transvaser dans les pots d'affinage ; ce qui constitue deux méthodes : la seconde est encore suivie en plusieurs endroits, quoique bien plus coûteuse, puisque dans un four à six places, on ne travaille que les six pots d'affinage ; les six autres servent seulement à la fonte.

Dans un four à six places contenant douze pots, dont six en fonte et six en affinage, on obtient, en 14 heures, 600 kilogrammes de cristal, et l'on emploie environ 11 cordes de bois, pesant 4,400 kilogrammes.

En travaillant en grande fonte dans un four à quatre places, contenant huit grands pots, et avec les précautions que nous avons indiquées, on ne brûle que dix cordes de bois, et l'on obtient 800 kilogrammes de cristal. La fusion dure 12 heures, le travail 7 heures, et le repos 5 heures : à chaque place il y a deux souffleurs, un ouvreur et trois aides, dits *gamins;* ce qui fait six ouvriers par place, ou quarante-huit ouvriers pour un four.

La chaleur employée à fondre le cristal est à peu près la même que celle du verre.

Lorsqu'on opère la fonte du cristal avec du charbon de terre, les creusets sont bien plus épais que dans les fours à bois; on est obligé de les couvrir avec des couvercles lutés hermétiquement, de peur que la fumée ne vienne réduire quelque partie de l'oxide de plomb. Pour travailler le cristal fondu, on est encore obligé de se garantir de la fumée, qui brunirait les pièces. Pour y parvenir, on les réchauffe, sans le contact de la flamme, dans un creuset mince, couché et scellé dans le four entre les pots à fondre. Malgré toutes ces précautions il est bien rare que le cristal soit d'une blancheur aussi parfaite que dans les fours au bois. Dans ceux-ci, la surface découverte du pot de cristal fondu s'avive sans cesse, en se renouvelant et laissant dégager quelques oxides colorans.

Après que l'on a nettoyé à la surface du cristal par la scramaison, on commence à travailler ou à façonner les diverses pièces. Nous donnerons, à l'article VÉRRERIE, quelques détails sur ces opérations manuelles, difficiles à décrire. Le refroidissement du cristal étant plus lent que celui du verre, à cause de l'épaisseur plus grande des objets en cristal, on peut le travailler plus longuement. Le prix plus élevé des cristaux permet d'ailleurs de perfectionner davantage leur travail. On sait que, du reste, comme le verre, le cristal est *cueilli* par des ouvriers habiles, à l'aide d'une CANNE ou tube creux en fer; développé par leur souffle, poli sur du bois mouillé, soufflé de nouveau, allongé en lançant la canne circulairement, remis au feu à plusieurs reprises : on coupe le bord des vases, on soude le cristal à demi fondu, pour faire les goulots, les anses, les pieds de divers objets, etc.

Le moulage du cristal se fait en soufflant une boule préparée au bout de la canne, dans un moule en bronze poli ; le
cristal, très mou, remplit toutes les cavités du moule, en
prend entièrement la forme. Il imite quelquefois assez bien
certains cristaux taillés, et peut se donner à plus bas prix.
On est parvenu, à l'aide de moules polis, à obtenir le moulage
des parties anguleuses.

Tout le travail du cristal au feu, comme celui du verre,
exige beaucoup d'adresse et une longue habitude. Il est extrèmement pénible, par la chaleur forte que les ouvriers en-
durent. Les plaques percées, dites *lunes*, ont cependant beaucoup diminué la chaleur que les ouvriers souffraient. Ces
hommes sont payés, suivant leur adresse, depuis 100 fr.
jusqu'à 300 fr. par mois.

Lorsque les objets en cristal sont façonnés, on les fait
recuire dans l'*arche à tirer*. On nomme ainsi un conduit rectangulaire horizontal, long de 36 pieds environ, dans lequel
passent les produits de la combustion, pour se rendre à la
cheminée, qu'il dépasse de 8 pieds ; deux coulisses latérales
en fer supportent des plateaux mobiles, dits *ferrasses*, accrochés les uns aux autres, et que l'on charge successivement
des diverses pièces soufflées ; elles sont introduites par le
bout le plus rapproché du four, et le plus chaud par conséquent, sur un plateau que l'on accroche au dernier plateau
enfourné, et qui est entré dans l'arche en même temps que
l'on en a tiré un autre plateau, à l'extrémité opposée, à l'aide
d'un moulinet. Il faut que les objets en cristal très chaud
soient posés sur la troisième ferrasse, qui s'est suffisamment
échauffée pour être à peu près à leur température. A l'extrémité opposée, par laquelle on retire les objets en cristal,
la température n'est que de quelques degrés au-dessus de
l'atmosphère. On voit que le refroidissement de toutes ces
pièces est très lentement gradué : c'est ce que l'on nomme la
recuisson.

Lorsque les *cristaux* sont sortis de l'arche à tirer, ils sont
prêts à être livrés au commerce, s'ils ne sont pas desti-

nés à être taillés ; ceux qui doivent l'être, sont ordinairement plus épais , parce qu'il est nécessaire de leur laisser une épaisseur au moins égale et presque toujours supérieure à celle des saillies les plus fortes qu'on veut réserver dans la taille.

Outre le cristal blanc, qui forme la partie la plus importante de la fabrication, on prépare divers cristaux colorés, que l'on pourrait appeler *cristaux de fantaisie*, puisqu'ils sont sujets à tous les caprices de la mode. On prépare le cristal opalin en ajoutant à la composition que nous avons indiquée, du Phosphate de Chaux broyé et desséché (1). Il importe beaucoup , pour obtenir dans ces cristaux une teinte également demi-transparente, que l'ouvrier donne aux objets qu'il en forme, une épaisseur à peu près égale ; que le coup de feu soit modéré, et que la fonte soit travaillée promptement : si elle est chauffée trop long-temps, la nuance s'affaiblit et finit quelquefois par disparaître. Ce que nous venons de dire s'applique à la préparation de tous les cristaux colorés.

Pour obtenir une belle nuance de violet plus ou moins foncée, on ajoute une proportion plus ou moins forte d'un mélange d'oxide de Cobalt et de précipité de Cassius. Le bleu, plus ou moins intense, s'obtient avec un dosage plus ou moins fort d'oxide de cobalt ; le rouge vif, avec le précipité d'Or, dit Pourpre de Cassius ; le vert, avec le *verdet* du commerce, très pur. On le réduit à l'état de deutoxide de cuivre, mêlé de sous-deuto-acétate, par une dessiccation complète : on le broie en poudre fine, puis on l'ajoute à la composition du cristal. Le jaune s'obtient avec l'oxide d'argent, et le noir avec un mélange d'oxide de fer ou d'oxide de manganèse. Pour s'assurer d'avance de la proportion qu'il faut employer de ces oxides pour obtenir différentes nuances, on fait des mélanges d'essai, avec lesquels

---

(1) On s'est servi d'oxide d'étain précipité et lavé , pour donner cette nuance aux cristaux. Les produits qu'on obtient par ce procédé sont plus ternes et réussissent plus difficilement.

on souffle des *montres* de l'épaisseur voulue. On se sert, pour cette expérience, du petit creuset à queue, dit *patelin*, comme nous l'avons indiqué plus haut.

On a préparé dernièrement des vases en cristal dont toutes les parois intérieures sont blanches, tandis que toutes les tailles extérieures sont colorées : ces ouvrages sont faciles à exécuter. On trempe dans un pot, qui contient du cristal blanc, le bout de la canne, et ensuite on plonge un instant le cristal, que l'on vient de cueillir, dans un pot de cristal coloré ; les deux couches se soudent sans se confondre, et lorsque l'objet est terminé, il est blanc dans l'intérieur et coloré extérieurement. Les raies que l'on trace assez profondément dans la taille, traversent la couche extérieure colorée, et entament un peu la couche blanche. Si ces raies se croisent, on conçoit que l'extrémité des saillies est seule colorée.

On fait aussi en cristal diverses pièces présentant à leur surface des émaux colorés, et d'autres offrant dans leur intérieur des incrustations blanches à reflet argentin : les premiers se préparent en plaçant dans le moule en bronze l'objet en Émail, à l'endroit correspondant de la pierre où l'on veut qu'il s'attache ; on souffle le cristal bien chaud, et la petite plaque émaillée se soude à sa surface. Pour les incrustations blanches, on prépare de petites figures avec une pâte de porcelaine en poudre impalpable, cimentée avec un peu de plâtre. Lorsque ces pièces sont complètement desséchées, on les place sur le cristal tout rouge, et l'on pose par-dessus une goutte de cristal fondu, qui vient faire corps avec l'autre cristal. De cette manière l'*incrustation* est complètement enfermée ; la surface polie du cristal qui la touche à peine lui donne un aspect brillant, agréable à la vue. P.

CRISTAUX (TAILLE DES). (*Arts mécaniques.*) Le tour employé à ce travail est représenté fig. 11, pl. 11.

A, établi général qui règne dans toute la longueur de l'atelier, et qui porte, sur une même ligne parallèle au mur le mieux éclairé, un grand nombre de tours.

B, poupée d'un tour fixée à l'établi par un boulon.

C, support en fer ou en fonte, tenu sur la poupée avec le même boulon qui fixe celle-ci sur l'établi. Ce support a les extrémités de ses branches garnies de coussinets métalliques, plomb et régule, dans lesquels passe et tourne l'axe du tour D.

Au milieu de cet axe sont deux poulies E à courroie, servant à donner ou suspendre le mouvement qui vient, soit d'un moteur général, soit d'une pédale particulière à chaque tour. Le nez de l'axe est façonné en douille conique, qui reçoit les mandrins garnis de plomb, sur lesquels sont fixées les meules. Il faut, à tout cela, un certain degré d'élasticité, qui résulte naturellement de la grosseur et de la longueur de l'axe.

L'ébauchage se fait à la meule de fer avec sable fin et mouillé; on voit, fig. 12, la disposition de l'appareil qui fournit le sable à la meule. Ce sable, contenu dans le baquet FG, percé d'un trou au fond, est entraîné par un petit filet d'eau qui tombe du robinet K vis-à-vis de ce trou ; il est recueilli dans le baquet H placé au-dessous de la meule.

Les réservoirs supérieurs de sable et d'eau n'existent que pour les meules de fer, avec lesquelles on ébauche les tailles. Les autres tours, tant à adoucir qu'à polir, n'ont que le baquet inférieur H.

L'ébauchage est le travail le plus important de la taille ; aussi ce sont les ouvriers les plus habiles qui en sont chargés. Il faut qu'ils sachent imiter un modèle ou un dessin placé sous leurs yeux. Ils se servent d'abord, pour dégrossir et creuser le trait profondément, de meules en tôle de fer épaisse de 2 lignes environ et d'un pied de diamètre, dont les bords sont arrondis. Ils élargissent ensuite le trait, en le régularisant à la meule de fer épaisse de 5 à 6 lignes, et d'un diamètre plus ou moins grand, suivant la courbure ou les inflexions de la surface sur laquelle ils travaillent.

Placés debout devant leur tour, c'est à la partie inférieure de la meule, au point *a*, que les ouvriers présentent la pièce qu'ils tiennent des deux mains, en appuyant leurs bras sur les bords du baquet H.

La taille, ainsi ébauchée, est ensuite adoucie, par d'autres ouvriers, à la meule douce de Lorraine ou du Creusot, sans sable ; on fait seulement tomber dessus de l'eau goutte à goutte.

Un second adouci se fait, sur des meules de bois tendre, tel que tilleul, peuplier, saule, coupé à travers fils, en tranches minces de 6 à 8 lignes. Le mordant leur est donné avec de la pierre-ponce en poudre, enveloppée dans un petit sac de toile fine, que l'ouvrier trempe dans le baquet inférieur, et avec lequel il frotte de temps en temps sa meule. Celle-ci, très sujette à se déformer, est remise au rond dans un instant, en lui présentant, pendant qu'elle se meut, le tranchant d'un morceau de verre qui fait fonction d'outil.

Enfin le poli à la meule de liége se donne de la même manière, excepté que le mordant, au lieu d'être de la pierre-ponce en poudre, est de la potée d'étain qu'on emploie à sec.   E. M.

CUIR DE RUSSIE. Ce cuir, teint en rouge avec le santal odorant, est très recherché, par la propriété qu'il a de n'être pas sujet à se moisir dans les lieux humides, d'être inattaquable par les insectes, et même de les éloigner de son voisinage tant que son odeur persiste. On l'emploie beaucoup pour la reliûre des livres, la fabrication des porte-feuilles, des ceintures, sacs, gaînes de ciseaux, etc.

Des recherches provoquées par la Société d'Encouragement ont fait connaître les procédés des Russes, et introduit cette fabrication en France.

Les peaux, avant toute opération, sont d'abord débourrées au moyen d'une macération dans une lessive de cendres assez faible pour que leur tissu n'en soit pas altéré ; on les rince à la rivière ; on les foule, on les lave à l'eau chaude et on les fait fermenter ensuite dans une cuve. Au bout d'une semaine, on les relève et on les fait cuver une seconde fois, si cela est nécessaire ; enfin on achève de les nettoyer en les travaillant de chair et de fleur.

On prépare ensuite une pâte composée pour 200 peaux, de 38 livres suédoises de farine de seigle, qu'on laisse aigrir après y avoir ajouté du levain ; on les délaie dans une quantité d'eau suffisante pour baigner les peaux ; on les y laisse pendant 48 heures, on les met ensuite dans des tinettes où elles séjournent pendant 15 jours ; au bout de ce temps on les lave à la rivière.

Ces opérations ont pour but de disposer les peaux à absorber les sucs astringens dans toutes leurs parties ; la préparation qu'on leur fait subir ensuite est analogue à celle de tannage à la *Jusée.*

On fait une décoction d'écorce de saule (celle de chêne est préférable ; mais on ne l'emploie pas dans le Nord , parce qu'elle y est fort rare), et lorsque la température est abaissée au point que les peaux ne puissent se crisper, on les plonge dans la chaudière , on les manie et on les foule pendant une demi-heure ; on répète cette manipulation deux fois par jour : elles séjournent ainsi pendant une semaine dans la décoction.

On renouvelle le bain de tan en opérant de la même manière , et les peaux restent en macération pendant une semaine encore. Au bout de ce temps on les met à l'air pour les faire sécher ; il ne reste plus qu'à les teindre et les corroyer à l'huile empyreumatique de l'épiderme du bouleau.

C'est à cette substance que le cuir de Russie doit ses propriétés caractéristiques. On sait plusieurs procédés pour la préparer. En Russie, on l'obtient de la manière suivante :

On se procure, dans les forêts qui bordent la Kama, principalement, l'écorce blanchâtre, feuilletée, ou épiderme du bouleau, privée de toute la partie seulement ligneuse, qui s'en détache avec facilité, lorsque le bois est tout récemment abattu ou très vieux , et que l'écorce est altérée par l'humidité. On a remarqué, en effet, que la partie corticale extérieure blanchâtre, qui donne l'huile odorante, résiste très longuement aux intempéries des saisons ; elle reste ferme et consistante lors même que déjà l'autre partie corticale (dessous cet épiderme) brune, épaisse, plus altérable que le bois, et le bois lui-même, tombent en pourriture.

L'écorce étant donc séparée des parties qui ne diffèrent pas sensiblement du bois ordinaire, on l'introduit dans une chaudière en fer, en quantité aussi grande qu'il est possible d'en faire tenir ; on la recouvre avec son couvercle, qui est bombé extérieurement, et qui est muni au milieu d'une buse en fer, ou tuyère. Une seconde chaudière, dans laquelle cette tuyère peut entrer sans toucher au fond, se place par dessus et se joint bord à bord avec la première. On les fixe solidement dans cette position, puis on les lute à leur jonction. On renverse le tout sens dessus dessous, en sorte que l'écorce se trouve dans la chaudière supérieure. On enterre cet appareil à moitié de sa hauteur, on enduit la surface de la chaudière restée en dehors avec un lut argileux, puis on l'entoure d'un feu de bois, qu'on soutient jusqu'à ce que la distillation soit achevée.

Lorsqu'on délute l'appareil, on trouve dans la chaudière supérieure un charbon très léger, informe ; et, dans la chaudière inférieure, qui a servi de récipient, une matière huileuse, brune, empyreumatique, fluide, d'une odeur forte, mêlée de goudron, et qui surnage une petite quantité d'une eau acide. C'est la matière huileuse dont on se sert pour imprégner les peaux, en les travaillant de chair, à la manière des corroyeurs.

On pourrait substituer avec avantage, à l'appareil précédent, des vases cylindriques en fonte, en tôle ou en cuivre, ou un alambic semblable à celui dont on se sert lorsqu'on distille le bois pour obtenir l'ACIDE ACÉTIQUE.

L'application uniforme de l'huile sur les peaux est chose fort délicate. Cependant MM. Duval et Grouvelle sont parvenus à en diminuer les difficultés, en étendant la matière sur les peaux, amenées par un commencement de dessiccation à un certain degré d'humidité. Lorsqu'elles sont trop mouillées ou trop sèches, l'huile ne les imprègne pas également. L'huile de bouleau est ainsi substituée au dégras, dont on les enduit pour les corroyer. On prend les *veaux* ou *vaches* en *croûte*, tels qu'ils sortent de chez le tanneur, on les *défonce* ; et lorsqu'ils ont été bien assouplis et bien travaillés, on les mouille, on les laisse *ressuyer*, puis on les passe à l'huile de bouleau. La pénétration se fait aisément, et d'une manière égale dans le tissu, au fur et à mesure que la dessiccation a lieu ; et les peaux ainsi préparées exhalent, pendant fort long-temps, l'odeur forte de l'huile de bouleau : cette odeur, âcre d'abord, devient peu à peu plus douce, et se rapproche de plus en plus de celle du cuir de Russie, qui ne nous arrive qu'après un certain laps de temps écoulé depuis sa fabrication.

On peut, à volonté, donner une odeur plus ou moins forte au cuir, suivant la proportion d'huile empyreumatique qu'on emploie ; on ne doit cependant pas dépasser certaines limites, pour les peaux qu'on veut teindre : si l'huile était en assez grande quantité pour traverser la surface opposée, elle formerait des taches sur la couleur. En général, une *grande vache* exige de 350 à 500 grammes d'huile ; une petite n'en prend que 250 grammes, et les veaux depuis 125 jusqu'à 250.

Lorsqu'on veut passer à l'huile de bouleau les cuirs sans couleur, il faut prendre beaucoup de précautions, pour éviter que cette huile les traverse. On peut communiquer aux peaux maroquinées l'odeur de l'huile du bouleau, en les imprégnant, de *chair* seulement, avec une petite quantité d'huile. Quant aux peaux de couleur foncée et aux maroquins noirs, on peut, à volonté, les passer à l'huile avant ou après la teinture.

P.

CUIRASSE, pièce d'armure de la cavalerie. Elle est composée de deux parties façonnées en coquille, l'une pour garantir la poitrine, l'autre le dos : elles sont en fer ou en acier battu, polies en dehors, doublées d'étoffe en dedans. On les réunit en les croisant sur les épaules et sous les bras, au moyen d'agrafes. La coquille de devant présente un angle saillant et curviligne qui répond au milieu de l'estomac, pour la renforcer et réfléchir à droite et à gauche tous les coups directs. Cette pièce est à l'épreuve de la balle ; la coquille de derrière est moins importante ; on la fait en tôle de fer.

Les cuirasses sont estompées sous le mouton ou sous un fort balancier. Les feuilles de métal qu'on y emploie sont sans défauts et de dimensions données : chauffées presque au blanc dans un four à réverbère, elles sont mises sous le balancier, où quelques coups suffisent pour leur faire prendre la forme des matrices. Il ne reste plus qu'à les polir. **Fr.**

CUIVRE. (*Arts mécaniques.*) C'est un des métaux les plus utiles et les plus anciennement connus. Il possède une couleur rouge particulière, une saveur et une odeur désagréables ; sa densité, qui est de 8,788 lorsqu'il est fondu, augmente par l'écrouissage et devient égale à 8,878. Il entre en fusion vers le 27e degré du pyromètre de Wedgwood, et cristallise, par un refroidissement lent, sous forme de pyramides quadrangulaires. Le cuivre est malléable à froid et à chaud, d'une grande ténacité lorsqu'il est pur : fondu au contact de l'air, il émet des vapeurs qui se condensent contre les corps ambians et paraissent être un mélange de protoxide de cuivre et de cuivre métallique. A l'air humide, il s'altère et se recouvre d'une couche verte d'hydrate et de carbonate de cuivre.

L'acide nitrique l'attaque avec vivacité, à froid comme à chaud. L'acide sulfurique ne le dissout qu'autant qu'il est concentré et que la température est élevée.

Le cuivre se combine en trois proportions avec l'oxigène.

D'après M. Berthier, quelques millièmes de potassium rendent le cuivre très doux et très malléable. On parvient facilement à produire cet alliage en fondant du cuivre déjà affiné avec un peu de crème de tartre, ou avec du charbon imprégné d'une solution de carbonate de potasse.

Il existe dans la nature, sous un grand nombre d'états : 1°. à l'état natif, avec des formes parfaitement régulières, en grains, en stalactites, en masses amorphes et quelquefois en rameaux ou filamens ; 2°. à l'état de cuivre sulfuré (Haüy), ou vitreux (Broch), dont on connaît un grand nombre de variétés. Ce minerai est un des plus riches et forme des filons quelquefois très puissans. 3°. Le cuivre pyriteux ou pyrite cuivreuse. Ce minerai ressemble beaucoup au fer sulfuré dont il contient d'ailleurs une grande quantité ; 4°. le cuivre gris ; 5°. le cuivre oxidulé ; 6°. le cuivre oxidulé noir ; 7°. le cuivre hydrosilicé ; 8°. le cuivre dioptase ; 9°. le cuivre carbonaté ; 10°. le cuivre

sulfaté; 11°. le cuivre phosphaté; 12°. le cuivre muriaté;
13°. le cuivre arséniaté.

Traitement des mines de cuivre.

Les mines principales sont arsénicales ou sulfureuses; la séparation du cuivre exige un grand nombre d'opérations, en
raison de la grande affinité qui existe entre ce métal et le soufre ou l'arsenic. Ces opérations, quoique multipliées, sont
simples en elles-mêmes; elles se réduisent à des grillages et
des fusions, que l'on répète jusqu'à ce que sa purification soit
suffisamment avancée.

La pureté du cuivre qu'on obtient de ces mines n'est jamais
absolue; il contient de l'arsenic et de l'antimoine, et ne saurait être employé dans les alliages d'or ou d'argent.

La proportion de cuivre contenue dans les mines est tellement petite, quelquefois, qu'on ne peut les traiter utilement
que dans les endroits où, comme en Suède, le combustible est
à bas prix.

Le traitement des différens minerais doit varier selon leur
qualité; mais l'ensemble des procédés est le même; et ne pouvant indiquer toutes les modifications de détail, nous nous
bornerons à indiquer les opérations qu'on fait subir, en différens pays, aux minerais pyriteux, à ceux qui contiennent une
trop faible proportion de pyrites, et enfin au minerai de cuivre gris ou argentifère.

On commence le traitement des deux premières sortes, par
un triage à la main, qui consiste à mettre de côté tous les
fragmens gros comme des œufs, et parmi ceux-ci à séparer les
morceaux purement pierreux, pour les rejeter, des morceaux
qui contiennent des parties métalliques; ceux-ci sont fractionnés suivant leur grosseur, et tous réduits, à l'aide du
marteau, à une grosseur à peu près égale, et qui n'est guère
plus forte que celle d'une noix. On leur fait encore éprouver
un triage, qui a pour but de lotir les morceaux suivant leur
richesse, et rejeter tous ceux qui sont complètement pierreux :
les autres forment trois qualités.

1°. Fragmens de minerai massif; 2°. *idem*, peu mélangés de matière étrangère ; 3°. fragmens les plus pauvres. Cette sorte d'épluchage est plus ou moins rigoureux, suivant que le reste du traitement doit coûter plus ou moins, d'après les prix du combustible, de la main-d'œuvre, des transports, etc.

Le n° 1 est concassé sur une plaque en fonte, à l'aide d'une *batte* (sorte de marteau plat en fonte), en morceaux gros comme des noisettes au plus. (Les triages et cassages se font par des femmes et des enfans.) Ce minerai est alors prêt à être grillé.

Le n° 2 est cassé à la batte, puis envoyé aux ateliers de criblage et de lavage.

Le n° 3 est envoyé aux bocards.

Le minerai menu éliminé dans le premier triage, et dont on a enlevé tous les morceaux gros comme des œufs, est criblé sur un crible en fils de fer, dont les mailles ont environ 5 lignes d'ouverture. Un ouvrier, par des secousses répétées qu'il imprime au crible chargé de minerai et plongé dans une eau courante, sépare celui-ci en trois parties : 1°. la partie fine qui est entraînée par le courant d'eau, et déposée plus loin dans des bassins ; 2°. les fragmens qui se déposent sous le crible ; 3°. les plus gros morceaux qui restent sur le crible et sont étalés sur une table, puis soumis à un triage à la main ; là on le fractionne en trois numéros, comme nous l'avons dit ci-dessus et qu'on traite de même.

Le minerai déposé sous le crible est soumis à un second criblage, auquel on ajoute le n° 2 *cassé*, du triage en trois numéros. Les mailles du crible ont de 20 à 30 ouvertures par pouce carré, l'ouvrier qui le manie le secoue horizontalement à l'aide de deux poignées ; les parties les plus fines passent au travers ; celles qui restent dessus sont séparées en trois, par la différence de leur poids spécifique. Les plus légères, qui sont dessus, contiennent si peu de métal, qu'on peut les jeter ; la partie moyenne est envoyée aux bocards, et la partie inférieure, la plus riche, accumulée pendant deux ou trois criblages, n'a plus besoin que d'être lavée par un filet d'eau, eu la remuant sur un plan un peu incliné.

Le minerai fin, passé au travers du crible, est séparé en deux par un touillage à l'eau ; le plus riche, tombé au fond, n'exige plus qu'un lavage. Enfin, les différentes parties envoyées aux bocards, séparées par des touillages et des lavages, sur des plans inclinés, fournissent des minerais *préparés* prêts à vendre ou à traiter, et font rejeter les parties pierreuses, qui entraînent toujours un peu de minerai avec elles. On les empile soit dans des fours, soit en grandes masses à l'air libre. Dans le premier cas, on les met couche par couche, alternativement, avec le combustible, dans des fourneaux semblables aux fours à CHAUX, ou formés simplement d'un encaissement rectangulaire en maçonnerie. C'est ainsi qu'on opère en Bohême. Le grillage dure trois semaines ; on met le feu à la partie inférieure, peu à peu le soufre se dégage, et on le laisse perdre dans l'atmosphère. Une partie du soufre, en brûlant, sert à échauffer graduellement toute la masse, et l'incendie gagne peu à peu jusqu'aux parties supérieures.

Dans le second cas, celui du grillage en tas à l'air libre, on amoncèle le minerai en grandes masses, sous la forme de pyramides tronquées, avec du combustible au centre. On enduit cette pyramide avec du mortier, du gazon, etc., à la partie supérieure ; on creuse des cavités hémisphériques, qui sont destinées à recevoir le soufre qui, pendant le grillage, arrive liquéfié à la surface. Ce mode de grillage, qui est praticable lorsque les minerais sont très sulfurés, est employé à Chessy : il dure six mois ; en ce moment on n'en extrait plus le soufre.

Le dégagement du soufre cesse au bout de six mois ; on laisse refroidir la masse, et le minerai peut être mis à la fonte.

Lorsque les pyrites cuivreuses sont grillées suffisamment, soit à l'air, soit dans des fours, on les porte au FOURNEAU A MANCHE ; on charge ce fourneau avec un mélange de charbon de bois, et quelquefois une addition d'une *matière terreuse*, propre à rendre la gangue du minerai fondante, en composant une sorte de Flux. On y ajoute aussi des scories d'une opération précédente ; celles-ci aident la fusion, et fournissent toujours un peu de cuivre qu'elles ont emporté.

Lorsque le fourneau est plein, on fait jouer les soufflets, l'ouverture au bas du four étant débouchée. Au fur et à mesure que la matière fond, elle s'écoule dans le fond du four, qui est fait en forme de *poche* ou creuset. Cette cavité est brasquée avec un mélange d'argile cuite et crue et de charbon ; lorsqu'elle est remplie de substances liquéfiées, les ouvriers râclent la partie supérieure avec un outil en fer, et ils continuent d'écumer ainsi la surface, jusqu'à ce que la poche soit remplie de matière riche en métal. Les dernières scories qui ont été enlevées contiennent des parties métalliques ; on les reporte au fourneau dans une opération suivante. On vide la poche dans une autre qui est inférieure ; dans celle-ci on trouve des scories à la surface ; on les enlève pour les refondre avec du minerai. On asperge la surface du bain avec de l'eau ; on enlève une plaque figée par refroidissement ; on asperge de nouveau, on enlève une deuxième plaque, et ainsi de suite, jusqu'à ce que la casse soit vidée. Toutes ces plaques, qu'on nomme *mattes*, sont portées au fourneau de grillage.

Lorsque les mattes sont grillées, on les porte au Fourneau de fusion ; là on obtient, en les coulant, des scories, de nouvelles mattes moins impures, et du *cuivre noir* (oxide de cuivre sulfuré), qu'on met de côté pour être affiné.

Les deuxièmes mattes sont reportées au fourneau de grillage, puis fondues de nouveau pour être grillées ; elles donnent encore des scories, des mattes plus pures et du cuivre noir qui est propre à l'affinage. En continuant ainsi, on convertit tout le minerai successivement en cuivre noir et en scories ; après avoir épuisé le plus possible les scories, comme nous l'avons indiqué, on les jette. Avant de nous occuper de l'affinage, nous indiquerons un autre mode de traitement du *minerai préparé*, en reprenant depuis le premier grillage.

Lorsque, dans le minerai brut, les pyrites de fer ne sont pas en assez grande proportion pour fournir une quantité de

soufre suffisante, la combustion spontanée ne peut s'entretenir pendant un temps assez long ; il faut donc avoir recours
à d'autres moyens, et opérer comme on le fait en Angleterre.
Dans ce pays, le traitement tout entier de la mine se fait dans
des fourneaux à réverbère ; les grillages et les fusions se succèdent dans l'ordre suivant :

1°. *Grillage du minerai ;* 2°. *fonte du minerai grillé ;* 3°. *grillage de la première matte ;* 4°. *fonte de la matte grillée ;*
5°. *grillage de la seconde matte ;* 6°. *fonte de la deuxième
matte grillée ;* 7°. *rôtissage du cuivre noir.* (Dans plusieurs
usines on réitère le rôtissage quatre fois de suite ; alors on
fait un grillage et une fonte de moins.) 8°. *affinage du cuivre ;*
enfin, outre ces opérations, on en fait souvent deux autres :
9°. *refonte de la portion de scories de la deuxième opération,
qui retiennent des grenailles métalliques.*

On prépare le minerai plus soigneusement ; on le réduit en
fragmens gros comme des noisettes, à peu près ; puis on l'étale
en cet état sur la sole d'un FOURNEAU A RÉVERBÈRE pour le griller.

On chauffe graduellement, en ayant soin de ne pas pousser
la température au point de fondre ou d'agglomérer les parties ,
et l'on remue très fréquemment, afin de renouveler les surfaces et de multiplier les points de contact avec la flamme. Ce
grillage dure assez ordinairement douze heures ; au bout de
ce temps, une partie du soufre et de l'arsenic sont dégagés. Le
minerai a absorbé de l'oxigène ; il est en poudre noire, et contient encore beaucoup de soufre et d'arsenic.

Le minerai, dans cet état, est prêt à subir une première fusion ; cette opération s'exécute dans un four à réverbère ordinaire : on y ajoute des scories et différens fondans , suivant la
nature du minerai, et qui forment une sorte de castine.

Au bout de quatre à cinq heures de chauffe, la fusion est
ordinairement complète ; on agite avec un râble, pour aider
le dégagement des scories ; celles-ci sont arrachées à l'aide
d'un râble. On ajoute une nouvelle charge de minerai grillé ;
on écume encore, et l'on fait une troisième charge : cette fois
les scories sont écumées soigneusement, à l'aide d'un râble en

fer ; on enfonce le bouchon, et la matte s'écoule dans l'eau ;
en tombant dans ce liquide elle se fige sous la forme de grains
divisés, qui restent rouges au fond de l'eau. Il arrive quelquefois des accidens, par l'expansion subite de l'eau entre quelques parties de la matte fondue. Les grenailles qu'on obtient
présentent dans leur cassure une couleur gris d'acier et un
brillant métallique.

La matte dans cet état est loin encore d'avoir atteint le degré de pureté nécessaire ; elle contient seulement 33 p. 100 de
cuivre, beaucoup de soufre et de l'arsenic ; on est obligé
de la griller et de la refondre plusieurs fois au four à réverbère, suivant la composition du minerai. Ces grillages et ces
fontes se répètent ordinairement de huit à dix fois : on la
coule en grains pour qu'elle soit plus facile à griller. A chaque
fois il s'en sépare des scories ; mais celles-ci sont réservées pour
être refondues dans une première fusion, parce qu'elles retiennent toujours un peu de cuivre, et d'autant plus que celui-
ci est moins chargé de substances étrangères.

Le degré plus ou moins grand d'impureté de la mine nécessite des refontes et grillages successifs plus ou moins nombreux. On doit les continuer jusqu'à ce que les grains soient
suffisamment épurés ; ce qu'on reconnaît à leur couleur, en
les aplatissant, les coupant à demi, et achevant de les rompre
en les ployant. La couleur de leur cassure indique le degré
d'épuration convenable ; on doit alors procéder au rôtissage,
comme nous le verrons plus bas.

On fond alors ces grains ; lorsqu'ils contiennent assez
d'argent pour en permettre l'extraction, on y ajoute trois fois
leur poids de plomb, et on les coule en saumons.

Assez ordinairement, lorsque le minerai contient de l'argent, ce qui est le cas du cuivre gris, on fait une fonte *crue*,
avant de griller ; cette opération a pour but de séparer une
grande partie de la gangue à l'état de scories : elle donne une
matte qui contient du soufre, du cuivre, du fer, et de l'argent. Cette matte est alors grillée, puis fondue avec des *matières plombeuses* ; de cette fusion l'on obtient trois produits :

1°. une matte qui doit être grillée de nouveau ; 2°. du cuivre plombeux argentifère, qui sera *liquaté ;* 3°. du plomb cuivreux argentifère, qui est coupellé. La liquation et la coupellation donnent du cuivre impur et de l'argent. Le cuivre est porté à l'affinage comme nous le verrons plus bas.

Pour liquater le cuivre, on le coule en saumons aplatis ; ceux-ci sont soumis à une liquation, à la température du rouge peu élevée, pendant deux ou trois jours, de la même manière qu'on affine le Bronze. Ces saumons, qu'on nomme aussi *pains de liquation*, sont rangés de champ dans le four, sur des barres de fer au-dessus d'une rigole en fonte. Le plomb fond le premier ; il tombe en gouttelettes autour des saumons, entraînant avec lui l'argent que contenait la mine de cuivre.

On convertit ensuite ce plomb en litharge, pour en extraire l'argent.

Les pains de cuivre sont alors tout criblés de trous, résultant des vides que le plomb a laissés en coulant ; étant devenus bien moins fusibles, on peut augmenter beaucoup la température, pour extraire le reste du plomb. On les fond ensuite, et on les coule en grains, on grille de nouveau ceux-ci, puis on les refond encore, jusqu'à ce que le métal soit suffisamment doux et malléable ; on la coule en masse : en cet état, il est propre à être mis au four d'affinage.

Nous devons reprendre le traitement des mattes au point où elles sont propres à supporter la dernière opération avant d'être affinées (le *rôtissage*). Le but de cette opération est de séparer les métaux les plus oxidables, dont le cuivre est encore mélangé. On se sert du Fourneau de rôtissage ordinaire, ou de celui qui reçoit un courant d'air continu. La dernière matte obtenue ayant été coulée en saumons, on expose ceux-ci, chauffés au rouge dans le four, au courant d'air. La durée du rôtissage varie entre douze et vingt-quatre heures, suivant la plus ou moins grande proportion de métaux étrangers qui sont dans le cuivre brut ; il ne faut déterminer la fusion que vers la fin du rôtissage. On coule le cuivre dans des moules en sable; l'intérieur des saumons qu'on obtient ainsi, offre une contexture poreuse ; ce qui tient au gaz du moulage ; leur surface est recouverte de sortes d'ampoules noires. On peut alors porter ce cuivre au raffinage.

Lorsqu'on a à traiter des minerais de cuivre pyriteux très pauvres en cuivre, on les grille pour en extraire une partie du soufre, et on lessive la mine grillée pour faire dissoudre les sulfates de cuivre et de fer qui se sont formés pendant le grillage ; on plonge ensuite de la ferraille dans la solution ; le sulfate de cuivre est décomposé ; son acide s'unit au fer, qui s'oxide en même temps, et le cuivre se précipite divisé à l'état métallique, et se rassemble en masses spongieuses : en cet état on le nomme *cuivre de cémentation*. Le sulfate de fer contenu primitivement dans la solution, plus celui qui s'y est ajouté par la décomposition du sulfate de cuivre peuvent être obtenus en rapprochant cette solution. Lorsqu'il s'est formé du tritosulfate de fer soluble, et du sous-tritosulfate qui se précipite en poudre jaune, on peut les ramener à l'état de protosulfate, en ajoutant du fer et de l'acide sulfurique.

On retire quelquefois aussi le cuivre de cémentation des endroits où les solutions de sulfate de cuivre se sont écoulées, pendant quelque temps, d'une usine dans des cavités souterraines qui contenaient des minerais ferrugineux.

Le traitement des mines de cuivre oxidé ou carbonaté est extrêmement simple ; il suffit, en effet, de calciner et de fondre l'un et l'autre de ces minerais avec du charbon dans le fourneau *à manche*, pour en extraire le cuivre brut.

Affinage du cuivre. — Dans l'affinage du cuivre, on a pour but de faire évaporer, dans un fourneau à réverbère dont la sole est en charbonnaille ou en quarz pulvérisé (1), toutes les

---

(1) Nous appelons *charbonnaille* un composé d'un tiers de sable réfractaire, un tiers d'argile *idem*, et un tiers de charbon pulvérisé (en volume) ; le tout parfaitement mélangé et humecté convenablement pour faire corps. On tasse fortement cette composition dans le fourneau.

substances volatiles, telles que le soufre, l'arsenic, l'antimoine, etc., qui se trouvent mélangés au cuivre, d'oxider et
de convertir en scories les subtances fixes, telles que le fer, le
plomb, etc., de manière à lui faire éprouver le moins de déchet
possible. Ces procédés ne sont pas très rigoureux ; mais le peu
d'or et d'argent qui se refusent à l'oxidation ne peut nuire
en rien aux usages du cuivre dans le commerce.

*Procédé suivi à la fonderie de Séville, en Espagne, où l'on
travaille parfaitement le cuivre.*

Avant de mettre le fourneau à feu, soit après sa construction
à neuf, soit après le renouvellement de la sole, on enduit le
parement intérieur d'une couche d'un *lait* d'argile réfractaire,
ou de briques pilées, pour boucher les gerçures et préserver
les voûtes des premières impressions du feu.

On fait l'arrangement de la charge, par lits successifs et
croisés, de saumons de *cuivre noir* ou *brut,* en observant de
faire porter les premiers sur des morceaux de briques réfractaires, afin de permettre à la flamme de pénétrer la sole du
fourneau, de la sécher et de l'échauffer assez pour maintenir
le cuivre dans un état convenable de fluidité. On doit avoir
l'attention de ne pas boucher les soupiraux, ni le canal de la
chauffe, en accumulant trop près une grande quantité de métal ; car, bien que ce soit vers cette dernière qu'on doive faire
le fort de la charge, comme étant l'endroit qui reçoit le plus
de chaleur, on pourrait gêner la circulation de la flamme et
ralentir la marche de l'opération, si on laissait moins de 5 à 6
pouces de distance entre elle et les parois du fourneau.

Les saumons qui forment le premier lit doivent être bien
affermis, afin qu'ils ne puissent, par leur chute, dégrader la
sole du fourneau.

Le poids de la charge doit être proportionné à la capacité
du fourneau, et de manière que le niveau du bain métallique
soit à un pouce, à peu près, au-dessus de la tuyère du soufflet ;
car, s'il dépassait cette limite, il l'obstruerait en s'y attachant,
et s'il se trouvait trop au-dessous, le courant d'air ne choque-

rait qu'imparfaitement la surface du métal, et en ferait manquer ou retarder considérablement l'affinage, en laissant incomplète l'oxidation et la volatilisation des métaux étrangers.

La bonne conduite du feu à observer dans un fourneau nouvellement réparé consiste à lui donner une marche lente pendant les trois premières heures, avec du bois bien sec, pour priver la sole ou la charbonnaille de son humidité, et la disposer à conserver le cuivre suffisamment fluide, à mesure qu'il entre en fusion.

Si, après ces trois heures de feu, on voyait que le cuivre devînt rouge, et que la sole du fourneau, n'ayant pas encore entièrement perdu son humidité, restât obscure, il conviendrait alors de continuer à donner la même lenteur au feu, jusqu'à ce qu'il eût acquis la même température que le cuivre ; si enfin on ne la voyait pas changer d'état, il faudrait suspendre le feu pendant quelques instans, et fermer hermétiquement toutes les issues du fourneau, pour forcer le cuivre à partager avec elle son excès de température.

Quand on a ainsi amené au même degré de température toutes les parties du fourneau, on donne une marche plus active au feu ; et, au bout de sept à huit heures, le métal doit commencer à fondre et à se recouvrir d'une grande quantité de scories.

En voulant activer la marche du feu, on observera que ce n'est pas en surchargeant la grille de combustible, qu'on y parviendra ; car on n'obtient alors que de la fumée, qui abaisse la température au lieu de l'élever. Le meilleur guide qu'on puisse suivre à cet égard est la flamme, qui, lorsqu'il n'y a ni excès ni manque de combustible, remplit toute la capacité du fourneau, en présentant l'aspect d'un beau rouge intense.

Quand le bain a acquis de la fluidité et que les scories sont devenues assez liquides pour abandonner le cuivre qu'elles retenaient, on en fait l'extraction avec un râble en bois, fixé au bout d'un long manche. Si elles se montraient réfractaires à un fort coup de feu, on les amènerait à un état de vitrification

convenable, en y jetant quelques parties de matières fondantes, telles que de la castine, de l'argile calcaire, etc.; si,
au contraire, elles étaient trop fluides pour obéir à l'action
du râble (c'est le cas le plus ordinaire), il faudrait les épaissir
en y jetant des substances réfractaires semblables à celles dont
on a composé la sole; et, après avoir dégagé le bain de toutes
ces impuretés, on mettra le soufflet en mouvement.

A compter de cette époque jusqu'à la fin de l'affinage, on
donne une marche constante au feu et au soufflet; on extrait
les scories à mesure qu'elles se présentent en assez grande quantité, sans cependant attendre qu'elles recouvrent entièrement
le bain, parce qu'elles contrarieraient alors l'action du courant d'air, qui doit tendre à l'entretenir dans une agitation
continuelle, pour faciliter la volatilisation et l'oxidation des
substances hétérogènes qu'il contient.

S'il arrivait que les scories se solidifiassent au lieu de se liquéfier, que la chaleur du fourneau diminuât au lieu d'augmenter, ce serait un signe non équivoque qu'il nécessiterait
encore l'accumulation d'une certaine dose de calorique pour
pouvoir supporter l'action du soufflet : il faudrait, dans ce
cas, arrêter jusqu'à ce que la situation du fourneau permît
de le remettre en mouvement. Cette situation est caractérisée
par une incandescence parfaite de toutes les parties intérieures
du fourneau.

Peu de temps après que le cuivre est entré en fusion, on allume du charbon dans les trois petites coupelles C,C,C, afin de
les disposer à recevoir le cuivre qu'on doit convertir en rosettes.

Quand on suit avec attention la marche de l'affinage, on
reconnaît, par des signes infaillibles, que ne démentent jamais
les analyses chimiques, le degré d'épuration que le cuivre
éprouve à chaque époque de la marche du fourneau, et le plus
grand état de pureté qu'il est possible de lui donner, sans
l'emploi des réactifs.

Assez ordinairement, peu de temps après qu'on a mis le
soufflet en mouvement, l'évaporation des substances minérales
est tellement abondante, que le bain paraît être dans une es-

pèce d'ébullition ; des gouttes s'élèvent jusqu'à la voûte du fourneau, d'autres s'échappent par la porte et retombent en petite pluie qui se prend sous la forme de globules sphériques. Quand ce phénomène apparaît, l'affinage va bien ; et lorsqu'il disparaît, l'opération touche à sa fin.

Parmi tous les indices que la vue peut fournir sur l'état dans lequel se trouve l'affinage, le plus certain et le plus facile à saisir est celui qui résulte de l'inspection d'une petite enveloppe de cuivre en forme d'embout de bâton, et qu'on nomme *montre ;* elle s'obtient par le moyen d'une baguette de fer poli, de cinq à six lignes de diamètre, dont on chauffe un peu l'extrémité. On la plonge de deux à trois pouces dans le bain, par le trou de la tuyère ; on l'en retire aussitôt pour la refroidir dans l'eau, et le cuivre qui l'enveloppe donne la montre dont on vient de parler. On la détache ensuite de la baguette, par quelques coups de marteau, et l'on juge, à son épaisseur, à la couleur et au poli de sa surface extérieure et intérieure, du degré de pureté qu'on est parvenu à donner au cuivre.

On ne doit pas commencer à tirer de montre avant d'avoir vu cesser l'espèce de petite pluie dont on vient de parler, à moins qu'on ne veuille s'exercer à en suivre les nuances à compter de l'époque où le cuivre est entré en fusion. Il ne faut pas non plus en prendre immédiatement après avoir *scorié* le bain, parce que le fourneau s'étant refroidi par cette opération, leurs caractères extérieurs subissent un changement si grand, qu'on les regarderait, à la flexibilité et à la malléabilité près, comme provenant d'un cuivre encore loin de l'état de pureté qu'il pourrait effectivement avoir déjà acquis.

Les premières montres qu'on tire, environ une demi-heure après que le soufflet été mis en mouvement, ont beaucoup d'épaisseur ; la surface est unie, lisse ; et d'un rouge assez semblable à celui de la vieille monnaie ; l'intérieur est inégal, d'une couleur plombée et parsemée de petites taches blanchâtres et jaunâtres.

L'affinage étant un peu plus avancé, les montres présentent moins d'épaisseur ; l'extérieur se remplit d'aspérités, sa couleur devient d'un rouge plus clair, l'intérieur se nettoie, la couleur plombée passe au jaunâtre, et devient laitonneuse et argentine.

Dans les montres subséquentes, la superficie extérieure est moins remplie d'aspérités, mais elle se trouve perforée d'une infinité de petits trous qui forment des mailles assez semblables à celles des grosses toiles d'emballage. Sa couleur est d'un rouge luisant et vernissé, l'intérieur devient d'une couleur plus uniforme ; les taches jaunâtres, plombées et argentines, vont toujours en s'affaiblissant.

En continuant ainsi à tirer des montres de temps en temps, on verra qu'après environ 11 heures de feu (quand la sole du fourneau est neuve), les petits trous dont elles étaient criblées disparaîtront insensiblement ; la surface extérieure passera d'un rouge clair à un autre plus foncé, et l'intérieur deviendra d'une couleur plus uniforme et toujours de moins en moins chargée de taches jaunâtres ; enfin le cuivre aura acquis le plus haut degré de pureté qu'il soit possible de lui donner sans le secours des réactifs chimiques, quand la couleur extérieure des montres sera d'un rouge cramoisi, tirant un peu sur le marron ; et celle de leur intérieur d'un rouge intense et uniforme, sans mélange d'aucune espèce de taches. Dans cet état, qui indique le plus grand degré de pureté qu'on peut donner au cuivre, elles sont flexibles, et leur cassure présente un grain serré, soyeux et d'un rouge obscur.

Méthode pour convertir le cuivre en rosettes. — Ayant reconnu par l'inspection de la dernière montre que le cuivre était suffisamment affiné, on arrête le mouvement du soufflet, on nettoie les coupelles des charbons qu'on y a entretenus allumés, on bouche l'ouverture de la tuyère, et l'on donne issue à la matière.

Pendant que les coupelles se remplissent, les ouvriers, au nombre de dix, se saisissent des outils qui conviennent au travail dont ils sont personnellement chargés, et qui consistent en ringards, fourches, seaux, cuillères, etc. ; et dès que tout le cuivre est coulé, on bouche avec une pellée de charbonnaille le trou qui lui a donné issue, pour empêcher que les petites portions qui s'écoulent du fourneau, encore long-temps après, ne s'y attachent en se refroidissant. On bouche également les soupiraux et les portes par où l'air pourrait s'introduire, et l'on commence l'extraction de la manière suivante :

Trois de ces ouvriers (un à chaque coupelle) épient le moment où la matière est assez refroidie, à sa surface, pour faire corps et être enlevée par galettes de 18 à 20 lignes d'épaisseur; trois autres les soutiennent avec des fourches au-dessus des coupelles pour les y laisser égoutter, et aident ensuite les trois derniers à les transporter sur un brancard à quelque distance du fourneau.

Pour empêcher que tout ne se prenne en masse en même temps, on refroidit la surface du cuivre qui se trouve dans chaque coupelle, en l'aspergeant avec un peu d'eau; mais on ne doit le faire que lorsqu'elle est assez consolidée pour empêcher l'eau de pénétrer dans la partie qui est encore fluide; car alors elle occasionerait une explosion qui pourrait coûter la vie aux ouvriers. Ainsi donc il ne faut soulever les rosettes que lorsque l'eau qu'on y a jetée est entièrement volatilisée.

Si, après avoir converti le cuivre des coupelles en rosettes, et quand il est encore chaud, on le plonge dans l'eau, il prendra une très belle couleur rouge qu'il n'aurait pas eue sans cela. Elle est due à l'oxide qui s'en détache, par les efforts que l'eau fait pour se volatiliser.

On emploie ordinairement 14 ou 15 heures pour faire un affinage dans un fourneau dont la sole a été nouvellement réparée; et 9 à 10 heures seulement quand elle a déjà servi.

Quand on a mis en rosettes tout le cuivre que les coupelles contenaient, on nettoie le trou de la coulée, que l'on rebouche ensuite avec de la charbonnaille; on charge de nouveau le fourneau, en y introduisant, avec de longues fourches, les rosettes de cuivre à affiner, et après en avoir fermé hermétiquement la porte, on laisse le tout dans cet état jusqu'au lendemain.

Le matin du jour suivant, on débouche les soupiraux, le cendrier, etc. ; et l'on met le fourneau à feu, en lui donnant de suite toute l'activité dont il est capable. Le cuivre entre ordinairement en fusion à la sixième heure du feu ; et, à partir de cette époque, tout se passe de la manière qu'on vient d'expliquer. Seulement, on remarquera que l'activité plus prolongée du feu rend les scories plus abondantes, à cause des briques qui se vitrifient, ce qui engage à n'y faire que quatre à cinq affinages consécutifs, au lieu de sept à huit que pourrait supporter la sole en charbonnaille du fourneau ; si elle était en quarz, elle pourrait en supporter plus de soixante. De quelque substance que cette sole soit composée, on doit en constater l'état à chaque fonte, la réparer et la renouveler aux moindres dégradations.

Chaque affinage produit ordinairement 17 quintaux métriques environ de cuivre affiné, pour lesquels on consomme 8 quintaux métriques environ de bois bien sec.

On ne doit pas oublier de boucher, après la coulée, toutes les issues du fourneau par où l'air extérieur pourrait pénétrer, afin d'en rendre le refroidissement moins prompt.

Quand on le juge nécessaire, on renouvelle la sole du fourneau, mais on recueille l'ancienne, pour en extraire, par le lavage, le peu de cuivre qu'elle contient toujours. L'ouvrier qui la détache nettoie en même temps les soupiraux, etc., et enfin toutes les parties auxquelles il a pu s'attacher du cuivre dans le cours des affinages.

Fourneaux employés au traitement du minerai de cuivre. — Ces fourneaux, qui sont tous du genre de ceux dits à *réverbère*, peuvent être divisés en cinq sortes, savoir :

1º. Fourneau de grillage (*calcinign-furnace* ou *calciner*).

2º. Fourneau de fusion (*melting-furnace*).

3°. Fourneau de rôtissage (*roasting-furnace* ou *roaster*).

4°. Fourneau de raffinage (*refining-furnace*).

5°. Fourneau de chaufferie.

Fourneau de grillage (fig. 1, 2, 3, pl. 11). — Il se compose d'un avant-corps A renfermant le foyer et le cendrier et la grille ; un *autel* ou *pont de chauffe* sépare ce foyer de la sole B du fourneau. Celle-ci est horizontale et perforée de quatre trous *b*, situés vis-à-vis de chacune des portes *c*, au moyen desquels il est facile de faire tomber le minerai grillé sous l'arche C.

Les dimensions de la sole varient de 5 mètres 20 centimètres à $5^m,80$ en longueur, et de $4^m,30$ à $4^m,90$ en largeur. On voit qu'elle présente à peu près la forme d'une ellipse tronquée aux deux extrémités de son grand axe.

Les dimensions correspondantes du foyer sont de $1^m,40$ à $1^m,55$ dans un sens, et de $0^m,92$ dans l'autre.

L'autel a $0^m,61$ d'épaisseur, quelquefois traversé par un conduit longitudinal, destiné à amener l'air extérieur sur la sole du fourneau, comme on le voit fig. 4. *Voy.* plus loin le *Fourneau de rôtissage*.

La voûte du fourneau, comme on le voit dans la coupe longitudinale (fig. 2), s'abaisse depuis le foyer jusqu'à la cheminée ; sa hauteur, au-dessus de la sole, est de $0^m,65$ près de l'autel, et seulement de $0^m,20$ à $0^m,30$ au-dessous de la cheminée.

Les deux portes *c*, pratiquées de chaque côté du fourneau (quelquefois on n'en met qu'une d'un côté et deux de l'autre), sont, comme celle du foyer *e*, dans une embrasure ou *bouche en fonte* ; elles servent à remuer ce minerai et le retirer pour le faire tomber dans l'arche.

La cheminée *f*, placée à l'angle du fourneau, est mise en communication avec l'intérieur par un conduit incliné.

Deux trémies E, composées de quatre plaques en fonte maintenues par une armature en fer, sont placées vis-à-vis ; et au-dessus des portes, un trou *i* pratiqué dans la voûte permet de faire descendre le minerai sur la sole.

Le fourneau décrit ci-dessus sert au grillage du minerai et des mattes ; quelquefois on emploie, pour le grillage des mattes, des fourneaux à deux étages : dans ce cas leurs dimensions sont un peu moindres. Deux portes sont pratiquées latéralement au niveau de chaque sole ; et un pont mobile en bois est disposé de manière à ce que les ouvriers puissent travailler à l'étage supérieur.

Fourneau de fusion (fig. 5 et 6). — Ces fourneaux sont plus petits que les précédens ; leur sole AB, qui est aussi ellipsoïdale, n'a pas plus de $3^m,37$ à $3^m,42$ de longueur, et $2^m,30$ à $2^m,45$ de largeur.

Le foyer (ou la chauffe) C est proportionnellement plus grand que dans les fourneaux de grillage ; ses dimensions sont de $1^m,07$ à $1^m,22$ de long, sur $0^m,92$ à $1^m,7$ de large. Cette proportion a été adoptée afin de produire une température assez élevée pour fondre le minerai. C'est pour la même raison que ces fourneaux ont un petit nombre de portes : une D est utile pour le service du foyer ; une seconde E, qu'on tient presque constamment fermée, ne sert que lorsqu'on veut arracher des matières attachées sur la sole, et lorsqu'il faut entrer dans le fourneau pour réparer la sole ou l'autel. La troisième porte G, placée sur le devant sous la cheminée, dite porte du travail, permet de retirer les scories, de brasser les matières fondues, etc.

La sole est faite en sable réfractaire ; elle est légèrement inclinée vers la porte latérale E, afin de faciliter la sortie du métal. Au-dessous de cette porte, un canal H, pratiqué dans l'épaisseur de la paroi, est destiné à faire couler le métal ; un tuyau en fer K le conduit dans une fosse M, au fond de laquelle se trouve un vase ou récipient en fonte, qu'on peut enlever à l'aide d'une grue. La fosse est remplie d'eau ; le métal, en tombant, s'y divise en grenailles qui se rassemblent dans le récipient. Ce fourneau est surmonté d'une trémie L, qui sert à le charger de la même manière que le précédent.

Fourneau à double effet, de fusion et de grillage. —

MM. Dufresnoy et Élie de Beaumont ont observé, près de Swansea, des fourneaux de ce genre; ils sont composés de trois étages, A, B, C, fig. 7. Le premier est destiné à mettre en fusion le minerai grillé; les deux autres, B, C, servent au grillage. La température étant moins élevée dans l'étage supérieur, le minerai s'y dessèche et commence à se griller; le grillage se termine sur le plan immédiatement au-dessous.

Des trous, pratiqués dans les soles C et B, mettent à volonté les trois étages en communication entre eux, et permettent de faire tomber le minerai d'une sole sur l'autre; ces trous sont bouchés pendant l'opération avec des plaques en tôle de fer. Les soles B et C sont construites en briques posées de champ; elles sont horizontales, et la partie inférieure de la maçonnerie, de même épaisseur qu'elles, qui les supporte, est légèrement voûtée : leur longueur est plus grande que celle de la sole où la fusion s'opère, puisqu'elles se prolongent au-dessus du foyer.

Les étages dans lesquels le grillage s'opère ont chacun deux portes sur un des côtés; l'étage inférieur en présente également deux, mais qui sont différemment disposées. La première, sur le devant du fourneau, sert à retirer les scories, à brasser le métal, etc.; l'autre, sur le côté, est destinée à faciliter la réparation du fourneau. C'est au-dessous de cette porte que le trou de la coulée est pratiqué; il conduit, par un tuyau en fonte qui y est adapté, le métal fondu dans une fosse pleine d'eau.

La longueur et la largeur de ce fourneau sont à peu près les mêmes que celles du fourneau de fusion ci-dessus décrit; sa hauteur est d'environ 4 mètres; on le charge au moyen d'une ou deux trémies.

Fourneau de rôtissage. — En général, ces fourneaux sont semblables à ceux qui sont destinés au grillage; mais dans l'usine de M. Vivian, à Haford, ils offrent une particularité assez remarquable : c'est une disposition qui a pour but d'introduire un courant continu d'air chaud sur le métal impur, de manière à faciliter l'oxidation.

L'accès de l'air a lieu par un canal b (fig. 4), pratiqué longitudinalement dans le milieu de l'autel ; il communique avec l'air extérieur par ses deux extrémités b : des canaux semblables b', embranchés à angle droit dans les premiers, introduisent l'air échauffé dans le fourneau.

Cette ingénieuse modification aux fourneaux ordinaires produit, dans l'opération du rôtissage, plusieurs effets très heureux : elle favorise l'oxidation des métaux, brûle la fumée, et détermine aussi la combustion du soufre ; enfin, en diminuant la température de l'autel, elle rend plus uniforme la température du fourneau.

Fourneau d'affinage. — Ces fourneaux sont analogues à ceux de fusion ; mais leur sole est inclinée vers la porte du devant, afin que le cuivre puisse se rassembler dans une fosse circulaire creusée sur la partie antérieure de ce fourneau, et d'où on le puise avec des poches, tandis que dans les fourneaux de fusion le métal coule par un canal pratiqué sur le côté. La sole est faite en sable ; la voûte doit être plus élevée que celle du fourneau de fusion ; sa hauteur varie de $0^m,8$ à 1 mètre. Si la voûte du fourneau d'affinage était trop surbaissée, l'air incomplètement brûlé, passant en plus grande quantité sur le métal, déterminerait par son contact une couche d'oxide à la superficie ; oxide dont une partie se répand dans la masse et rend le cuivre cassant : quelquefois même la couche oxidée se crevasse, le cuivre liquide coule par les fentes et se répand à la partie supérieure. Lorsque cet accident, qu'on désigne en disant que le *cuivre monte*, se présente, on n'a d'autre moyen que de faire subir un nouvel affinage, et l'on ajoute du plomb métallique, afin qu'il s'empare de l'oxigène combiné au cuivre.

La porte latérale de ce fourneau est très large, et se ferme au moyen d'un contre-poids.

Fourneau de chaufferie. — Ce fourneau est destiné à échauffer les lingots de cuivre qui doivent être laminés, ainsi que les feuilles de cuivre. Il est beaucoup plus long que large ; la sole est horizontale, la voûte peu surbaissée.

Une seule porte pratiquée latéralement doit, pour la facilité du service, s'étendre dans presque toute la longueur du four ; elle se meut verticalement à l'aide d'un contre-poids.

Description du fourneau à affiner le cuivre en usage à la fonderie de Séville (Espagne).

Fig. 7, pl. 11. — *Plan horizontal du fourneau,* passant par la ligne *ah* de la coupe fig. 9.

a, sole du fourneau.

1, 2, talus du bain métallique.

b, petit trou ou regard, pratiqué au niveau du bain métallique, pour voir la marche du feu.

c, c, c, coupelle en charbonnaille pour recevoir le cuivre qu'on veut convertir en rosette après l'affinage. Celle du milieu communique aux deux autres par des rigoles.

d, d, petite cheminée qui débouche dans la hotte V de la fig. 9.

e, porte du fourneau, qu'on lève et qu'on ferme par le moyen de la bascule *r, r*, fig. 8.

f, emplacement de la tuyère du soufflet.

g, grille de la chauffe du fourneau.

h, autel du fourneau.

i, cendrier qui s'étend jusqu'au-dessous de la grille.

k, porte de la chauffe, par où l'on jette le combustible. On la lève par la bascule *r'*, fig. 8.

m, m, petites cheminées ou carneaux de 6 pouces en carré, par où s'échappe la fumée.

p, soufflet. Il doit être très fort.

q, treuil servant à faire aller le soufflet par le moyen du levier vertical *t*, fig. 8.

s, s, s, support du treuil qui fait aller le soufflet.

R, bascule du treuil, chargé d'un poids *u*, avec laquelle s'assemble la tringle *t'*, fig. 8.

r, évent.

Fig. 8. — *Élévation.*

e, porte du fourneau.

c, massif dans lequel sont pratiquées les trois coupelles *c*, *c*, *c*, fig. 7.

e', porte de la chauffe.

r', bascule de cette porte.

rr, bascule de la porte principale du fourneau.

p, soufflet chargé d'un poids *p'*.

q, treuil d'*idem*, dans lequel passe une barre de fer plat *t'*, assujettie à la partie inférieure du soufflet.

t, levier qui passe dans le treuil, par le moyen duquel on met le soufflet en mouvement.

s, *s*, *s*, support du treuil.

V, hotte du fourneau.

Fig. 9. — *Coupe.*

a, surface du bain métallique.

w, bain métallique.

x, charbonnaille dans laquelle ce bain est creusé.

x', massif en argile sur lequel repose la charbonnaille.

y, *y*, *y*, . . . évent pratiqué sous la sole du fourneau.

z, évent pratiqué dans la maçonnerie.

o, trou par où se fait la coulée dans les coupelles *c*, *c*, *c*.

m, petite cheminée ou séparal, par où s'échappe la fumée ; on n'en voit qu'un dans cette coupe, cependant il y en a deux : l'autre est vis-à-vis, et situé de la même manière par rapport au trou de coulée.

d, petite cheminée projetée en *dd*, fig. 7 ; elle débouche dans la hotte V.

h, autel du fourneau.

g, grille de la chauffe ; elle doit présenter autant de vide que de plein.

Nota. L'intérieur du fourneau et de la chauffe est construit en briques réfractaires.   P.

CURAGE. L'enlèvement des vases qui encombrent les ports, et des sables qui arrêtent la navigation, sera traité à l'article Drague.   Fr.

CYCLOIDE. (*Arts mécaniques.*) Cette courbe a des proprié-tés mécaniques qu'il importe d'analyser ici. Si un cercle GMD (fig. 13, pl. 11) roule sur une droite AB, le point M, qui, originairement, était en contact en A, aura décrit l'arc AM ; la longueur AD sera le développement en ligne droite de l'arc de cercle MD. Le cercle, en continuant de rouler sur AB, portera le point M sur tous les points de l'arc MF, et le point F de la circonférence génératrice, transportée en FKE, sera celui qui, originairement, touchait AB en A, si la longueur AE est égale à la demi-circonférence FKE ; F est le point le plus élevé de notre courbe ; le cercle générateur continuant son mouve-ment, le point F redescend et décrit l'arc FB symétrique à AF. La courbe AMFB, ainsi engendrée, est nommée *cycloïde* ou *roulette*.

Voici comment on peut décrire la cycloïde par points. On divisera la demi-circonférence du cercle générateur en un assez grand nombre de parties égales pour que chaque arc puisse être considéré, sans erreur sensible, comme une petite ligne droite. Supposons qu'on compte sur EKF douze de ces arcs ; on portera, avec un compas, douze longueurs égales à cette unité d'arc, de A en E ; soit D le 5ᵉ de ces points de division, on décrira le cercle générateur DMG, lorsqu'il est en contact au point D avec AB ; on portera de D en M sur l'arc de cer-cle DMG cinq arcs égaux à l'unité, et M sera un point de la cycloïde. On trouvera ainsi douze points de la courbe, un pour chaque division ; et unissant ces points par un trait con-tinu, on aura l'arc AMF. Cette courbe a plusieurs propriétés remarquables, parmi lesquelles nous distinguerons les deux suivantes. Si l'on imagine une autre cycloïde AM'O égale à la première, mais placée comme le montre la figure, les diamè-tres étant parallèles, et le point culminant de l'une en coïnci-dence avec l'origine A de l'autre, un fil qui serait courbé sur AM'O, et qu'on développerait en le maintenant tendu, dé-crirait l'arc AMF par son extrémité A ; en sorte que, dans l'une OM'M des positions de ce fil, son bout mobile M abou-tira en un point de l'autre cycloïde ; on a la corde MD, égale à DM' : le rayon de courbure du sommet F est FO, double de FE ; en sorte que l'arc de cercle décrit du centre O, avec ce rayon FO, se confond sensiblement avec l'axe cycloïdal de part et d'autre de F.

Quel que soit le point M, M' (fig. 14) où l'on pose un mobile, la pesanteur le fera descendre dans le même temps au point le plus bas F, quoique les arcs décrits MF, M'F soient inégaux.

Ces propriétés ont conduit Huygens à imaginer un *pendule isochrone,* dont les oscillations étaient d'égale durée, quelles que fussent les amplitudes des excursions. Il courbait deux lames AB, A'B' sous forme de demi-cycloïdes, et suspendait en B le fil FB de son pendule F, et prenant FB double du diamètre du cercle générateur. En faisant osciller ce corps, le fil s'appliquant sur les courbes, AB, A'B, faisait décrire au point F des arcs FM de cycloïde. *Voy*. DENTS DES ROUES. FR.

CYLINDRE. (*Arts mécaniques*.) Lorsqu'une droite se meut parallèlement en glissant sur une courbe donnée, la surface engendrée par cette ligne est un cylindre : le plus souvent, dans les arts, cette courbe est une circonférence de cercle qu'on nomme *base*. Quand la ligne génératrice est perpendiculaire à la base, le *cylindre est droit;* lorsqu'un rectangle tourne autour d'un de ses côtés pris pour axe, il engendre un cylindre droit à base circulaire.

La surface d'un cylindre droit (sans y comprendre les deux bases parallèles) se trouve en multipliant le contour de la base par la hauteur ; et si la base est circulaire, en multipliant la hauteur par le rayon de cette base et par 6,283. Le rayon et la hauteur doivent être mesurés par la même unité linéaire, et le produit désigne combien la surface du cylindre contient de carrés égaux à celui qui a pour côté cette unité.

Le volume d'un cylindre quelconque est le produit de la surface de sa base par sa hauteur, qui est la distance entre les bases parallèles opposées, distance mesurée sur une perpendiculaire à l'une et à l'autre. Quand la base est un cercle, on peut aussi multiplier cette hauteur par le carré du rayon de cette base et par le nombre 3,14159. Le produit exprime combien le volume du cylindre contient de cubes égaux à celui qui a pour côté la ligne prise pour unité linéaire. **Fr.**

CYLINDRE noté. — La *serinette,* l'*orgue de Barbarie* et divers autres instrumens, font entendre des airs lorsqu'on fait tourner une manivelle. Le principe de ce mécanisme est facile à concevoir.

Dans la boîte sont rangés plusieurs tuyaux parallèles, chacun armé de son Anche; le volume de ces tuyaux, leurs longueurs sont tellement proportionnés, qu'ils font entendre, lorsqu'on y souffle, les notes de la gamme naturelle, *ut, re, mi,* etc., et même quelques notes diésées ou bémolisées. Ces tuyaux imitent, en petit, ceux d'un buffet d'Orgue : on leur donne l'étendue qui convient à la force du son qu'on désire et au nombre d'*octaves* que l'instrument doit embrasser. Un soufflet à double vent fait entrer l'air dans un conduit ou Sommier, qui le dirige vers les orifices de tous les tuyaux ; mais un clapet couvre chaque orifice pour empêcher le vent de faire résonner les anches. Le soufflet est mis en jeu par l'action de la manivelle.

Quand, par un moyen quelconque, l'un des clapets se lève, l'orifice du tuyau se découvre, et le son du même tuyau se fait entendre. On voit que si on lève successivement divers clapets choisis, et si l'on maintient chacun d'eux ainsi levé pendant une durée convenable, il résultera de cette succession de sons un chant déterminé. Voici maintenant le mécanisme qui fait ouvrir et fermer les clapets.

Chaque tuyau correspond à une lame nommée *touche;* ces lames sont disposées parallèlement, comme celles d'un Clavier; ce sont autant de petits leviers qui peuvent basculer sur un axe placé vers la moitié ou le tiers de leur longueur. Le bout postérieur de cette touche communique au clapet du tuyau qui y répond, précisément comme dans l'Orgue ordinaire (*Voy.* ce mot). En attaquant une touche, on la fait donc basculer, et le clapet se lève. En-dessous de la touche est fixée une petite goupille qui, lorsqu'elle rencontre quelque arrêt, pousse le levier et ouvre l'accès au vent dans le tuyau. La même manivelle qui agit sur le soufflet, fait aussi tourner un gros cylindre qui remplit le reste de la boîte ; la surface de ce cylindre est hérissée d'une multitude de petites pointes ; ce sont des goupilles implantées perpendiculairement et quelque peu saillantes. Lorsque, dans la rotation du cylindre, l'une de ces pointes vient à rencontrer celle qui est fixée sous une touche, elle soulève cette touche, ouvre le clapet correspondant et fait entendre un son.

On conçoit, d'après cette exposition, le mécanisme des serinettes et des orgues de Barbarie. Le facteur a fixé les goupilles du cylindre chacune à la place qui convient, pour que, si le cylindre vient à tourner, les goupilles de sa surface se présentent sous celles des touches et fassent entendre la succession de sons qui détermine un chant choisi. Quand le son doit être *tenu,* c'est-à-dire avoir quelque durée, au lieu d'implanter au cylindre une simple goupille, on y fixe un *pont,* sorte d'arcade sur laquelle porte la goupille de la touche pendant un certain temps, et la maintient levée : le clapet reste le même temps ouvert, et le son correspondant se prolonge. Quelquefois le mouvement de rotation est imprimé au cylindre par une lame spirale d'acier renfermée dans un BARILLET, comme celui d'une pièce d'horlogerie. C'est ainsi que sont faites les boîtes à musique, les cachets chantans, etc., où les corps sonores sont des lames de métal.   FR.

CYMBALE. Instrument fréquemment employé dans les musiques militaires. Il est formé de deux disques circulaires d'environ 3 décimètres de diamètre, et 2 millimètres d'épaisseur, ayant au centre une excavation en forme de godet concave d'un côté, convexe de l'autre. C'est par la partie convexe qu'on tient les cymbales, à l'aide d'une courroie passée dans un anneau ; on tient l'une de la main droite, l'autre de la gauche, et l'on fait vibrer ces deux disques en les frappant l'un sur l'autre ; on imprime à l'un un mouvement vertical de bas en haut, tandis que le second va en sens contraire. Il résulte, du choc et de la friction de ces deux disques l'un sur l'autre, un son éclatant et durable, qui convient très bien pour marquer la mesure des marches et de certaines danses. On fait usage des cymbales dans les orchestres. (*V*. l'art. BRONZE où nous avons indiqué la composition de l'alliage des cymbales, le moyen de les tremper, etc.   FR.

D

DAMASQUINURE. — Cette opération ne se pratique plus, pour ainsi dire, que sur les lames de sabre et d'épée. On fait *bleuir* ces lames (*voy*. ACIER), on grave ensuite au burin les dessins que l'on veut représenter, et l'on remplit tous les traits avec un fil d'or ou d'argent très fin qu'on fait entrer à l'aide d'un petit *ciseau*, et ensuite on amatit l'or.

Quand le dessin est terminé, on passe une lime très douce sur la lame, on la polit ensuite et on la bleuit de nouveau avec uniformité.

DÉ. (*Arts mécaniques.*) On fait les *dés à coudre* en os, en ivoire ou en métal. Cette fabrication n'offre quelque intérêt que par les procédés ingénieux de MM. Rouy et Berthier, qui ont réussi à faire les dés d'acier avec une rare perfection, et à très bon marché. On taille à l'emporte-pièce des disques de 2 pouces de diamètre dans de la tôle de fer ; on les fait rougir, et on les frappe au centre avec un poinçon sur des tas creusés de trous différens, afin d'emboutir ces cercles et de leur donner la forme de dés. On taille ces dés, on les polit au tour, et l'on y imprime de petits trous régulièrement distribués, en se servant d'une double roulette qu'on appuie à la surface.

Il reste à cémenter les dés (*voy*. ACIER), à les tremper, les décaper, les revenir au bleu, et les doubler en or ; c'est-à-dire qu'on introduit dans chacun un dé en or très mince, qu'on y force avec un mandrin d'acier poli. Cette doublure tient au dé comme si elle y était soudée ; le bord a reçu une rainure où l'on engage l'anneau, bande mince en or qu'on fait entrer juste dans la rainure. Les détails de cette fabrication peuvent aisément être suppléés par le lecteur.

Les *dés à jouer* sont de petits cubes en ivoire dont les faces carrées sont marquées de points de 1 à 6 : ces points sont tellement distribués, que la somme des points de deux faces opposées est toujours 7 ; ainsi 4 est opposé à 3, 2 à 5, et 6 à 1. Ces points sont gravés avec le foret, et le creux est rempli de noir au vernis. FR.

DÉCOLORIMÈTRE.—C'est un instrument à l'aide duquel on peut apprécier la force décolorante des diverses espèces de charbons.

Pour apprécier ce pouvoir décolorant, prenez un centilitre de la liqueur d'épreuve ; versez-le dans un flacon qui contienne un peu plus d'un litre ; mesurez un litre d'eau, et servez-vous de cette eau pour rincer à plusieurs reprises le centilitre dans lequel vous aurez versé la liqueur d'épreuve mesurée ; puis versez dans le même flacon tout ce litre d'eau. Cette quantité suffit pour faire dix essais, puisque, pour chaque essai, il faut seulement un décilitre de cette solution étendue.

Pour essayer le pouvoir décolorant d'un noir, pesez-en exactement 2 grammes, agitez-le vivement pendant une minute avec un décilitre de la solution de caramel, filtrez et versez la liqueur dans le tube vertical C, D (fig. 11, pl. 8 des *Arts chim.*); puis, en tirant la double tige horizontale intérieure B, B, vous ferez passer une partie du liquide dans cette tige et vous aurez une couche d'autant plus épaisse et d'autant plus colorée, que vous tirerez davantage. Vous regarderez dans cette tige creuse en opposant le bout qui contient le liquide au jour, et dès que la nuance de ce liquide, traité par le charbon, sera de même intensité que la solution de caramel renfermée dans le double disque en verre P, vissé sur le côté de l'instrument (ce qu'il est facile d'obtenir, puisque cette intensité varie à volonté en tirant ou poussant la tige creuse), vous observerez sur l'extérieur de la tige horizontale les divisions qui marquent l'écartement. Ainsi le premier centimètre produit un écartement égal à celui des deux disques fixés sur l'instrument ; le n° 2 indique une épaisseur double, et le n° 3, une triple. Si l'on avait tiré la tige extérieure jusqu'à la deuxième division, il est évident que le charbon aurait enlevé à la liqueur la moitié de sa matière colorante, etc., etc.

Les dix subdivisions égales, tracées dans l'espace qui comprend un degré, permettent d'apprécier même de très légères différences dans le pouvoir décolorant des divers charbons. Il faut avoir le soin, pour bien apprécier la nuance du liquide d'épreuve contenu dans les disques fixes, de le regarder au travers d'un rouleau T,T, de deux doubles de papier de la même grosseur que le tube en cuivre horizontal et de la même longueur, à peu près, que l'on applique contre ce tube.   P.

DENSITÉ. C'est le *rapport de la masse d'un corps à son volume.* On dit qu'un corps est plus dense qu'un autre quand il pèse davantage, sous le même volume. *Voy.* Poids spécifique.   Fr.

DENTELLE. (*Arts mécaniques.*) Cette parure élégante des dames est faite à la main, avec des fils de lin extrêmement fins dont on enveloppe de petites bobines ou *casses* au bout de fuseaux très déliés : on manœuvre ces fuseaux de manière à croiser les fils et à faire un réseau à jour, où se trouvent diverses fleurs enlacées avec délicatesse. La dentelle qu'on fait avec de la soie blanche est appelée *blonde;* elle prend le nom de *dentelle noire* quand elle est composée avec de la soie noire. Le *tulle* est une dentelle en coton, en fil ou en soie, qu'on exécute avec une machine. Il y a aussi des dentelles en fil d'or ou d'argent qui sont grossières et servent aux décorations.

Le *métier* est une boîte que l'ouvrière pose sur ses genoux, et qui est recouverte en drap et rembourrée. Au milieu du dessus de cette boîte est un trou rectangulaire dans lequel est placé le *tambour,* cylindre tournant sur un axe dans des tourillons : on donne le nom de *cave* à l'espace creux dans lequel ce tambour est engagé. Ce cylindre est un noyau de bois recouvert en drap ou en coton, et rembourré pour qu'on puisse y ficher des épingles très fines ou *camions;* il sert à faire et à enrouler la dentelle à mesure qu'on l'exécute, en la descendant dans la cave.

Les points où l'on doit successivement planter ces épingles sont marqués sur un vélin qui est piqué d'avance, selon le dessin qu'on veut faire, et est attaché sur le tambour; on fiche les camions au fur et à mesure du travail. Le fil dont la casse est entourée s'arrête au bout des fuseaux par un nœud provisoire; en sorte que ces fuseaux pendent à l'extrémité d'un brin de fil, qu'on allonge quand cela devient nécessaire. On les manœuvre 4 à 4, en tordant les fils autour de l'épingle qui arrête le point qu'on veut faire, et l'on fait ainsi passer tour à tour tous les fuseaux de droite à gauche, les uns après les autres : il y a 60, 100, 200 fuseaux, plus ou moins, selon l'ouvrage. On retire les épingles qui arrêtent les points précédemment exécutés, afin de les piquer ailleurs, et de les employer à faire de nouveaux points. Il serait difficile de faire comprendre par une simple description en quoi consiste l'art de croiser, et pour ainsi dire nouer les fils autour de chaque épingle; c'est une entreprise à laquelle on doit renoncer. L'aspect d'une dentelle, et surtout un peu d'attention prêtée à une ouvrière qui l'exécute, en apprendront plus que ne le ferait le discours, même aidé de planches.

C'est à Bruxelles, Malines, Valenciennes qu'on fait les plus belles dentelles; les points d'Angleterre et d'Alençon sont renommés, et cependant on en a presque abandonné l'usage. En général, le haut prix des dentelles a conduit à préférer les parures en tulle, qui sont aussi belles et à beaucoup meilleur marché.　　　　　　　　　　　　　　　Fr...

DENTS des roues. (*Arts mécaniques.*) Lorsque deux cercles se touchent, si l'on imprime à l'un un mouvement de rotation sur son axe, la pression des surfaces courbes déterminera l'autre à tourner en sens contraire. Mais le frottement ne suffirait plus pour entraîner la rotation de cette dernière, si elle avait quelque résistance à vaincre : on garnit donc les surfaces courbes de ces roues de *filets,* de sorte que les reliefs de l'une entrant dans les creux de l'autre, le mouvement de la roue menée soit une conséquence nécessaire de la rotation de la roue motrice ; mais comme il faut satisfaire à plusieurs conditions dans ce système, la forme de ces filets et des creux n'est point arbitraire, ainsi qu'on l'avait fait remarquer à l'article CAMES. Nous allons indiquer ces formes pour chaque roue.

La nature du mécanisme qu'on veut exécuter donne d'avance les vitesses des deux roues, et, par suite, les nombres de dents dont on les doit armer, car *ces nombres sont en raison inverse des vitesses* (*Voy*. NOMBRE DES DENTS DE ROUES) ; les dents doivent être d'égales grandeurs dans les deux roues pour pouvoir engrener ; les circonférences, et, par suite, leurs rayons, sont donc dans le rapport inverse des vitesses, ce qui détermine leurs grandeurs relatives. Ainsi, lorsqu'une roue doit en mener une autre et tourner six fois moins vite qu'elle, elle doit avoir six fois plus de dents, un rayon six fois plus grand, et la distance des axes de rotation doit être partagée en 7 unités, savoir, 6 pour l'un des rayons, et 1 pour l'autre. Ainsi les rayons des roues sont donnés d'avance par la forme même du mécanisme ; on dit que ces circonférences tangentes sont *primitives*.

Épure. — Après avoir décrit les deux circonférences primitives PQ, *pq*, fig. 15, pl. 11, avec les rayons CA, *c*A, on divisera l'une et l'autre de ces courbes en autant de parties égales qu'on veut y pratiquer de dents ; ces parties seront non-seulement égales sur chacune et *aliquotes de sa circonférence,* mais encore égales de l'une à l'autre : chaque arc sera ensuite coupé par moitié pour la largeur du *plein* et du *creux* de la dent.

Décrivez sur CA et *c*A, comme diamètres, deux cercles CNA, *cn*A ; puis dessinez à part les ÉPICYCLOÏDES DML, *dml*, engendrées par chacun de ces cercles en roulant sur la circonférence primitive de l'autre : DML sera l'épicycloïde décrite par *cn* A en roulant sur le cercle QAP ; *dml* sera celle que produit CNA en roulant sur *p*A*q*. Cette courbe est engendrée par un point d'une circonférence qui roule sur une autre. *Voy*. CYCLOÏDE et ÉPICYCLOÏDE.

L'épicycloïde DML étant transportée en un point de division D, est coupée par le rayon CM passant au milieu I du plein DD′, en un point M qui détermine le sommet de la dent ; l'autre face MD′ est la même courbe placée en sens contraire, c'est-à-dire que MD et MD′ sont symétriques relativement au rayon MC. On exécute la saillie DMD′ en papier découpé, et l'on porte ce PATRON sur chaque plein du contour de la circonférence primitive PAQ, comme on le voit dans la figure. Toutes les pointes M des dents sont sur un cercle MR*kd*′ décrit avec le rayon CM du centre C : ces sommets M sont encore sur les rayons CM menés par les milieux I de tous les pleins ; d'où l'on voit que le premier travail de l'épure est, après avoir tracé et divisé les circonférences primitives en pleins et creux, de mener des rayons à chaque point de division et à chaque milieu. On trouve de même l'épicycloïde *dml*, les pleins *dmd*′ des dents de la petite roue.

Il reste à figurer l'excavation D′QE de chaque dent ; elle est formée de deux parties symétriques par rapport au rayon CH, passant par le milieu H de D′E. La circonférence *mr*, qui passe par tous les sommets des dents de la petite roue, va couper en *r* le rayon CA ; ces sommets atteignent en tournant le point *r* ; ainsi les creux de la grande roue doivent être évidés à cette profondeur, puisque, sans cela, ils ne pourraient pas loger les dents de l'autre roue. Donc, si l'on décrit du centre C la circonférence X*r*O, elle touchera à tous les fonds des creux D′O′E. De même le cercle MR qui passe par tous les sommets des dents de la grande roue, donne le rayon *c*R du cercle *x*R*n* qui limite tous les creux *d*′*oe* de la petite.

Chacune des branches symétriques D′G′O et OE d'une excavation est formée de deux parties, l'une D′G′ qui est rectiligne et dirigée au centre C selon le rayon D′C ; on la nomme le *flanc* de la dent ; l'autre G′O est arrondie suivant une courbe déterminée qui va être indiquée : on a mené tous les rayons correspondans aux flancs et aboutissans aux extrémités des creux. La circonférence CNA est coupée en K par *mr*K, et le cercle FKGG′, décrit du centre C avec CK, donne l'intervalle DG, largeur des flancs. Le point *k*, où la circonférence *kcn*A est coupée par MR*km*, détermine de même le cercle *g′gf* et la largeur *dg* de tous les flancs de la petite roue. Toutes les constructions sont réciproques d'une roue à l'autre.

Et quant à la forme du creux GO, comme ce creux doit être capable de loger le plein de la dent *dmd′* de l'autre roue, dans toutes les situations relatives des deux roues, la courbe GO est celle que décrit le sommet *m* d'une dent, quand le cercle A*nc* roule (entraînant le point *m*) sur la circonférence primitive PAQ : la courbe GO est donc une ÉPICYCLOÏDE RALLONGÉE, dont la construction est faite selon une loi connue. (*Voy.* ce mot.) On dessinera donc à part la courbe G′O, ou sa symétrique GO, qu'on transportera à toutes les dents.

Dans toutes les situations des roues, si la rotation est due à une force constante, il faut que la PRESSION des dents en contact reste la même, afin que le mouvement soit uniforme des deux parts. Il est facile de voir que cet effet résultera de la forme de la courbe qui constitue le plein de la dent, car c'est une propriété de l'épicycloïde et de sa tangente.

La plupart du temps les dents sont trop petites pour qu'il soit possible de les façonner selon les règles de notre épure ; ce n'est que dans les grandes machines qu'on s'y astreint.

Quant à l'engrenage des roues et des lanternes à fuseaux cylindriques, après avoir réduit la roue et sa LANTERNE aux circonférences primitives PAQ, *pAq* (fig. 16), on divisera ces courbes en autant de parties qu'on veut y pratiquer de dents, ou d'ALLUCHONS et de FUSEAUX, comme il a été dit précédemment, d'après les vitesses relatives que doivent avoir les deux roues. Chaque point de division marquera les axes des fuseaux d'une part, et les milieux des creux des dents de l'autre part : formez l'épicycloïde DML que décrit dans sa rotation le cercle dont le diamètre est A*c*, en roulant sur la circonférence primitive ADQ. Ainsi, en pliant la figure suivant MI, la courbe DM s'appliquera sur D′M, et déterminera le patron DMD′ sur lequel toutes les dents seront taillées.

Puisque les règles qui ont été prescrites pour construire les engrenages de deux roues sont les mêmes pour tous les rayons, il suffit de concevoir que l'un de ces rayons devient infini, pour former *l'engrenage d'une roue avec une crémaillère*. EAQ (fig. 17) représente le cercle primitif de la roue C, qui doit mouvoir la crémaillère avec une vitesse égale à celle de la rotation de ce cercle, lequel est divisé en autant de parties égales qu'on veut y mettre de dents ; DD′ sera l'épaisseur d'un *plein*, AD celle d'un *creux*, et ainsi de suite. La tangente *pAq* tiendra lieu d'un cercle de rayon infini ; on y portera des intervalles *dd′*, *de*, A*d′*, etc., égaux aux arcs précédens AD, DD′, pour désigner les pleins et les creux de la crémaillère ; des perpendiculaires RA, *oh*, *im*, etc., menées par tous les points de division et leurs milieux, ainsi que les rayons AC, DC, IC, D′C, etc., marqueront les séparations des pleins et des creux, ou bien les couperont symétriquement. On décrira sur le diamètre AC la circonférence AKNC, et la Cycloïde engendrée par cette courbe en roulant sur *pAq*, remplacera ici l'épicycloïde de l'engrenage de deux roues ; elle sera tracée à part et portée en *dml* ; sa rencontre en *m* avec la perpendiculaire *im* détermine le sommet de la dent ; on aura donc la parallèle *mr*K à *pq*, pour le lieu de tous les sommets semblables, la courbe *em* symétrique à *dm*, et le patron *dme* qui sert à marquer tous les pleins des dents de la crémaillère.

Cette parallèle *mr*K coupe en K le cercle AKNC, ce qui donne le rayon CK de la circonférence EKFG, qui fixe la longueur des flancs AF, DG, etc., des dents de la roue. Le point *m* de la crémaillère décrit une droite K*m* parallèle à *pAq* qui limite la profondeur de tous ces creux, et leur est tangent. Le creux est une courbe qu'on décrit d'une manière analogue à l'épicycloïde rallongée, excepté que le cercle roule sur une droite au lieu de rouler sur une autre circonférence.

Quant aux dents de la crémaillère, elles n'ont pas de flancs, et la ligne R*o*L tangente en R au cercle RM qui passe par tous les sommets des dents de la roue, et par conséquent parallèle à *pq*, est tangente à tous les creux de la crémaillère. La forme *dml* des dents de la roue est la *développante* du cercle primitif PAQ, précisément comme dans les Cames.

DÉPENSE D'UN RÉSERVOIR. — C'est le volume d'eau qu'il débite dans un temps donné. *Voy*. l'art. ÉCOULEMENT où ce sujet est traité.

FR.

DÉTRITOIR. (*Arts mécaniques*.) Moulin au moyen duquel on détrite les olives avant d'en exprimer l'huile. C'est une meule verticale de pierre, tournant lentement huit à dix tours par minute, dans une auge circulaire également en pierre, au moyen d'un moteur quelconque. Il diffère peu des moulins de ce genre, dont on fait usage dans nos grandes huileries pour broyer les graines oléagineuses; le noyau, l'amande et la chair des olives, se trouvent broyés, et par conséquent pressés ensemble, ce qui donne une plus grande quantité d'huile, sans en altérer la qualité.

M. Sieuve, de Marseille, a imaginé un détritoir au moyen duquel on sépare les noyaux de la chair, en même temps que celle-ci se trouve broyée. Ce sont deux tables en bois, superposées, dont les surfaces en regard sont sillonnées en petites cannelures arrondies et parallèles. La table inférieure est fixe; elle porte des rebords entre lesquels la table supérieure peut se mouvoir dans le sens de sa longueur, et perpendiculairement à la direction des cannelures. Les olives, placées entre ces deux tables, éprouvent un froissement, quand la table supérieure vient à se mouvoir, qui dépouille le noyau et fait passer la chair sous forme de pulpe, à travers une infinité de petits trous percés dans la table inférieure, vis-à-vis du creux des cannelures. Cette pulpe, reçue dans une caisse dont le fond est en pente, se rend dans une espèce de chausse faite en maille de filet; la chausse laisse échapper une certaine quantité d'huile très fine, à laquelle on donne le nom de *vierge*, parce qu'elle est obtenue sans le secours de la presse. Le reste de l'huile que contient encore la pulpe ainsi égouttée est exprimée à l'aide du pressoir, comme à l'ordinaire.

Les noyaux étant dépouillés de leur chair, on soulève la table supérieure à l'aide d'un treuil; avec une espèce de peigne en bois, dont les dents correspondent aux cannelures de la ta-

31.

ble inférieure, on fait tomber tous ces noyaux dans une auge placée sur un des côtés de la machine.   E. M.

DÉVIDAGE. (*Arts mécaniques.*) Opération qui consiste à mettre en écheveau les substances filées. Le *dévidoir* est un instrument si simple et si connu, qu'il n'exige guère une description. Il est composé d'un axe en fer ou en bois tournant à manivelle sur des supports : l'*asple* est formé de six bâtons et plus, parallèles à l'axe et à distances égales, soutenus par des bras. Lorsqu'on fait tourner ce système, le fil, dont un bout est attaché à l'un de ces bâtons, s'enroule sur l'asple en écheveau de forme polygone. On adapte ordinairement à l'axe des dévidoirs des filatures un COMPTEUR, qui fait résonner un coup quand la rotation a accompli un nombre déterminé de tours. On arrête alors la machine, et le fil de l'écheveau a une longueur connue, qui est déterminée par le contour de l'asple et le nombre des révolutions.

Le dévidoir a souvent un mètre de contour ; chaque écheveau contient dix échevettes de cent fils, en tout mille mètres de longueur. La désignation de la finesse du fil est faite par un *numéro* qui indique combien il faut de ces écheveaux pour peser un demi-kilog. Ainsi le fil n° 80 est celui dont 80 écheveaux, ou 80 mille mètres de long pèsent une livre.

Lorsqu'on veut pelotonner les fils d'un écheveau, on les débrouille d'abord en secouant ; on ouvre l'écheveau par le milieu, on le fait tourner entre les deux mains pour trouver la *centaine,* ou le bout du fil qui est lié autour de l'écheveau ; on le place sur l'*asple* dont on éloigne les bâtons pour bien tendre le fil : à cet effet les bras qui soutiennent les bâtons, par un mécanisme particulier, sont susceptibles d'allongement. Il ne reste plus qu'à tendre le fil en tirant, pour faire tourner l'asple, et à enrouler une pelote. On a imaginé une petite machine fort ingénieuse qui roule le fil en boule d'une manière si régulière qu'il forme un réseau très élégant. *Voy*. PELOTON-
NEUSE.

Au reste, la forme des dévidoirs est très variée selon la nature des substances filées, l'espace dont on peut disposer, l'usage auquel on destine le fil, etc. : ces détails ne peuvent trouver place ici.　　　　　　　　　　　　　　FR.

DIABLE. Sorte de voiture à deux roues très basses, souvent pleines, dont on se sert pour transporter, à de petites distances, de gros fardeaux, des pierres de taille, etc. Les ouvriers tirent cette voiture, à l'aide de bricoles, en agissant sur des barres qui traversent le timon.

On donne aussi le nom de *diable* à une machine armée de dents pour ouvrir la laine, le coton, etc. *Voy.* FILATURE. FR.

DIAMANT. D'après des expériences nombreuses, et dont le le résultat est incontestable, le diamant n'est autre chose que du carbone parfaitement pur dans un état physique particulier que l'art n'est point encore parvenu à imiter. C'est le plus dur de tous les corps connus. Il ne se fond ni ne se volatilise aux plus fortes températures qu'il soit possible de produire. Sa densité varie de 3,5o à 3,53. Il est ordinairement sans couleur, mais quelquefois il présente des teintes bleues, jaunes, roses ou brunes. Le diamant jouit d'un pouvoir réfringent et d'un pouvoir dispersif très considérables, et ces propriétés, jointes à son inaltérabilité, l'ont rendu un des corps les plus précieux et les plus employés en joaillerie. Les formes principales sous lesquelles se rencontre le diamant sont le cube, l'octaèdre, le tétraèdre et le dodécaèdre rhomboïdal, et ses faces sont très souvent curvilignes.

La combustion du diamant s'opère avec une facilité remarquable lorsqu'on le place dans un tube de porcelaine et qu'on y fait arriver un courant rapide d'oxigène ; il suffit de quelques charbons pour que la conversion en acide carbonique soit complète. On remarque au contraire que la température doit être excessivement élevée lorsqu'on ne renouvelle pas les produits de la combustion. Dans tous les cas il ne laisse pas la plus légère trace de résidu, et, comme pour le carbone pur, le volume d'acide carbonique produit est égal à celui de l'oxigène employé.

La taille du diamant date de 1476. Elle est fondée sur l'observation faite par Louis de Berquem, que deux diamans frottés fortement l'un contre l'autre s'usent et se réduisent mutuellement en poussière. On exécute cette opération au moyen d'une plate-forme en acier très doux. Le diamant qu'on doit polir est soudé à l'étain dans une coquille en cuivre, qui, elle-même, est pincée dans une tenaille en acier. Cette tenaille, qu'on tient chargée d'un poids, presse le diamant sur la plateforme à laquelle on imprime un mouvement de rotation très rapide et qu'on a arrosée préalablement avec de la poudre de diamant délayée dans de l'huile. On use et l'on polit successivement toutes les faces.

Le prix des diamans, toujours très élevé, est cependant susceptible de grandes variations : lorsqu'ils ne sont pas propres à la taille, on les vend en général de 30 à 40 francs le carat (1).

Dans le cas contraire, quand leur poids est au-dessous d'un carat, ils se vendent en raison de 48 francs le carat.

Enfin si leur poids dépasse le carat, on prend le carré de ce poids, en le multipliant par 48, on obtient la valeur du diamant. C'est ainsi qu'un diamant de 5 carats ou de $0^{gr},205 \times 5 = 1^{gr},025$, vaut $5 \times 5 \times 48 = 1200$ francs.

Toutefois ces bases ne sont applicables qu'aux diamans bruts ; lorsqu'ils sont taillés, leur valeur est beaucoup plus élevée, et varie avec la forme, le poids, la teinte, etc.

Les diamans se rencontrent au Brésil et dans plusieurs contrées des deux Indes, principalement dans les royaumes de Visapour et de Golconde. Les terrains dans lesquels on les trouve sont toujours des terrains d'alluvion, et les circonstances de leur formation sont encore complètement inconnues.

Le diamant le plus pesant que l'on connaisse pèse 300 carats (environ 62 grammes).

Celui de l'empereur du Mogol, pèse 279 carats, celui de l'empereur de Russie 193 carats.

Les diamans de rebut, ceux surtout qui ne peuvent se cliver, sont employés par les vitriers pour couper le verre. Les horlo-

---

(1) Le carat, qui est l'unité de poids des diamans, équivaut à 105 milligrammes.

gers en forment des pivots pour des pièces délicates. On a proposé de s'en servir pour garnir les trous des filières, qui présenteraient alors l'avantage d'être invariables dans leur diamètre. La poussière du diamant sert à polir certaines pierres précieuses.   P...ze.

DIAMÈTRE. *Voy.* Cercle.   Fr.

DIAPASON. (*Arts mécaniques.*) On donne à une tige d'acier la forme d'un U à longues branches, un peu plus rapprochées en haut qu'en bas : on soude au coude une tige avec empâtement pour que l'instrument se tienne debout. Lorsqu'on fait vibrer le diapason, et qu'on applique la pate sur un corps sonore, il fait entendre un son à peu près invariable, quelles que soient les circonstances extérieures. On travaille les branches à la lime, jusqu'à ce qu'elles rendent le son appelé *la* par les musiciens.   Fr.

DILATATION. (*Arts mécaniques.*) Effet par lequel un corps prend un plus grand volume, sans recevoir aucune matière additive, sans changer de poids : ce mot est opposé à *condensation*, qui signifie accroissement de *densité*. Les corps qui se dilatent deviennent moins denses. *Voy.* Poids spécifique.

Deux causes changent les volumes des corps, la Pression et la Chaleur. Les gaz occupent moins d'espace lorsque, renfermés dans un vase flexible, la pression extérieure augmente. La chaleur produit l'effet inverse ; le volume s'accroît d'une quantité qui varie pour les divers corps soumis à une même augmentation de température.

La pression ne produit aucun effet sur le volume des fluides, parce qu'ils sont incompressibles, du moins dans les limites des expériences. Sur les solides, elle ne peut guère s'exercer que mécaniquement, et par conséquent elle peut bien comprimer les corps, mais non les dilater en cessant son action, si ce n'est par l'effet de l'*élasticité*. Mais les gaz et les vapeurs sont sans cesse exposés à varier de volume sous l'influence des changemens de pression atmosphérique ; c'est alors la *loi de Mariotte* qui sert à en calculer les effets : cette loi consiste en ce que les *volumes occupés par des gaz sont en raison inverse des pressions qui agissent sur eux.* Bien entendu qu'on suppose que le gaz est libre dans l'air, ou contenu dans un vase flexible.

Quant à la chaleur, ses effets sont si grands, si marqués, que nous sommes sans cesse appelés à leur résister, ou à les seconder, selon les circonstances.

La table suivante fait connaître l'allongement que subissent diverses barres qui ont l'unité pour longueur, en passant de o à 100 degrés du thermomètre centigrade : on y voit, par exemple, qu'un fil de fer s'allonge, pour 100° de variation de température, d'environ 0,0012 de sa longueur. On remarquera que lorsqu'un métal est écroui, ou tiré à la filière ou au Banc, il est plus dilatable, sous l'influence de la chaleur, que lorsqu'il est simplement fondu et coulé, ou même forgé.

Quoiqu'il ne soit pas exact de dire que *la dilatation se fait proportionnellement à la température*, cependant on peut admettre cette proposition pour les corps solides dans de certaines limites, et principalement de o à 100°; mais vers le terme de la fusion, les choses ne se passent plus ainsi. La dilatation du laiton pour 100° étant 0,00188, elle sera donc de 0,000188 pour 10°. Une règle de trois fera toujours connaître l'allongement qui répondra à une température désignée. Soit α la *dilatation linéaire* d'une substance pour 100° et l'unité de longueur (α est le nombre de notre table); pour une variation de t degrés centigrades, la variation sera donnée par cette proportion : si 100° produisent α, combien t degrés? La dilatation qu'éprouve la longueur l est donc $= 0,01 \times \alpha t l$, en sorte que l est devenu pour t degrés

$$x = l\,(1 + 0,01 \times \alpha t)\ldots\ldots(1)$$

Si l'on considère une surface s, comme ses deux dimensions éprouvent la dilatation linéaire, il en résulte une aire s' semblable à la première : ces aires s et s' sont entre elles comme les carrés de leurs dimensions l et x, savoir, $s : s' :: l^2 : x^2$; or, en négligeant le carré de α qui est fort petit,

$x^2 = l^2 (1 + 0,02.\alpha t)$; ainsi l'accroissement de surface est $s' - s = 0,02 \times \alpha t s$, savoir $s' = s (1 + 0,02 \times \alpha t)$.

On verrait de même, en négligeant α^2 et α^3, qu'un volume v devient $v' = v (1 + 0,03 \times \alpha t)$, pour t degrés.

En comparant ces résultats à l'équation (1), on reconnaît que cette formule de la dilatation des lignes est applicable aux surfaces et aux volumes représentés par l, pourvu qu'on remplace la grandeur α donnée par la table, par 2α dans le 2ᵉ cas, par 3α dans le 3ᵉ.

Table des dilatations linéaires de quelques substances depuis 0° jusqu'à 100° du thermomètre centigrade.

SUBSTANCES.	VALEURS DE α.	OBSERVATIONS.
Verre de Saint-Gobain	0,00089089	
Verre sans plomb	0,00089694	
Flint-glass anglais	0,00081166	
Cristal avec plomb	0,00087199	
Cuivre (rouge)	0,00171733	
Cuivre jaune (laiton)	0,00187821	
Fer doux forgé	0,00122045	
Fer tiré à la filière	0,00123504	Lavoisier
Acier non trempé	0,00107915	et Laplace.
Acier trempé jaune recuit	0,00123956	
Plomb	0,00284836	
Etain des Indes	0,00193765	
Etain de Falmouth	0,00217298	
Argent de coupelle	0,00190974	
Argent à 0,9 de fin	0,00190868	
Or de départ	0,00146606	
Or à 0,9 de fin	0,00155155	
Or tiré à 18 karats	0,00140902	Bréguet.
Or fondu, *idem*	0,00152812	*Idem.*
Mercure dans un tube de verre	0,01587300	Biot.
Alliage moitié plomb et étain	0,00312671	Bréguet.
Zinc coulé	0,00224795	*Idem.*
Zinc tiré à la filière	0,00304553	*Idem.*
Platine	0,00085655	Borda.

Notre formule est établie pour le thermomètre centigrade; si l'on se sert de celui de Réaumur, on remplacera le facteur 0,01 dans l'équation ; (1) par $\frac{1}{80} = 0,0125$.

Les liquides éprouvent des effets de même nature que les

solides par l'influence de la chaleur. On trouve que de o à 100 degrés, la dilatation est (*v.* Phys. math. de M. Biot, I, p. 210)

Pour l'eau, de..... 0,0465 $= \frac{1}{23}$ de son volume à zéro.
Pour l'alcool, de... 0,1100 $= \frac{1}{9}$;
Pour le mercure, de 0,018018 $= \frac{2}{111}$;
Pour les huiles fixes, 0,08 $= \frac{2}{25}$.

Toutefois les volumes ne varient proportionnellement aux températures que dans des limites beaucoup plus resserrées que pour les solides.

Il nous reste maintenant à parler de l'effet de la chaleur sur les gaz. Il suit des expériences de MM. Gay-Lussac et Dalton que, lorsque la pression reste la même, pour chaque degré de température centigrade, quels que soient les gaz, leurs volumes varient de 0,00375 ou $\frac{3}{800}$ de celui qu'ils occupent à la température o. Les vapeurs sont soumises à la même loi, tant qu'elles peuvent exister à cet état, eu égard à la pression et à la température qui les affecte. Pour comprendre à la fois les variations de chaleur et de pression dans la même formule, soient v et v' des volumes d'un gaz sec aux températures centigrades respectives t et t', et sous les pressions p et p', mesurées par les colonnes de mercure du baromètre, la loi précédente, combinée avec celle de Mariotte, donne l'équation

$$pv (1 + 0,00375\, t') = p'\, v' (1 + 0,00375\, t)\dots(3).$$

F_R.

DISTILLATION. La distillation est une des opérations les plus anciennement connues: elle a pris son origine dans les laboratoires des premiers hommes qui se sont livrés à la préparation des médicamens, et depuis elle a reçu une foule d'applications toutes plus utiles les unes que les autres. Son but est de séparer d'un composé les produits volatils de ceux qui ne le sont pas ou qui le sont moins dans les mêmes circonstances. C'est ainsi que l'alcool se retire du vin, les essences des diverses substances aromatiques qui les contiennent, etc., etc. On donne aussi le nom de *distillation* au traitement par la chaleur, et en vaisseaux clos, d'un corps quelconque, dont on retire des produits solides, liquides ou gazeux, alors même que ces produits n'étaient pas primitivement contenus dans le corps soumis à l'expérience, et qu'ils résultent de l'action de la chaleur. Nous offrirons pour exemple de ce genre la distillation du bois, qui fournit de l'huile empyreumatique, de l'acide acétique et divers composés gazeux, qui prennent naissance dans l'opération elle-même.

Le but de la distillation, avons-nous dit, est de séparer les produits volatils de ceux qui ne le sont pas, ou qui le sont moins dans les mêmes circonstances; mais rappelons-nous que tous les corps sont soumis à l'influence de deux forces opposées; savoir, d'une part l'attraction d'agrégation, qui tend à lier étroitement toutes les molécules entre elles; et de l'autre cette force expansive qu'ils reçoivent de la matière de la chaleur dont ils sont pénétrés, et qui, en s'introduisant entre les molécules, fait de continuels efforts pour les désunir. Rappelons-nous encore que la pression atmosphérique limite cette force expansive, et qu'elle agit dans le même sens que l'attraction moléculaire. Cela posé, si nous revenons au phénomène de la distillation, nous verrons qu'il existe deux moyens de le déterminer; ou bien, en augmentant par l'action de la chaleur la répulsion des molécules des corps soumis à cette opération, jusqu'à ce que le plus volatil d'entre eux, celui qu'on veut éliminer, ait acquis assez de force répulsive pour que sa vapeur puisse résister à la pression atmosphérique et la vaincre; ou bien, en diminuant cette pression elle-même, jusqu'à ce que le corps le plus expansible ne trouve plus d'obstacle à sa volatilisation. Il pourrait peut-être paraître d'abord plus simple d'avoir recours au dernier moyen qu'au précédent; mais il est un motif essentiel qui s'oppose à sa facile exécution, c'est qu'une fois qu'il n'y a plus équilibre entre la pression intérieure et extérieure que l'atmosphère exerce sur l'appareil, cela nécessite dans les parois et dans les jointures une force capable de résister à cette différence; autrement les vases cèdent à l'effort, et cet inconvénient entraîne souvent à de grands dangers. C'est donc presque constamment à l'aide de la chaleur et sous la pression ordinaire de l'atmosphère qu'on effectue la distillation.

D'après les idées généralement admises, les diverses substances qui constituent un composé quelconque soumis à l'action de la chaleur, s'en pénètrent d'abord uniformément tant qu'elles conservent le même état ; mais, pour en changer, chacune d'elles en absorbe ensuite en combinaison réelle une quantité plus ou moins considérable, suivant sa capacité particulière pour le calorique, et le rend ce qu'on appelle *latent;* et, réciproquement, une vapeur qui reprend l'état de liquide, ou un liquide qui redevient solide, abandonne, lors de cette transition et dans le même rapport, tout le calorique latent qui avait produit ce changement d'état. Si nous cherchons maintenant à appliquer ces données à la distillation, nous verrons que pour volatiliser un liquide, il faudra non-seulement lui communiquer la chaleur exigée pour qu'il atteigne son point d'ébullition, mais qu'il lui sera nécessaire, en outre, de lui en fournir toute la quantité voulue pour sa transformation en vapeur. Ainsi, la proportion de combustible nécessaire à la distillation d'un liquide sera d'autant plus considérable, toutes circonstances égales d'ailleurs, que la capacité de sa vapeur pour le calorique sera plus grande ; mais comme nous venons de l'observer, cette vapeur se dépouillera par sa condensation de toute cette quantité de calorique libre ou combiné qu'elle avait entraînée. C'est la juste appréciation de toutes ces données qui a servi de base aux immenses progrès qu'on a fait faire de nos jours à l'art de la distillation. Jusque-là, on n'avait porté aucune attention à l'énorme déperdition de chaleur qu'occasionait cette opération, et il a fallu toute l'influence des connaissances de la Chimie moderne, pour développer les précieuses inventions des nouveaux appareils, jusque dans les ateliers de l'empirisme.

Je n'entreprendrai point de faire ici l'historique de la distillation ; les bornes de cet article ne comportent pas de tels détails, et je passerai immédiatement à la description de quelques appareils distillatoires.

Description de l'appareil de M. Derosne.

Il se compose :

1°. De deux chaudières A et A′ (pl. 12, fig. 1) ;

2°. D'une colonne distillatoire B ;

3°. D'un rectificateur C ;

4°. D'un condensateur, chauffe-vin D ;

5°. D'un réfrigérant E ;

6°. D'un seau de vidange ou régulateur d'écoulement, garni d'un robinet à flotteur F ;

7°. D'un réservoir G.

Pour mettre cet appareil en fonction, on commence par emplir du liquide à distiller la première chaudière A, au moyen de la douille H ; on en verse jusqu'à ce que le niveau s'élève à la hauteur de 2 ou 3 pouces au-dessous de la partie supérieure de l'indicateur de verre x qui y est adapté. On en fait autant pour la chaudière A′ ; mais on en verse jusqu'à la hauteur de 6 pouces au-dessus de son robinet de décharge 2. Les choses étant ainsi disposées, et le réservoir G ainsi que le régulateur F étant remplis, on ouvre le robinet 4 qui verse dans l'entonnoir I du réfrigérant E ; ce vase étant plein et d'ailleurs parfaitement clos de toutes parts, le liquide s'élève par le tube K, qui vient se décharger dans la partie supérieure du condensateur D, et le remplit en totalité. Le trop-plein s'écoule par le tube L, dans la colonne distillatoire B. La disposition intérieure de cette colonne est telle, que le liquide tombe en forme de cascade sur une série de plateaux qui se trouvent fixés sur un axe commun. Il parvient ainsi, de proche en proche, jusqu'à la chaudière A′, et l'on est averti de son arrivée par l'élévation du niveau dans le tube indicateur b' ; alors on ferme le robinet 4 du régulateur, et l'on allume le feu sous la chaudière A.

Avant de décrire la marche de cet ingénieux procédé, nous allons indiquer brièvement la construction de chacune des pièces qui entrent dans la composition de l'appareil. Déjà nous venons de dire, autant qu'il nous a été permis de le faire, en quoi consistait la construction de l'intérieur de la colonne (1), et nous devons ajouter que les douilles figurées en ff', sont de simples ouvertures destinées à faciliter le nettoyage intérieur de la colonne, qui doivent être fermées avec des bondons entourés de filasse, pendant tout le cours de l'opération.

Le rectificateur C est absolument composé de la même manière que le reste de la colonne dont il fait partie ; il ne reçoit point le liquide réfrigérant du condensateur, mais bien celui qui se produit dans les premières hélices, et il leur transmet en échange ses vapeurs et une partie de celles qu'il reçoit de la colonne.

Le condensateur D est un cylindre en cuivre qui contient un serpentin à hélices verticales, qui communiquent individuellement, au moyen des tubes a, b, c, d, etc., à un canal commun MN, incliné de manière à pouvoir écouler le produit total dans le tuyau O qui conduit au réfrigérant ; mais ce canal MN est annexé à des tubes p, q, r, s, qui permettent le rappel dans le rectificateur des portions condensées dans les hélices. Ce rappel peut être rendu total ou partiel, à l'aide des robinets 5, 6, 7, 8. La capacité intérieure de ce vase est divisée en deux parties inégales. D', D", au moyen d'un diaphragme ST, au bas duquel on a ménagé une ouverture de communication entre ces deux parties est établie dans la double intention d'envelopper les premières hélices d'un liquide assez chaud pour ne permettre que la condensation des vapeurs les plus aqueuses, et de ne déverser dans la colonne qu'un liquide presque bouillant. En effet, le vin arrive par le tube K

---

(1) M. Derosne emploie indifféremment pour ces colonnes deux systèmes de cascade ; dans l'un, les vapeurs ascendantes sont forcées, à chaque diaphragme, de traverser une petite couche de liquide, et elles subissent par conséquent une légère pression. Dans l'autre, la chute d'un plateau à l'autre se fait sous forme de pluie, et les vapeurs n'ont aucune pression à supporter. M. Derosne n'a reconnu aucun motif de préférence à l'un de ces systèmes sur l'autre pour la distillation ordinaire ; mais la construction du deuxième rend le nettoyage plus facile ; et c'est un grand avantage dans quelques cas.

dans la capacité D′, où il s'échauffe modérément et également, au moyen d'une précaution particulière ; de là il s'écoule par l'ouverture inférieure du diaphragme dans la partie D″, où il prend une plus grande élévation de température ; et comme les parties les plus échauffées, spécifiquement plus légères que les autres, viennent occuper la partie supérieure de cette capacité, il s'ensuit que ce sont toujours celles-là qui affluent dans la colonne.

Quant au réfrigérant E, il n'offre rien de particulier ; c'est un serpentin ordinaire, entièrement renfermé dans un cylindre ou manchon en cuivre.

Supposons maintenant qu'on allume le feu sous la chaudière A, et voyons ce qui va succéder dans chacune des parties. Il est clair, d'abord, qu'aussitôt que le vin bouillira dans cette première chaudière, les vapeurs iront, au moyen du tube de communication P qui plonge dans le liquide même, se condenser dans la chaudière A′, qui ne tardera pas elle-même à entrer en ébullition, parce qu'elle reçoit en outre l'excédant de la chaleur du fourneau. La vapeur qui sort de A′ n'a d'autre issue que la colonne ; elle y pénètre donc, échauffe le liquide qu'elle trouve sur son passage, se condense en partie, tandis que le reste parvient aux régions supérieures, puis au rectificateur, de là dans le condensateur, et enfin dans le réfrigérant ; si elles n'ont pu être coercées précédemment. Lorsque l'appareil est en pleine activité, et que les robinets 1, 2, 3 sont ouverts, ce qui doit être fait aussitôt que le condensateur D est assez chaud pour qu'on n'y puisse plus tenir la main, époque à laquelle la distillation continue commence, le vin du réfrigérant devient tiède à la partie supérieure, puis il s'échauffe plus fortement à mesure qu'il parcourt les deux divisions du condensateur, et il finit par tomber presque bouillant par le tuyau L dans la colonne B, où il se trouve en contact immédiat avec les vapeurs qui montent de la chaudière. Le nouveau degré de température qu'il y reçoit le fait se dépouiller pendant sa chute des vapeurs alcooliques qu'il contient, et il entraîne avec lui la portion des vapeurs aqueuses qui se sont condensées par le refroidissement qu'il a produit ; et lorsque l'opération est bien réglée, le liquide qui arrive dans la chaudière A' ne contient plus du tout d'alcool ; mais comme il se peut qu'on fasse, par négligence, descendre le vin trop précipitamment, alors il achève de se dépouiller par l'ébullition, soit dans la chaudière A', soit dans la chaudière A ; et c'est là, pour le dire en passant, ce qui constitue peut-être le principal et unique avantage de celle-ci.

Observons actuellement que ce qui arrive dans la première colonne B se répète dans le rectificateur qui est au-dessus, et qu'à mesure que les vapeurs montent davantage, elles deviennent d'autant plus riches en alcool ; et cela par la raison toute simple que l'abaissement successif de température qu'elles subissent, détermine sans cesse la condensation d'une portion des vapeurs aqueuses qu'elles renferment : et comme de leur côté les vapeurs aqueuses, en se condensant, échauffent assez le liquide alcoolique qu'elles rencontrent pendant leur ascension pour produire la volatilisation de cet alcool, il s'ensuit que les vapeurs vont toujours en se dépouillant de leur eau, et en s'enrichissant de l'alcool contenu dans le liquide qu'elles rencontrent. Les vapeurs une fois parvenues dans le condensateur, l'eau et l'alcool ne peuvent plus faire entre eux cet échange de calorique qui s'effectuait dans le rectificateur ; mais comme, par la disposition des choses, les premières hélices que ces vapeurs parcourent, sont environnées d'un liquide plus chaud que celui qui enveloppe les hélices suivantes, il en résulte encore que, chemin faisant, elles font toujours des progrès vers une plus grande rectification, en telle sorte que les vapeurs qui arrivent intactes jusqu'au tube P ne peuvent être que de l'alcool très déflegmé, puisqu'elles ont résisté à une moindre température ; et en effet, il en est ainsi lorsqu'on a eu la précaution d'ouvrir les robinets, 5, 6, 7, 8, pour déterminer le retour dans le rectificateur des produits condensés dans les hélices. On conçoit que si, au lieu d'ouvrir tous ces robinets, on n'ouvre que ceux qui communiquent avec les premières hélices, alors leur produit, qui est le plus aqueux, retournera seul dans le rectificateur, tandis que l'autre s'écoulera dans le réfrigérant, et ira s'ajouter au résultat de la condensation des vapeurs les plus alcooliques qui y parviennent. On peut donc à volonté, au moyen de ce condensateur, obtenir de l'alcool à tous les degrés, avec plus de facilité même que dans l'appareil d'Édouard Adam, et l'on voit qu'il supplée parfaitement à cette série de vases, dont il présente tous les avantages sans en avoir les inconvéniens. L'expérience a démontré qu'en général, pour obtenir le degré $\frac{3}{6}$ du commerce, 33° de l'aréomètre, il fallait fermer les robinets 5, 6, 7, et laisser le n° 8 ouvert seul; mais on peut atteindre à un degré plus fort en diminuant la température du condensateur, et en laissant tous les robinets ouverts. Il est toujours convenable, dans le principe de l'opération, de chasser une certaine quantité de vapeurs, afin de laver les conduits et entraîner toutes les portions qui, par leur séjour, pourraient avoir contracté un mauvais goût, et de ne commencer à recueillir que quand le produit en est débarrassé.

Il nous reste, pour terminer cette description, à indiquer l'usage de quelques pièces de l'appareil dont nous n'avons pas fait mention. Le robinet n° 9 sert à vider complètement le condensateur, lorsqu'il est nécessaire de le nettoyer.

Les ouvertures U, V, X sont également destinées à faciliter le nettoyage de cette même pièce.

Les tubes y, z sont des indicateurs en verre qui servent à apprécier la marche de l'opération, et à reconnaître si le liquide n'afflue pas en trop grande quantité dans la colonne, et s'il n'est pas nécessaire d'en modérer la chute, en fermant un peu plus le robinet n° 4, ou bien s'il faut au contraire en augmenter l'arrivée et ralentir le feu trop vif, en poussant le registre adapté à la cheminée. Ce sont ces moyens dont l'opérateur dispose à son gré pour régler l'opération.   R.

L'autre espèce d'appareil distillatoire, particulièrement applicable aux travaux en petit, se compose, en général, d'une cornue, d'un récipient ou ballon, et d'un vase intermédiaire appelé *allonge* (fig. 2). La cornue est en verre, en grès, en porcelaine, en fonte, en platine, etc., suivant le degré de température qu'elle doit subir, suivant aussi la nature des substances qu'on doit traiter. Il est rare que ces distillations exigent des appareils de réfrigération particuliers ; en général, on plonge le matras dans un vase contenant de l'eau froide ou un mélange de sel et de glace, et on le recouvre d'un morceau de toile mouillée, ou bien, au moyen d'un syphon ou d'un entonnoir à robinet, on fait tomber un filet d'eau froide sur le matras.

Les liquides à distiller sont introduits dans les cornues, soit au moyen d'un entonnoir à longue douille, soit avec un tube en S, lorsque la cornue est tubulée. (*V.* fig. 2.) Les figures 3 et 4 représentent des *réfrigérans* en verre, dont l'usage est extrêmement commode dans un grand nombre de cas, mais principalement pour la distillation des matières corrosives qui attaqueraient les métaux ou les cornues de grés et de porcelaine.

Le tube de verre AB de la fig. 4 est recouvert d'une chemise de toile EF, sur laquelle on fait tomber de l'eau froide par un robinet. Cette eau, après avoir refroidi le tube, s'échappe le long du bouchon de liége CD.

ABCD (fig. 3) est un grand manchon de verre dans lequel est placé un autre tube condensateur EF. L'eau entre dans le manchon à la sortie du robinet R, et en sort par l'extrémité du tube P. Le liquide distillé s'échappe en O. Une cornue est adaptée au tube en M.

Appareil distillatoire appelé rectificateur *propre à distiller toute espèce de liquides ou de matières pâteuses, et à sécher des grains; par Pierre Alègre. (Extrait de l'Agriculteur manufacturier.)*

« Cet appareil est à chauffe-vin et à colonne ; on l'a beaucoup employé à Paris et dans les environs pour la distillation des sirops de fécule, et il donnait généralement de bons résultats. La préférence que lui ont accordée de bons praticiens nous a engagé à le faire connaître ; nous nous servons pour

cela du texte même de l'inventeur, pris dans son brevet expiré
de 1816. »

L'un des inconvéniens que l'on reproche à cet appareil se
trouve dans l'impossibilité de faire des réparations à la colonne sans la détruire. »

Voyez la planche 12 des Arts chimiques.

La figure 1re est une vue extérieure ;

Et la figure 6 est une coupe de l'appareil.

a, Fourneau.

b, Porte du fourneau.

c, Cendrier.

d, Grille du fourneau.

e, Chaudière inférieure.

f, Robinet de la chaudière *e*, destiné à la vidange.

g, autre robinet adapté à la même chaudière pour indiquer
le trop-plein.

h, Ligne ponctuée indiquant le niveau de l'eau ou du vin
dans la chaudière *e*, quand on distille.

i, Tubulure pratiquée sur la chaudière *e* ; on la tient hermétiquement fermée au moyen d'un couvercle bridé, qu'on
n'ouvre que lorsqu'on veut nettoyer l'intérieur de la chaudière.

k, Robinet d'épreuve pour la distillation du vin.

l, Chaudière supérieure placée sur la précédente.

m, Robinet de vidange de la chaudière *l*.

n, Tuyau courbe portant robinet et établissant la communication entre les deux chaudières *e*, *l*.

o, Robinet du trop-plein de la chaudière *l*.

p, Ligne ponctuée indiquant, dans la chaudière *l*, la surface du liquide à distiller.

q, Fond qui sépare les deux chaudières *e*, *l*.

r, Tuyau principal ajusté verticalement au centre du fond *q* ;
il est ouvert des deux bouts, et s'élève vers le collet de la
chaudière *l*.

s, Cylindre creux, ouvert par le bas et fermé à son extrémité supérieure ; ce cylindre sert d'enveloppe au tuyau *r*, son

32..

bord inférieur repose sur trois pieds un pouce de haut, soudés sur le fond *q*, qui sépare les deux chaudières, et le fond de ce cylindre ne touche pas tout-à-fait le bord supérieur du tuyau *r*.

t, troisième cylindre creux, dont le bord inférieur est soudé sur le fond *q*. Ce cylindre, qui enveloppe les deux précédens, est ouvert par le haut, et son bord supérieur s'élève d'environ un pouce au-dessus du cylindre *s*.

u, quatrième cylindre creux, ouvert par le bas, fermé par le haut et enveloppant le troisième cylindre *t*. Le bord inférieur de ce cylindre est, comme celui du cylindre *s*, porté sur trois pieds un pouce de haut, soudés sur le fond *q*; son fond supérieur s'élève d'un demi-pouce au-dessus du bord du cylindre *t*.

v, cinquième et dernier cylindre creux, servant d'enveloppe à tous les autres; son bord inférieur est soudé sur le fond *q*, et le fond supérieur du tube *u*, agrandi, sert aussi à le boucher par le haut. Ces cinq cylindres sont placés les uns dans les autres comme le représente très bien la coupe fig. 6, de manière que la vapeur peut aisément les parcourir successivement. L'espace cylindrique qui sépare chacun de ces cylindres de son voisin est d'environ un pouce.

x, Tubes placés à égale distance au pourtour de la partie supérieure qui bouche les quatrième et cinquième cylindres *u*, *v*; ils sont ployés obliquement, et descendent jusqu'à deux pouces du fond *q*, qui sépare les chaudières. La fig. 2 ne laisse voir que deux de ces tubes; il faut supposer qu'il y en a un troisième après la partie qui est enlevée.

y, Tuyau de sûreté pour empêcher l'absorption de la substance contenue dans la chaudière supérieure, par les trois tubes plongeurs *x*; ce tuyau traverse le collet de la chaudière *l*; son extrémité supérieure, qui a la forme d'un entonnoir, est en contact avec l'atmosphère, et son autre extrémité communique avec l'espace cylindrique formé entre les deux cylindres *u*, *v*. Ce tuyau est recourbé, comme le fait voir la fig. 6, de manière à ce qu'il touche, par le milieu, à peu près, de sa

longueur la surface de la matière renfermée dans la chaudière *l*;
il est interrompu, dans sa moitié, qui s'approche du centre
de l'appareil, par un renflement *z*, formant un cylindre creux.
qui peut contenir environ deux litres d'eau, qu'on y introduit
par l'entonnoir.

a', Robinet d'épreuve de la chaudière supérieure.

b', Tubulure pratiquée sur la chaudière *l*, absolument de la
même manière que l'est la tubulure *i* sur la chaudière inférieure *e*, et s'ouvrant également lorsqu'on veut nettoyer l'intérieur de la chaudière supérieure.

c', Bassin circulaire placé sur le collet de la chaudière supérieure et formant réfrigérant.

d', Tuyau à robinet conduisant l'eau du bassin réfrigérant *c'*
dans la chaudière inférieure.

e', Vase de forme elliptique réuni au collet de la chaudière
supérieure par les brides et boulons *f'*.

g', fig. 6, deux tuyaux plongeant dans un petit vase ou godet, et servant à l'écoulement du flegme qui retombe dans la
chaudière inférieure.

h', Tuyau à robinets et à double branche, servant à conduire, à volonté, les flegmes du vase elliptique *e'* dans l'une
ou l'autre chaudière.

i″, Tube s'élevant verticalement dans l'intérieur du vase *e*,
jusqu'à la distance d'un pouce à peu près de la paroi supérieure
de ce vase ; il est bien bouché en haut par un fond, et, tout
près de ce fond, le tube *i″* est percé horizontalement de plusieurs petits trous.

k', Cylindre creux, qui recouvre et enveloppe le tube *i'*; il
est muni au haut d'un fond, qui repose sur le tube *i″*, et son
bord inférieur descend jusqu'à un pouce de distance du fond
du vase elliptique.

l', Tubulure pratiquée sur le vase elliptique pour permettre
de nettoyer ce vase intérieurement ; elle se ferme avec un
bouchon de bois.

m', Bassin placé sur le vase *e'*, où il sert de réfrigérant ; on
vide ce bassin au moyen du tube à robinet *n'*.

o', p', q', r', s', o^2, six compartimens, ou diaphragmes rectificateurs montés les uns sur les autres, et formant, par leur réunion, une colonne cylindrique. Ces compartimens communiquent l'un à l'autre, au moyen des six petits tubes t', disposés dans leurs cases, chacun de la même manière que le tube i' l'est dans le vase elliptique e'; ils sont, comme ce dernier, enveloppés, chacun, d'un cylindre en forme de chapeau, et leur extrémité supérieure est percée d'une grande quantité de petits trous. Le fond de chaque compartiment, t', a, comme le montre très bien la fig. 6, un petit tuyau logé dans un godet et servant à l'écoulement des flegmes, qui, descendant d'un compartiment dans l'autre, finissent par se rendre dans le vase elliptique e', lequel, à son tour, les fait passer dans l'une ou l'autre des deux chaudières par les deux branches du tuyau à robinets h'. Ce passage des flegmes s'effectue en même temps que les vapeurs alcooliques s'élèvent, et parcourent, en se rectifiant, les six compartimens et les doubles tuyaux qui se trouvent dans chacun d'eux.

u', long cylindre vertical enveloppant les six compartimens t', et laissant entre ces compartimens et lui un intervalle annulaire de six pouces. Ce cylindre, au moyen du liquide qu'on introduit dedans, sert de réfrigérant. Le liquide est évacué par le gros tuyau v', qui le fait passer, quand on veut, dans la chaudière supérieure.

x', Cylindre formé de deux pièces assemblées à charnière, et s'ouvrant et se fermant à volonté; on le tient fermé par des loquets y' fig. 5, que l'on ouvre quand on veut; l'espace compris entre cette enveloppe et le cylindre u', lequel espace est ouvert par le haut, sert à recevoir le grain qu'on veut torréfier après qu'on l'a fait germer. La surface de cette enveloppe est criblée de petits trous, qui livrent passage aux vapeurs humides qui s'échappent du grain, et sa base repose sur un rebord saillant, soudé au cylindre u', et qui lui sert en même temps de fond.

z', deux ouvertures pratiquées à la base de l'enveloppe x', par lesquelles on retire le grain lorsqu'on le juge à propos.

a^2, Tube recourbé à angle droit ; l'un de ses bouts est en communication avec l'intérieur du cylindre réfrigérant u', et dans l'autre bout, qui a la forme d'un godet, est logée l'extrémité d'un tube conique b^2, en verre, qui sert à indiquer la hauteur du liquide dans le cylindre u'.

c^2, Tuyau à robinet, servant à introduire la substance farineuse lorsqu'on veut en distiller dans le cylindre réfrigérant u'. Quel que soit le liquide qu'on y introduit, il s'y prépare en acquérant de la chaleur, pour descendre ensuite dans la chaudière supérieure ; si c'est une substance farineuse, elle reste dans cette chaudière pour y être distillée ; et si c'est du vin, on le fait descendre dans la chaudière inférieure, en ouvrant le robinet h'.

d^2, Tuyau à robinet, servant à introduire le vin, lorsqu'on veut en distiller, dans le cylindre u'.

e^2, Tube par lequel on introduit de l'eau dans le cylindre formé par les compartimens t', pour nettoyer, dans toute son étendue, ce cylindre central, qu'on appelle *rectificateur*.

f^2, Tuyau par lequel s'élèvent les vapeurs spiritueuses rectifiées, pour se rendre dans le serpentin, afin de s'y condenser.

g^2, Tuyau servant à dégager la petite portion de vapeurs qui se forment dans le cylindre u', et qui vont se rendre dans un petit serpentin placé avec le grand, où elles se condensent et sortent en esprit par son extrémité inférieure, au bas du tonneau A.

h^2, Cheminée ayant un registre, au moyen duquel on règle l'intensité du feu, que l'on doit diminuer pendant qu'on charge.

Manière de conduire cet appareil.

Quand l'appareil est disposé pour la distillation, tel qu'on le voit, fig. 5, tous les robinets doivent être fermés, excepté celui qui indique le trop-plein.

On commence les opérations par remplir d'eau le tonneau A, dans lequel sont placés le grand et le petit serpentin ; on remplit ensuite, avec de la substance qu'on se propose de distiller, la cuve B, où se trouve un troisième petit serpentin, qui aboutit au grand serpentin du tonneau A. On charge d'eau froide la chaudière inférieure par l'ouverture i, puis on allume le feu.

Il faut laisser l'eau se distiller jusqu'à ce que la substance qui est dans le tonneau B se trouve à trente degrés environ de chaleur au thermomètre de Réaumur : alors on ferme le robinet du tuyau c^2, et on laisse continuer la distillation. On remplit de nouveau le tonneau B, pour remplacer la quantité de substance qui en est sortie pour se rendre dans la colonne cylindrique. On ouvre les deux robinets du tuyau h', pour que l'eau qui s'est condensée dans le cylindre rectificateur et dans le vase elliptique e' se vide; on ouvre aussi en même temps les robinets i^2 et k^2, fig. 5, pour remplir d'eau froide arrivant du tonneau A les réfrigérans de la chaudière supérieure et du vase e'. Ces réfrigérans étant pleins, on ferme ces robinets et l'on ralentit le feu en y mettant du charbon mouillé, et en fermant momentanément le registre de la cheminée.

Cette première chauffe étant faite avec de l'eau dans l'intention de laver l'intérieur de l'appareil, il faut ouvrir les robinets des tuyaux f, g, n et l'ouverture i, pour vider les deux chaudières. Par ce moyen, l'eau qui s'était accumulée dans la chaudière supérieure passe dans la chaudière inférieure, et de là sort par le robinet f. Pendant l'écoulement, on introduit un balai par l'ouverture i de la chaudière inférieure, afin de bien la nettoyer et de faire sortir tout ce qu'elle contient.

Il est à observer que cette première chauffe à l'eau n'est uniquement faite que pour chauffer et nettoyer tout l'intérieur de l'appareil, et pour chauffer la substance à distiller qui se trouve entre le cylindre u' et le cylindre rectificateur, et celle qui est dans la cuve B. Lorsque l'appareil est neuf, cette opération est nécessaire pour enlever la résine et autres corps provenant des soudures. Elle ne devra se répéter qu'autant qu'on pensera que l'appareil en a besoin, et lorsque après avoir suspendu la distillation pendant quelques jours, on voudra la reprendre. Quand la distillation se fait sans interruption, il est inutile de laver les chaudières. Lorsqu'on cesse de distiller, il faut, pour la propreté et la conservation de l'appareil, qu'il soit rempli d'eau, que l'on vide quand on veut recommencer à travailler.

Les chaudières étant vides, on ferme les robinets f, n, et l'on remplit d'eau la chaudière inférieure, jusqu'à ce qu'il en sorte par le tuyau g, qu'on renferme de suite ; on active le feu, en ouvrant la soupape de la cheminée ; on ferme aussi l'ouverture i et les robinets du tuyau h', et l'on ouvre le robinet du tuyau o, qui indique le trop-plein de la chaudière supérieure, aussi bien que le robinet du tuyau v', pour faire passer dans la chaudière l la matière qui se trouve dans le cylindre u', jusqu'à ce que cette chaudière soit pleine : ce qui est indiqué par le tube o du trop-plein. On ferme le robinet de ce tube aussitôt qu'on a vu couler la substance ; on ferme également le robinet du tuyau v', et l'on ouvre celui du tuyau c^2, afin de faire passer la substance qui est dans la cuve B dans le cylindre u', jusqu'à ce que ce cylindre soit rempli ; ce qu'on voit aisément par le tube de verre b^2 : alors on ferme le robinet du tuyau c^2, puis on remplit de nouveau la cuve B avec la substance qu'on distille. Il faut avoir soin que l'eau du tonneau A soit toujours froide ; ce qu'on obtient en ouvrant les robinets l^2 et n^2, fig. 5 : ce dernier est supposé arrêter l'eau qui arrive d'un réservoir quelconque plein d'eau froide, qui est établi dans un endroit convenable pour le service de l'appareil. L'eau froide qui arrive dans le fond de la cuve A chasse l'eau chaude qui se trouve à sa surface, et la fait sortir par le robinet l^2.

Les choses étant en cet état, la charge se trouve faite, et pendant le temps qu'on a employé à la faire, le feu ayant toujours été activé, l'eau qui se trouve dans la chaudière inférieure est mise en ébullition. La vapeur qui s'élève de cette chaudière chauffe le fond de la chaudière supérieure, qui renferme la substance à distiller, monte dans le tuyau r, parcourt tous les cylindres qui enveloppent ce tuyau et les chauffe ;

elle entre ensuite, par le haut, dans les trois tuyaux obliques x, qu'elle échauffe, et arrive dans le fond de la chaudière supérieure, où elle communique son calorique à la substance qu'elle traverse. Quelle que soit la nature de cette substance, elle se met en ébullition, et les vapeurs alcooliques qui s'en dégagent s'élèvent et passent dans le vase elliptique e', où elles sont conduites par les tuyaux i', k', et où se commence leur analyse, qui se continue en parcourant successivement les six compartimens o', p', q', r', s' et o^2, et leurs doubles tuyaux, qui forment le cylindre rectificateur.

Les parties les plus légères qui ne sont pas condensées s'élèvent dans le tuyau f^2, et passent dans les deux serpentins, où elles se condensent parfaitement, et sortent en esprit par le tuyau m^2, en formant le filet qui coule dans le récipient; tandis que les parties aqueuses qui se sont condensées dans leur marche, ne pouvant pas continuer leur ascension, à cause de leur pesanteur, descendent par les tuyaux d'écoulement pratiqués au fond de chacun des six compartimens du cylindre rectificateur. Au fur et à mesure que ces parties se rapprochent du calorique, leur portion spiritueuse se sépare et s'élève, pendant que la portion aqueuse descend dans le vase elliptique. Cette marche ascendante et descendante se continue jusqu'à ce que la substance en distillation se trouve entièrement dépouillée de toutes ses parties alcooliques, ce dont on s'assure en présentant au robinet d'épreuve a', que l'on ouvre, une lumière aux vapeurs qui s'en échappent. Si ces vapeurs s'enflamment, c'est une preuve qu'il y a encore de l'alcool dans la substance en distillation; et si, au contraire, elles ne s'enflamment pas, on est certain qu'il y a absence d'alcool : alors la chauffe est terminée, et l'on peut en recommencer une autre.

Comme, pour faire cette première chauffe, on remplit la chaudière inférieure d'eau froide, elle dure environ trois heures; mais les opérations suivantes ne demanderont pas plus de deux heures, parce que l'eau de la chaudière inférieure se trouvera toujours chaude, aussi bien que tout l'appareil.

Pour opérer la seconde chauffe, on commencera par ouvrir l'ouverture b' et les robinets des tuyaux m, o, pour vider la chaudière supérieure et en faire sortir le résidu de la matière distillée. Pendant que cette matière coule, on introduit dans la chaudière supérieure un balai par l'ouverture b', pour rémuer et chasser au dehors tout le résidu ; ensuite on ferme le robinet du tuyau m et l'ouverture b' ; on ouvre le robinet du tuyau v''' pour charger la chaudière supérieure avec la substance chaude contenue dans le cylindre u'. Lorsque cette chaudière est remplie, on ferme les robinets des tuyaux o et v' ; on charge de nouveau le cylindre u', en ouvrant le robinet du tuyau c^2 qu'on referme aussitôt que le cylindre est plein. On ouvre les deux robinets du tuyau h', pour que le flegme qui s'est accumulé dans le vase e' pendant la chauffe précédente passe dans la chaudière inférieure, dont le robinet du trop-plein g doit se trouver ouvert, pour qu'on puisse voir quand la chaudière est pleine. Si le flegme du vase e' ne suffit pas pour remplir la chaudière e, on ouvre le robinet du tuyau d' du réfrigérant de la chaudière supérieure, pour que l'eau chaude qu'il contient y passe et achève de la remplir : alors on ferme le robinet du trop-plein g, et l'on active le feu.

Peu de temps après que le filet s'est établi, on ouvre le robinet du tuyau n', pour que l'eau chaude du réfrigérant du vase elliptique descende dans le réfrigérant de la chaudière ; on ferme ensuite et l'on ouvre les robinets des tuyaux i^2 et k^2, pour remplir d'eau froide le réfrigérant du vase elliptique et achever de remplir celui de la chaudière.

Dans cet état, la seconde chauffe est en activité ; elle est terminée deux heures après que la charge est faite.

Toutes ces opérations se répètent à chaque chauffe, quelle que soit la substance farineuse soumise à la distillation.

Manière de torréfier les grains.

Lorsqu'on veut torréfier du grain, on l'introduit, par le haut, dans l'espace annulaire compris entre le cylindre u' et l'enveloppe x', où la chaleur le torréfie ; on le fait ensuite sortir par les ouvertures z' lorsqu'on le juge assez torréfié , et on le remplace par d'autre grain , tant qu'on en a auquel on veut faire subir cette opération. Cette méthode est très économique, parce qu'on profite du calorique de l'appareil, et que l'on évite par là de faire un feu particulier pour cette opération, comme on est dans l'usage de le faire partout.

Distillation du vin.

Quand on veut distiller du vin, on enlève l'enveloppe x', en ouvrant les trois loquets y', qui la tiennent fermée.

La cuve B et son petit serpentin, devenant aussi inutiles, sont également supprimés, et l'on adapte un tuyau que l'on voit ponctué en q^2, fig. 5 ; un bout de ce tuyau tient à la bride du tube f^2 de la colonne, et l'autre bout tient à l'ouverture saillante du grand serpentin de la cuve A.

L'appareil étant disposé de cette manière, on commence par remplir de vin le tonneau A, le cylindre u' et la chaudière inférieure, en faisant usage des robinets comme pour la charge des substances farineuses. La chaudière supérieure reste vide pendant la première chauffe ; on allume le feu , et l'opération commence.

Lorsque le vin est en ébullition , les vapeurs s'élèvent et suivent les mêmes routes que celles qui ont été indiquées pour les substances farineuses , et arrivent, par le tuyau ponctué q^2, au grand serpentin du tonneau A, où elles se condensent. La chauffe se continue jusqu'à ce que tout le vin contenu dans la chaudière inférieure soit entièrement dépouillé de son alcool , ce que l'on reconnaît en présentant une lumière au robinet k, qu'on ouvre, pour que les vapeurs en sortent. Si elles s'enflamment, c'est une preuve qu'il y a encore de l'esprit dans le vin, et si elles ne s'enflamment pas , on est certain qu'il n'y en a plus. Dès-lors la chauffe étant entièrement terminée, on ralentit le feu en y mettant du charbon mouillé, et en fermant la soupape de la cheminée.

Pour commencer une seconde chauffe , on ouvre les robinets des tuyaux g et k, pour donner de l'air à la chaudière inférieure ; ensuite on ouvre le robinet du tuyau *f*, pour faire sortir de la chaudière la vinasse qu'elle contient ; et on le ferme lorsque la chaudière est vide. Immédiatement après, on ouvre les robinets des tuyaux *n* et *v'*, pour que le vin qui est dans le cylindre *u'* descende dans la chaudière supérieure, pour, de là, passer par le tuyau *n*, et entrer dans la chaudière inférieure, qui doit toujours se remplir jusqu'à la hauteur du trop-plein *g*, qui, se trouvant ouvert, indique quand elle est pleine. On ferme les robinets des tuyaux *g*, *n*, *k* et *v'*, et l'on ouvre le robinet supérieur du tuyau *h'*, pour faire passer dans la chaudière supérieure les flegmes que contient le vase elliptique, puis on referme ce robinet. Dans cet état de choses, le cylindre *u'* se trouve vide, la charge faite, et l'on achève le feu.

Si, avec cette chauffe, on veut faire de l'eau-de-vie de vingt à vingt-deux degrés, on laisse le cylindre *u'* tel qu'il est, c'est-à-dire vide ; et, si l'on veut de l'esprit de trente-trois à trente-six degrés, on le remplit de vin en ouvrant le robinet du tuyau *d²*. Pour remplacer le vin qui sort du tonneau **A**, on ouvre le robinet *n²*, qui laisse passer le vin froid qui vient du ré servoir, qu'on suppose être placé convenablement dans le local.

Chaque chauffe, après la première, ne dure qu'une heure au plus.

Avec l'appareil que l'on vient de décrire, quelle que soit la nature de la matière qu'on distille, on peut obtenir au premier coup de feu, et à volonté, de l'eau-de-vie ou de l'esprit depuis vingt jusqu'à trente-quatre et même trente-sept degrés, sans que les produits soient atteints des mauvais goûts de cuivre, de brûlé, ni d'empyreume.

DIVISER (machine a). (*Arts mécaniques.*) Les Bocards, Moulins et autres machines propres à diviser les corps sont traités chacun à son article. Il ne sera question ici que des *plateformes* dont on se sert pour marquer des divisions égales sur les limbes circulaires et sur les lignes droites. La 1ʳᵉ de ces machines a un plateau en cuivre de forme circulaire, d'un diamètre plus ou moins grand, monté sur un axe vertical en fer, tournant librement sur un pivot et dans un collet conique fixe. Sur la surface supérieure de ce plateau, on trace plusieurs cercles concentriques, qu'on divise avec la plus exacte précision, en nombre tel qu'on puisse toujours trouver celui dont on a besoin, soit en se servant directement de ce nombre, soit en prenant ses sous-multiples. Chaque division est marquée d'un léger coup de pointeau, dans lequel s'engage la pointe d'une vis que porte une alidade ou pièce d'arrêt, au moyen de laquelle on fixe le plateau successivement sur tous les points de division qu'on doit parcourir. Le bout supérieur de l'arbre vertical reçoit, dans un trou percé à son centre dans le sens de l'axe, un tasseau (on en a plusieurs de rechange pour les différens cas qui se présentent) qui fait corps avec lui, et dont une tige qui s'élève reçoit à son retour et maintient, à l'aide d'un écrou, la pièce ou la roue qu'on veut diviser ou refendre, de manière que cette pièce ou cette roue, dont le plan est parallèle à celui de la plate-forme, participe à tous les mouvemens de celle-ci.

Quand il ne s'agit que de marquer par de légères traces la division en degrés, minutes et secondes d'un limbe d'instrument, elle s'exécute avec la pointe d'un burin assujetti à se mouvoir invariablement dans un même plan vertical, suivant la direction du rayon de l'instrument : mais s'il est question de refendre des roues d'engrenage, ce travail s'opère au moyen d'une FRAISE, ou d'un outil de forme convenable, qu'on fait tourner rapidement sur son axe.

Indépendamment de cette faculté qu'a la fraise de s'éloigner ou de s'approcher du centre de l'axe de la plate-forme, il faut qu'on puisse l'incliner de côté et d'autre pour refendre les dents obliques destinées à être menées par des vis sans fin, à un ou plusieurs pas; qu'elle puisse s'élever et s'abaisser pour se prêter à tous les mouvemens qu'exige le travail des engrenages d'angle, dont la Mécanique fait actuellement des applications nombreuses.

Ainsi, connaissant le nombre de divisions qu'on doit faire

sur un cercle ou à une roue, on fixe l'alidade dans la division correspondante de la plate-forme, et, l'arrêtant successivement à chacun de ses points, on fait agir à chaque fois, soit le burin, soit la fraise, jusqu'à ce que la révolution soit complète.

Les constructeurs d'instrumens de Mathématiques, d'Astronomie, etc., ont besoin d'une machine à diviser au moyen de laquelle ils puissent, tout en conservant une extrême précision, porter la division jusqu'aux secondes. A cet effet, au lieu de piquer ces divisions sur la surface de la plate-forme, on applique tangentiellement contre son bord une vis sans fin à pas angulaires et fins, qui entrent dans des pas analogues formés sur tout le contour du plateau. Cette vis étant maintenue entre deux poupées fixes et tournant sur elle-même, toujours dans le même sens, imprime un mouvement de rotation continu à la plate-forme, qui se trouve avoir fait une révolution quand la vis en a fait autant que son pas est contenu de fois dans le contour du plateau. L'axe prolongé de la vis est muni d'un barillet à arrêt, qu'on fait agir avec une pédale, laquelle en descendant communique, au moyen d'une corde à boyau, un mouvement de rotation à la vis, mais qui, en remontant, la laisse en repos.

Ainsi, par cette combinaison, on peut tracer sur le limbe d'un instrument, pourvu qu'il ait trois ou quatre décimètres de diamètre, des divisions correspondantes non-seulement aux degrés, mais encore aux minutes et secondes. L'instrument à diviser est placé bien concentriquement sur les rayons mêmes de la plate-forme où il est fixé avec un écrou et du mastic. Le burin se manœuvre à la main pour chaque division, comme nous l'avons déjà expliqué, en faisant mouvoir sa pointe dans le sens du rayon. Cette machine est due à Ramsden.

Au lieu d'une seule vis sans fin pour conduire la plate-forme, M. Gambey en a mis quatre en face l'une de l'autre, qui se commandent par des roues d'engrenage. Cette disposition lui permet de supprimer, pendant le temps du travail, le collet supérieur de l'axe, qui se trouve remplacé par ces quatre vis, entre lesquelles la plate-forme est abandonnée. Cette disposition rend le mouvement de la machine plus léger. Alors, mastiquant sur ses rayons, le plus au centre possible, l'instrument à diviser, il place au-dessus une espèce de règle assujettie par un de ses bords, au centre même de l'instrument, tandis qu'il la maintient, par ses deux extrémités, dans une position fixe, à l'aide de deux attaches de longueur égale, qui vont horizontalement aboutir à deux petites colonnes, que des ressorts maintiennent dans une situation verticale. Le porte-burin se fixe sur un des bouts de la règle, et opère les divisions du limbe de l'instrument, par le simple mouvement d'un petit levier, qu'on soulève à chaque changement de division de la plate-forme, sans avoir à s'inquiéter de son travail, le mouvement du burin étant réglé par une espèce de compteur, qui lui fait tracer, quand il le faut, les grandes, les moyennes et petites lignes, correspondantes aux diverses sortes de divisions.

La division en ligne droite, comme les mesures de longueur, peut se faire avec une plate-forme ordinaire, en transformant le mouvement de rotation en mouvement rectiligne, au moyen d'un pignon ou d'une crémaillère, ou de toute autre combinaison mécanique, pourvu que la transmission du mouvement de l'un à l'autre soit exacte ; mais ordinairement cette division se fait par une vis sans fin, qui donne le mouvement progressif à la pièce à diviser, comme dans la machine de Ramsden, et la division s'exécute par un burin qui joue à chaque point de repos.　　　　　　　　　　　Fr.

DOREUR. Dorer c'est appliquer de l'or sur une matière quelconque. Le procédé d'application diffère d'après les matières.

Dorure à l'huile. — Le reste des couleurs broyées et détrempées à l'huile, déposé par l'ouvrier dans le *pincelier* ou vase à nettoyer les pinceaux, sert de fond à la dorure et prend le nom d'*or couleur*, après avoir été de nouveau broyé et passé au linge fin.

1°. On donne d'abord une couche d'*impression* avec du blanc de céruse broyé, lithargiré et détrempé à l'huile de lin, et étendue d'un peu d'huile grasse et d'un peu d'essence de térébenthine.

2°. On donne trois ou quatre couches de *teinte dure* dans les ornemens et les parties que l'on veut bien dorer ; on se sert pour cela de céruse broyée avec l'huile grasse, qu'on détrempe à l'essence à mesure que l'on s'en sert.

3°. On couche ensuite l'or couleur avec une brosse douce uniment et à sec, et l'on retire avec soin les poils qui pourraient se détacher.

4°. Quand l'or couleur est assez sec pour happer seulement l'or en feuille, on applique celui-ci coupé en morceaux, et l'on dore à fond avec la palette. Dans les fonds on ramende avec l'or coupé en morceaux, et l'on applique avec un pinceau de poils de putois.

5°. On vernit à l'esprit-de-vin, on applique la couche également, en ayant soin de chauffer à mesure et avant l'application avec un réchaud de doreur. On ne vernit jamais les objets placés au dehors.

Pour dorer le marbre on ne met point de couche d'impression ; on lessive, on applique un vernis gras à polir, puis l'or couleur, et enfin on dore.

On dore à l'huile les dômes, les figures de plâtre et de plomb, les rampes d'escaliers, les balcons, etc.

Pour les équipages et les meubles, la dorure à l'huile se fait d'une manière un peu différente ; la voici :

On ajoute à l'enduit destiné à la couche d'impression un peu d'ocre jaune et de litharge ; après on donne, à un jour de de distance, dix à douze couches de teinte dure, et l'on fait sécher en lieu chaud ou au soleil, puis on polit d'abord à la pierre ponce et à l'eau, puis avec la serge et la ponce en poudre. On donne ensuite dix à douze couches d'un beau vernis à la laque. On polit à la prêle le fond des panneaux et les sculptures ; et enfin la totalité avec de la *potée d'étain* et du tripoli.

L'ouvrage, poli comme une glace, et porté en lieu chaud et à l'abri de la poussière, reçoit une légère couche d'or couleur ; puis on *pose* l'or au *livret*, c'est-à-dire qu'ouvrant un livret d'or on applique la feuille entière sans aucun pli. On dore les petites parties comme *plus haut*.

On époussette l'or avec un pinceau très doux ; on laisse sécher plusieurs jours, et l'on vernit à l'esprit-de-vin. Quand ce vernis est sec, on donne par-dessus deux couches de vernis blanc ou copal, en laissant deux jours d'intervalle entre chaque couche. Enfin on polit les panneaux avec une serge imbibée d'eau et de tripoli, et on lustre avec la paume de la main couverte d'un peu d'huile d'olive le plus également possible.

M. Monteloux-Lavilleneuve applique la dorure à l'huile sur des métaux par le procédé suivant : Avec un petit bâton effilé en crayon, il place de distance en distance des mouches d'un mordant composé de parties égales d'or couleur et d'huile cuite ; il l'étend ensuite avec un tampon de taffetas d'abord, et ensuite avec du velours, puis il met l'or.

Le second procédé consiste à faire un mordant composé de deux parties de cire et d'une de vernis au mastic ; l'on applique l'or à la chaleur d'une étuve.

Dans le troisième procédé, on étend avec un pinceau le mordant, composé d'une partie de vernis au carabé blanc ou noir, et de deux d'huile grasse. On essuie ensuite avec un velours ; et quand le mordant est suffisamment sec, on met l'or.

Dans ces diverses opérations on applique l'or avec la *palette à dorer* ou le *bilboquet ;* ensuite on appuie dessus avec une peau bien propre ; on repasse au velours ; on laisse sécher à une étuve douce, et on lui donne une ou plusieurs couches de vernis gras.

Dorure en détrempe. — Pour cette industrie il faut des ateliers exempts d'une trop grande chaleur solaire, d'humidité, et surtout d'exhalaisons sulfurées et ammoniacales ; elle exige dix-sept opérations subséquentes.

1°. *Encollage.* — Pour dégraisser le bois, empêcher que les vers ne s'y mettent et tuer ceux qui existent, on frotte avec une brosse rude de sanglier imbibée de la composition suivante : feuille d'absinthe, une bonne poignée ; deux ou trois têtes d'ail par litre d'eau ; on réduit à moitié par l'ébullition ; et l'on ajoute une demi-poignée de sel marin, et deux décilitre de vinaigre ; on mélange pour l'emploi une partie égale de colle bouillante. Pour les marbres et les plâtres on supprime le sel : on donne deux encollages, le premier faible, le deuxième plus fort.

2°. *Apprétage de blanc.* — On encolle le bois de blanc d'Espagne, de huit à douze couches, ayant soin de mieux garnir les parties qui doivent être brunies. On prend pour cela un litre de colle de parchemin étendue d'un quart de litre d'eau ; on ajoute peu à peu deux bonnes poignées de blanc passé au tamis de soie ; on laisse pendant une demi-heure, et l'on agite fortement pour délayer. On donne la première couche très chaude, en *tapant* finement avec la brosse, pour effacer les épaisseurs, et l'on couvre si bien qu'on ne voie plus le bois. On répète cette opération pour toutes les couches : le tapage est nécessaire pour mélanger intimement les différentes couches ; et l'on n'applique l'une que lorsque la précédente est bien sèche.

3°. Après la première couche de blanc on doit boucher les trous au mastic de colle et de blanc, et polis avec la peau de chien de mer.

4°. Ensuite on *ponce et l'on adoucit,* en mouillant d'eau très froide, et par petites parties, les apprêts de blanc avec la brosse qui a servi pour les appliquer. On lisse à la pierre ponce et on lave à mesure qu'on adoucit ; on ôte l'eau avec une éponge et les grains avec le doigt ; puis on passe une toile rude pour nettoyer le tout, en ayant soin d'unir les tranches le mieux possible.

5°. L'ouvrage adouci, poncé et séché, on repare, c'est-à-dire qu'on donne à la sculpture son fini. Cette opération demande un ouvrier spécial.

6°. On rend au blanc sa propreté ; on dégraisse en passant un linge mouillé sur les parties qui doivent être mattes ou brunies ; on passe une brosse douce et mouillée sur les reparures, et on lave le tout à l'éponge douce.

7°. On prêle, en ayant soin de ne pas user le blanc.

8°. On jaunit, c'est-à-dire qu'on met une teinture jaune

sur l'ouvrage apprêté. On prend un quart de litre de colle de parchemin limpide, on fait chauffer et l'on y délaie 2 onces d'ocre jaune broyée très fin ; on laisse reposer, on décante, et l'on applique à chaud avec une brosse douce et bien nette.

9°. Le jaune posé et sec, on *égraine,* c'est-à-dire qu'on re-polit à la prêle.

10°. *On couche d'assiette.* On appelle *assiette* la composition suivante : bol d'Arménie, 1 livre ; sanguine, 2 onces ; mine de plomb d'Angleterre, 2 onces ; le tout broyé séparément. On mélange et l'on rebroie dans une cuillerée d'huile d'olive ; ensuite on détrempe l'assiette dans la colle de parchemin légère ; on fait un peu chauffer, et l'on donne trois couches, en évitant de laisser pénétrer dans les fonds. Cette opération fait la beauté de la dorure.

11°. Frotter avec un linge neuf et sec dans les endroits destinés au mat, pour rendre l'or qu'on ne doit pas brunir brillant et empêcher l'eau d'y faire tache, placer deux couches d'assiette sur les parties à brunir, constituent cette opération.

12°. *Dorage.* — On coupe sur le coussin les feuilles d'or ; on applique avec des pinceaux de différentes grosseurs, on mouille l'ouvrage avec de l'eau à zéro, et par place, à mesure qu'on veut poser l'or. On commence toujours par les fonds ; on fait passer de l'eau derrière la feuille d'or, afin de l'étendre. On halète légèrement ; on retire l'eau avec le bout du pinceau.

13°. Et enfin l'on brunit avec le brunissoir.

14°. Pour empêcher l'or de s'écorcher on *matte,* c'est-à-dire qu'on passe une colle légère sur les parties qui ne doivent pas être brunies.

15°. *Ramender* c'est rétablir l'or sur les endroits oubliés et dépouillés par l'opération subséquente au dorage.

16°. Le vermeil est un composé de rocou, 2 onces ; gomme gutte, 1 once ; vermillon, 1 once ; sangdragon, demi-once ; cendres gravelées, 2 onces ; safran, 18 grains. On fait bouillir le tout dans un litre d'eau , jusqu'à réduction d'un quart, et on passe au tamis de soie. On trempe un petit pinceau dans le vermeil, et l'on applique sur les refends et les petites épaisseurs le plus légèrement possible.

17°. Enfin on repasse une couche de colle sur tous les mats , mais plus chaude que la première, et l'ouvrage est terminé.

Dorure sur bronze. — Cette branche d'industrie, singuliè-rement améliorée par M. Darcet , consiste à appliquer l'or sur le bronze au moyen d'un dissolvant qui est le mercure. Il faut que tous les deux soient parfaitement purs.

L'or est d'abord chauffé au rouge sombre dans un creuset ; c'est à cette température que l'ouvrier ajoute 8 parties de mercure. Il agite le mélange avec une baguette de fer courbée en crochet, le retire du feu après quelques minutes , et verse l'amalgame dans une petite terrine qui contient de l'eau, lave et en exprime , en comprimant avec les deux pouces , tout le mercure coulant ; on passe à travers une peau de chamois , et l'amalgame pâteux qui reste dans la peau sert à dorer le bronze. Il contient : or , 67 ; mercure, 33, pour 100 parties.

Pour appliquer l'amalgame, on se sert d'une dissolution mercurielle composée avec acide nitrique pur à 36°, 110 gram-mes : mercure, 100 grammes , qu'on étend de 5 litres et demi d'eau distillée. Ces préparations faites , on procède à la dorure.

Dorure. — L'ouvrier recuit la pièce de bronze à dorer en la chauffant également. Il l'entoure , pour cela, de charbon et de mottes à brûler. Quand la température est au rouge cerise, il la retire et la laisse refroidir lentement et à l'air. Cette opération se fait dans un lieu obscur.

Dérochage ou décapage. — Cette opération a pour but d'en-lever de la surface de la pièce de bronze recuite la couche d'oxide qui la recouvre.

On trempe la pièce dans un baquet rempli d'acide sulfu-rique très étendu ; on l'y laisse quelque temps ; puis on frotte avec une brosse rude. Ceci fait, on retrempe dans l'acide nitrique à 36°, auquel on a ajouté un peu de sucre et de sel marin. M. Darcet propose d'employer, au lieu de ce mélange, un autre d'acide sulfurique et d'acide muriatique, qui n'ont point l'inconvénient d'attaquer le métal.

On lave à grande eau la pièce que l'on roule, pour la sécher, dans de la tannée ou du son.

Après ces préparations on procède à l'application de l'amalgame.

On trempe la *gratte-bosse à dorer,* ou pinceau de fil de laiton, dans la dissolution nitrique ; on appuie avec la gratte-bosse sur l'amalgame posé sur la paroi inclinée d'un plat de terre ; on la charge et l'on porte de suite sur la pièce à dorer. On étend avec soin et également ou inégalement, suivant que les parties doivent être plus ou moins dorées. On lave à grande eau et l'on porte au feu pour faire volatiliser le mercure. On recommence cette opération jusqu'à ce qu'on soit content de l'ouvrage.

On donne le *bruni* à la pièce en la frottant avec des brunissoirs d'hématite ou de sanguine imprégnés de vinaigre. On lave ensuite et l'on fait sécher à une douce chaleur.

La dorure sur le fer et l'acier s'exécute d'une manière fort simple ; on chauffe très légèrement l'objet que l'on veut dorer, et au moyen d'un pinceau on y applique une couche d'une solution éthérée de chlorure d'or. Ce métal est précipité à l'instant sur la pièce qu'il ne s'agit plus que de polir avec le brunissoir.   P...ze.

DOUBLAGE des navires. Cette opération s'exécute de la manière suivante. Après avoir mis le navire à sec et l'avoir abattu en carène, on le chauffe avec des bouchons de paille enflammés ou avec des copeaux ; on étend ensuite sur le franc-bord une couche épaisse de brai gras et de brai sec mêlés ensemble par portions égales. Sur cet enduit qui sert de colle, on applique un gros papier commun ou une espèce de toile qu'on nomme *serpillière,* et l'on goudronne par-dessus ; après quoi l'on cloue le *doublage en bois* dans le sens de la longueur, en commençant près de la quille, remontant jusqu'à la ligne de flottaison ; on a soin de calfater et de caréner ce doublage comme à l'ordinaire. Les clous doivent être multipliés, surtout dans les bouts ou écarts, et dans toutes les parties où le doublage est forcé de changer un peu brusquement de direction, de manière à le faire exactement appliquer contre la surface du bordage. Les clous sont de fer, et leur longueur doit être telle, qu'on ne puisse pas craindre qu'ils forment des voies d'eau.

Le doublage en bois, quoique mince, a l'inconvénient de grossir le volume de la carène des vaisseaux, et d'en changer par conséquent les lignes de flottaison. Sa surface ne pouvant pas être aussi lisse que celle du franc-bord, les plantes marines, les coquillages s'y attachent et rendent la marche du vaisseau lourde. Ajoutons que le doublage en bois dure peu. Toutes ces raisons ont fait recourir au doublage en cuivre. Aujourd'hui tous les bâtimens de la marine royale, et même un grand nombre de ceux du commerce, sont doublés de cette manière.

A cet égard, l'expérience a montré que pour la conservation du doublage, il faut, 1°. mettre le plus grand soin à ne point plier ses feuilles de cuivre, soit dans le transport, soit dans le moment de leur application ; 2°. ne rien épargner pour que le cuivre touche immédiatement et partout le franc-bord et que les clous ne correspondent pas aux têtes des chevilles du bordage. Si la serpillière n'est pas bien collée par le mélange de brai et de suif, et qu'elle fasse des soufflures dans quelques endroits, on la coupe alors pour faire échapper l'air contenu entre elle et le bordage. Ensuite en y introduisant du même mélange, on la recolle en rapprochant les bords près l'un de l'autre, et faisant en sorte qu'il n'en résulte pas de bosse. 3°. Veiller avec soin qu'aucune tache d'huile, de graisse, ou d'autres corps étrangers, ne s'attache sur le doublage.

Le poids du *doublage* en cuivre est fort peu de chose en raison de celui du vaisseau. On diminue d'ailleurs le leste dans le même rapport. Alors le centre de gravité du bâtiment n'est pas sensiblement déplacé. Le poids du doublage en cuivre peut, dans tous les cas, être estimé au centième du port du vaisseau, les cinq sixièmes en feuilles et un sixième en clous. Ainsi pour un vaisseau de 110 canons dont le port est de 2400 tonneaux, le poids du doublage est de 24 tonneaux; et pour une frégate dont le port est de 750 tonneaux, le doublage est de 7 tonneaux $\frac{1}{2}$. Cette proportion suffit pour les gros bâtimens. Mais la surface de la carène étant relativement plus grande dans les petits, on augmente cette proportion.

Voici une instruction sur la manière d'appliquer le doublage en cuivre et le choix des matières; je prends pour exemple un navire de 600 tonneaux. Son cuivre pèsera 6 tonneaux c'est-à-dire 12,000 livres, dont 10,000 en feuilles et 2000 en clous.

Les clous doivent avoir au plus 15 lignes de longueur totale, la tête ronde 7 à 8 lignes de diamètre; la surface supérieure doit être plane et le dessous arrondi comme un segment sphérique; la tige est carrée et porte deux lignes carrées à l'endroit de sa naissance; ces clous sont coulés en sable et sont faits, de $\frac{2}{3}$ de cuivre rouge et de $\frac{1}{3}$ de cuivre jaune; il y en a 66 à 70 par livre. Les planches de cuivre doivent toutes être égales et porter 60 pouces sur 16 à 18 pouces de large.

On trace à la ligne avec du blanc de céruse deux parallèles au pourtour, l'une à 9 lignes et l'autre à 18 du bord de la feuille; ensuite, deux diagonales et des parallèles à ces diagonales à 3 pouces de distance, comme nous l'avons déjà dit. A cet effet, on donne aux ouvriers des petits morceaux de bois qu'on nomme *buquettes,* qui leur servent à régler successivement ces distances avec précision.

Le navire étant bien calfaté, mis sur sa carène, garni de sa frise, de sa peinture, etc., on applique le premier rang de feuilles sur la quille; le bord inférieur de ces feuilles doit être à 2 pouces du bord inférieur de la quille; on ne double pas le dessous.

Le second rang ou la deuxième virure des feuilles doit descendre de 18 lignes sous le premier; il faudra en conséquence ne pas clouer les joints verticaux de la première virure, trop près du bord supérieur, afin de laisser la facilité d'introduire la seconde ; ainsi de suite jusqu'à la ligne de flottaison, qui se trouve recouverte du *liston* ou *boudin* qu'on y cloue avec des clous en cuivre de trois pouces.

Le principal effet du *doublage* en cuivre, celui qui mérite le plus d'attention, c'est d'augmenter dans un très grand rapport la vitesse du sillage. On doit cet avantage à une carène toujours parfaitement lisse, qui glisse sans obstacle dans les eaux. La principale cause de destruction du doublage en cuivre vient de la corrosion des eaux de la mer. H. Davy a montré qu'on pouvait affaiblir cette action par l'effet électrique qui résulte de l'emploi combiné du zinc et du cuivre. Mais ces détails ne peuvent trouver place ici, d'autant plus que l'expérience ne semble pas avoir confirmé les déductions de la théorie. Fr.

DOUILLE. (*Arts mécaniques*.) C'est un cylindre creux en métal destiné à recevoir un cylindre plein de même calibre. Son extrémité est bouchée, ce qui constitue la différence entre la *douille* et la *virole*. Fr.

DRAGUE. (*Arts mécaniques*.) Les instrumens dont on se sert pour curer les mares, le fond des ports, retirer le sable du lit des rivières, etc., sont si simples qu'il est inutile d'en indiquer ici la forme et l'usage. Nous ne traiterons donc que des grandes machines à mouvement continu, mues par des manivelles à bras ou avec des machines à vapeur.

Ces *dragues* sont placées sur des bateaux plats d'une forme particulière qui prennent alors le nom de *bateaux dragueurs*. Elles se composent d'un système de chaînes sans fin, à longues mailles pleines, égales et articulées, à peu près comme une échelle flexible ; sur leurs traverses on fixe un certain nombre de *louchets* ou *hottes* en forte tôle de fer, à des intervalles égaux. Cette chaîne, et par conséquent les *louchets* qui y sont attachés, passent sur un tambour qui les fait circuler le long d'un plan qu'on est maître d'incliner plus ou moins ; ils viennent tour à tour se charger de terre ou de vase en passant près du fond, et se vident ensuite à la partie supérieure, dans un couloir, qui les dirige dans une *marie-salope* placée au-dessous.

Dans le *bateau dragueur* simple la drague est placée au milieu du bateau, dans une ouverture dont l'étendue est suffisante pour le jeu du plan incliné et de la drague.

Dans le dragueur double, il y a deux dragues placées en dehors du bateau, suivant des plans verticaux parallèles aux bordages. Dans ce cas, on peut draguer au pied d'un mur de revêtissement, et aussi près du rivage qu'on voudra; mais alors pour que le bateau ne dérive pas, il faut que chaque drague éprouve à peu près la même résistance; ce qui est bien difficile à obtenir.

Nous décrirons le *bateau dragueur* simple qui est d'un service plus facile et d'un usage plus général que le double. La fig. 18, pl. 11, est une coupe verticale suivant la longueur du bateau, qu'on suppose placé sur une rivière, un canal, etc., dont on veut approfondir ou unir le lit.

A, A, Bateau plat sur lequel est placée la drague, ainsi que la machine à vapeur qui la fait mouvoir, la première sur la poupe, et la seconde vers la proue du bateau. Une ouverture *ab* d'une largeur de 30 pouces et d'une longueur suffisante pour le jeu du plan incliné B de la drague C, est ménagée dans le milieu du bateau, comme nous l'avons déjà dit.

D, Chaîne double, sans fin, formée de mailles pleines et articulées, d'une longueur parfaitement égale.

E, *Louchets* en forte tôle de fer, fixés avec des boulons sur les traverses de la chaîne; leur contour est percé d'un grand nombre de trous de 6 lignes, pour donner issue à l'eau qu'ils puisent en même temps que le gravier.

F, Arbre carré qui, en tournant sur son axe, fait circuler la chaîne dont les maillons sont d'une longueur égale aux côtés du cylindre.

G, Roue d'engrenage d'angle, montée en dehors du bâti, sur l'axe de l'arbre F; le mouvement lui est communiqué par les pignons coniques *g* portés par un arbre vertical, et par le pignon *i* monté sur l'arbre horizontal *k*, auquel la machine à vapeur placée en X imprime le mouvement de rotation. Le diamètre de ces rouages est tel, que la machine à vapeur, qui doit être de la force de huit à dix chevaux, faisant environ trente tours par minute, en fasse faire six à l'arbre F pendant le même temps. Comme les louchets en travaillant dans le fond de la rivière sont dans le cas de rencontrer des obstacles invincibles, le pignon *i* n'est entraîné dans son mouvement que par un frein qui, cédant à un effort excessif, garantit la machine de tout accident.

H, Arbre carré placé au bas du plan incliné B, servant de renvoi à la chaîne D. Les bouts de cet arbre portent des disques d'un diamètre tel que la chaîne supposée tendue en-dessous ne puisse pas se jeter de côté, quand on vient à faire rétrograder la machine.

I, Couloir dans lequel les louchets viennent se vider.

J, *Marie-salope*, qui reçoit les graviers ou les terres.

k, Petit treuil pour gouverner le plan incliné B, et faire mordre les louchets plus ou moins dans le fond.

On remarquera que la distance des deux cylindres sur lesquels circule la chaîne, étant moindre que la moitié de cette même chaîne, la partie inférieure de celle-ci forme une courbure qui fait plonger et traîner dans le fond chaque louchet avant qu'il se redresse, et lui donne ainsi le temps de se remplir. Le bateau a aussi dans le même sens un mouvement progressif qui lui est donné au moyen d'un cabestan à deux rouleaux que la machine à vapeur fait tourner, et d'une corde de touage fixée à une ancre ou sur le rivage. On sillonne ainsi le fond à la profondeur qu'on désire, en remontant contre le cours de l'eau et ayant soin de maintenir le bateau, à chaque voyage, dans des directions parallèles.

On trouvera dans le grand *Dictionnaire technol.* la description de la *Drague de Venise* que le défaut d'espace ne nous permet pas de donner ici.   E. M.

DRAPS. (*Arts mécaniques.*) Quand le fabricant a fait choix de la laine qui lui convient, il procède à l'*épluchage* ou *détrichage*, qui a pour objet de séparer la matière en tas de 3 à 4 qualités ; au *dégraissage* qui lui enlève le reste de suint ou de saletés qu'elle contient. La laine est alors portée au *diable* ou *loup*. Cette machine consiste en un tambour de 3 pieds de diamètre et autant de longueur, tournant sur son axe avec une vitesse de 100 tours environ par minute. Son contour est armé de pointes de fer qui se croisent avec d'autres pointes semblables, fixées à l'intérieur d'une surface cylindrique, au milieu de laquelle est placé le tambour. La laine étant jetée sur une toile sans fin le plus uniformément possible, est amenée à la machine par des cylindres nourrisseurs, comme dans une CARDE ; elle sort par le côté opposé, après avoir reçu l'action vive et répétée des pointes du tambour en mouvement. Cette machine, qui exige la force d'un cheval, peut ouvrir 3 ou 400 livres de laine par jour.

Après cette opération, vient le *droussage* ou CARDAGE en gros. La laine en sortant de cette machine se roule sur un tambour et forme un manchon d'un poids donné, qu'on ouvre et qu'on place ensuite sur la *carde à loquettes ;* c'est une carde analogue à celle dont on fait usage pour le coton, mais avec cette différence dans les résultats, que, pour le coton, toutes les opérations successives qu'on lui fait subir, ont pour objet d'amener à une direction parallèle tous les filamens élémentaires, afin d'avoir un fil uni et sans barbe, tandis que c'est le contraire qu'on cherche dans la filature de la laine. C'est pour cette raison que les loquettes sont prises en travers sur le tambour de décharge, c'est-à-dire dans le sens de sa longueur, et qu'à cet effet on le couvre de plaques au lieu de rubans de cardes. Chaque loquette n'a ainsi que la longueur du tambour, mais on en forme des boudins d'une longueur indéterminée, en les soudant les uns au bout des autres. Ces boudins, placés dans des paniers, des pots de fer-blanc ou de tôle, sont portés aux métiers à filer. *Voy*. FILATURE.

C'est ainsi que se prépare la laine destinée à la fabrication des draperies fortes et feutrées ; mais celle qui est destinée aux étoffes légères est peignée au lieu d'être cardée. *Voy*. PEIGNAGE.

Nous réserverons la TEINTURE pour un article spécial : on la

fait en laine, en fil, ou en drap, selon l'espèce de fabrication.

Tissage.—L'opération du foulage rétrécissant le drap d'environ la moitié, il faut en tisser la toile d'une largeur double
de celle qu'on veut avoir en définitive. Les beaux draps fins
portant $\frac{6}{4}$ de large ont été tissés à $\frac{12}{4}$, ou 3 aunes. Ce travail se
fait avec un MÉTIER A TISSER.

Les fils d'une chaîne étant très tendres, quoique *parés,* se
cassent aisément ; un bon ouvrier s'en aperçoit de suite et les
rétablit ; il garantit ainsi les étoffes des défauts qu'on nomme
fourlançure, *lardure*, *pas de chat*, etc., qui proviennent des
fils de la chaîne qui manquent, qui sont trop ou trop peu tendus, qui se marient et ne croisent plus. Un des moyens d'empêcher la rupture des fils de la chaîne, c'est de l'huiler de
temps en temps entre les tissus et le peigne.

A mesure que les pièces sont reçues, elles sont marquées par
l'une des *nopeuses,* qui y brode, en caractères lisibles, à l'en-
vers, en tête et en queue, avec du fil de couleur différente de
celle de l'étoffe, le nom même du drap, celui du fabricant et
sa demeure. On choisit, pour faire l'*endroit* du drap, le
côté de la toile qui présente le moins de défauts ou de nœuds.

Les pièces étant ainsi marquées, on leur fait subir l'opération du *nopage*, de l'*épincetage* et de l'*époutissage*, qui consiste à dédoubler les fils qui seraient doubles, à rapprocher
les fils dans les *clairures,* à détruire les nœuds, à l'aide de petites pinces pointues qu'on appelle *brucelles,* à retirer les
ordures, les pailles qui seraient prises dans le tissu, qu'on fait
tomber ensuite à l'aide d'un petit balai de bouleau sec.
Cette opération a lieu, pour les draps fins, au moins trois
fois en différentes circonstances ; la première sur le drap en
toile, et s'appelle *nopage en gras* ou en *écru;* la seconde,
après le lavage du drap, s'appelle *nopage en maigre;* la troisième à la sortie des apprêts, et prend le nom de *nopage en
apprêt.*

Foulage des draps.—C'est le feutrage d'une étoffe de laine,
qui en fait du drap. On feutre les draps en les foulant, au

moyen de *maillets*, à la manière de France et d'Angleterre, ou de *pilons*, comme les Flamands et les Hollandais, dans des auges de bois qu'on appelle *piles* ou *pots*, d'une forme particulière qui sera expliquée au mot MOULIN A FOULON. Ce travail se divise en trois temps, le *lavage*, le *dégraissage*, et enfin le *feutrage*, qui se font avec de l'urine, de la terre glaise ou argile, et du savon.

Le lavage a pour objet de purger le *drap* des huiles et de la colle qui ont été employées lors du cardage et du tissage. Ce lavage se fait dans les piles des foulons, à l'urine ou à la terre glaise, en faisant battre les maillets ou pilons très lentement, pour ne pas donner à l'étoffe un commencement de feutrage. Lorsqu'on lave à la glaise, on mouille d'abord l'étoffe pour ramollir la colle et la disposer à se bien enduire de cette terre. A cet effet, on la roule sur elle-même et on la porte dans la pile, où on la fait battre en y faisant arriver de l'eau pendant une demi-heure; alors on la retire, on la laisse égoutter un peu, et puis on la remet en rond, en répandant la terre par-dessus. Cette pièce replacée dans la pile y est de nouveau battue pendant trois quarts d'heure, en versant en même temps deux seaux de glaise bien épurée et bien délayée; on la fait ensuite dégorger, en continuant le battage pendant une heure, à grandes eaux qu'on fait arriver par des robinets, et qu'on laisse sortir par des trous pratiqués au fond des piles.

Le *lavage* à l'urine est moins long. Il suffit de mettre la pièce de drap roulée dans la pile, et d'y verser assez d'urine pour la tremper entièrement. Le reste se fait de même que dans le lavage à la terre.

Le *drap* ainsi lavé et sec subit le *nopage en maigre*.

Pour le *dégraissage* on fait battre le drap après l'avoir placé en rond dans la pile avec de la terre délayée en quantité suffisante, et y faisant tomber un léger filet d'eau pendant un quart d'heure. Alors, arrêtant le cours de ce filet d'eau, on laisse battre pendant six heures environ, jusqu'à ce qu'enfin toute la graisse du *drap* soit absorbée par la glaise; ce qui se manifeste par beaucoup d'écume sous les pilons. On fait dégorger en laissant battre pendant quelque temps à grande eau.

Pendant cette opération, il y a une manœuvre à faire qui exige deux personnes ; elle consiste à tirer d'heure en heure le drap de la pile et à le *détirer* de main en main par les lisières, afin de lui faire prendre l'air et d'empêcher les faux plis de se former.

Tout le travail du *lavage* et du *dégraissage* que nous venons d'indiquer n'est que préparatoire à celui du *foulage au savon*. Dégorgé, parfaitement net, égoutté au point de n'être plus que légèrement humide, le *drap* est placé dans la pile du foulon. Ayant fait dissoudre dans l'eau et sur le feu 7 à 8 livres de savon blanc, plus ou moins, suivant la dimension de la pièce d'étoffe, on partage cette dissolution savonneuse en deux portions égales, et l'on ajoute à une de cès moitiés une quantité d'eau tiède, de manière à en avoir deux seaux. On lui donne le nom d'*eau blanche*. Cette dissolution étant refroidie, on en arrose le drap à mesure qu'on le range en rond dans la pile ; et puis on fait battre d'abord lentement, et puis précipitamment, pendant 10, 12, 15, 20, 25, 30 heures, et même plus, suivant que le drap est, par sa qualité et sa préparation, plus ou moins disposé au *foulage*, et qu'il a peu ou beaucoup à perdre de sa dimension.

Il est de règle qu'un *drap* de cinq quarts, première qualité, doit avoir acquis la force et l'épaisseur convenables, quand il se trouve réduit, après le foulage, savoir, sur la longueur, de 63 aunes à 42 ; et sur la largeur, de 2 aunes un quart à cinq quarts. Ainsi le *foulage*, d'où dépendent le corps, le moelleux et la beauté du *drap*, ne leur procure ces importantes qualités qu'aux dépens de leur longueur et de leur largeur.

Le drap étant foulé, on le fait *dégorger* dans la machine à l'eau claire, en le faisant battre à plat pendant une heure et plus, et puis on le porte au trempoir, pour le bien rincer au courant de l'eau en le houant, et on le fait sécher.

Les draps sortant des moulins à foulon subissent successivement diverses opérations qu'on nomme *apprêts*. L'*apprêtage* se compose du *lainage*, du *tondage*, du *ramage*, *époutissage*, *couchage*, *pressage* et *entoilage*.

Le *lainage des draps* est une façon qu'on leur donne, alternativement avec la tonte, en les tirant en longueur du côté de l'endroit, soit avec des brosses dures, des cardes, soit avec des têtes de CHARDON. L'objet de cette façon est de recouvrir, de garnir d'un duvet très serré la surface du drap, et de donner en même temps aux poils une direction déterminée.

La machine appelée *laineuse* consiste en un tambour formé de cercles de fonte, sur le contour desquels sont fixées 10 ou 12 barres de bois armées de têtes de chardons dont les piquans sont tous dirigés dans le même sens. Ce tambour tournant très rapidement sur son axe dans le sens des piquans, produit sur la pièce de drap qu'on lui présente successivement, tantôt en montant, tantôt en descendant, un brossage très uniforme.

Le *tondage* se fait avec une machine qui tond par mouvement continu de rotation, soit dans le sens de la longueur, soit dans le sens de la largeur de l'étoffe. *V*. TONDEUSE.

L'objet de la tonture est de découvrir le tissu ou la corde du drap, pour que les chardons l'atteignent, le pénètrent, en démêlent les poils et les amènent à la surface.

Du ramage des draps. Les draps ayant subi les opérations du *lainage* et du *tondage*, sont mis à la *rame* pour en effacer les plis et les mettre à une largeur uniforme dans toute leur longueur.

La *rame* est composée de poteaux plantés en terre et de plusieurs traverses dont la supérieure est mobile. Les traverses du bas et du haut portent des crochets en fer très rapprochés, auxquels on accroche le drap par les lisières, après l'avoir suffisamment mouillé ; alors, élevant la traverse supérieure à l'aide de leviers ou de vis, on la fixe partout à la même hauteur, quand on juge que l'étirage du drap est suffisant. On peut, de cette manière, lui rendre de la largeur qu'il aurait perdue par une rentrée trop considérable au foulage.

On laisse sécher la pièce sur la rame ; et puis elle est remise aux *époutisseuses*, qui l'examinent avec la plus grande attention, et en retirent la poussière, etc.

Du couchage du poil des draps. — Cette opération a pour objet de donner une seule et même direction aux poils d'une étoffe, dans toute sa longueur du côté de l'endroit. Ce travail, qui termine les façons du drap fin, s'exécute à une machine de rotation analogue à la machine à lainer, mais dont la moitié des barres du tambour sont des brosses raides de poils de sanglier, au lieu d'être des chardons ; et l'autre moitié, des planches garnies de la substance avec laquelle on compose les *tuiles à lustrer*, qui est un mélange de résine, de grès pilé et de limaille de fonte tamisée, en égale quantité, le tout mêlé et broyé à chaud, de manière qu'étant refroidi, il a la consistance d'une pierre. Le drap doit être légèrement arrosé.

Le couchage étant terminé, on plie la pièce en deux dans le sens de sa longueur, l'endroit en dedans, les lisières l'une contre l'autre ; et puis la repliant sur elle-même en zig-zag, on en fait un rouleau enveloppé de la tête, qu'on porte ainsi à la presse.   E. M.

DYNAMOMÈTRE. (*Arts mécaniques.*) Instrument destiné à donner la mesure de l'intensité des forces. Nous ne parlerons ici que de celui de Régnier, le seul qui soit en usage. La force y est mesurée par le degré de flexion qu'elle est capable de faire subir à une lame épaisse de ressort en acier. La difficulté se réduit à disposer cette lame dans un appareil qui permette d'estimer commodément les effets des forces, et qui puisse s'étendre entre les limites des puissances qu'on emploie dans les cas ordinaires.

La pièce principale du dynamomètre est un ressort d'acier trempé QQ (fig. 19, pl. 11), formé de deux arcs égaux qui se regardent par leurs concavités, et dont les bouts sont réunis par deux coudes ou demi-anneaux ; le tout est d'une seule pièce.

Au milieu de l'un des arcs de l'ovale, on ajuste solidement

à vis une patte B destinée à porter et maintenir un quart de cercle GI en cuivre jaune ; l'arc est gradué, et chaque division représente un poids déterminé, comme on le verra ci-après. A la branche opposée du ressort est un petit support d'acier D, ajusté comme le premier, et taillé en fourchette à son extrémité, pour recevoir une pièce d'acier E : cette pièce est un repoussoir qui y est maintenu par une goupille à vis.

Sur la plaque du quart de cercle est en F une aiguille d'acier très fine et très légère, fixée à vis en O au centre du cadran ; cette aiguille porte vers l'extrémité une petite rondelle de peau ou de drap, collée sous la patte K, afin que le frottement de l'aiguille sur le limbe soit doux et uniforme, et que l'aiguille reste à la position où on l'a poussée, comme il va être dit. Lorsque la puissance fléchira le ressort ovale, on ne doit pas s'attendre qu'elle se conservera constamment la même dans toute la durée des épreuves ; elle aura des accès de faiblesse qui feraient trembler l'index et empêcheraient d'en lire les indications. Cet inconvénient sera évité par cette disposition de l'aiguille.

Le repoussoir E presse, par son extrémité, la petite branche b du levier coudé bHC, dont la plus longue branche HC est terminée par un index sous lequel se trouve soudée une goupille perpendiculaire au plan du cadran ; cette goupille sert de pied à l'index lorsqu'il se meut parallèlement au plan du cadran, et pousse devant elle l'aiguille d'acier F.

Il est facile maintenant de comprendre le mécanisme du dynamomètre. Lorsqu'en exerçant une forte pression tendante à déprimer les arcs des branches d'acier du ressort ovale, on fait rapprocher les supports B et D l'un de l'autre, le repoussoir E agit sur le bout b du levier coudé bHC, et le chasse devant lui ; ce qui force l'index C à se mouvoir. Cet index pousse donc l'aiguille F et l'amène à une position qui dépend de la force avec laquelle le ressort a été comprimé. L'aiguille F reste alors dans la situation où elle s'est trouvée amenée par cet effort, et on lit ensuite, sur le cadran, la graduation qu'elle indique ; on évalue ainsi le *maximum* de puissance développée par l'action motrice.

Il y a une autre manière d'agir sur le ressort ; c'est en tirant en sens contraire les deux coudes Q ou demi-anneaux qui terminent ses arcs : l'écart détermine un rapprochement dans les arcs, et ce mouvement est pareillement indiqué par l'aiguille F ; mais comme ce mode d'action produit des effets bien moindres que le premier, on termine l'aiguille indicatrice par deux pointes, et le cadran porte deux arcs diversement gradués, sur les divisions desquels ces pointes se présentent. L'une de ces graduations convient au cas où la puissance presse les deux arcs du ressort pour les rapprocher l'un de l'autre ; c'est l'*échelle de pression :* l'autre est l'*échelle de tirage*.

Quant à la manière de régler le dynamomètre, afin d'apprécier à quels poids correspondent les divisions du cadran, il faut soumettre l'instrument à une épreuve qui donne le résultat d'un effort connu. Par exemple, on charge l'arc supérieur du ressort d'un poids suffisant pour pousser l'aiguille indicatrice jusqu'à l'extrémité de l'arc ; si l'on trouve que ce poids est de 130 kilogrammes, on divisera l'arc d'excursion en 130 parties égales, dont chacune représentera le poids d'un kilogramme. Cela résulte de ce que l'expérience et la théorie s'accordent à prouver que l'élasticité des ressorts d'acier produit dans les deux arcs des déplacemens qui varient proportionnellement à la force qui les presse.   Fʀ.

FIN DU DEUXIÈME VOLUME.